国防科工委“十五”规划专著

虚拟制造技术

张树生　杨茂奎　朱名铨　等 编著

西北工业大学出版社

北京航空航天大学出版社　北京理工大学出版社
哈尔滨工业大学出版社　哈尔滨工程大学出版社

内容简介

本书主要论述了虚拟制造的概念和原理、虚拟制造系统的主要功能及其实现方法，并介绍了国内外在虚拟制造领域的相关研究成果和实现系统。

全书分上、下篇，共11章。上篇(前4章)为基础篇，重点阐述虚拟制造的基本概念、虚拟制造系统的体系结构和建模方法、产品数据交换和建模语言，同时还介绍了虚拟现实技术基础；下篇(后7章)为应用篇，论述和介绍了虚拟样机和虚拟产品开发、基于Agent的虚拟柔性制造系统及实现、虚拟装配、NC加工过程仿真、材料成型仿真与优化、虚拟测试、微机电系统虚拟制造技术等方面的最新研究成果及应用实例。

本书可供从事航空宇航制造、机械制造科学研究的工作者及工程技术人员参考，也可用做航空宇航制造工程、机械制造及其自动化等有关专业研究生或者本科生的教材。

图书在版编目(CIP)数据

虚拟制造技术/张树生，杨茂奎，朱名铨等编著. —西安：西北工业大学出版社，2006.2(2010.8重印)

国防科工委"十五"规划专著

ISBN 978-7-5612-2016-0

Ⅰ.虚…　Ⅱ.①张…　②杨…　③朱…　Ⅲ.计算机辅助制造　Ⅳ.TP391.73

中国版本图书馆CIP数据核字(2005)第137356号

虚拟制造技术

张树生　杨茂奎　朱名铨　等 编著

责任编辑　王夏林　责任校对　李阿盟

西北工业大学出版社出版发行

西安市友谊西路127号(710072)　市场部电话：029-88493844

http://www.nwpup.com

陕西宝石兰印务有限责任公司　各地书店经销

开本：850 mm×1 168 mm　1/32　印张：17.625　字数：444千字

2006年2月第1版　2010年8月第2次印刷

ISBN 978-7-5612-2016-0　定价：38.00元

国防科工委“十五”规划专著编委会

总　　序

国防科技工业是国家战略性产业，是国防现代化的重要工业和技术基础，也是国民经济发展和科学技术现代化的重要推动力量。半个多世纪以来，在党中央、国务院的正确领导和亲切关怀下，国防科技工业广大干部职工在知识的传承、科技的攀登与时代的洗礼中，取得了举世瞩目的辉煌成就。研制、生产了大量武器装备，满足了我军由单一陆军，发展成为包括空军、海军、第二炮兵和其他技术兵种在内的合成军队的需要，特别是在尖端技术方面，成功地掌握了原子弹、氢弹、洲际导弹、人造卫星和核潜艇技术，使我军拥有了一批克敌制胜的高技术武器装备，使我国成为世界上少数几个独立掌握核技术和外层空间技术的国家之一。国防科技工业沿着独立自主、自力更生的发展道路，建立了专业门类基本齐全，科研、试验、生产手段基本配套的国防科技工业体系，奠定了进行国防现代化建设最重要的物质基础；掌握了大量新技术、新工艺，研制了许多新设备、新材料，以“两弹一星”、“神舟”号载人航天为代表的国防尖端技术，大大提高了国家的科技水平和竞争力，使中国在世界高科技领域占有了一席之地。党的十一届三中全会以来，伴随着改革开放的伟大实践，国防科技工业适时地实行战略转移，大量军工技术转向民用，为发展国民经济做出了重要贡献。

国防科技工业是知识密集型产业，国防科技工业发展中的一切问题归根到底都是人才问题。50多年来，国防科技工业培养和造就了一支以“两弹一星”元勋为代表的优秀的科技人才队伍，他们具有强烈的爱国主义思想和艰苦奋斗、无私奉献的精神，勇挑重担，敢于攻关，为攀登国防科技高峰进行了创造性劳动，成为推动我国科技进步的重要力量。面向新世纪的机遇与挑战，高等院校在培养国防科技人才，生产和传播国防科技新知识、新思想，攻克国防基础科研和高技术研究难题当中，具有不可替代的作用。国防科工委高度重视，积极探索，锐意改革，大力推进国防科技教育特别是高等教育事业的发展。

高等院校国防特色专业教材及专著是国防科技人才培养当中重要的知识载体和教学工具，但受种种客观因素的影响，现有的教材与专著整体上已落后于当今国防科技的发展水平，不适应国防现代化的形势要求，对国防科技高层次人才的培养造成了相当不利的影响。为尽快改变这种状况，建立起质量上乘、品种齐全、特点突出、适应当代国防科技发展的国防特色专业教材体系，国防科工委全额资助编写、出版200种国防特色专业重点教材和专著。为保证教材及专著的质量，在广泛动员全国相关专业领域的专家学者竞投编著工作的基础上，以陈懋章、王泽山、陈一坚院士为代表的100多位专家、学者，对经各单位精选的近550种教材和专著进行了严格的评审，评选出近200种教材和学术专著，覆盖航空宇航科学与技术、控制科学与工程、仪器科学与工程、信息与通信技术、电子科学与技术、力学、材料科学与工程、机械工程、电气工程、兵器科学与技术、船舶与海洋工程、动力机械及工程热物理、光学工程、化学工程与技术、核科学与技术等学科领域。一批长期从事国防特色学科教学和科研工作的两院院士、资深专家和一线教师成为编著者，他们分别来自清华大学、北京航空航天大学、北京理工大学、华北工学院、沈阳航空工业学院、哈尔滨工业大学、哈尔滨工程大学、上海交通大学、南京航空航天大学、南京理工大学、苏州大学、华东船舶工业学院、东华理工学院、电子科技大学、西南交通大学、西北工业大学、西安交通大学等，具有较为广泛的代表性。在全面振兴国防科技工业的伟大事业中，国防特色专业重点教材和专著的出版，将为国防科技创新人才的培养起到积极的促进作用。

党的十六大提出，进入21世纪，我国进入了全面建设小康社会、加快推进社会主义现代化的新的发展阶段。全面建设小康社会的宏伟目标，对国防科技工业发展提出了新的更高的要求。推动经济与社会发展，提升国防实力，需要造就宏大的人才队伍，而教育是奠基的柱石。全面振兴国防科技工业必须始终把发展作为第一要务，落实科教兴国和人才强国战略，推动国防科技工业走新型工业化道路，加快国防科技工业科技创新步伐。国防科技工业为有志青年展示才华，实现志向，提供了缤纷的舞台，希望广大青年学子刻苦学习科学文化知识，树立正确的世界观、人生观、价值观，努力担当起振兴国防科技工业、振兴中华的历史重任，创造出无愧于祖国和人民的业绩。祖国的未来无限美好，国防科技工业的明天将再创辉煌。

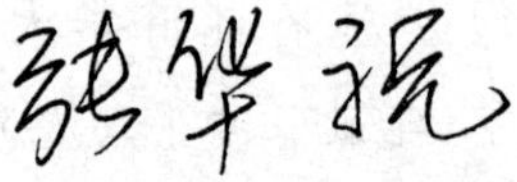

前　　言

回顾20世纪，制造业经历了从手工劳动到机械化、自动化的巨大变迁和辉煌历程，促成了生产力的飞跃发展和人类物质生活的极大丰富；同时也经受了并正在经受着信息技术和环境污染的巨大冲击，甚至曾经被称为“夕阳工业”。但是，信息革命也为制造业的发展带来了新的契机和动力。信息技术渗入制造业，促成了企业结构的变更和新的制造模式的诞生。“虚拟制造”“网络化制造”“计算机集成制造”等新的理论和技术就是在这种背景下诞生的。

虚拟制造是在20世纪90年代提出的新概念，它的产生是需求牵引和新技术推动的结果，也是制造过程仿真科学发展的必然趋势。经济全球化与市场竞争的加剧，要求加速产品开发进程，实现一次设计、协同设计和零废品制造；信息技术、虚拟现实技术的发展，又为虚拟制造概念的形成与发展提供了条件。

虚拟制造已成为当今制造科学的学科前沿之一，受到国家政府部门、企业界和学术界的广泛重视。在国家自然科学基金委员会编辑出版的《先进制造技术基础——我国先进制造技术发展战略研究报告》中指出：“虚拟制造技术是先进制造技术的前沿和先导，是我国跨世纪发展先进制造技术的优先领域之一。目前可以从产品的零部件、加工过程和产品局部性能的虚拟制造研究开始，争取在2010年前能为飞机、汽车等复杂产品的虚拟制造提供理论方法和技术。”

虚拟制造技术首先在航空、航天、汽车等大型复杂产品领域得到应用，并取得了明显效果。随着信息技术的不断发展和制造业信息化进程的不断深入，虚拟制造正在成为传统制造业与作为现代经济特征的信息产业的重要联系桥梁。它将信息技术的最新成果引入制造业，在促进新产品开发，提升传统产业水平，增强市场竞争力方面已显现出巨大的潜力，并必将成为信息化带动工业化的有力工具。

本书总结了近几年来国内外在虚拟制造研究方面的最新成果，也是作者及其同事们近几年来在国家自然科学基金、国家863项目、航空科学基金和国防基础研究项目等支持下开展相关研究所取得成果的综合。本书系统地介绍了虚拟制造的有关概念、相关技术、系统构建和典型实例。

本书分为上、下两篇。上篇为基础篇，包括第1章至第4章，主要介绍了虚拟制造的概念，虚拟制造与其他先进制造技术的关系，虚拟现实技术，虚拟制造系统的体系结构与建模方法等。在虚拟制造系统的特性、分类，虚拟制造技术的研究和发展趋势等方面介绍了作者的新见解。

本书下篇为应用篇，包括第5章至第11章，深入探讨了虚拟制造系统主要功能的实现方法及应用实例。在虚拟样机与虚拟产品开发、虚拟装配、虚拟柔性制造系统及实现、NC加工过程仿真、材料成型过程仿真、虚拟测试、微机电系统虚拟制造技术等方面详细介绍了作者的最新研究成果，其中也包括近几年来西北工业大学相关学科博士论文的部分内容。

本书由张树生、杨茂奎、朱名铨组织编写并统稿。其中第1章由张树生、杨茂奎编写，第2章由朱名铨编写，第3章由杨茂奎、张锋铭、张树生编写，第4章和第5章5.5节由张树生、孙宏伟编写，第5章其余章节和第6章由莫蓉编写，第7章由赵骥、朱名铨编写，第8章由杨茂奎编写，第9章由吴建军编写，第10章由刘笃喜编写，第11章由苑伟政、邓近军编写。

在本书编写过程中，乐清洪、马炳和、李建文、黎永前、马贵春等博士生在为本书搜集整理资料方面做了大量有益的工作，李建文、江月成为本书的绘图也付出了辛勤的劳动，在此一并表示感谢。

本书可供航空宇航制造、机械制造科学研究工作者及工程技术人员参考，也可用做机械制造及其自动化、航空宇航制造工程等有关专业研究生或者本科生的教材。

由于虚拟制造正处于发展之中，尚未形成自己的完整体系，本书介绍的内容也还在不断地发展与完善。作者殷切希望本书的出版，能对我国虚拟制造技术的研究和应用有所贡献，并进而促进我国国防制造业和其他制造业的信息化进程。由于作者水平有限，书中不足之处在所难免，欢迎广大读者提出批评与改进意见。

编　者

2005 年 10 月

于西北工业大学

目　录

上篇　基础篇

下篇 应用篇

上　篇

基础篇

第1章 绪 论

虚拟制造技术是20世纪90年代初提出的新概念，它是制造科学自身矛盾发展的必然，也是在激烈的市场竞争环境下产生的应对措施之一，同时虚拟制造技术也是信息技术与制造科学相结合的产物。本章主要探讨虚拟制造技术产生的时代背景，虚拟制造的定义、主要特点及其与其他先进制造技术的关系，提出和总结了当前虚拟制造研究中存在的问题及发展方向。

1.1 虚拟制造产生的时代背景

在世纪之交，随着国际关系多极化、消费多样化、经济全球化和贸易自由化趋势的不断发展，以及对资源和环境的高度重视，世界各国重新审视制造业的生产方式，对制造业的发展提出了更高的要求和新的制约条件。21世纪的制造业面临着新的历史性发展机遇和严峻的挑战。

一、制造业经营策略的变迁

随着经济发展和市场日趋饱和，制造业实现了从卖方市场到买方市场的转变，远离物质匮乏的人们也对产品提出了更高的要求。产品消费节奏明显加快，新产品从投放市场到退出市场的时间由过去的十几年甚至几十年缩短到2～3年，甚至更短。同时求新求异的心理使消费个性化趋势日益增强，批量生产的产品逐渐为个性化、多样化的产品所取代。市场的动态多变性迫使制造业改变经营策略。

制造企业的战略变迁如图1 1所示。20世纪60年代制造企业追求的是扩大生产规模;20 世纪 70 年代是降低生产成本;20 世纪 80 年代是提高产品质量;20 世纪 90 年代则进一步将加快市场响应速度列入企业追求的目标;而 21 世纪随着知识经济的到来,技术创新成为企业发展的灵魂。企业必须同时具备时间竞争能力、质量竞争能力、价格竞争能力和创新竞争能力才能赢得市场,从而使改进产品功能、提高产品质量、缩短开发时间、降低生产成本、完善售后服务都成为制造业面临的共同任务。

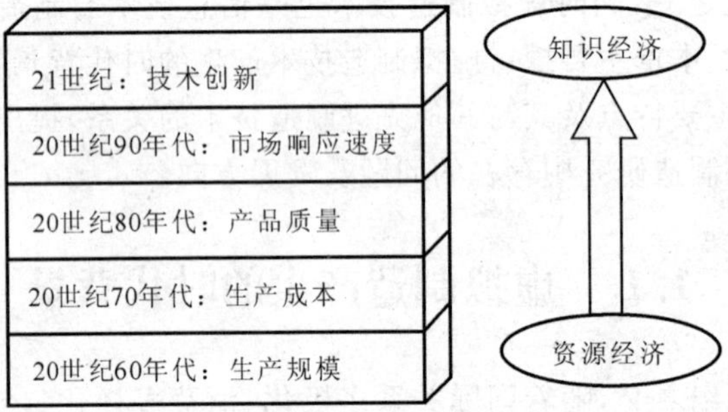

图 1-1　制造企业的战略变迁

经济全球化是当今世界经济发展的主要趋势。全球化是指资金、人才、技术等生产要素在全球范围内的流动和优化配置。生产分工的专业化、国际化已成为当今社会生产发展的主要趋势和主要形式,为了利用当地廉价资源、降低生产成本、扩大生产规模,跨国公司将其产品的零部件生产分布在许多国家进行。例如,美国波音公司生产的波音 747 飞机有 450 万个零件,由 62 个国家的 2 万多家企业生产;德国奔驰汽车的海外零件供应商有 5 万多家;IBM 公司的零部件有 70% 来自海外。全球化趋势为制造业的优化配置提出了新的要求。

在 1995 年,美国提出的"下一代制造(NGM,Next Generation Manufacturing)"项目认为经济全球化是推动制造业变革的动力,顾客响应度、设备响应度、人力与组织响应度及全球的响应度是未来企业必须具备的属性。

二、信息科学推动了制造业的变革

近20年来，计算机科学和信息科学的迅速发展已经和正在促使人类生活、生产方式发生革命性的变化，全球正经历着由传统经济向知识经济、网络经济的转变。利用信息技术改造传统制造业已成为现代制造业发展的必由之路，信息技术也已成为现代制造业的技术基础。

20世纪70年代计算机技术的发展推动了计算机辅助设计(CAD)、计算机辅助工艺过程设计(CAPP)、计算机辅助制造(CAM)、物料管理规划(MRP)等工具与系统的开发与实现。20世纪80年代初，以信息集成为核心的计算机集成制造系统(CIMS)的概念开始得到实施。20世纪80年代末，以过程集成为核心的并行工程(CE，Concurrent Engineering)方法提出了在设计时考虑可制造性、可装配性的工作模式，并出现了产品数据管理(PDM)、工作流管理等业务流程的支持技术。进入20世纪90年代，虚拟现实技术的迅猛发展，促进了虚拟制造(VM，Virtual Manufacturing)的形成和发展，并进而推进了敏捷制造、虚拟企业等新概念的形成和实现。

在波音777飞机的研制中，美国波音公司应用虚拟现实技术开发了一个名为“先进计算机图形交互应用系统”的虚拟环境，设计师戴上头盔显示器和数据手套，就可以在虚拟的三维飞机模型中遨游，检查飞机的各项性能，发现各种潜在的布局、装配、宜人性等问题。

美国拖拉机公司用虚拟设计方法代替常规设计方法，把原来从设计到定型所需的6～9个月时间缩短到不足1个月，而且允许用户在虚拟环境下观察试验，并在1993年获得虚拟现实应用奖。

福特汽车公司用“Ford Alpha Simulations Engineering”系统评价汽车装配，该系统把所产生的文件送入包括有头盔显示器和数据手套的 VR 系统进行装配。

2004 年初,世人瞩目的美国“勇气”号和“机遇”号火星探测器成功登陆火星,开创了人类征服太空的新创举。从已发表的大量图片和文字介绍资料中可知,虚拟制造技术在“勇气”号和“机遇”号的研制中起到了重要作用,许多设计、试验和仿真都是先在探测器的虚拟样机上完成的。美国宇航局喷气推进实验室的科学家和工程师正在策划一个“科学活动计划者”的试验来进行“勇气”号和“机遇”号的火星漫游。科学家说,在“科学活动计划者”的试验装置中,当虚拟的火星车在虚拟的三维火星地面场景中行驶时,可以做到像真实火星车一样的精确。

1.2 虚拟制造的概念

一、虚拟制造

虚拟制造又称拟实制造,一些国外文献上也称为像素制造(Manufacturing on Pixels)或屏幕制造(Screen Manufacturing)。“虚拟”这个词目前在许多领域不断出现,如“虚拟存储器”“虚拟现实”“虚拟仪器”“虚拟演播室”“虚拟团队”等,但什么是制造中的“虚拟”,目前还没有广泛认同的定义,不同学者对虚拟制造概念的理解还有某些差异。

为了便于读者更准确地理解虚拟制造的各种定义,本书在给出定义译文的同时,也提供了定义的原文,以便读者对比参考。

二、日本学者 Onosato, Iwata 的定义

Onosato 和 Iwata 是日本大阪大学最早研究虚拟制造系统的学者,他们认为“虚拟制造是用模型和仿真代替真实世界中的实体及其操作的计算机化的制造活动的综合概念”(VM is a key concept that summarizes computerized manufacturing activities dealing with models and simulations instead of objects and their operations in the real world.)。他们把真实制造系统分解为真实物理系统(RPS,Real Physical System)和真实信息系统(RIS,Real Information System)两部分。

真实物理系统由实际存在的实体组成,例如材料、机床、工具、机器人、夹具、工件、产品、控制器、传感器等。真实信息系统包括有关信息处理和决策的全部活动,例如设计、规划、调度、控制、评价等,它不仅包括计算机,还包括制造系统中的人员。真实制造系统中真实信息系统的活动和真实物理系统中的实体有明显的物理界面,同时通过信息交换又互相关联。真实物理系统通过传感器、数据终端和其他通信渠道将状态报告传送给真实信息系统,真实信息系统将控制命令又返回真实物理系统,以控制设备。即真实信息系统通过状态报告了解真实物理系统,通过控制命令驱动真实物理系统。

Iwata 等提出:假如有一台计算机系统可以翻译解释来自真实信息系统的控制命令,并可以返回状态报告,其响应完全与真实物理系统的响应等价,那么,这台计算机系统就可称为"虚拟物理系统(VPS,Virtual Physical System)。

同样,如果一个计算机系统可以模拟真实信息系统的功能,而真实物理系统中的机器甚至无法区分控制命令是来自真实信息系统还是来自计算机,那么这个计算机系统称为虚拟信息系统 VIS。通过选择不同的物理系统和不同的信息系统,就可以得到以下四种类型的制造系统:

(1) RPS + RIS = 真实制造系统。

(2) RPS + VIS = 自动化制造系统。

(3) VPS + RIS = 虚拟制造系统(物理的)。

(4) VPS + VIS = 虚拟制造系统(虚拟的)。

Iwata 将(3)、(4)类型的系统称为虚拟制造系统,其共同特征是物理系统并非真实存在,而是一种虚拟模型。因此,虚拟制造系统是一种不消耗物质和能量，不产生真实产品，只产生信息的系统。虚拟制造系统应当是与真实制造系统等价的系统，虚拟物理系统是实现虚拟制造系统的关键。

由于 Iwata 等定义的真实信息系统中包括人，因此，对虚拟物理系统的评价中也必然包括操作者的感受。真实感就成为虚拟物理系统与其他系统仿真模型的重要区别之一。

第(3) 种类型虚拟制造系统中的信息系统是真实信息系统。也就是说，虚拟制造系统接受来自真实世界(包括操作者) 的控制命令，又将动作后的状态信息返回真实世界，因而是半开放制造系统(或半封闭制造系统)，与此相对应，可以将第(4) 种类型的虚拟制造系统称为全封闭制造系统。

三、Hitchcock 等对 VM 的描述

在 1994 年，Hitchcock 指出：虚拟制造是一个集成的、综合的制造环境，通过运行该制造环境可以改善制造企业中各个层次的决策和控制(VM is an integrated, synthetic manufacturing environment exercised to enhance all levels of decision and control in a manufacturing enterprise.)。这是目前引用较多的一个关于虚拟制造的定义。

在 1994 年，Nahavandi 和 Preece 对 VM 更具体的描述为：虚拟制造可以描述为实际存在的或尚不存在的制造装置的仿真模型，它含有与制造过程、过程控制与管理、产品规格数据有关的全部信息，它也可包括部分真实的和部分虚拟的制造企业(VM can be described as a simulated model of the actual manufacturing setup which may or may not exist. It holds all the information relating to the process, the process control and managment and product specific data. It is also possible to have part of the manufacturing plant be real and the other part virtual.)。

Kimura 提出了分析研究制造过程的方法与步骤(称为虚拟制

造）：

（1）在相关理论和已积累知识的基础上对制造知识进行系统化组织；

（2）在以上分析活动的基础上，对工程对象和制造活动进行全面建模；

（3）在建立真实制造系统前，采用计算机仿真来评估设计与制造活动；

（4）由以上评估来消除不合理结果；

（5）对模型进行日常维护来实现高质量的仿真。

美国佛罗里达大学 Glonra Wiens 等人将虚拟制造定义为：虚拟制造是这样一个概念，即虚拟制造与实际制造一样，只是在计算机上执行的制造全过程，其中虚拟模型是在实际制造之前用于对产品的功能及可制造性的潜在问题进行预测。

从上述定义可以看出，虚拟制造涉及多个学科领域，它是对制造领域知识的综合应用，是对制造过程中各个环节，包括产品设计、加工、装配，以及企业的生产管理与调度进行统一建模，形成一个可运行的虚拟环境，以实现对实际制造过程的动态模拟。但是，在上述定义中并未提到虚拟现实技术，由此可以看出，虚拟制造技术是制造科学本身矛盾运动的必然产物，它并不是虚拟现实技术的直接扩展。但是，虚拟现实技术为虚拟制造技术提供了新的表现手段，并为虚拟制造技术增添了新的内容和色彩。

四、虚拟制造的定义及特点

通过对国际上具有代表性文献的综合，可以对虚拟制造给出如下的定义：虚拟制造是实际制造过程在计算机上的本质实现，即采用计算机建模与仿真技术、虚拟现实或（及）可视化技术，在计算机网络环境下群组协同工作，模拟产品的整个制造过程，对产品设计、工艺规划、加工制造、性能分析、生产调度和管理、销售及售后服务等做出综合评价，以增强制造过程各个层次或环节的正确决策与控制能力。

可以看出，虚拟制造并不是真实的制造过程。它不产生真实产品，基本不消耗材料和能量，而是利用制造对象、制造资源和制造过程的模型来展现“制造”的本质过程。

利用虚拟制造系统可以进行两方面的仿真：

(1) 产品全生命周期仿真：仿真产品的生命全过程。在设计阶段，通过性能仿真、装配过程仿真，评价产品的可适用性、宜人性和可装配性；在制造阶段，进行可制造性分析及工艺过程可行性分析；在使用阶段，进行用户培训和可维修性分析与评价。

(2) 企业行为仿真：在真实制造过程发生之前，对生产的组织过程进行仿真，评价虚拟企业内各伙伴的可合作性。

虚拟制造是多种计算机辅助技术面向产品全生命周期的集成化综合应用，涉及的技术领域极其广泛，其中许多技术并非虚拟制造所特有，有些技术在其他领域早有研究和应用，如产品三维几何建模技术在CAD领域已非常成熟，仿真优化技术也已在许多领域广泛应用。但是，虚拟制造技术不是已有各单项技术的简单组合，而是对制造知识进行系统化组织，对产品对象、制造资源和制造活动进行全面建模，在相关理论和已有知识积累的基础上实现集成，它的主要特点是：

(1) 虚拟性：在一个虚拟的制造环境里，虚拟制造可进行产品的设计、制造和测试。简单的虚拟制造可以通过在计算机屏幕上对数字化的三维模型对象进行各种操作工具调用和人机交互来实现；而在基于VR的虚拟制造环境下，设计人员和用户则可以将自已置身于逼真的制造环境之中，直接操纵虚拟的产品对象，改变其尺寸、形状、结构布局，模拟装配和维修过程等，并从不同的视点观察和评价。观察者还可以和过去的、现在的、甚至未来的工厂设备进行交互，通过对工厂或产品的全生命周期的预演，对制造过程进行体验和构想。

(2) 集成性：虚拟制造系统实际上是一个各种产品仿真软件

的公共通信平台，也是各种相互独立的制造技术（如CAD,CAE,CAPP,CAM等）的数字化集成环境，可实现各种相关技术的无缝连接。

（3）分布性：可使分布在不同地点、不同部门的不同专业人员在同一个产品模型上协同工作、相互交流，实现信息共享，减小大量的文档生成及其传递时间，也减少了由此产生的相应误差，从而加快了产品开发过程。

（4）依赖性：虚拟制造系统的运行以及对制造过程的描述和评价是基于人们对实际物理过程的理解和认识，因此，它只是人类对制造过程认识的综合演练，并不能产生关于实际物理过程的新知识，其仿真精度也受限于仿真模型与真实模型的近似程度。

与传统的制造方法和手段相比，虚拟制造具有以下方面的突出优势：

（1）缩短产品研制周期：通过虚拟制造对实际制造过程进行预先仿真，便于及早发现产品的设计问题和缺陷，及时修改设计，使各种问题的发现由事后检验为主变为事先预测为主，并且虚拟制造的仿真运行要比实际物理系统快成千上万倍，可大大提高产品设计制造的一次成功率，显著缩短产品的研制周期；并且不需要物理设备、零件毛坯、操作人员全部到位后就可以进行，实际产品尚未问世，虚拟产品就已经登上广告，提高企业快速响应和占领市场的能力。

（2）降低产品研制成本：由于整个虚拟制造过程都是围绕虚拟的模型对象在计算机系统上开展的，其输入和产出均为数字化的产品，所以基本上不消耗物质和能量，不占用存储空间和库房，可以减少甚至取消大量的物理样机制作、试验和测试，从而显著地降低产品研制成本。

（3）提供了一个先进的制造系统仿真平台：对于成功运行过的虚拟制造系统，其产品对象模型、设备对象模型和生产过程模型都存储在计算机系统之中，非常便于重组和再利用，为其他新产品的开发和各种先进制造模式(系统)的验证实施提供了一个先进的仿真平台。例如一个企业要改进某条生产线的运行方式,可以先在对应的虚拟生产线上尝试、评价各种拟改进的制造策略,从而大大地降低可能产生的风险,以及由于中断实际生产线运行所带来的各种损失。

五、虚拟制造与实际制造的关系

虚拟制造不是无源之水,无本之木,而是现实制造过程在计算机上的映射,即采用计算机仿真与虚拟现实技术,在高性能计算机及高速网络的支持下,在计算机上群组协同工作,实现产品设计、工艺规划、加工制造、性能分析、质量检验,以及企业各级管理与控制等产品的制造过程,以增强制造过程各级的决策与控制能力。该映射具有下述特性:

(1) 映射的定义域是实际制造过程,值域是虚拟制造过程,直接结果是全数字化产品,映射的介质是网络计算机环境。

(2) 该映射是非线性迭代过程,需要多次循环直到满足要求为止。

(3) 虚拟制造的结果千差万别,难以预测,因而可能是一个混沌的过程。

(4) 由于人是整个系统的主体,将人的智能以控制参数的形式复合进去,该映射在一定程度上也是可控的。由于不同的人其技术水平和经验不同,因而控制参数具有模糊特性。

虚拟制造系统是通过对实际制造系统进行抽象、分析、综合,得到实际生产的全部数字化模型。虚拟制造的最终目标是指导实际生产。因此,虚拟制造是实际制造的抽象,实际制造是虚拟制造的实例。

在 1979 年 3 月,美国原子能委员会关闭了五座核电站,其原因是设计时选用的冷却水管道系统的数学模型不准确,仿真结果不可靠,使建造后的系统难以承受地震波的冲击。虚拟制造系统对制造系统的评价也存在类似的问题，因此，虚拟制造过程研究绝不能代替真实制造过程的试验研究。正如西安交通大学的谢友柏院士指出的那样："任何模型都是建立在已有知识基础上的。当我们把屏幕做得很漂亮，输入输出做得很逼真，色、香、味俱全时，千万不要忘记：创新面对的是未知世界，而由已有知识构成的模型，并不能完全反映这个世界。还要运用其他获取知识的途径，如物理模型试验、样机试验、产品现场运行记录等等，才能获取比较完整和真实的知识。"

1.3 虚拟制造的相关技术及研究现状

一、虚拟制造的相关技术

虚拟制造的相关技术包括输入、输出设备及计算机硬件技术、集成这些硬件系统的电子化技术和软件技术，它们之间的关系如图1-2所示。计算机仿真优化技术、三维建模技术和网络技术是虚拟制造的核心与关键技术。为了使虚拟制造得到全面应用，有必要在以下一些方面进行深入研究。

图1-2 虚拟制造相关技术及其之间的关系

1. 软件方面

(1) 可视化技术:以含义丰富、便于理解和直观的方式向用户提供信息。

(2) 环境构建技术:开发虚拟制造工作环境,使可视化和虚拟制造的其他功能便于实现。

(3) 信息描述技术:有关方法、语义、语法的信息表达。

(4) 宏模型技术:构造、定义、开发能包容模型间交互作用的宏模型。

(5) 基础结构与体系结构集成技术:硬件的基础结构与软件系统结构的集成。

(6) 仿真技术:真实系统的计算机建模。

(7) 方法论:开发和应用虚拟制造系统的方法。

(8) 制造的特征化技术:提取、测量与分析影响虚拟制造过程中物料处理(加工)的特征。

(9) 虚拟制造系统的验证与评价:包括评价虚拟制造环境有效性的方法。

(10) 虚拟制造系统中,人与系统的关系:虚拟制造系统中人与人、人与机器相互关系的测度与优化。

2. 硬件方面

(1) 输入、输出设备。如基于阴级射线管(CRT)或液晶显示(LCD)的头盔式显示器,计算机显示器,投影系统,立体眼镜,具有柔性光纤的数据手套、数据衣,听觉与语音系统等。

(2) 与输入、输出设备相关的信息存取系统及计算机接口。

(3) 高速数据计算系统与高质量的图像处理系统。

(4) 网络结构(星型、总线型、环型),在不同节点的硬件系统及通信设施。

1996 年,Larwrence Associates Inc. 将与虚拟制造相关的技术划分成 4 个级别:核心技术级(Core Technology)、使能技术级(Enabling Technology)、突破技术级(Show Topper Technology)

和一般技术级(Common Technology)。核心技术是 VM 的基础或关键技术,它定义了 VM 能够做什么;使能技术是指那些对建立 VM 虽然不是核心但却是必须的技术;突破技术是指如果没有这些技术,VM 系统就不可能建立;一般技术是指广泛使用的技术。下面给出了这 4 个级别技术涉及的主要内容。

(1) 核心技术:过程特征的虚拟制造方法学、装配仿真技术、产品和工艺的说明性表达、虚拟制造 Meta 模型的自然语言、费用数据库及集成、VM 用户界面、VM 知识系统的方法学、VM 框架(指南、集成标准等)、设计抽象的方法学、与概念设计及可能的制造方法有关的工具以及与基于制造特征的工艺及成本估计有关的工具、制造工程自动化(基于知识的计算机应用到制造工程决策)、仿真体系结构。

(2) 使能技术:制造过程的计算机特征化,广义工艺规划,基于物理工艺建模,多水平产品定义模型,基于三维表面的造型,模型部件互换,将动态、分布、合作的模型集成的能力,Meta 模型,将机床的矩阵信息映射到企业矩阵的技术,模型校验工具,显示技术,达到"最优设计"的冲突解决,将制造各阶段的信息集成和关联的 STEP 技术,工作流工具,决策效果的自动评价的决策支持工具,面向对象的、动态的、函数化的语言和基于事件建模。

(3) 突破技术:制造过程的计算机特征化,体素,模型,数据交换及连接,安全性,密码技术,显示技术。

(4) 一般技术:知识表示的方法学、协议、语法,大型集成数据库结构,面向对象的数据库、体素、子模型,顾客的数据模糊理论,重构性和模块化的软件,混沌理论,自治代理,计算机硬件性能、高性能计算,联网,通信。

二、虚拟制造的研究和应用现状

从虚拟制造概念的提出到迄今为止,虽然只有短短的几年,但它已成为世界各国科技界、企业界研究和应用的热点之一,它对制造业的革命性影响也已初现端倪。世界上许多国家都将虚拟制造看做是21世纪制造业变革的核心技术之一,纷纷从不同方向开展研究和应用。

在美国,目前已形成了由政府、企业、大学组成的多层次、多方位的虚拟制造技术研究与开发格局。美国国家标准及技术局(NIST,National Institute of Standards and Technology)下属的制造工程实验室制造系统集成部,专门负责研究和建立实施计算机集成制造系统所需的各种标准和技术,正在建立称之为国家先进制造测试平台(NAMT,National Advanced Manufacturing Testbed)的虚拟制造环境,以支持虚拟制造技术的研究和应用,目前开发出一个集成CAD,CAPP和工程数据仿真验证等功能的计算机辅助制造工具软件包。波音公司与麦道公司联手建立了MDA(Mechanical Design Automation)。华盛顿州立大学(Washington State University)虚拟现实与计算机集成制造实验室先后开展了分布式协同虚拟样机设计、虚拟装配、虚拟环境下的人机交互等虚拟制造技术研究,该实验室与NIST合作,将商品化的CAD系统与沉浸式虚拟现实技术相结合,开发出虚拟装配和设计平台VADE(Virtual Assembly Design Environment),使得工程师能够基于该平台来规划、分析、仿真和评价机械产品的装配过程。马里兰大学(University of Maryland)完成了虚拟制造数据库的研究与开发。芝加哥伊利诺斯大学(University of Illinois at Chicago)应用虚拟现实技术研究了虚拟齿轮工厂的构建技术,并用以分析和仿真复杂齿轮产品的设计和制造过程。

在欧洲,许多大学如英国曼彻斯特大学(University of Manchester)、巴斯大学(University of Bath)、德国Darmstartt技术大学等都将虚拟制造作为新兴的一个重要研究方向,从不同角度开展了深入研究。

在日本,形成了以大阪大学为中心的研究开发力量,进行了大量的虚拟制造系统体系结构的基础研究和系统开发工作。

在虚拟制造技术成为国内外研究热点的同时，该项技术的应用也正在众多领域中蓬勃展开，对传统制造模式和方法的变革起到了重要的促进和影响作用。虚拟制造技术首先在航空、航天、汽车等领域得到应用，在缩短产品开发周期、降低开发成本、快速响应市场等方面呈现出明显的技术优势，产生了巨大的经济效益。其中一个典型的成功范例是美国波音公司 777 客机的设计和制造，通过应用虚拟制造技术，使得波音 777 客机的整机设计、部件测试、整机装配以及各种环境下的试飞均在计算机上完成，开发周期从过去的 8 a 时间缩短到 5 a，并在一架样机未生产的情况下就获得了用户的飞机订单。

欧洲空中客车公司一改过去传统的产品研制及开发方法，采用虚拟制造及仿真技术，将“空客”飞机的试制周期从 4 a 缩短为 2.5 a，不仅提前投放市场，而且显著降低了研制费用及生产成本，大大增强了全球竞争能力。

波音-西科斯基公司在设计制造 RAH－66 直升机时，采用数字样机技术和多种仿真技术在计算机网络环境下进行设计和验证，虽花费了约 4 590 h 的仿真测试时间，却节省了 11 590 h 的试飞时间，节约经费总计达 6.73 亿美元，取得了巨大的经济效益。同时，采用数字化虚拟设计也使得所需的人力大为减少。在采用虚拟制造技术之前，如 CH－53E 型直升机的设计，曾使用了 38 名技术人员耗时 6 个月才绘制出飞机的外形生产轮廓图纸；而在 RAH－66 的设计中，仅由 1 名工程师花费 1 个月时间就完成了同样的绘图工作。

福特汽车公司和 Chrysler 公司与 IBM 合作，开发虚拟制造环境并应用于某新型轿车的研制，在样车投入生产之前，发现了其定位系统的多处设计缺陷，通过及时改进设计使该新车的研制开发周期缩短了 1/3，由过去所需的大约 36 个月缩短至 24 个月。

在 1997 年，美国通用汽车公司利用 UGⅡ 软件，建成了该公司第一个全数字化的机车样机模型，并围绕这一数字模型并行地进行产品设计、分析、制造、夹模具工装设计和可维修性设计，取得了显著效果。

1998 年，日本日产汽车公司与美国 SDRC 公司签订了总额超过 1 亿美元的特大合同，购买软件、服务，主要用于面向 21 世纪的新车型数字样车的开发。该公司计划将数字样机技术全面应用于概念设计、外观设计、覆盖件设计、整车仿真分析等汽车生产的主要过程。

Perot System Team 利用 Deneb Robotics 公司开发的 QUEST 及 IGRIP 设计仿真平台，进行某一新增生产线的设计仿真与运行仿真，在所有设备订货之前，对该生产线的运动学、动力学、加工能力等各方面进行了分析与比较，使生产线的建成投产周期从传统的 24 个月缩短到 9 个半月。

加拿大国家科学研究院集成制造技术研究所，正在与美国通用汽车公司国防产品部合作研制轻型装甲战车，其中大量采用了基于 VR 的虚拟设计技术，在洞穴式 VR 环境中进行逼真的装甲战车设计、仿真和评价。

我国对虚拟制造技术的研究和应用尚处于起步阶段，但发展迅速，目前已成为众多科研机构、高等院校和企业关注的研究和应用热点之一。国家自然科学基金委员会、国家 863/CIMS 主题近年来不断加强对虚拟制造及其相关技术的支持力度，资助了多项虚拟制造方面的研究项目。1998 年 9 月，在机械工业部门主持下，在北京召开了国内首次“虚拟制造技术研讨会”，进一步推动了我国虚拟制造技术的研究和发展。设在清华大学的国家 CIMS 工程技术研究中心正在建立虚拟制造研究基地，围绕虚拟制造平台、虚拟生产平台、虚拟企业平台和基于 PDM 的虚拟制造平台集成等 4 个方面开展虚拟制造技术的研究。清华大学从 2000 年开始实施的“轿车数字化工程”，采用虚拟制造技术，开展轿车研发与生产的关键技术研究与攻关。上海交通大学在国家自然科学基金重点项目的支持下，开展了虚拟制造系统的体系结构及其关键技术研究。西北工业大学开展了虚拟生产线、虚拟装配、虚拟制造中的可视化产品信息共享等技术的研究。哈尔滨工业大学开展了多机器人虚拟生产平台、虚拟加工检测、虚拟坐标测量机等虚拟制造技术的研究。浙江大学、西安交通大学、华中科技大学、南京理工大学、四川大学、广州工业大学等也都在虚拟制造领域开展了多方面的研究和应用。

1.4 虚拟制造技术与其他先进制造技术的关系

一、计算机集成制造系统与虚拟制造系统

1. 计算机集成制造(CIM)与计算机集成制造系统(CIMS)

计算机集成制造是由美国于1973年首次提出的制造系统模式,是一种组织企业的哲理和思想。其核心内容是:对制造企业来说,市场预测、产品设计、加工制造、经营管理直至售后服务是一个不可分割的整体,需要统筹考虑。整个制造过程的实质是信息采集、传递和处理过程,最终生产的产品可看做是信息的物质表现。信息集成是CIM的核心,通过将原来相互独立的各种CAX系统通过信息集成实现共享,从而获得企业组织结构和运行方式的整体优化,提高企业对市场变化的动态响应速度和整体效益。计算机集成制造系统(CIMS)是CIM哲理的具体实现。CIMS通常由管理信息系统、工程设计自动化系统、制造自动化系统、质量保证系统、计算机网络系统和数据库系统六部分组成。

2. 计算机集成制造系统与虚拟制造系统的关系

CIMS的集成是通过物理的、逻辑的联系将企业活动的各个"节点"连接在一起,以便在各节点的运行系统之间传递和共享信息。虚拟制造系统则是CAD,CAE,CAPP,CAM等"节点"数字化模型的虚拟集成,是实际制造过程的模型化映射。CIMS与虚拟制

造都具有优化制造过程的目的，但虚拟制造系统的虚拟性、易创建性以及虚拟现实技术的应用，又使得虚拟制造系统具有CIMS所不具备的优点。CIMS为虚拟制造系统中的信息集成需求提供有效手段和方法，虚拟制造系统则可为CIMS的实现提供完备的仿真环境，为提高CIMS运行效率、消除设计缺陷提供技术支持。

二、敏捷制造与虚拟制造技术

1. 敏捷制造(Agile Manufacturing)的含义与特征

20世纪80年代，美国通用汽车公司与里海大学(University of Lehigh)共同提出了敏捷制造的概念。它是以竞争力和信誉度为基础，选择合作伙伴组成虚拟企业，实现信息共享、分工合作，以增强整体竞争能力，对市场变化做出快速反应，满足用户需求。

敏捷制造的主要特征：① 通过先进的柔性生产技术、动态的组织结构和高素质的工作人员的集成，获取企业的长期利益。② 企业间协作集成。充分发挥各企业的优势，针对市场的目标和要求共同合作完成任务。③ 高度的制造柔性，指制造企业具有针对市场需求迅速转产和快速实现多品种小批量生产的能力。④ 动态联盟的组织结构。由优势互补的若干企业组成的动态联盟随市场机遇出现而建立，随产品或项目完成而解体。

2. 敏捷制造与虚拟制造的关系

敏捷制造的核心功能是快速应变，为了达到这一目的，关键是迅速选择合适的合作伙伴，建立虚拟企业。虚拟企业与虚拟制造并没有直接的相互依赖关系，但虚拟制造技术可以为虚拟企业的合作伙伴选择及评价合作进程等提供协同工作及运行支持的环境。

三、并行工程与虚拟制造技术

1. 并行工程(Concurrent Engineering)的概念

并行工程是集成地、并行地进行产品设计及其相关过程(包括制造过程和支持过程)的系统方法。这种工作模式要求产品开发人员组成多领域工作团队，在设计阶段就考虑产品整个生命周期中各下游环节的影响因素，包括设计需求、可制造性、可装配性、可检测性、可维修性、可回收性、质量／成本／进度控制和用户要求等，通过提高各环节小循环之间的并行度和协同程度，来避免传统方式下各环节严格串行所经常产生的大修大改和重新设计－制造的大循环，力争产品一次投产成功。

2. 并行工程与虚拟制造的关系

为了达到并行工程的目的，必须实现产品开发过程的集成并建立产品主模型，通过它来实现不同部门人员的协同工作。为了达到产品的一次设计成功或减少反复，它在许多部分都应用了仿真技术，其中主模型的建立、局部仿真的应用等都是虚拟制造的重要研究内容。

并行工程是虚拟制造的实施目标之一，虚拟制造则为并行工程的实现提供了一种有效的技术手段。虚拟制造使设计和制造的并行成为可能。例如在设计过程中，可以通过虚拟环境下的制造过程仿真和检测仿真来评价产品的可制造性和产品性能，发现设计缺陷并及时修改相关模型，从而支持并行工程的实施。

实际上，在 20 世纪 50 年代，我国倡导的"边设计，边制造"的生产模式就属于并行工程的范畴，但由于当时科学技术水平的限制，缺乏必要的仿真手段和快速的信息交换工具，而难以达到提高研制开发速度和提高产品质量的目标。虚拟制造技术的发展为并行工程提供了技术支持，也使并行工程具有了新的内涵。

四、精益生产与虚拟制造技术

精益生产（Lean Production）的概念首先是由美国麻省理工学院（MIT）根据日本丰田汽车公司的生产模式提出来的。它是日本丰田汽车公司在 20 世纪 50 年代为解决所面临的市场小、产品品种多，而又缺乏资金购买西方最新生产技术的问题而创造的一种新的生产方式。其实质是在产品开发、生产过程中，通过项目组和生产小组的形式，把各方面的人才集成在一起，把生产、检验与修理等场地集中布局，简化产品的开发、生产、销售过程，简化组织机构，实现最大限度的精简，获取最大效益，提高企业竞争力。

精益生产的特征：① 重视客户需求，以最快的速度和适宜的价格提供质量优良的适销新产品去占领市场，并向客户提供优质服务。② 重视人的作用，强调一职多能，推行小组自治工作制，赋予每个员工有一定的独立自主权，运行企业文化。③ 精简一切生产中不创造价值的工作，减少管理层次，精简组织结构，简化产品开发过程和生产过程，减少非生产费用，强调一体化质量保证。④ 精益求精、持续不断地改进生产，降低成本，做到零废品、零库存和产品品种多样化。

精益生产要求简化生产过程，减少信息量，消除过分臃肿的生产组织，使产品及其生产过程尽可能地简化和标准化。这样做的结果对虚拟制造的建模仿真是十分有利的，即生产过程越简化则虚拟制造实现起来就越容易。同时虚拟制造技术为研究制造过程简化方案提供了得力工具，通过方案的虚拟运行，发现方案的不足，评价方案的效果。

五、绿色制造与虚拟制造技术

20 世纪 60 年代以来，全球经济以前所未有的高速度持续发展。但由于忽略了环境问题，结果带来了全球变暖、臭氧层破坏、酸雨、空气污染、水源污染、土地沙化等恶果。据统计，造成环境污染的排放物有 70% 以上来自制造业，它们每年约产生出 55 亿 t 无害废物和 7 亿 t 有害废物。绿色制造(Green Manufacturing) 正是解决该问题的根本方法和途径，也是 21 世纪制造业发展的必然趋势。

绿色制造是一种综合考虑环境影响和资源效率的现代制造模式，其目标是在不牺牲产品功能、质量和成本的前提下，综合、系统地考虑产品开发制造过程对环境的影响，使产品在整个生命周期中对环境的负面影响最小,资源利用率最高。绿色制造涉及的主要内容包括:① 绿色材料及其选择。在满足一般功能要求的前提下,选择具有良好环境兼容性的材料。② 绿色工艺。通过改变原材料构成、有用副产品的利用、回收产品或回收原材料的再利用,来提高产品材料的循环利用率;通过变革传统生产工艺或制造技术,使制造过程的废物产量、能源消耗、对生态和人文环境的破坏减少到最低程度;开展排放物对空气、土壤、水源等环境影响的评价。③ 绿色包装。尽量选用无毒、无害、可回收、易处理的包装材料,同时抛弃求新求异的消费理念,简化包装,以减少资源浪费,减少环境污染,降低垃圾处置费用。

绿色制造的提出是人们日益重视环境保护的必然选择。国际制造业的实践表明,通过改进制造工艺来减少废弃物,要比处理已经排放的废弃物大大节省开支,因此,绿色制造是制造业必须普遍重视的课题。由于绿色制造的研究还刚刚开始,制造过程的环境影响模型还未能建立,在虚拟制造研究中对制造过程环境影响方面的研究尚不多见,但可以预料,绿色制造仿真必定是未来虚拟制造系统的重要内容之一。

六、智能制造与虚拟制造

1. 智能制造技术的概念

智能制造目前尚无公认的定义。综合来讲,智能制造技术(IMT,Intelligent Manufacturing Technology)是指在制造工业的各个环节,应用计算机来模拟人类专家的制造智能活动,对制造问题进行分析、判断、推理、构思和决策,以取代或延伸制造环境中人的部分脑力劳动,并对人类专家的制造智能进行收集、存储、完善、共享、继承和发展。因此,智能制造是以整个制造业为研究对象,其主要研究开发目标有:① 制造业的全面智能化,以机器智能取代人的部分脑力劳动,强调整个企业生产经营过程大范围的自组织能力;② 信息和制造智能的集成与共享,强调智能型的集成自动化。

2. 智能制造与虚拟制造的关系

智能制造系统是以高度集成化和智能化为特征的自动化制造系统，也是传统制造技术、新兴计算机技术、人工智能技术与各种先进制造技术融合发展的必然结果，力图在整个制造过程中通过计算机将人的智能活动与智能机器有机融合，从而实现制造过程的最优化、智能化和自动化。虚拟制造为智能制造过程进行仿真与评估，为智能制造过程优化提供了技术支持。

综上所述，虚拟制造是在虚拟世界中进行设计与制造，并通过网络、数据库等与现实世界相联系，以指导现实生产。并行工程、集成制造、精益生产、敏捷制造、绿色制造和智能制造都是现实生产的先进制造技术，这些制造系统既为虚拟制造提供了技术支持，又接受虚拟制造的指导。它们与虚拟制造的关系如图 1－3 所示。

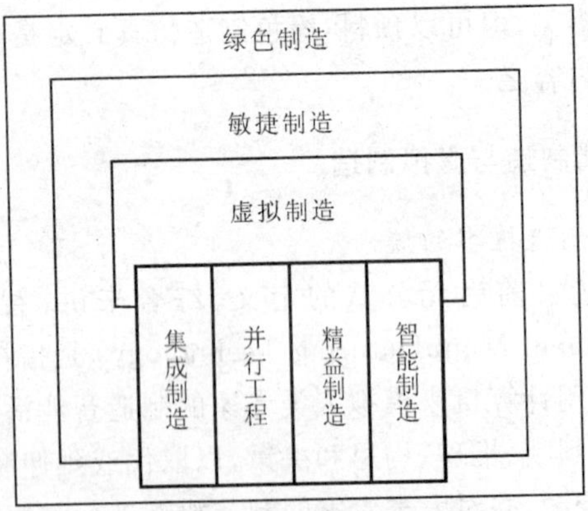

图 1－3　虚拟制造与其他先进制造技术的关系

1.5　虚拟制造研究与发展趋势展望

一、虚拟制造需要进一步研究的主要问题

虚拟制造系统是一个复杂的系统，其理论基础和体系尚未形成，研究工作面临的是多种学科的交叉和多种高新技术的融合，需要研究、探索和解决的问题很多，涉及的研究范围也非常广泛。目前所见到的文献主要可分为两类：一类是从制造策略宏观角度出发，分析虚拟制造概念及其产生背景、应用前景，并对虚拟制造的体系结构进行研究，大多属于系统层次级的范畴；另一类则围绕设计或制造的某一局部环节开展虚拟制造技术的研究和应用，但研究深度和成熟度都不够，系统性和集成性也较差。因此可以说，迄今为止虚拟制造技术还处在它的发展时期，无论从理论的角度还是从应用的方面，都对虚拟制造技术提出了许多发展需求。概括地说，需要在如下方面对虚拟制造开展进一步的研究和实践。

1. 虚拟制造的理论技术体系和方法论

由于"虚拟制造"的概念出现才数年时间，其理论技术体系和实施方法论尚未很好建立，还需要在一系列重要问题上予以澄清与突破。如虚拟制造的内涵是什么？它包含哪些关键技术？各种关键技术之间的关系以及如何实现它们的无缝集成？如何建立集产品的市场需求分析、设计、工艺、制造、标准、资源共享、技术共享、信息传递、系统控制于一体的集成模型及其对应的虚拟制造环境？虚拟制造的实施需要哪些技术、方法、平台和工具的支持？上述问题均是建立虚拟制造理论技术体系和方法论所必须研究和解决的。

2. 有效、精确、快速的产品与过程数字化建模方法

虚拟制造的主要处理对象是数字化的产品模型，而虚拟制造的实现则是以过程模型为核心来完成的。过程模型刻画了在制造

资源支持下的一系列制造活动。产品模型在过程模型的控制下不断得到变换、优化和完善，最后达到所要求的产品功能和性能。离开了数字化的产品模型和过程模型，虚拟制造就无从谈起。因此，需要研究有效、精确、快速的产品与过程数字化建模方法。这里，“有效”是指能够建立起计算机上可形式化描述的产品、制造设备和过程模型；“精确”是指所建立的模型与实际的物理对象和设计制造过程具有尽可能高的相符程度；“快速”则是要求产品、制造设备与过程的数字化建模过程应该方便快捷、易于人机合作实现。而目前无论是产品建模还是过程建模，都还存在着许多困难和问题需要着力解决：如产品的CAD模型还缺乏非几何属性的描述，难以支持概念设计等；制造过程仿真建模方法和技术尚未有突破性进展，虚拟加工分析工具尚不丰富(如具有切削力分析功能的加工过程仿真系统、切削工艺对产品质量的影响、零件制造费用估算方法等还在研究之中)，虚拟装配中的公差分析与综合技术还缺乏理论基础；产品虚拟测试的建模和仿真还存在较大困难等。

3. 虚拟制造中的模型集成和集成化环境

虽然目前虚拟制造的发展迅速，但还缺乏从产品全生命周期的高度开展虚拟制造的研究和应用。要解决这一问题，需要进一步研究虚拟制造中不同子过程之间的模型集成并建立集成化的虚拟制造工作环境。其中模型集成包括产品模型、过程模型、资源模型之间的集成，其实现要求产品设计制造所涉及的多学科、多部门之间的协同工作；集成化虚拟制造工作环境的建立则需要在解决模型集成的基础上，通过开发各种使能工具库、专用数据库和知识库等，将各种CAX系统、PDM系统、ERP系统等数字化设计、制造和管理系统实现无缝连接。

4. 虚拟现实技术在虚拟制造中应用的成本和复杂性问题

虚拟现实技术的出现，无疑为实现更加可视化、更具真实感的虚拟制造提供了非常有力的支持，使虚拟制造呈现出更加诱人的发展前景。但由于目前虚拟现实软硬件的成本和应用复杂性都很高，这在很大程度上影响了该项技术在虚拟制造中的应用和发展。因此，需要研究和开发能够满足不同承受能力的企业、不同复杂度产品研发需求的多种虚拟现实软硬件系统。这一问题的解决，一方面有赖于信息技术、微电子、微机械等技术的进一步发展；另一方面，需要从事虚拟现实产品研发的公司和厂家与制造企业合作，弄清虚拟制造对 VR 的应用需求，努力降低成本，开发出能够支持不同层次要求的 VR 产品。

5. 虚拟制造的平台和支持工具

为了推动虚拟制造技术的应用和发展，构建面向虚拟制造的专用软硬件平台及其支持工具是非常必要的，这样可以使企业在较高的起点上开展虚拟制造，同时也能够最大限度地保护企业已有的信息化建设投资。虚拟制造平台和支持工具的开发应建立在制造企业主流的 CAX，PDM，ERP 等系统之上，其主要研发任务是系统集成和面向虚拟制造专门需求的二次开发和支持工具开发，并使平台和支持工具具有良好的开放性、可定制性和可扩充性，以满足不同层次、不同范围的虚拟制造实施要求以及虚拟制造技术本身的发展需求。

二、虚拟制造的发展趋势展望

虚拟制造作为一种新的先进制造方式和手段，其内涵和外延必将随着各种信息技术和先进制造技术的发展而不断丰富和拓展。一方面，虚拟制造本身具有的数字化、虚拟化、可视化等特点将随着计算机技术、网络技术、虚拟现实技术、科学可视化技术等发展不断得到深化和加强；另一方面，随着人们对制造科学规律的认识和实践的不断深入和完善，虚拟制造对实际制造过程仿真、映射的准确性和指导作用也将不断得到提高和加强。展望虚拟制造技术的发展趋势，可以归结为如下几个方面：

1. 从局部应用到集成应用发展

随着虚拟制造不同过程之间模型集成和集成化环境问题的研

究和解决,将有利于推动虚拟制造从局部应用到集成应用发展,从产品设计制造的某一子过程向产品全生命周期拓展,虚拟制造对实际制造过程的前瞻性综合仿真、优化和决策作用将得到更好发挥,其成本优势和对缩短产品研制周期所起的加速作用也将得到更好的体现。未来的虚拟制造将是名副其实的“大制造”仿真,例如一些学者提出的“虚拟工厂”概念,就是全面考虑一个工厂的产品设计、生产和销售等所有任务和资源,建立起基于计算机网络的分布式集成制造运行模型及环境,实现整个工厂的虚拟制造过程。

2. 基于VR的虚拟制造将在复杂高科技产品开发中得到更多应用

在航空、航天、汽车、船舶等领域,其产品具有零部件数量庞大、技术含量和综合程度高、研制周期长、成本开销大等特点,传统方法往往需要先制作一系列与真实产品尺寸相同或成一定比例的物理样机模型,进行各种性能的测试和评价,并通过多次物理样机制作的迭代过程不断完善其性能后,才能够开始实际产品的制造。每次物理样机的制作过程都非常耗时和昂贵。在此类复杂高科技产品的开发过程中,VR技术的应用就显得非常必要,通过在具有沉浸感和真实感的VR环境中操纵虚拟的产品模型,进行产品虚拟样机、产品外观、结构布局、性能优化、虚拟装配、维修操作等方面的设计与评价,从而显著减少物理样机的制作迭代次数,提高物理样机制作的一次成功率甚至完全取代物理样机。在飞机、航天器和汽车的开发过程中,基于VR的虚拟制造已得到了一些成功应用。随着VR产品的成本和应用复杂性的不断降低以及企业实力的不断增强,基于VR的虚拟制造将从航空、航天、汽车、船舶等领域向更多的工业领域扩展,在复杂高科技产品开发中得到更多的应用。

3. 与其他先进制造技术的融合或结合更加紧密

21世纪的先进制造技术正朝着数字化、虚拟化、网络化、集成化和智能化的趋势发展。虚拟制造作为先进制造技术整体中的一个分支，必然同时也应该与其他先进制造技术实现更加紧密的融合或结合，相互促进，共同发展。虚拟制造将进一步向概念设计、创新设计、反求设计、绿色制造、仿生制造、快速制造等领域扩展。虚拟制造的发展将为CIMS、并行工程、敏捷制造、虚拟企业等先进制造哲理提供更为先进、方便的仿真和验证手段；而各种先进制造哲理和模式的不断完善，也将为虚拟制造系统的设计和实现提供更多的理论和方法论方面的支持，并不断拓展虚拟制造的应用空间。

4. 虚拟制造技术将在企业和教育部门的技术培训中大显身手

众所周知，飞机或航天器的模拟驾驶系统已经成功地应用于飞行员或航天员的技术培训和适应性训练，是一种成本低、安全性好、真实感强的培训手段。而虚拟制造具有的数字化、虚拟化、可视化等特点，使其更适合于企业和教育部门的技术培训。可以预计，随着虚拟制造技术的不断发展，系统软硬件成本的不断降低，它将在企业和教育部门的技术培训中大显身手。传统的基于物理样机的培训系统将让位于基于虚拟样机的培训系统；由于虚拟制造系统使用数字化的虚拟模型，非常容易复制同样的系统，培训人数受限于培训设备的情况将不复存在，培训周期和培训成本也将大幅度降低。

第2章　虚拟现实技术

虚拟现实技术是20世纪90年代最重要的成就之一，被称为“放大智慧的工具”，也有人认为“21世纪的计算机是VR计算机”。虚拟现实技术的出现推动了虚拟制造技术的发展，为实现具有真实感的虚拟制造提供了有力的支持，使虚拟制造呈现出更加诱人的发展前景，虚拟现实技术也成为虚拟制造技术的重要技术支撑之一。

本章在分析虚拟现实技术形成及发展过程的基础上，着重介绍各种虚拟现实工具的原理、虚拟现实建模技术和系统开发软件。

2.1　概　述

虚拟现实（VR，Virtual Reality）又称虚拟环境（VE，Virtual Environment）或灵境。虚拟现实是由计算机生成的，通过视、听、触觉、嗅觉等多通道作用于用户，使之产生身临其境感的交互式计算机仿真，是一种可以创造和体验虚拟世界的计算机系统。

虚拟现实技术提高了人与计算机之间的和谐程度，可以对真实世界的行为活动进行仿真，并对用户的位置、姿态、语言等做出实时响应，使用户和虚拟环境之间建立起实时的交互关系，产生与在真实环境中相似的感觉体验。

一、虚拟现实技术的形成与发展

“Virtual Reality”这个名词是美国VPL Research公司的创始人Jaron Lanier在1989年首先提出的，其含义是指“在计算机产生的三维交互环境中，用户获得投入这个环境的体验”。但是，VR技术的形成最初是来源于计算机图形仿真器(如飞行仿真器)。美国 Ivan Sutherland 于1968年在哈佛大学提出头盔显示器的概念,当时由于受到软硬件技术水平的限制,未能发展起来。直到20世纪80年代中期,VR技术才开始逐步兴起。其主要发展历程如下:

1984年NASA开发了用于空间站的液晶立体眼镜头盔显示器(68.58 mm,320×240个像素)。

1985年NASA完成了VIEW系统雏形。系统装置了数据手套、头部跟踪器等硬件设备,主要用于远程机器人控制,是第一个进入工业应用的VR系统。

1989年北卡罗林纳州立大学研制了具有磁定位系统的液晶显示头盔(UNC头盔显示器)。

1992年出现了第一批VR开发工具系统。

1993年VR装置大量进入市场。在1年内世界市场上就出现了800多个应用系统,其中用于仿真的最多,有73个,其他的依次为可视化(67个),教育(66个),训练(65个),娱乐(65个),图形(64个),军事(52个),航天(50个),医疗(49个),遥控机器人等。

随着软、硬件技术的发展,VR设备的价格也不断下降,促进了VR技术的发展与推广。早期的虚拟现实系统大多是建立在工作站系统上的。随着微型计算机和图形加速卡的发展,计算和图形处理速度不断提高,基于微机的虚拟现实系统大量应用,已成为当前的主要解决方案。

我国也从20世纪90年代开始了虚拟现实的开发与应用研究工作。目前已成功地应用于飞机、潜艇环境分析、地震预测与油藏分析等领域。我国飞机设计研究所将飞行仿真技术与VR技术结合,开发了视景仿真系统。该系统前端接飞行仿真计算机中的数据发送模块,后端接投影机。系统在SGI ONYX2图形工作站上利用CORYPHAEUS软件开发工具及C语言开发,主要功能模块包括地景生成模块、三维造型模块、特技效果模块、音响效果模块、数据接收及转换模块、视景环境集成模块等,可逼真地显示飞机位置、姿态的变化及炸弹攻击地面目标的全过程。

二、虚拟现实的特征

虚拟现实具有以下四个特征：

(1) 多感知性(Multi-Sensory)：VR系统除具有视觉感知外，还具有听觉、力觉、触觉等感知，理想的VR系统应具有人的所有感知功能，目前主要有视、听、力、运动、触觉五种感知功能，嗅觉功能的实现也正在成为现实，如法国ACZI公司的Olfacom系列产品，能均匀散发任何香味，并能在各种香味间即时转换，可用于"伴随嗅觉模拟"。如果这些能够实现，人们将有可能在访问饭店网站时闻到饭菜的香味。

(2) 沉浸感(Immersion) 或存在感(Presence)：VR系统可使用户产生身临其境的感觉，例如用户视场中的景物会随着观察者的走动或头部的转动甚至眼球的转动而变动；当用力反馈手套拿物体时，体验者会有接触感和沉重感等。

(3) 自治性(Autonomy)：虚拟现实中的对象具有依据物理定律动作的能力，例如当受到外力作用时，虚拟物体会沿着力的作用方向运动；当失去支撑时，会在重力作用下落下或翻倒；在外力作用下会发生变形等。

(4) 交互性(Interaction)：用户可以对虚拟现实中的物体直接操作，并从环境得到信息或感受。例如用户可以移动房间内家具的布置，以观察效果。

在1993年，Burdea提出以人为中心的"3I"三角形(Immersion-Interaction-Imagination)来表示虚拟现实的特征。

虚拟现实技术使用户从单纯观测计算结果中解脱出来，转变为沉浸到计算机创造的环境中，通过多种传感器和多维信息环境的交互作用，得到感性和理性的认识，从而深化概念并萌生新的创造思维。

三、虚拟现实系统的分类

虚拟现实系统可以根据显示方式分为桌面式、佩带式和全景式三种。

桌面式 VR 系统的场景通过计算机屏幕显示，用户用立体眼镜观察，声音由台式或室内音响系统提供。

佩带式是用头盔将用户的视、听觉与外界隔离，使用户完全沉浸在计算机生成的虚拟环境中。计算机通过位置跟踪器、数据手套或跟踪球等感知用户的运动、姿态及行为，并反馈到视景及声音系统中，实现人与虚拟环境的交互，产生人在其中的效果。

全景式虚拟现实系统是投影式系统（见图 2-1）。例如在 3 m×3 m×2.7 m 的空间内，用 3 个背投式屏幕做墙，用下投式投影形成地板，组成洞穴式虚拟现实（CAVE，Cave Automated Virtual Environment），观察者佩带立体眼镜和头部跟踪器，当观察者移动时，立体投影生成器计算出各面墙上的图像。目前德国 TAN 公司已开发了四面、五面、六面的全景式虚拟现实系统。五面、六面系统都有 1 个升高的地板，采用背投系统显示天空和地貌。

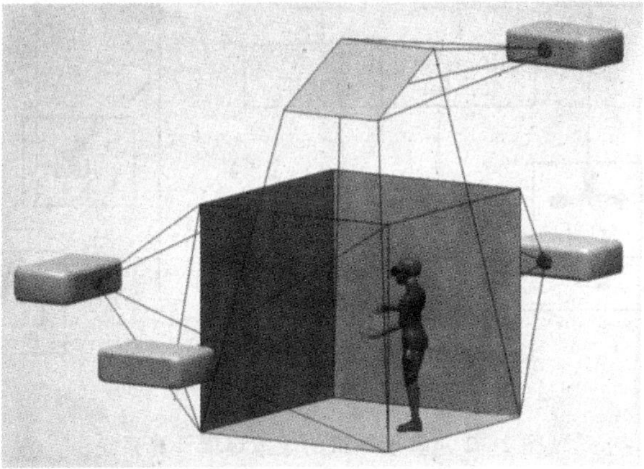

图 2-1　全景式 VR 系统

VR 系统也可以根据系统与外界真实世界的交互关系分为封闭式与开放式两类。封闭式虚拟现实系统不与真实世界发生交互，任何操作不对外界产生直接影响，例如娱乐系统，单纯的验证、预演、仿真系统。开放式虚拟现实系统则通过传感器和控制器与外界构成交互作用，系统可根据用户要求对外界产生直接作用并得到相应反馈信息，例如遥控机器人、遥控空间站及遥控手术系统等。2000 年 5 月美国纽约的外科医生已成功地实现了遥控心脏手术，该系统就属于开放式虚拟现实系统。

VR 系统也可以根据采用的计算机不同分为 PC 级系统、工作站系统和分布式虚拟现实系统。

图 2－2 为 PC 级 VR 系统。系统由微型计算机构成，由两块图形加速卡将 CPU 生成的压缩图像信息经解压缩和制式转换后送到左、右眼显示器显示图像。三 D 声效卡产生三 D 声音。位置跟踪器跟踪头部位置的变化。

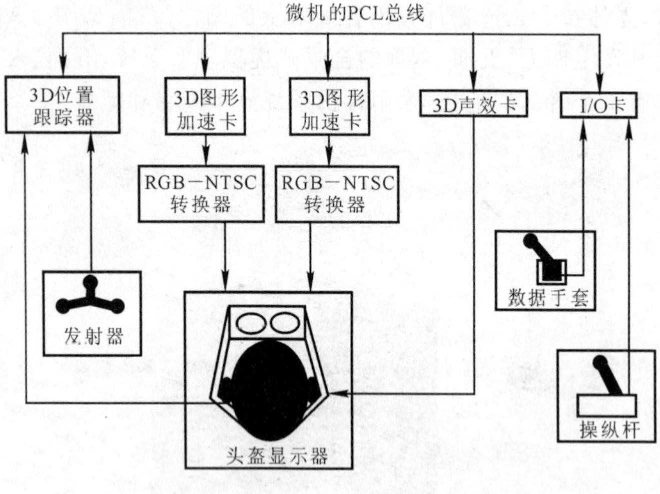

图 2－2　基于微机的虚拟环境计算系统

图 2-3 为多工作站式 VR 系统结构图。系统采用 3 个 UNIX 工

作站，通过网络构建服务器接口。系统采用 Fastrak 低频磁场方向跟踪器跟踪操作手的位置，用 RMⅡ 力反馈手套检测手指的弯曲姿态，服务器 SUN 4/380 通过数据采集板读取 RMⅡ 的检测数据，当检测到虚拟手指与物体接触时，根据物体的物理机械特性向反馈手套输出反馈数据，使操作手产生触觉，并向图像处理服务器 HP715/75 输出物体变形数据，产生变形图像。服务器 SUN ELC 运行声音处理程序，发出相应声音。

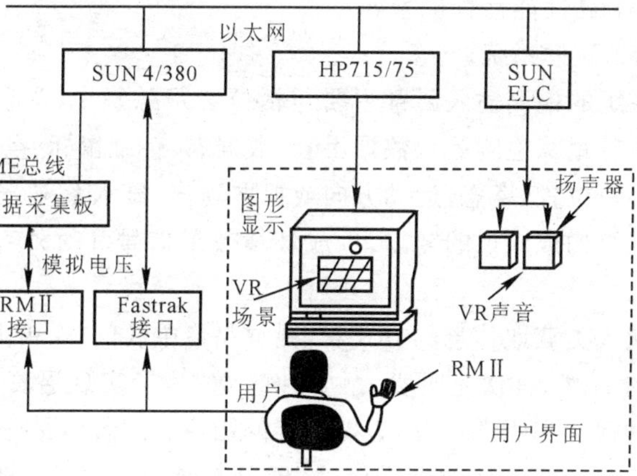

图 2-3　多工作站 VR 系统

近年来，随着网络技术的发展，分布式虚拟现实（DVR, Distributed Virtual Reality）已经成为实现远程会议和协同设计的重要技术手段，设计者和工程师可以用三维方式进行实时交互，以便及时消除设计上的缺陷，缩短产品投放市场时间。美国超级计算机中心（NCSA）、德国信息技术研究中心（GMD）和美国伊利诺大学从 1995 年开始研究远程分布式虚拟现实系统，1998 年初建成。

四、虚拟现实系统的组成

VR系统的组成如下：

(1) 检测输入装置；

(2) 图像生成和显示系统；

(3) 音频系统；

(4) 力、触觉系统；

(5) 高性能计算机系统；

(6) 建模系统。

系统的检测输入装置主要包括位置跟踪系统(头盔中的定位器及眼球跟踪检测等)、数据手套、数据衣、三维鼠标、空间球等，以检测用户位置、姿态、运动方向或抓取动作。显示系统、音频系统及触觉系统构成VR的输出，生成环境效果信号和对外部世界的反馈信息。

从人类获取信息的方式看，视觉是最主要的，它占人们获取信息量的70%，其次是听觉、触觉和味觉。为了实现逼真的效果，满足人的视觉和听觉习惯，虚拟现实的图像和声音应是三维立体的，并可实时响应人们的操纵信号，延迟不能超过0.1 s。为了获得平滑稳定的图像，而不会出现闪烁感，每幅图像的显示时间必须超过人的视觉暂留时间，所以一般三维动画的帧频不少于30帧/s。因此，虚拟现实技术对计算机的计算处理速度和显示速度的要求很高。

早期的高质量的系统是在工作站上开发的，并要配备高级图形加速卡。但近几年，微机和图形加速卡性能大幅度地提高，例如3Dlabs的高级图形加速卡Oxygen GVX1采用Glint R3专业图形芯片和几何加速芯片Gamma1可实现32bit彩色、2 048×1 536像素的分辨率、4.75M三角面片/s和256MB虚拟纹理存储量，可加速300%，已经使得微机平台完全可以满足虚拟现实技术的要求，大大地推动了VR技术的应用与发展。

在制造技术中，一般对声效的要求较低，而在军事实时对抗训练等虚拟现实系统中，空间立体声效果就是必需的了。

在桌面虚拟现实中，人机交互的操纵器主要是三维鼠标。6 自由度鼠标、数据手套、操纵杆、数据服、大型投影屏幕等使用于更完善的虚拟现实系统中。

虚拟现实系统的软硬件价格是较高的，例如高分辨率的头盔式显示器价格超过 50 000 美元。为此，应根据不同的用途和需要，配置不同的具有适当沉浸深度的虚拟现实系统，才不至于使系统过于复杂，成本过大，维护的负担过重。例如，对于虚拟制造系统，重点在显示高质量的立体图像，而听觉和触觉的要求很低，实时性的要求也不高。再如，在零件装配模拟中，除了图像外，可操纵性的要求较高，可配置 6 自由度鼠标和数据手套等；在车辆、飞机模拟系统中，要求有宽阔的视野、实时的操纵及逼真的声响效果。

2.2 虚拟现实工具

交互性是虚拟现实的重要特征之一，采用复杂的虚拟现实工具作为输入、输出装置是 VR 系统最显著的特点。虚拟现实工具的研究与应用也是 VR 技术发展最快的方面。最常用的虚拟现实工具有 3D 位置跟踪器、视觉设备、数据手套、3D 声音设备等。使用这些工具将用户的视、听、触觉等各种感官通道与计算机相连，实现信息交互。

一、3D 位置跟踪器

为了实现在虚拟现实中的漫游，必须知道浏览者在三维空间中的位置、方向，尤其是必须知道头部的位置与方向，以相应地改变场景。这就需要位置跟踪器描述物体的 3D 位置。

3D 位置描述：在三维空间物体的位置用 6 个参量表示，即在 x，y，z 三个方向的位移及物体绕 x，y，z 轴的旋转角度，如图 2 - 4

所示。

在 VR 环境中，当使用输入装置(例如数据手套、3D 鼠标)等对 3D 物体操作时，物体的坐标是这样设置的：物体的左右方向为 x 轴，前后方向为 y 轴，上下方向 z 轴。以飞机为例，定义机翼方向为 x 轴，机身方向为 y 轴，垂直方向为 z 轴，绕 x,y,z 轴的旋转分别称之为俯仰(Pitch)、滚动(Roll) 和偏航(Yaw)，其相应转角分别称之为抬升角、转角和方向角。

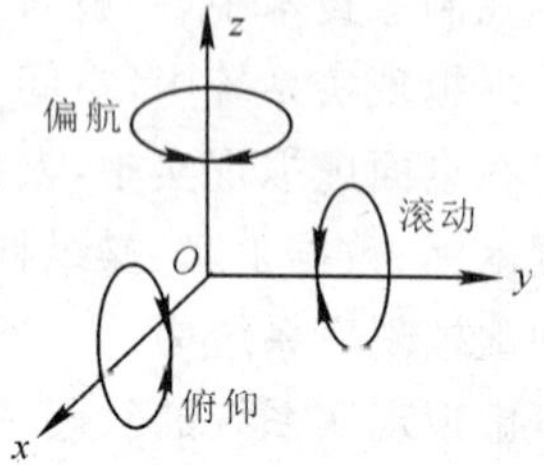

图 2-4　运动物体的坐标系统

目前采用的位置跟踪器有磁场式、超声波式、红外式及发光二极管式等，但使用较多的是磁场式及超声波式。

1. *磁场式跟踪器*

磁场式跟踪器有低频磁场式及直流磁场式两种。它们都由磁发射器、磁接收器和计算模块组成，磁发射器和磁接收器由绕在边长约 25 mm 的立方铁心上的 3 组正交线圈组成。磁场发射器发射低频调制信号 30 ~ 120 Hz，载波频率通常为 7 ~ 14 kHz。由于交变磁场在金属导体中感生涡流，会影响周围的磁场分布。因此，低频磁场式跟踪器适用于在附近没有导体的环境中物体的位置跟踪。

直流磁场式跟踪器采用脉冲调制信号，磁发射器依次向 3 组发射线圈输入直流脉动电流。一个完整的测量周期是 10 ms，由 4 个 2.5 ms 的区间组成，在 3 个区间内依次向 3 组发射线圈输出电流脉冲。由于电流脉冲具有严格控制的上升时间，在电流稳定后，磁场也达到稳态，消除了周围导体对环境磁场的干扰。

磁接收器安装在运动物体上，根据磁接收器接收到的磁场信息，经计算模块计算出相对于磁发射器的方向和位置，并经电缆传送给主计算机。将磁接收器安装在头盔上或手套上就可跟踪头部或手的三维位置。

Polhemus Inc. 制造了 3 种低频磁场式跟踪器:Isotrak,3 Space Tracker 和 Fastrak。Isotrak 跟踪系统支持 1 个磁接收器,其他 2 种系统都支持 4 个磁接收器。3 Space Tracker 系统在使用 1 个磁接收器时,数据更新速率为 40 次 /s,测量时间为 12 ms,计算时间 5 ms,数据传输时间 6 ms。使用 4 个磁接收器时,更新速率约 11 次 /s,但延迟时间较长(约 120 ~ 200 ms)。Fastrak 跟踪器采用特殊的超低噪声微分输入放大及数字信号处理(DSP) 技术,是目前应用最多,性能较好的低频磁场式跟踪器。

图 2-5 是 Fastrak 系统总体结构,其跟踪精度为 0.76 mm,角度精度为 0.15°,更新速率为 120 次 /s,延迟时间为 4 ms。

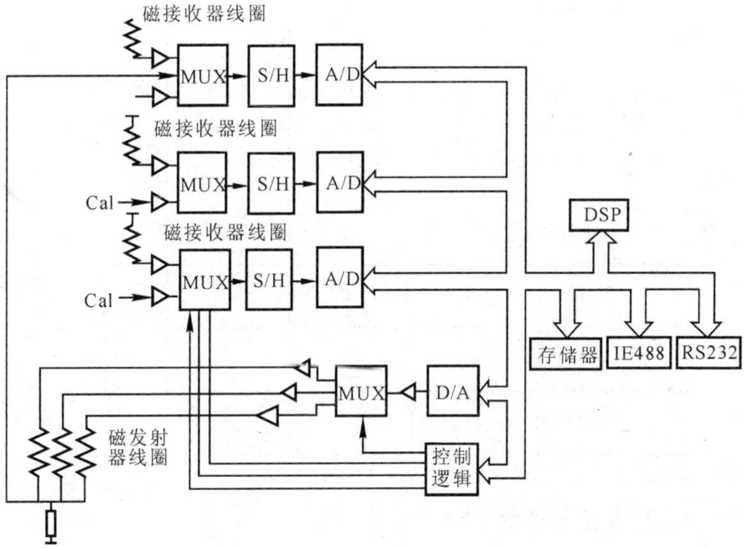

图 2-5 Fastrak 空间位置跟踪器

Ascension 公司开发了 3 种直流磁场式跟踪系统，它们是 Bird，Flock of Birds 和 ERT(Entend Range Transmitter)。Bird 和 ERT 都只支持 1 个磁接收器，但 ERT 工作范围大，其发射半径可达 2.4 m。Flock of Bird 系统利用多个 Bird 处理单元连接到 Fast Bird 总线上，从而可支持 30 个磁接收器和 14 个不同结构的磁发射器。电磁跟踪器的特性如表 2-1 所示。

表 2-1　磁场式跟踪器的特性

		Fastrak	Bird	ERT
跟踪范围 /m		3.0	0.6	2.4
跟踪精度 /mm		0.75	2.5	2.5
跟踪分辨率 /mm		0.05	0.75	
角度范围 /(°)	方向角	±180	±180	±180
	抬升角	±90	±90	±90
	转角	±180	±180	±180
角度精度 /(°)		0.15	0.5	
角分辨率 /(°)		0.05	0.1	
更新速率 /(次 · s^{-1})		120	100	100
延迟时间 /ms		4	24	

2. 超声波式跟踪器

超声波式跟踪器是另一类常用的跟踪系统。它采用频率为 40 ～ 50 kHz 的超声信号，通过多个发射器和接收器进行测量(见图 2-6)。测量算法有飞行时间法(Time of Flight) 和相位相干测量法(Phase Coherent Measurement)。

飞行时间法是通过测量声波从发射器到接收器的传播时间来测量被测物体的方向和距离的。该法可以测出发射器与接收器之间的绝对距离，但测量结果易受环境声（包括回声）的干扰，同时由于2个发射脉冲之间具有一定的间隔时间，因此不能进行连续测量。

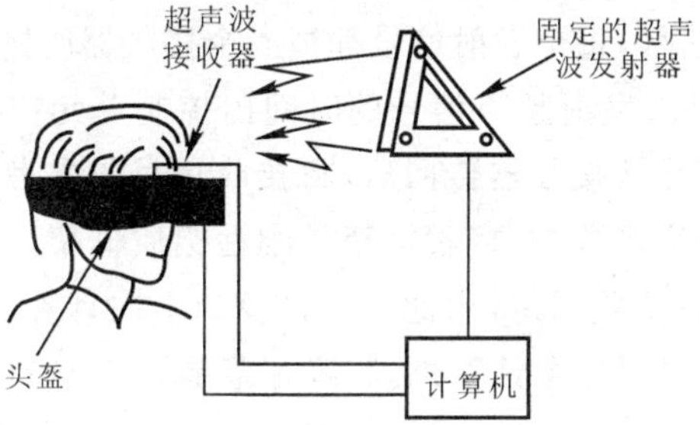

图2-6 超声波式传感器

美国林肯实验室研制的林肯棒就是1个笔式的飞行时间测量装置，它具有4个发射器和1个接收器。发射器每隔10 ms发射1个声脉冲。

Mattel Power Glove数据手套在手套背面装有2个超声发射器，超声接收器装在显示屏边框的L形框架上，其有效测量范围为3～4.5 m，跟踪精度为6 mm。

相位相干测量法是通过比较接收器收到的声波相位与参考声波相位来测量距离的。由于可以连续测量相位，所以它具有很高的数据更新速率。Seitz-Pezaris研制的头盔式显示器就采用相位相干测量系统。系统在头盔上安装3个发射器，每一发射器各自使用40 kHz左右的频率单独发射超声波，4个接收器排成正方形安装在天花板上。

相位相干测量法可以排除噪声的干扰，且可以进行连续测量，具有测量精度高、更新速率高和鲁棒性好的优点，但容易产生积累误差，故活动范围受到限制。

Piltdown 三维罗盘是 6 自由度的相位相干测量系统，发射器是排成三角形的 3 个超声探头，每个探头发射不同频率的超声波，接收器由 4 个接收超声探头和电子线路组成，接收器固定在运动物体上。当位置跟踪测量时，控制单元驱动发射框架上的 3 个发射器发射超声信号，每个发射信号都被 4 个接收器所接收，由此产生 12 个接收信号。发射超声信号的时间由控制单元控制，并建立参考信号。在信号从接收器传回后，将接收信号与参考信号相比较，形成 12 个相位差数据。接收框架是刚性铝质框架，接收器的超声探头之间相对位置固定，由此可以计算出上次计算的接收器位置的相对变化，并报告主计算机。其跟踪范围为 4.572 m^3，跟踪精度小于 2 mm，分辨力为 0.1 mm，角度精度小于 $1°$，数据更新速率为 60 次 /s。

3. 光学跟踪系统

光学跟踪系统（Optical Tracking System）比其他跟踪系统应用较早，但由于处理技术和图像传感器的限制，直到 20 世纪 80 年代初，光学跟踪器才达到实际应用的水平。

光学跟踪系统可使用环境光照或可控制的发射光。在使用发射光时，一般使用红外光，以免干扰使用者的视线。光探测器可以采用视频摄像机（CCD 器件）或位敏传感器（PSD，Position Sensitive Detector）。

位敏传感器 PSD 是为了适应位置和微小位移精确实时测量而发展起来的一种新型半导体光敏感器件。它利用半导体的横向光电效应来测量入射光点的位置。PSD 器件与电荷耦合器件 CCD 不同，属于模拟光电器件，其输出电流随光点位置的变化连续变化，具有体积小、灵敏度高、噪声低、分辨率高、频谱响应宽、响应速度快等特点。

位敏传感器可分为一维和二维两种，可产生与入射光点位置和光强成正比的光电流。输出电流大小为微安级，位置分辨率为0.2 ～ 6 μm。

光学跟踪系统根据坐标计算方法不同可分为固定转换器型(Fixed Transducer) 和图像处理型(Image Processing)。

固定转换器系统是利用光探测器(或发射器) 之间的固定距离计算出被跟踪物体位置的方法，这是光学跟踪系统中最常用的方法。图像处理型系统是利用两个或两个以上摄像机的图像来计算出物体的三维信息。

固定转换器系统可以采用光探测器固定，而发射器运动的结构形式。例如 Selspot 跟踪系统 ，利用两个摄像机跟踪发光二极管的坐标变化，并计算出二维坐标。该跟踪器可跟踪 30 个发光的二极管，数据更新速率可达 315 次 /s。固定转换器系统也可以采用固定发射器，而将接收器安装在运动物体上的方式。例如应用于飞行模拟器上的 Honeywell Rotating Beam 跟踪器，在头盔上安装了 2 个红外探测器，在飞行模拟器座舱内固定安装了 2 个红外线光源。2 个光源各发出一束扇形光束，头盔上的传感器检出两光束到达的强度，利用其光强及传感器间的固定距离、方位角度，可计算出头盔的位置。

GEC - Marconi 是 Gaertner Research Inc 为飞机驾驶舱开发的光学跟踪系统(见图 2 - 7)，在头盔两侧各装 3 个红外发光二极管，各发光二极管按一定顺序依次发光。在头盔转动时，位敏传感器可依次接收到多个发光点的信号，经计算可得出头盔相应的 6 个自由度位置。在每一时刻，位敏传感器只测量一个发光点的位置，输出相应的电流，经阻抗转换及放大后输出模拟电压，实现电流 — 电压转换，再经滤波、采样、保持、A/D 转换，输入数字信号处理(DSP) 板进行计算。

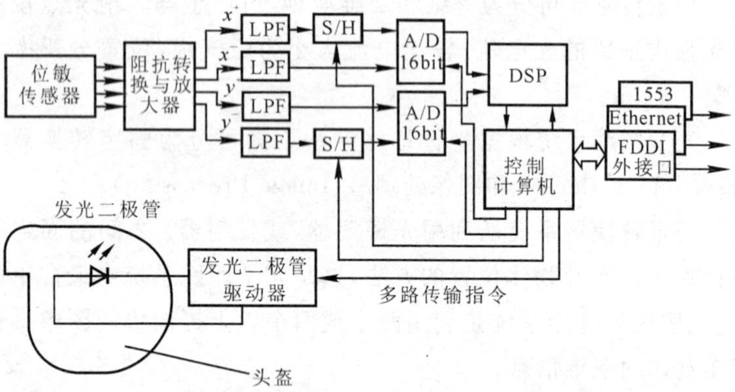

图 2－7　Gaerther Research Inc. GEC－Marconi 光学跟踪系统

二、视觉设备

1. 人眼的立体视觉原理

我们用眼睛观察事物，从而产生对事物认识的过程称为视觉理解。二维视觉理解与三维视觉理解的区别在于增加了深度维的理解。人脑感知的深度信息可分为绝对距离信息和相对距离信息两种。视觉系统通过四种线索可得到深度信息，即静态图像中的深度线索、运动深度线索、生理上的深度线索和双目视差线索。

静态图像中的深度线索是指根据图像大小、纹理梯度、线性透视及阴影遮挡等判断物体位置的远近。例如甲物体的一部分被乙物体遮住了，或甲物体的纹理不如乙物体清晰，则观察者会认为甲物体比乙物体远。

运动深度线索是指当被观察物或观察者头部移动时，被观察物图像的移动速度与被观察物距观察者的距离（或深度）有关，近处物体的图像移动速度快，远处物体图像的移动速度慢，从而可以获得深度信息。

生理上的深度线索是指当观察物体时，两眼球的相对运动幅度所提供的深度信息。

双目视差线索是由于双目位置不同看到的不同图像所提供的深度信息,这种双目图形的差别叫做双目视差。

目前 VR 系统视觉硬件设备都是利用双目视差来帮助大脑实现深度理解的。传统的计算机生成的三维图像立体感很弱,其原因就是因为三维图像是根据单视点投影计算出来的,而在 VR 系统中,必须针对左、右眼分别计算出左、右眼视图,然后把两幅图像分别送给左眼和右眼,或利用相应的立体显示设备显示。目前采用的虚拟现实视觉设备主要有立体眼镜和头盔。

2. 立体眼镜

立体眼镜是比较简单的虚拟现实系统观察装置。它主要有双色镜(Red/Blue Glasses)、偏光镜(Polarized Glasses)和开关式立体眼镜(Shutter Glasses)三种。立体图像分别采用时间平行(Time Parallel)显示和分时多路复合(Time Multiplex)显示方式。

时间平行显示方式是将左、右眼视图同时显示在一个屏幕或显示屏上,当用户带上具有不同滤光片的立体眼镜时,左、右眼只能分别看到相应的左眼视图或右眼视图,利用双目视差产生立体感。例如双色镜的两个镜片分别具有蓝色(左)和红色(右)膜,而左、右眼视图则分别以红色(左)或蓝色(右)显示并同时投影到屏幕上。当观察者戴上双色镜时,右眼通过红色滤光膜看不到红色的左眼视图,而只能看到蓝色的右眼视图;而左眼通过蓝色滤光膜也只能看到红色的左眼视图,从而产生强烈的立体感。偏光镜则利用偏光方向不同的两个镜片实现滤光作用。

开关式(或液晶式)立体眼镜用于采用时间多路复合方式的显示设备中。这种显示方式是将左、右眼视图以一定的频率交替显示在同一液晶屏上,例如使用 80Hz 的刷新率,每秒扫描 40 幅左眼视图和 40 幅右眼视图,即采用 40Hz 隔行扫描显示器,把左视图写到偶扫描行,把右视图写到奇扫描行。镜片用液晶材料制造,可在电压控制下变成透明或不透明的。用显示器的帧信号控制立体眼镜的透明与否，使显示左眼视图时，左眼液晶镜片透明，则左眼能看到相对应的左眼视图。图 2－8 所示为开关式立体眼镜。

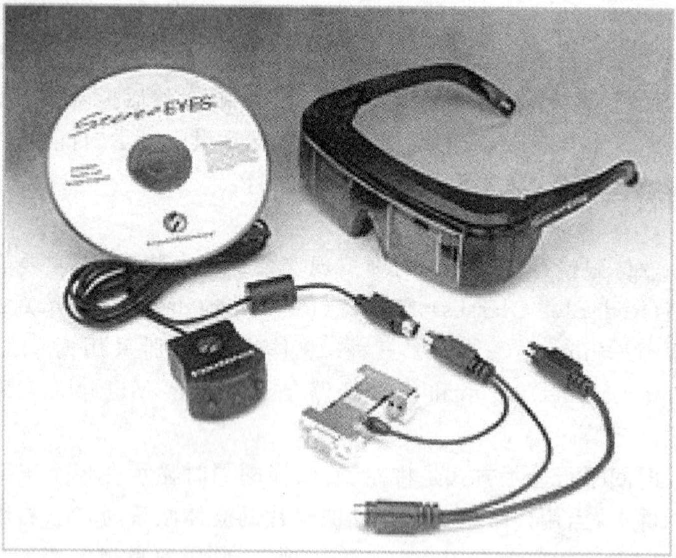

图 2－8　开关式立体眼镜

StereoEyes 为低成本的无线开关式立体眼镜系统，可用于任何 PC 机用户，它包括立体眼镜、发射器、使能连接器和驱动软件。立体眼镜由与计算机相连的发射器激励。该立体眼镜系统可支持 OpenGL 的立体可视化应用。

3. 头盔显示器

头盔显示器（HMD，Head Mounted Display）由显示源、光学系统、跟踪系统和立体声系统组成。显示源又称像源，显示源有液晶式、CRT 显示式、光纤式及发光二极管阵列式。目前应用最多的是液晶式。

头盔显示器也可分为封闭式和半封闭式两种。

使用封闭式头盔时，用户只能看到头盔内显示的图像；而使用半封闭式头盔时，用户可同时看到现实世界和计算机产生的图像。

图 2-9 所示为半封闭式头盔显示器的光学系统光路图，显示器的图像经中继透镜（物镜）、目镜和透射型叠加镜映入观察者眼中。透射型叠加镜同时使外部景象进入人眼，与计算机图像叠加，故称为叠加器，叠加器也可使用曲面镜，以放大被反射的图像。对于封闭式头盔，其叠加器只是一个反射镜。

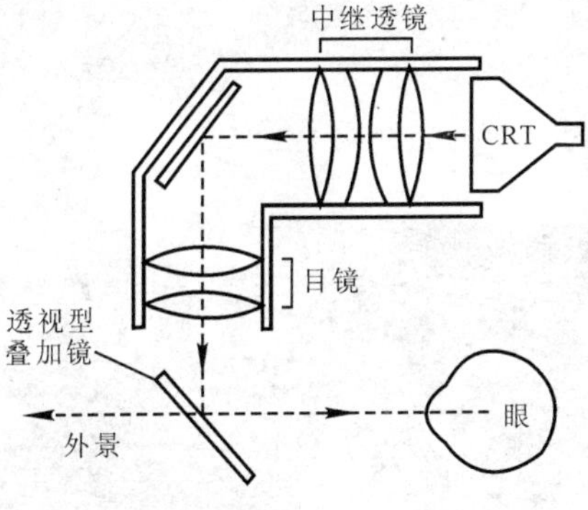

图 2-9　半封闭式头盔显示器的光路图

基于液晶（LCD）的头盔显示器具有质量轻、价格低、体积小的优点。像源的最大对角线尺寸为 75 ~ 100 mm，但分辨率不太高，而且有图像拖动现象。在选用 LCD 显示器时，应注意区分 LCD 单元数与像素分辨率的不同。在彩色 LCD 显示中，一个彩色像素是由 2 ~ 4 个 LCD 单元组成的，称为一个 RGB 像素，例如对 1024×1024 单元的 LCD 显示器，其彩色分辨率实际上可能是 512×512 RGB 像素，甚至更少。

图 2-10 所示为基于 LCD 的头盔显示器。目前生产头盔显示

器的厂家很多，如 Virtual Technologies(VTi)，Virtual Research System(VRS)，I-O Display System，Virtual Vision Inc.，Kaiser Eletro-Oplics Inc.，KEO Display System，NASA VPL 公司等。NASA VPL 公司的 Eye phone，有 VPLI 型、LX 型及 HRX 型等型号。HRX 型头盔显示器采用 720 × 580 个单元的 LCD，分辨率为 416 × 277 RGB 像素；采用 LEEP(Large Expanse Extra Perspective) 光学元件(6 个镜片)使视场由 55° 扩展到 120° 的水平视场和垂直视场。

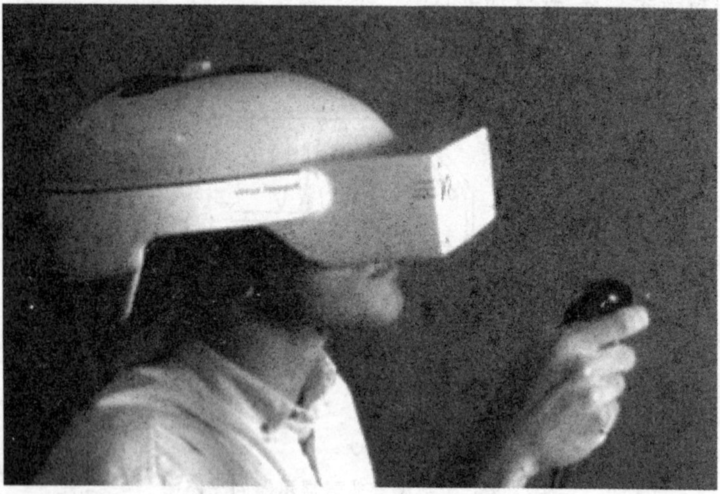

图 2－10　基于 LCD 的 HMD

LEEP Optics 公司生产的 Cyberface 2 头盔显示器采用 2 个 100 mm 的彩色 LCD 和 LEEP Plus 25 广角光学系统，其水平视场比其他头盔扩大了 25° 左右。

Virtual Research System 的 V8 头盔显示器规格如下：

(1) 阵列式液晶显示，对角线尺寸为 33 mm；

(2) 单目分辨率：640 × 480 RGB 像素(921 600 个液晶单元)；

(3) 对比度:200 : 1

(4) 视场:60°(对角线方向);

(5) 瞳孔间距(IDP,Interpupillary Distance):52 ~ 74 mm;

(6) 眼到目镜的距离:10 ~ 30 mm;

(7) 控制盒:VGA 输入(540 mm × 480 mm,60 Hz);

(8) 外形尺寸:43 mm × 20 mm × 15 mm;

(9) 质量:1.0 kg。

基于 CRT 的头盔显示器由于其像素点远较 LCD 像素要小,所以图像比较柔和清晰,但目前没有小尺寸的彩色 CRT。通常采用大屏幕 CRT 与光纤传输结合,将图像用光纤传送给头盔上的合成器,例如装在直升机模拟器上的CAE FOHMD头盔及英国航空局 Brough 公司的头盔,其分辨率为 1 280 × 1 024 像素。

Fakespace Labs Inc. 的双目全方位监视器 BOOM (Binocular Omni - Orientation Monitor)3C 为悬挂式显示器,采用 6DOF 编码式跟踪器,水平跟踪范围为1.8 m,上下跟踪范围为0.8 m。图像分辨率为 1 280 × 1 024。

部分视觉设备的主要性能如表 2-2 所示。

表 2-2 视觉设备的主要性能

	型号	公司	分辨率 / 像素	像源	质量 /kg
立体眼镜	AGC—ProV1	北京鑫黎明公司	1 152 × 870		
	AGC—ProV2	北京鑫黎明公司	1 600 × 1 200		
	AGC—Viewer	北京鑫黎明公司			
	CyberEye CE—200S/200M	General Reality	230 × 789		0.42
	StereoEyes				0.065

续　表

	型号	公司	分辨率/像素	像源	质量/kg
头盔显示器	ProView XL35/XL50	Kaiser Electro-Oplics, Inc.	1 024×768	LCD	1.05
	PT—01		800×225	LCD	
	V8	Virtual Research System, Inc.	640×480 (921 600 个液晶单元)	LCD	1.0
	Eyephone LX	NASA VPL	185×139	LCD	1.135
	Eyephone HRX	NASA VPL	416×277	LCD	1.135
	BOOM 3C	FakeSpace Labs	1 280×1 024	CRT	
	HMD 133	VR Inc.	2 560×204	CRT	1.125
	Cyberface 2	LEEP System Inc.	385×119	LCD	1.928
	Private Eye	Reflection Technology	320×280	LED (红色)	0.064

三、触觉反馈与力觉反馈装置

在虚拟现实中为了提供真实的感觉，必须提供触觉和力觉反馈，特别在遥控机械手等开放型虚拟系统中更是这样。在遥控系统中，人们通过虚拟手控制器操作相应的执行器模型或操作按钮，此虚拟手控制器通过触觉反馈和力觉反馈提供操作真实感。使用时计算机首先检测使用者手的位置和方向，然后将数据输入到虚拟世界发生器中，在头盔显示器或显示屏中显示虚拟手图像，并随着使用者手的移动而移动。当虚拟手与虚拟世界中的物体接触或抓握物体时，计算机再将相应触觉和力觉反馈给使用者。触觉反馈和力觉反馈装置有气囊式、活塞式、记忆合金式、导电橡胶式等，可以与数据手套做在一起。

Teletact 触觉反馈系统是英国 Advanced Robotics Research Centre(ARRC) 开发的，现在有 Ⅰ，Ⅱ 两种型号。Teletact 系统是利用分布在手指上的气袋向真实手提供触觉刺激，各气袋的压力由气泵调节，压力值由计算机根据模拟试验结果计算确定。模拟试验是用系统提供的专用试验数据手套进行的。试验数据手套上装有 20 个压敏元件，当戴上手套抓取物体时，压敏元件的输出信号经处理后送到计算机，生成相应的力模式。图 2－11 所示为 Teletact Glove 数据手套外观图。图 2－12 所示为第二代 TeletactⅡ 型数据手套上气袋分布图，Ⅱ 型手套增加了气袋数量，安装了分辨率较高的指尖气袋，较大的手掌气袋提供了握力反馈，手背的气袋可响应手背与物体的接触。

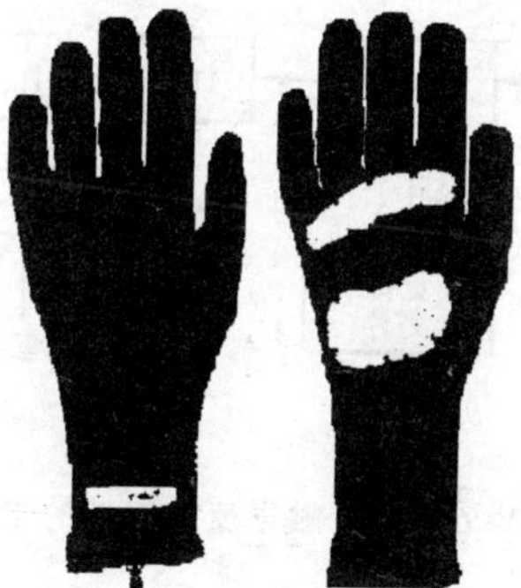

图 2－11 Teletact Glove 数据手套

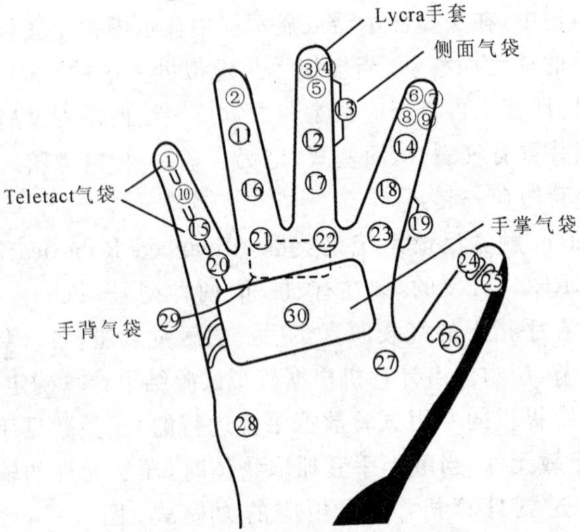

图 2－12　TeletactⅡ型数据手套上气袋分布图

图 2－13 所示为触觉反馈系统的工作原理示意图。

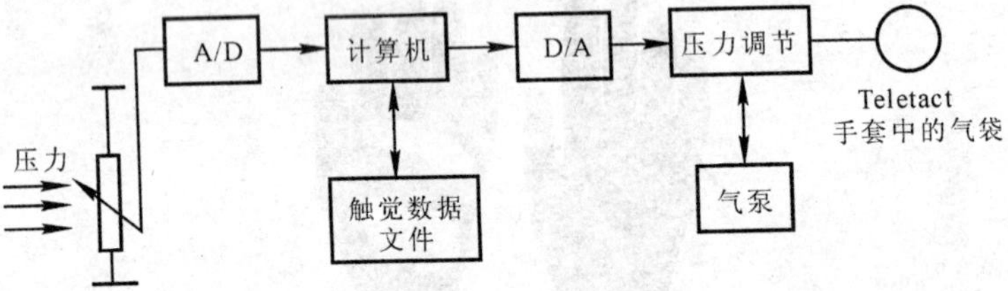

图 2－13　Teletact 触觉反馈系统的工作原理

RMⅡ是另一种结构较复杂的力觉反馈装置。RMⅡ手套的主要结构是 1 个小平台及 4 个特别的汽缸。平台在手套背部，4 个小汽缸的活塞杆分别与拇指、中指、食指、无名指的指尖套在一起，每个汽缸具有2个摆动自由度和1个活塞移动的自由度。系统采用霍尔传感器测量汽缸的摆角；利用汽缸中的发光二极管及光电管测量活塞的位置。根据传感器测量结果可计算出指尖相对手掌的方向和位置。

力觉反馈机构由电压控制的4个压力调节器调节汽缸中的压力，作用到指尖的力最大可达16.38 N，分辨力为0.05 N，RMⅡ手套外形如图2-14所示。

图2-14 RMⅡ 手套的外形

当物体被抓住时，力觉反馈控制算法首先计算指尖位置及指尖与物体的相对位置，并计算出物体的变形，然后根据弹性变形计算出每个指尖产生的力，返回相应的力觉反馈数据，并驱动力觉反馈装置。

四、数据手套

数据手套(Data Glove)是一种把手势输入计算机的工具。戴上数据手套后，手套检测真实手的活动，并向计算机送出相应数据，计算机将这些数据转化为虚拟手的动作，如握拳、手平直、伸出食指等。根据系统的规定，不同的手势可以表示不同的控制指令，例如用手平直指示飞行的方向、用握拳表示返回等。

图 2-15 所示是NASA VPL公司的数据手套专利产品的外观结构图，它使用磁性三维位置传感器检测手的位置和方向。手套上每个手指处至少有 2 条光纤，1 条检测手指下部关节，1 条检测中间关节。拇指可只用一条光纤。光纤的远端配备 1 个发光二极管，另一端与光电传感器相连。手指弯曲时，在弯曲处因部分光线入射角小于临界角而逸出，使光电传感器检测的光通量减小。因此可通过测量接收端光通量的大小而测量出手指关节的弯曲角度，其分辨率约为 1°。数据手套由计算机通过 25 条指令进行控制，检测速率为 30 ～ 60 Hz。数据手套上还安装有气囊式触觉反馈装置。

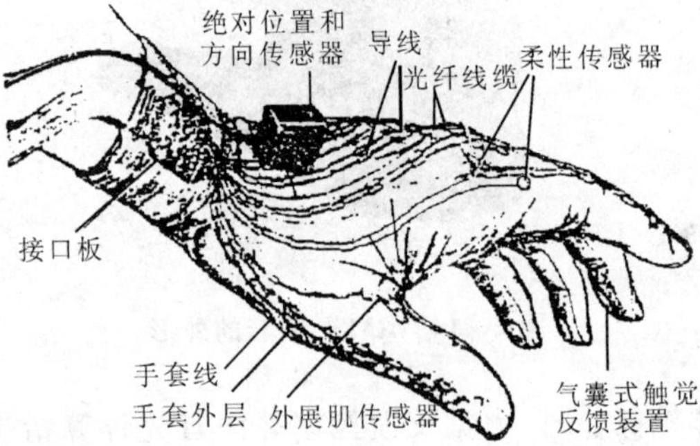

图 2-15　VPL DataGlove 数据手套的外观结构图

Virtual Technologies 公司（http://www.virtex.com）开发的 Cyber Glove 是另一种高精度数据手套，具有两种规格，分别有 18 个或 22 个传感器。后者在每个手指上有 3 个弯曲传感器和 1 个指间外展肌传感器，手掌上有 1 个手掌弯度传感器和 1 个手腕传感器。

用户购买 Cyber Glove 时，公司可提供如下软件：

(1)Virtual Hand 虚拟手模型软件，用于在屏幕上显示手和手指的运动。

(2)Gesture Glove 手势识别软件，用于手势辨识，并允许通过手指“语言”进行交谈。

(3)Cyber Force 提供力感反馈。

手势识别是通过 3 层 BP 网络实现的。输入层的 10 个节点输入每个手指的 2 个传感器输出，输出层节点数由待识别的手势个数 n 确定，输出节点数等于 $n-1$。

在 2000 年 5 月，5DT(http://www.5dt.com) 推出数据手套 Data Glove 16/16W。它具有 14 个传感器，每个手指上有 2 个弯曲传感器，另有 4 个指间外展肌传感器，采用 12 位 A/D 转换器，最大采样率为 100 Hz。Data Glove 16W 为无线型，传输信号频率为 418 MHz，工作范围为 30 m。

5DT Data Glove 5/5W 为最简单的一种数据手套，它仅有 5 个传感器，其中 4 个手指弯曲传感器，1 个手掌传感器，最大的无线工作范围为 20 m。

五、空间球

作为计算机附件的鼠标在二维图形空间中获得广泛的应用，但为了在三维空间内工作，就需要空间球及三维、六维鼠标等工具。

空间球(Space Ball) 也称跟踪球(Track ball)，它是 1 个放在带有一系列开关的底座上的小球，如图 2－16 所示。球中心有 1 个固定的小塑料柱，柱上安置了 6 个红外发光二极管。球的外壳可以活动，外壳上装有 6 个光电传感器，接收来自中心的红外线。当用手握住这个小球向某个方向推动或转动小球时，就能在虚拟现实中移动光标或虚拟对象。

图 2-16　空间球

六、3D 声音设备

计算机立体声合成技术具有相当的难度，这与听觉感知的复杂性有关。人对声音的定位是根据两耳的听觉时间差和声强差来确定的。但是，人耳对声音的传递功能，对声音的定位和识别有很重要作用，这个传递功能用“头部关联传递函数”(HRTF，Head-Related Transfer Function) 表示。每个人的 HRTF 都因耳廓曲线的不同而不同。

3D 声音设备就是根据人的听觉感知机理，在不同的声音环境(如室外、室内等) 和耳朵、声源的不同方位下，提供相应的声音。Convolutron 系统是 Crystal River Engineering 公司应 NASA 要求研制的三维声音系统，在 VPL 公司以 Audiospher 名称出售，这是当前最成功的 3D 声音系统。系统包括磁式头部跟踪器、音频卡和音频数字信号处理器，可以根据头部关联传递函数将模拟声音信号转换成 144 个不同位置的声音，并通过插值产生各种位置的虚拟立体声。

最近由 Crystal River Enginearing 公司研制的 Acoustertron Ⅱ 3D 声音服务器在 VR 培训系统中获得成功的应用，系统由客户计算机通过 RS232 串行口控制，系统包括 4 个信号处理卡，每个卡有一片 Motorola 数字处理器 DSP 56001(时钟频率为 40 MHz) 和高分辨率的立体声 A/D 转换器和 D/A 转换器，输入、输出采样率为 44 kHz，该声音服务器可实现多声源的实时空间化处理，对声音输入系统产生左、右声道的输出，送入头盔的左、右耳机。

3D 声音效果的生成可以由事先录制的声音生成声音文件，在虚拟现实生成器中将声文件附加在相应的虚拟对象上，例如将汽车发动机启动声文件附在启动按钮上，则当按下启动按钮时，就会有相应 3D 声音效果产生。

2.3 虚拟现实建模技术

建模是开发虚拟现实应用系统的核心和关键。虚拟对象的模型主要包括几何模型、物理模型、运动模型、声音模型等。

一、虚拟对象的几何建模

为了创建身临其境和沉浸的环境，逼真地显现客观世界的事物是最重要的，这不仅要求虚拟对象和真实物体在外形上的相似，而且要求在光照、质感等方面都非常逼真。对象的几何模型就是用来描述对象固有形状和外表的抽象模型，通常首先用三角形或多边形构造对象的几何外形，然后对几何模型进行纹理、颜色、光照等处理，后者称之为形象建模。图 2－17 所示是用 650 个顶点和 1 129 个三角形构成的多边形构造树的几何模型。

在构造物体几何模型时，要考虑坐标系、基元和组织结构。坐标系可选在被观察物的质心，由惯性主轴和正交方向组成坐标系；也可选择观察点作为坐标原点，但因观察点很多，模型的存储信息量过大。

基元有面基元（二维基元）和体基元（三维基元）两类，基元间的连接可以用矩阵、树或网络表示。物体的结构表示法有表面／边界表示法、广义锥法和体积表示法。表面／边界表示法通过边界面或边界线表示物体。广义锥法用二维截面沿空间曲线运动形成的扫描体表示物体。体积表示法直接用体基元表示物体，用基元体（块、柱、锥、球）的布尔运算集生成物体。

图 2-17　多边形构造树的几何模型

复杂几何模型采用分层结构。将对象分解成若干层子对象，整个对象的几何模型由子对象模型及其连接表示，例如人的模型由头和身体组成，身体模型由躯体，左、右臂，左、右腿模型构成；左、右臂模型又由上臂、小臂、手腕 3 层结构构成。在分层结构中，子对象位置和方向的变化可生成不同姿态的动作。

几何模型的生成方法有 3 种。

1. 测试法

对建模对象制造一个非金属模型，然后用数字化仪的探针在该模型上测试，得到三维离散数据，从而得到对象的多边形描述。

2. CAD 法

用 Auto CAD 或 Pro/Engineer 等软件生成对象模型，并分别在虚拟现实环境下审视，满意后存储在数据库内。

3. 二维视图变换法

模拟人眼的深度探测功能，用相距b的两摄像机得到2个二维视图，经换算得到深度数据。

如图2-18所示，假设两个摄像机分别位于左、右眼中心C_L，C_R，其间距为b，可以拍到物体的2个视图。对于空间点$P(x,y,z)$，其左、右眼视图的像素点P_l，P_r的坐标分别为

$$\begin{cases} x_l = x\dfrac{d}{z} \\ y_l = y\dfrac{d}{z} \end{cases}$$

$$\begin{cases} x_r = -(b-x)\dfrac{d}{z} \\ y_r = y\dfrac{d}{z} \end{cases}$$

式中，d为视点与屏幕的距离；b为左、右眼之间的距离。

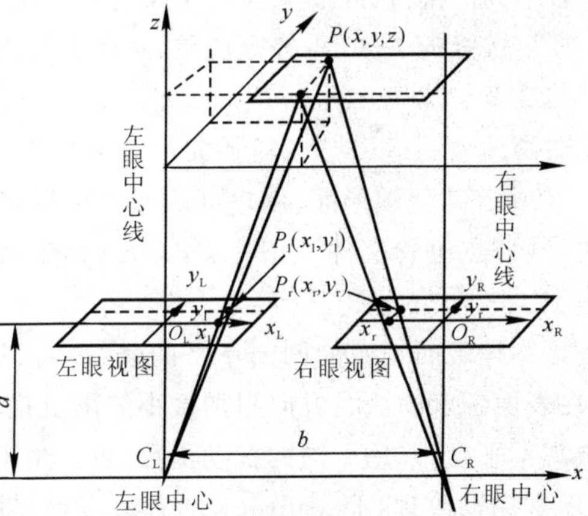

图2-18　二维视图变换法示意图

点P的深度坐标值z为

$$z = \frac{bd}{x_l - x_r}$$

即可以由 2 幅二维图像得到物体的深度信息。

在传统的计算机图形学中，三维立体图是由透视投影生成的，若假设该视图为左眼视图，则右眼视图可由左眼视图计算得到，则有

$$\begin{cases} x_r = x_l - \dfrac{bd}{z} \\ y_r = y_l \end{cases}$$

即空间点 P 在左、右视图中 2 个投影点的 y 坐标是相同的，而 x 坐标不同，其差值与 P 点的深度坐标 z、视点与屏幕的距离 d 和两眼间距 b 有关。

应当注意的是左、右眼视图中的像素并不存在一一对应关系。在左眼视图中显示的物体，在右眼视图中可能部分被遮挡住了；而左眼视图中看不到的部分，在右眼视图中又有可能出现。因此在视图转换中会产生像素的丢失、重叠等现象，从而为右眼视图的生成增加了一定的难度。

目前一些商品绘图库中已构建了大量几何模型，例如美国的 Viewpoint Catalog 几何图形库。用户可从库内检索出有关对象的模型数据文件（顶点位置文件及拓扑文件），从而生成由面元构成的立体实体图。

纹理是指物体表面细微的凹凸不平的条纹，可以用随机扰动法生成，即在表面各点的法线方向附加微小的随机扰动量，从而产生表面的微观不平度。采用不同的扰动函数，可产生不同的纹理效果。工程上还常用贴纹理（Texturing）的方法实现，将真实物体的照片经扫描后生成纹理图片，直接粘贴在虚拟对象的表面。

光照是用亮光和阴影、明暗来表达物体的立体感。光照模型表示光照下物体上各点在观察方向的颜色与光源特性、物体几何和表面材料之间的关系，目前采用的模型主要有辐射度模型及光线

跟踪模型。光线跟踪模型是考虑到发光源及视场内所有物体的反射、折射的影响，计算出给定点的颜色亮度，因此实际效果较好，但计算量较大。

在图形处理过程中还会产生图形边界不直，形成台阶形边界或细节失真的现象，称为走样(Aliasing)，而采取的相应的改善失真的办法称为反走样(Anti-Aliasing)。

背景图像是虚拟现实的重要组成，可分为自然景物和人工景物。自然景物可以用分形算法产生，大多数需要提前录好录像资料。对简单的人工景物(建筑物等)可以用图形生成法生成。

二、运动建模

几何模型只反映了虚拟对象的静态特征，而VR还要表现虚拟对象在虚拟世界的动态特性，例如有关对象的位置变化、碰撞、伸缩和表面变形等特性，这就属于运动建模范畴。

对象位置的变化(或观察者位置的变化)会引起对象视景的移动、伸缩和旋转，图形图像生成器就要不断地根据对象的运动模型对视景进行相应地变换。

运动图像的生成可以采用关键帧法和样条驱动画法。关键帧(Key Frame)法是首先生成运动轨迹上的部分关键画面，然后用插值法生成中间帧画面。影响图像的参数，如位置、旋转角、纹理等都可作为插值参数。样条驱动画法由用户指定物体运动的轨迹样条，根据运动向量由初始图像生成运动图像序列。

碰撞检测经常用于检测两对象间的相互作用。碰撞检验需要计算对象间的相互位置，其计算量取决于物体外形的复杂性和检测精度。例如对平面或球的碰撞判断比较容易，而对自由曲面(参数曲面)的碰撞检测所需要的计算量很大。因此，探索省时而且精确的碰撞算法是重要的研究课题。

在虚拟现实的触觉检测中，在检测手指与虚拟物体的接触时引入了虚拟平面的概念，即在虚拟物体表面上距手指最近的点做

切平面，称为虚拟平面，虚拟手指尖与虚拟平面的距离 Δr 为

$$\Delta r = \frac{|ax_0 + by_0 + cz_0|}{\sqrt{a^2 + b^2 + c^2}}$$

式中，x_0, y_0, z_0 为指尖坐标；a, b, c 为虚拟平面方程的系数。虚拟平面的位置随着手指的移动而变动，这样虚拟手指与物体的接触检测变成了虚拟平面的更新和计算距离 Δr，使接触检测变得简单而可实时计算了。

变形物体的生成方法是运动建模中的另一个困难而重要的问题。变形物体的生成方法大多是通过移动或控制物体顶点来实现的。例如在物体进行缩放或旋转时，将变换矩阵用顶点坐标的位置函数代替，或用位置-时间函数代替，就可实现整体或局部变形。Lazarus 等提出了基轴变形方法。用户首先定义一条三维轴线，根据变形的需要，这条轴线可以有任意形状并可进行编辑修改，然后将轴线变形传给物体，从而转化为物体的变形。该方法曾用于软件中控制鱼的游动，取得很了好的效果。

在 VR 系统中构造复杂场景的运动图像和语音的数据量是极大的，例如，若运动图像尺寸为 720 × 576 点，每个点为 8 bit 彩色(RGB)，25 帧 /s，若要保存 1 min 的图像所需要的存储容量为 4.977 GB。实际上应用 VR 系统可能要存储数百分钟的图像，因此大量图像数据的数据压缩问题是 VR 技术中的另一个关键技术。

三、物理模型

在定义了虚拟对象的外观和运动特性之后还应当定义对象的质量、惯性、表面光滑度或粗糙度、软硬度和形状变形模式，这些就是对象的物理模型。

例如，力觉反馈手套的虚拟手控制系统，当用虚拟手握住一个物体时，在计算机控制下，通过对手指的运动产生阻尼，从而使操作者的手产生力感。阻尼力的大小由被抓物体的质量、软硬度等物理属性决定。当触及硬质表面时，操作者手的力感用阻尼力从低阻

抗到高阻抗的突变来描述。

四、模型分割

虚拟对象的模型一般都非常复杂，而表示和显示由多个虚拟对象组成的虚拟世界就更为复杂。在不失真实感的情况下，减少模型的复杂度是非常重要的。例如，显示一个对象需要进行大量的多边形渲染，如果能减少多边形的个数，就可直接提高计算速度和显示速度。单元分割、细节水平分割等技术就是用来提高显示实时性的技术。

将虚拟世界划分成一些较小的单元，称为模型分割。在某一时刻，仅仅渲染虚拟世界中某几个单元中的对象，就可大大提高显示速度。在某些VR应用系统（如有关建筑的VR系统）中，模型的大部分在某些视景中是不起作用的，不必显示。采用这种单元分割方法，可大大地减少显示和计算的复杂度。

细节水平分割技术是在各种细节水平存储对象的技术。在远距离观察时，物体的表示可以非常简单，但当眼睛移近物体时，物体表示的复杂性就不断增加。例如一颗树有多个模型，当用户在很远距离观察时，看不清细节，这棵树的模型只由少数几个多边形构成；再走近一点，树就由较多的几个多边形构成；更近一点，就可看到由更多的多边形表示的更多的细节。利用多细节水平的对象数据库可以大大地减少多边形的数量，并大大加快渲染速度。该技术也适用于移动的景物，在屏幕上，观察快速移动的物体的时间相对较短，不必描述它们的所有细节，只需用较少的多边形表示即可，这并不降低视觉效果。当然细节水平分割也会增加系统的开销。

2.4　虚拟现实系统开发软件

一个成功的VR系统是极其复杂的，不可能设想一个新的VR应用系统的开发是从底层的基本代码开始的。因此，VR系统的开发必须借助于软件开发工具。目前已提出了很多虚拟环境开发系统，常见的有NASA VPL公司的RB2，Sense 8公司的WorldToolKit，MltiGen-Paradigm公司的Vega，Autodesk公司的3D Studio，CDK和Division公司的dVS等。

一、应用系统开发的概念模型

VR开发系统都是按照面向对象原理，采用C或C++等面向对象语言和相应数据库及工具开发设计的。

虚拟现实开发系统都可以分为3个层次(见图2-19)，底层是各种通用工具包和数据库，其中包括各种通用VR硬件装置(头盔、数据手套、三维鼠标等)驱动程序和支持数据分配通信和交互作用的软件包。第二层是各种虚拟对象生成工具，用以生成各种虚拟对象。大多数开发系统还为用户提供一种对象建模语言(OML，Object Modeling Language)，用以描述空间三维地貌和三维对象，并可有效地检测出三维对象的碰撞现象。虚拟开发系统的最高层是虚拟环境管理层(VEM，Virtual Environment Manager)，它可以在单用户或联网情况下，根据用户要求启动和连接用对象建模语言描述的对象，形成一定环境条件下的虚拟现实世界。用户要求的环境条件用描述文件表示，其中包括设备配置及对象原型文件。对象原型文件是记录对象几何框架代码和纹理的文件。

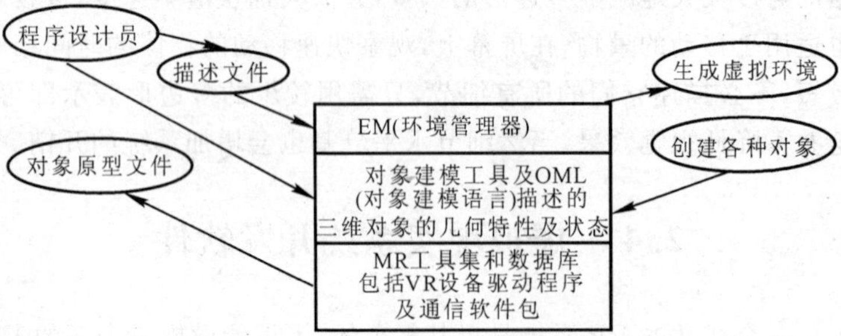

图2-19　VR开发系统的概念模型

VR 开发系统大都提供工具箱和编辑工具，使开发人员采用菜单和图标方式编辑虚拟现实环境，并能和应用系统一样，通过头盔显示器或屏幕观察编辑结果，用鼠标、操纵杆等输入编辑命令。例如，从物体库选择物体，并把它放到虚拟现实中，然后根据需要改变其特征，并观察编辑结果。

一个成功的 VR 开发系统应具备以下特征：

(1) 实时性：虚拟现实应用系统的质量取决于图像对用户动作的反应。从用户动作到图像输出的滞后时间必须最小，以满足实时交互和图像显示的光滑性要求。

(2) 灵活性：虚拟现实是一种发展变化很快的交互技术。因此，虚拟现实开发工具必须能迅速适应硬件和软件的变化，支持新的设备，提供新的交互手段。

(3) 支持分布式应用：目前所构造的虚拟现实系统大多需要多台微型机或工作站协同工作，例如，当使用两台工作站时，一台工作站产生头盔显示器的图像，另一台工作站处理待显示的信息。这种分布处理应由虚拟现实开发工具来完成。

二、VPL RB2 系统简介

VPL RB2 系统是 VPL 公司推出的一套完整的用于虚拟现实应用、开发和研究的支撑环境，它包括一组能在 SGI 工作站运行的集成软件工具。该系统广泛使用可视化编程技术，因而不要求用户熟悉 C 语言或其他程序设计语言。利用该系统，用户可以很快地建立自己的虚拟现实环境。

VPL RB2 系统的硬件配置如图 2－20 所示，其核心部分是一台 Apple Macintosh 计算机。系统中除头盔显示器之外的所有虚拟现实设备均与计算机连接。空间位置和方向跟踪系统与 Macintosh 计算机的串行口连接。Macintosh 计算机通过以太网与 SGI 工作站（称为主机）连接 。在配置单台 SGI 工作站的情况下，可使用视频分配器分别生成左、右眼图像。音频合成器与 Macintosh 的 MIDI 接口连接。系统采集或用编程方式产生全范围的复杂音频信号。音频合成器的输出送到称为 Convolvotron 的 3D 音频发生器。3D 音频发生器、数据手套和数据衣均通过串行口与 Macintosh 连接。

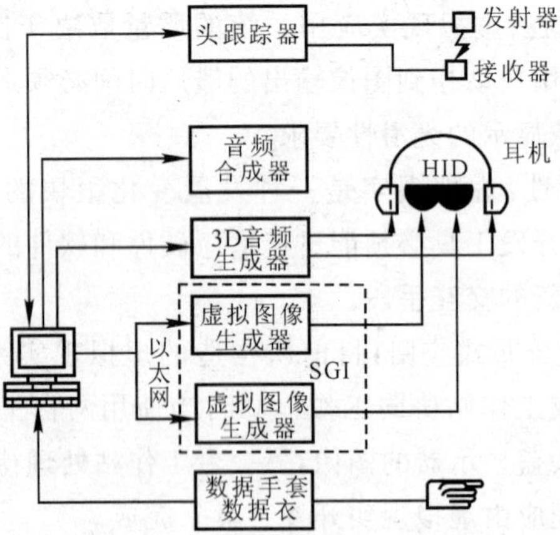

图 2-20　VPL RB2 系统的硬件配置

VPL RB2 系统提供一个虚拟现实开发原型系统。用户用类似于 CAD 的工具来构造虚拟环境中的对象，然后用对象的交互操作和行为定义将这些对象连接在一起，构造复杂的虚拟现实。

VPL RB2 系统的支撑软件是 Swivel 3D，Body Electric 和 Isaac3 个软件包的有机集成。图 2-21 给出了 VPL RB2 系统支撑软件的配置，其中 Isaac 为显示处理器。Isaac 利用对象的形状和颜色信息，以及与其他结点的连接关系显示虚拟现实，并根据从 Body Electric 接收到的修正信息显示每一对象。因此，Isaac 需要在高性能图形计算机上运行。

1. 造型软件 Swivel 3D

Swivel 3D 是 Paracomp 公司开发的高级几何造型软件，用于生成虚拟环境的对象模型。Swivel 3D 具有绘图、造型和真实感显示等功能，可设置 8 个光源，每个光源的光强可单独设定；采用诸如阴影等特征增强显示效果；可以模拟多种材料，如塑料、金属、木材、毛石、大理石和地毯等，材料属性可以设置为不透明、光滑曲面、纹理和卷状等。Swivel 3D 还具有反走样等高级功能和一定的动画功能，以动态显示对象的运动状态。

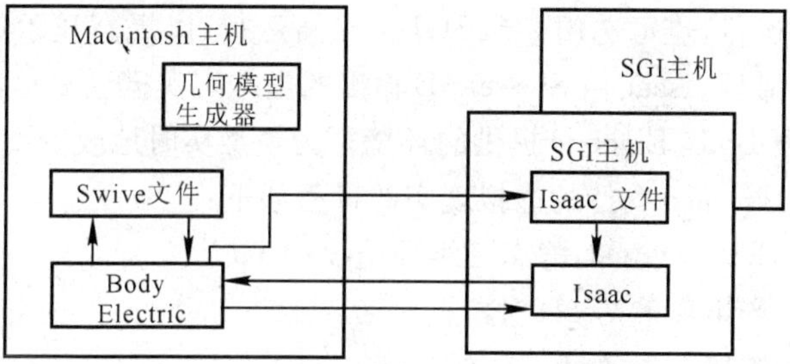

图 2-21　VPL RB2 系统的支撑软件

2. 虚拟现实控制器 Body Electric

Body Electric 从 Swivel 文件中提取对象结点以及与其他对象的关系形成层次树，并根据位置跟踪器等传感器输入数据，实时修正层次树中各结点的位置和方向，供显示处理器使用。

Body Electric 的主要功能如下：

(1) 定义虚拟对象的行为。

(2) 捕获传感器输入数据，并用于计算机动画显示。Body Electric 从数据手套、数据衣、空间球和空间位置跟踪器等输入设备接收输入数据，经过数学和逻辑运算后控制虚拟现实对象的位置和方向。原始数据和经过处理的输出数据都存储在盘上，以供回放和后续处理。

(3) 主机通信功能:实时数据可通过以太网送到主机。用户还可以用示教方式操作远程机器人或其他设备,并记录下行为序列以备回放。

(4) MIDI 功能:用户可以使用虚构的乐器进行演奏,或用算法产生乐曲。

3. 显示处理器 Isaac

Isaac 是安装在 SGI 工作站上的软件系统,用来在头盔显示器中显示 3D 立体图像。Isaac 可在具有视频分配器选件的单台 SGI 工作站运行,也可选用 2 台 SGI 工作站运行,以提高显示速度,减少视觉滞后。Isaac 由 Swivel 3D 输出的虚拟现实模型驱动,在运行中,根据 Body Electric 提供的环境行为模型实时地改变图像。

生成 Isaac 支持的虚拟现实的过程如下:

(1)RB2 Swivel:静态三维环境模型生成。

1) 产生离散的 3D 对象;

2) 连接对象模型,形成层次树;

3) 对象初始状态的定位和定向;

4) 设置对象运动的范围;

5) 定义 Body Electric 将要操作的所有对象;

6) 将静态虚拟现实存放在 Swivel 文件中。

(2) Body Electric:建立虚拟对象之间的动态 / 行为关系。

1) 装入 Swivel 虚拟现实文件;

2) 建立指向动态变化值的网络;

3) 保存网络文件。

(3) Isaac。

1) 在 SGI 上运行 Isaac;

2) 执行 Isaac 命令 Auto,建立 Body Electric 与 Isaac 之间的通信。

三、虚拟现实应用工具箱

虚拟现实应用工具箱(WTK,World Tool Kit)是由美国Sense 8公司开发的虚拟现实应用工具箱。从底层来看,WTK是由1 000多个函数组成的软件包。对用户来讲,WTK提供了一个完整的用于生成虚拟现实的应用开发工具,可构造、交互和控制实时模拟系统。

WTK的重要特征就是硬件无关性,这就意味着开发工作可以在低成本的平台上进行,然后将软件移植到特定的高性能的目标机上。WTK的另一特征是具有支持绝大多数VR设备的函数,可以产生较高层次的虚拟系统。一些基于WTK的虚拟系统开发实例尤为引人注目,例如,美国国家超级计算应用中心(National Center for Super Computing Applications)与德国国家信息技术研究中心(German National Research Center for Information Technology)联合开发的基于WTK的Caterpillar 990轮式装载机的分布式虚拟设计工程、香港科技大学开发的基于WTK的虚拟CNC铣床示教系统,等等。

基于WTK的应用系统一般由下列部件组成:主机、WTK库、C语言编译器、3D造型软件包、图像捕获硬/软件、诸如Paint Box的位图编辑软件。

WTK用面向对象的命名方式来组织。WTK有20多个类,主要有"universe"(场景)、"object"(对象)、"polygon"(多边形)、"vertex"(顶点)、"path"(路径)、"sensor"(传感器)、"viewpoint"(视点)、"light source"(光源)、"portal"(入口)"animation"(动画)等。调用函数用于器件实例化、显示设置、碰撞检测、装入对象、动态几何构造、定义对象动作和控制绘制。

1. 场景

场景是包含所有WTK对象的"容器",这些对象包括图形对象、传感器对象、光线、入口、视点等对象。从层次结构来看,

“universe”是最高的类。场景的创建采用的函数如下：

Wtuniverse_new(display_config，window_config)

其中参数 display_config 用于设定显示类型(单屏幕显示、双屏幕显示、双色显示等)；参数 window_config 用于设定窗口特征。

场景创建时，在图形硬件上执行一个初始化操作，并在内部设置视点和进程。每个 WTK 程序必须在退出前调用函数“Wtuniverse_delete()”，以使图形硬件返回缺省状态。一个对象在 WTK 被创建之后，它被自动装入场景并成为仿真的组成部分。这样，如果它在视野中，它就可以被绘制并执行指定的任务；并对传感器输入做出反应，因而就可以和其他对象进行交互。在一个 WTK 虚拟现实内只有一个场景(universe)是处于激活状态的。

场景的对象分静止对象和运动对象两类。当 WTK 运行时，所有对象文件通过两次函数调用读入内存。函数 WTuniverse_load 读入静止对象：

WTuniverse_load(filename，modelview，scale)

函数 WTobject_new 读入运动对象。对于运动对象可给定其行为特征，并加入光源对象，最后调用函数 universe_go 运行该场景 。

2. 场景对象

场景对象主要有几何对象和传感器对象两类。

(1) 几何对象：几何对象是场景中的基本对象，表达了虚拟现实中的几何实体。几何对象可以用 WTK 所提供的函数或调用 Open GL 命令生成，也可由其他支持 DXF 格式或 WTK NFF 格式的 CAD 软件包建模。几何对象按层次组织，它们之间也可以相互交互，相互操作。用程序调用 WTK 函数生成几何模型方法的特点是灵活、机动，可以构造出很复杂的形体，而且可以对整个模型进行操作，甚至还可以对模型多边形或某一顶点进行操作，但是编程工作量很大。

几何对象建模时各组件模型必须分别建模，单独存储，这样在虚拟现实中才能实现相互运动，体现设备行为，否则，只能是设备整体运动。

为了改进几何对象的视觉效果，可以在几何实体的表面添加纹理。纹理可以有多种来源，如照相机、扫描仪或 Paint Box 程序。WTK 还可以产生地貌等特征对象。地貌对象可定义为平坦的或随机的地貌，也可由给定的地貌数据生成。

图 2-22 所示给出了用 WTK 构造虚拟环境的方法。

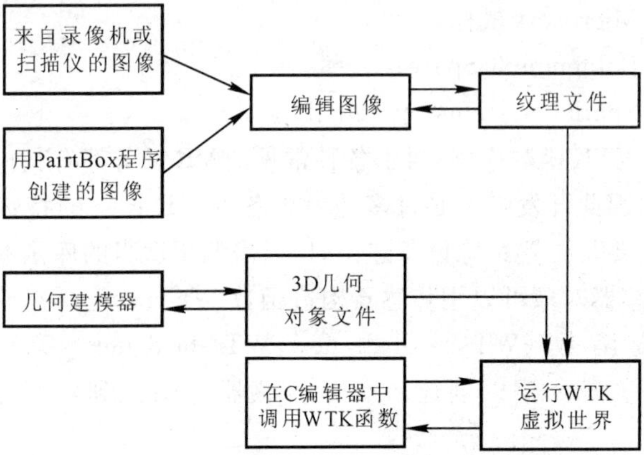

图 2-22　用 WTK 创建虚拟环境

用户通过接口（传感器）可以和几何对象进行交互，改变几何对象的运动方式和状态。几何对象可以具有指定的任务，任务定义了几何对象在仿真循环中的功能或者行为，如速度、加速度等，一旦某个对象与行为联系起来，那么在整个仿真循环内，它就不断地被调用。若要改变对象的行为，则需要重新指定任务函数。

(2) 传感器对象：在 WTK 中，传感器表示任何可以向计算机提供输入信号，用以产生控制对象位置、方位数据的外部设备，例如键盘、鼠标、头部跟踪器等。传感器的输入可以用来修改场景中

对象的行为,也可以用来控制观察者的视点、光线等。WTK 支持的虚拟现实外围设备如下:

1) Advanced Gravis Mousestick 光学操纵杆;

2) Ascension Bird 跟踪器;

3) CiS Geometry Ball Junior;

4) Fake Space BOOM;

5) Logitech 鼠标;

6) Logitech 头部跟踪器;

7) Microsoft 鼠标;

8) Polhemus 3 Space;

9) Spatial Systems Spaceball。

在 WTK 函数库中,对于各种常见的 VR 设备都有其相应的驱动函数,因此开发者不必过多地考虑各种 VR 设备的特殊要求与结构。当要与位置跟踪设备连接时,只需调用适当的库函数。

传感器对象可以用传感器构造函数 Wtsensor_new 或专用装置构造函数(WTspaceball_new,WT bird_new 等)生成。Wtsensor_new 用以创建一个新传感器并加入到场景中,其定义为

```
WTsensor* WTsensor_new(openfn,losefn,updatefn,serial,
unit,location);
```

若传感器创建成功,则返回一个传感器指针;若传感器连接出错,则返回 NULL。

专用装置(跟踪器 Polhemus)的构造函数可定义为

```
# define WTpolhemus_new(port)\
    WTsensor_new(WTpolhemus_open,
Wtpolhemus_close,
        WTpolhemus_update,WTserial_new(…),
1,WTSENSOR_DEFAULT)
```

(3) 光线对象:WTK 提供了两种形式的光照模型。一种是背

景光。背景光用来均匀地照明视景内所有的几何对象,不管它们的位置与方向如何。另一种是直接光源。用户可以将直接光源放置在虚拟现实中的任意位置和方向,并可以任意定义直接光源的强度。无论何时有新的光源加入,或者一个光源位置的变化,视景中所有图形对象的阴影值都需要重新计算。一个光线对象也可以附接在一个传感器对象上,这样它就可以在视景内移动。

新光源用 WTlight_new 创建:

WTlight * WTlight_new(at,dir,intensity)

其中,at 为光源位置;dir 为光线的方向;intensity 为光线的强度(0.0 ~ 1.0)。

(4) 视点对象:视点对象规定了场景中几何对象在计算机上绘制的参数,如角度等,它允许用户定义实体几何的绘制方式,从而可以从任何位置、方位和视角来观看。在一个场景内可以保持几个不同的视点,但是在同一时刻只能有一个处于激活状态。对于视点对象,用户必须指定视点在虚拟场景中的位置(左眼或右眼)、视点方向、视角、两眼间的距离等参数。

视点对象也可以附接在传感器对象上,这样视点对象就可以按照传感器的运动来动态地改变。例如,我们可以用 WTviewpoint_addsensor 函数将视点对象和鼠标"捆绑"在一起,由此建立一个视觉耦合系统,鼠标移动就意味着视点对象移动,虚拟场景就会按照新的视点对象进行绘制,这可以对虚拟现实从不同角度进行观察。WTK 提供了几个操纵视点对象的库函数,以备应用程序使用。

(5) 入口(Portal) 对象:入口(Portal) 是进入另一个场景的通道。在 WTK 中,场景基本上是一个抽象概念,通过它将所有的操作和动态行为限制在一个局部环境中。但是也可以创建多个场景,通过入口将不同的场景"结合"起来。入口被指定为特定的平面多边形,当用户的视点穿过指定的平面多边形(入口)时,就进入了相临的场景中。入口好比从一个房间进入另一个房间的房门。

每个场景都可以看做相互分离的实体，对于其内部对象采用不同的规则或动态行为。因此，通过“入口”可以将几个小场景结合成一个大的虚拟现实。

例如，在虚拟柔性制造系统中，可以将 FMS 系统宏观仿真场景定义为场景 1，将切削加工的微观仿真场景定义为场景 2，将某个加工中心加工间的隔离门定义为“入口”，将视点附加在鼠标上，如果在进行系统宏观仿真(场景 1) 时，移动鼠标至加工间的隔离门时，虚拟场景立即切换为场景 2，进行切削的微观仿真。通过两个场景间数据的相互传递，将宏观仿真和微观仿真结合起来，可以实现宏观仿真对微观仿真的实时调用，微观仿真对宏观仿真提供数据支持。

3. *仿真管理器*

仿真管理器是 WTK 工具箱中最重要的部分，它控制虚拟现实中进程的执行。图 2-23 所示给出了 WTK 仿真循环的示意图，仿真循环用调用 WTuniverse_go 来执行，用 WTuniverse_stop 退出。调用 WTuniverse_go1 时，仿真循环只执行一次。

场景行为函数(Action Function) 是由用户定义的用以控制场景中活动的函数。在仿真循环中由仿真管理器调用，它可以包括场景中的所有对象。行为函数可定义的行为如下：

(1) 改变绘制参数，如背景色、光照等；

(2) 仿真活动，如对象操作、干涉检测等；

(3) 用户定义的事件处理，如拾取物体并设定其动作；

(4) 退出循环方式。

例如，在仿真中，定义检测空间球为键 1，若该键压下，则退出循环。其行为函数的定义为

```
void myaction( )
    { if (WTsensor_getmiscdata(spaceball)
        &WTSPACEBALL_BUTTON1)
  WTuniverse_stop) }
```

该行为函数用函数 WTuniverse_setactions（myactions）来设定。

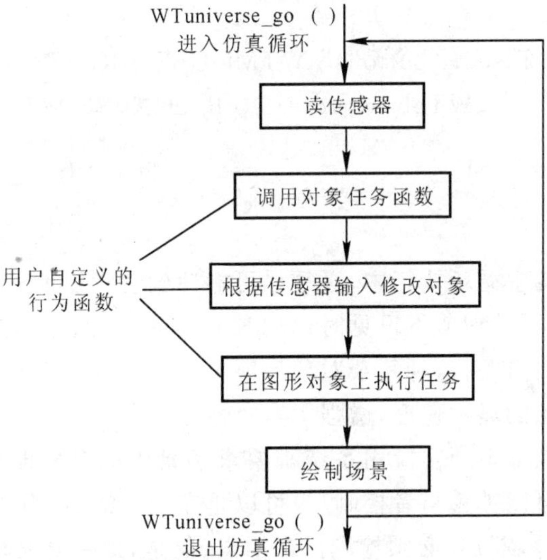

图 2－23　WTK 仿真循环

每个对象可以用任务函数(task function)来定义对象行为。例如,定义一个对象在按下鼠标时绕轴转动,其任务函数的定义如下:

```
void spin_task(WTobject * object)
  {
    long  buttons;
    float  w;

    buttons = WTsensor_getmiscdata(sensor);
    w = PI/9.0        /*    */
```

```
        if( buttons&WTMOUSE_LEFTBUTTON ) {
            WTobject_rotate(object,X,
w,WTFRAME_LOCAL);
        }
        Else if (buttons&WTMOUSE_RIGHTBUTTON) {
            WTobject_rotqate(object,X,_w,WTFRAME
— LOCAL);
        }
    }
```

在仿真主循环执行中，必须尽可能达到实时要求。当对象离视点太远，以至其细节不可见时，WTK 可根据对象的详细描述产生低复杂度的对象。这种复杂对象和简单对象结合使用的方法，极大地提高了帧的显示速度，增强了实时性。

大多数虚拟现实应用系统都要求场景中的对象能交互操作，这些对象可以被参与者控制，也可以是完全自治的。当它们与另一对象碰撞时，WTK 必须检测出碰撞点。但是，这一要求与 WTK 的整体动态性能相冲突。特别当一对象含有很多多边形时，WTK 必须用大量时间检测是否与该对象的每一个多边形都相交。

四、虚拟现实应用工具箱 MR

MR(Minimal Reality) 工具箱是加拿大 Alberta 大学的 Mark Green 教授和他的研究小组开发的虚拟现实应用工具箱。MR 工具箱可以免费从 Alberta 大学获得 (http//www. cs. ualberta. ca/graphics/)，但不能用于商业目的。目前在 45 个国家已有 600 多个 MR 站点，从而共享开发工具，为合作开发提供了广泛的可能性。

MR 实质上是一个支持虚拟现实开发和其他三维用户界面的软件集。MR 有很多版本，1995 年推出 1.4 版，1997 年后相继推出 1.5 版、2.0 版。1998 年又推出 VR 软件工具 MRObjects，这是一个面向对象的基于 C＋＋的 VR 应用开发框架。

MR 包括子程序库、设备驱动器和支持几何及行为描述的语言。它可以在 HP,SGI,DEC,IBM,RS6000 工作站上运行,支持各种虚拟现实常用设备,还支持分布式用户界面、数据共享、多种交互技术及实时性能分析等。

1. MR 工具包

MR 工具包的基本硬件支持环境包括一台或多台图形工作站和 3D 输入、输出设备,如数据手套、位置跟踪器、视线(眼球)跟踪器等,其最小配置为一台图形工作站和一台 3D 输入设备。

MR 工具包由三层软件组成(见图 2－24)。外层为硬件设备支持工具包,每种设备的工具包可以看做是一个客户／服务器对。其中服务器部分为硬件设备的操作进程,对输入设备连续采样并完成诸如数据过滤等底层操作。客户端部分为与服务器接口的库函数,当服务器连续采样时,客户可以很快地获得最新数据。该客户／服务器对的模型便于在系统中增加新的设备。

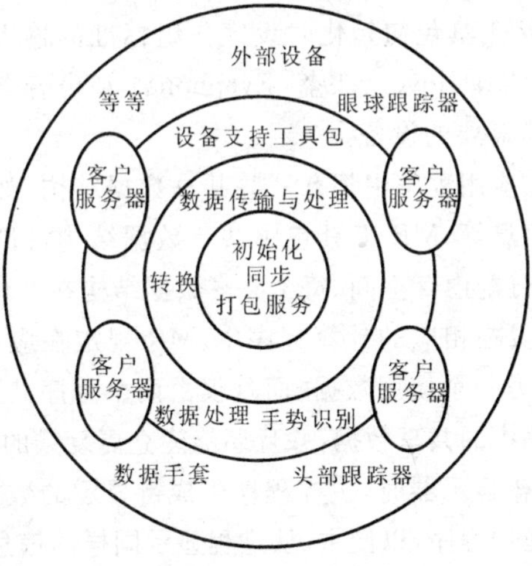

图 2－24　MR 工具包的结构

MR 工具包的第二层是数据处理与转换层，对来自输入设备的数据进行格式转换、坐标变换及识别处理。例如，根据数据手套的数据完成手势识别，并提供当前手套状态的视觉反馈，还可提供数据传输的标准服务。

工具包的最内层为程序员提供一组打包服务，处理产生双目显示的两台工作站之间的数据传输和显示同步等问题。

2. MR 应用程序的结构

在 MR 的应用程序中，必须有一个唯一的主控(Master) 程序，它控制整个应用程序并负责其他程序运行的初始化。MR 应用程序中可以有几个受控(Slave) 程序。受控程序用于产生图形输出。在头盔显示器应用程序中，主控程序产生左眼视图，受控程序产生右眼视图。

MR 应用程序还包括应用配置和应用计算两部分。

应用配置部分对 MR 工具包初始化，并产生相应的配置文件，允许用户定义配置要求和设备参数，如为头盔显示器设置用户瞳孔间距等。MR 工具包初始化时设定一组标准的输入、输出设备，如数据手套(DataGlove)、头盔(Eyephone) 和声音合成器等大多数 MR 应用所需要的设备。

在大多数应用程序中都有一些共享数据结构，如计算结果和双眼的视觉信息等。MR 工具包中共享数据结构可以在程序配置部分设定，并分配内存空间。每个共享数据结构在主程序中有一份拷贝，另一拷贝在相应的计算程序中。MR 规定在应用程序中，一个产生数据，另一个使用数据，而且仅由两个程序共享，从而便于建立应用程序中的共享数据，并且还能建立更复杂的进程结构。例如，当使用头盔显示器时，主控程序生成待显示的数据，并在显示之前传递给受控程序，以便主、从进程显示同样的信息。

计算部分完成 MR 应用程序指派的任务，其中包括建立应用环境的坐标系和处理与用户的交互操作等。在应用程序与用户交互之前，首先建立应用环境的坐标系。在缺省情况下，MR 假定坐标系是基于输入设备所在的房间，缺省的计量单位是米(m)，环境的坐标轴以房间的墙为准。房间与环境的准确几何对应关系在 MR 安装时指定。工作空间匹配程序包允许程序员定义应用程序所使用的坐标系。

3. MR 程序库

MR 程序库为大多数虚拟现实应用系统提供了所需要的设备和服务的高级接口。MR 程序库提供 6 个程序包，其中包括位置跟踪器程序包、显示设备程序包、数据手套程序包、声音程序包、工作空间映射程序包、数据共享程序包。

(1) 位置跟踪器程序包：该程序包支持 Polhemus 跟踪器的使用，将跟踪传感器的位置和方向数据传递到应用系统。

(2) 显示设备程序包：目前配置的显示设备可分为三大类，即头盔显示器、单视图显示器和无显示器。MR 工具箱指定观察参数，头盔显示器产生双目视图并保持显示器中两幅图像的同步化。对于单视图显示设备，只考虑一个图像生成程序。

MR 应用程序所使用的设备在交互操作开始时必须进行校准或初始化。例如，对设备进行调整，这一工作可通过调用适当的函数来完成。当用 DataGlove 实现手势输入时，通过校准操作生成定义这些手势的表格信息，并在与用户交互操作前装入主程序。

(3) 数据手套程序包：数据手套程序是 MR 工具箱中最复杂的一个。该程序包分成两级，第一级支持与数据手套的基本交互，包括读、取数据手套的当前值，将该信息送到计算机用于产生虚拟手图像，并在虚拟现实中驱动数据手套的相应进程。第二级支持手势识别。

(4) 工作空间映射程序包：工作空间映射是将设备坐标映射到虚拟现实坐标。

(5) 数据共享程序包：数据共享程序包用于在 MR 应用程序

内传递数据。

(6) 声音合成程序包:声音合成程序包提供与设备无关的语音合成接口,用以产生声音效果,实现对用户行为的响应。

第3章 虚拟制造系统的体系结构与建模方法

虚拟制造系统是现实制造系统在虚拟环境下的映射，是现实制造系统的模型化、形式化以及计算机化的抽象描述和表示。任何虚拟制造系统都是在一定的体系上构建和运行的，体系结构的优劣直接关系到VM实施技术的成败。另外，如何建立虚拟制造系统运行所需的各种模型也是虚拟制造技术研究的重要内容。本章在分析虚拟制造系统的功能需求基础上，着重介绍虚拟制造系统的模式、体系结构和建模方法。

3.1 虚拟制造系统的目标需求

一、虚拟制造系统的功能需求

作为制造系统资源与制造活动的数字化集成手段，虚拟制造系统应具有的功能如下：

1. 工厂和产品生命周期中的全部活动的集成

虚拟制造系统应提供一个工厂或车间的公共数据库，其中存有工厂或车间从设计到关闭的整个生命周期的各种活动数据(见图3-1)。在工厂设计阶段，设计者定义了虚拟制造系统，作为工厂的详细模型，用以描述并审查工厂的设备布局和物流设计。在工厂运行阶段，生产管理人员利用该模型进行任务规划，机器人操作规划、人员培训、生产监测、设备监控等。如果在虚拟制造系统中存储了工厂的运行记录，那么维修工程人员还可以利用这些维修对象的数据进行维修。

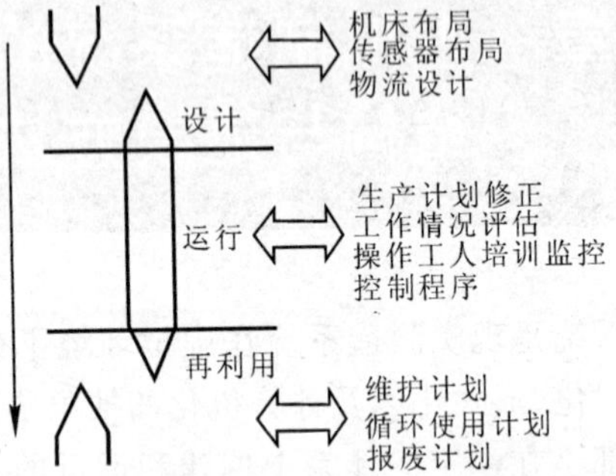

图 3-1　生命周期活动的集成

全生命周期活动的集成基于虚拟制造系统和真实制造系统的连续性和虚拟制造系统活动的反演功能，即时间的正向流动或反向流动。

2. 各种硬件、软件、人员及各种标准的集成

虚拟制造系统应具有公共的通信平台，为各种制造资源提供语义水平的通信接口。在虚拟制造系统中，其仿真输入数据由其他软件和数据库提供，虚拟制造系统只起一个桥梁作用，如图 3-2 所示。例如，在铣削加工过程仿真时，首先向虚拟制造系统的铣削仿真器输入一组输入数据，如 NC 程序，材料数据，以及铣刀工件和夹具的几何模型，然后由铣削过程仿真器进行仿真，最后返回仿真结果，如加工后工件的形状、加工误差及机床刀具的加工记录等。

3. 虚拟世界与真实世界的集成

由于虚拟制造系统与真实制造系统具有信息上的等价性，所以可以通过多种方式连接两种系统，实现虚拟制造系统与真实制造系统间的信息交换。在设备设计或订购时，可以将虚拟设备与已有设备结合起来，作为对已有真实制造设备的补充，以审查设备性

能及其相互间的匹配。在设备运行阶段，虚拟制造系统作为一个"车间监控者"，接收车间的数据，并对它们进行翻译解释，随时显示车间的实时状态并向操作人员和管理人员提供车间的集成的映像。这类虚拟制造系统可称为半封闭的虚拟制造系统，可使得虚拟制造系统成为制造系统的信息桥梁，使制造技术和信息技术相互沟通。

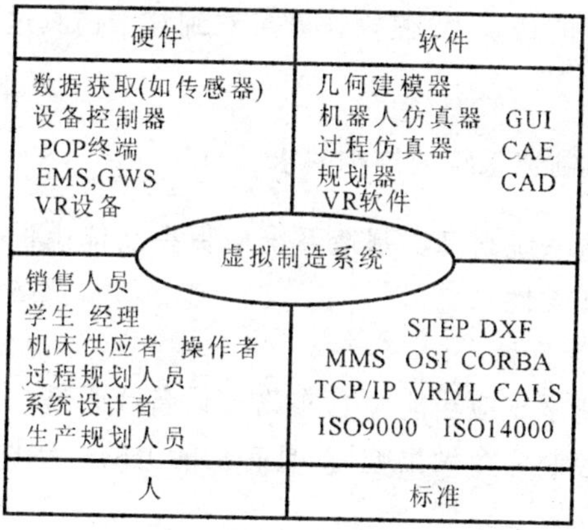

图 3－2　制造资源的集成

二、虚拟制造系统的仿真需求

虚拟制造系统是对产品设计、制造及性能进行全面仿真的系统，但是它与一般的工程计算仿真是有很大区别的，主要体现在如下方面：

(1) 虚拟制造系统的仿真是虚拟环境下的全方位仿真，是产品从设计、生产、销售到消费的全生命周期仿真。它利用先进的传感技术和虚拟现实技术，将产品全生命周期过程呈现在人的感官，以进行虚拟设计、虚拟制造、虚拟试验、虚拟分析与虚拟使用。

(2) 仿真器具有多种输入方式。虚拟制造的输入不仅有数据参数，而且具有声、光、电、图像、触觉、嗅觉等多种输入方式和输入装置。操作者可以利用虚拟现实环境，操作虚拟环境中的仿真物理模型，改变参数设置，使制造过程完全实现柔性化。

(3) 真实感输出。通常的工程计算仿真以数据、曲线、表格等形式给出仿真结果，缺乏真实感。虚拟制造系统则不仅能给出精确的仿真数据，更以富于真实感的虚拟产品设计、制造视景、图像和声音等信息反映制造过程，以体验产品制造及使用中的问题。

仿真过程的透明性，使操作者可看到整个仿真过程，并可实时干预。

三、虚拟制造系统的结构需求

虚拟制造系统与真实制造系统应保持功能上的等价性、结构上的类似性和柔性。

1. 功能等价性

虚拟制造系统应当能像真实物理设备或系统一样，可发送控制命令或对控制命令做出响应，具有功能上的一致性，主要表现在以下 3 个方面：

(1) 语义一致性：虚拟制造系统的有效性取决于其控制命令及状态数据与真实系统制造语义上相一致的精确程度。语义一致性越高，虚拟制造系统越有效，但同时会增加实现的难度。

(2) 数值精确度：虚拟制造系统的响应数据应与真实制造系统相近，特别对半封闭虚拟制造系统来讲，其状态数据越接近真实系统，虚拟制造系统与真实制造系统之间的兼容性就越好。

(3) 响应时间：虚拟制造系统应具有尽可能小的响应时间。

上述 3 个要求经常是相互矛盾的，例如精确的状态数据，常常需要更精确的仿真，但却会增加响应时间。因此，在设计虚拟制造系统时，应当找到恰当的平衡点，以便达到精度与响应时间的最佳平衡。

2. 结构相似性

虚拟制造系统应与真实制造系统具有结构相似性，以便使系统的设计者或使用者能以更直觉的方式对系统进行定义、修改或操作。这里为什么说是结构相似性，而不是结构一致性，是由于虚拟制造系统同时又是真实制造系统的抽象和概括，在不失仿真精度的前提下，常常需要简化系统结构，使系统易于实现就更具有代表性。

3. 开放性和柔性

虚拟制造系统实质上是一个综合开发应用环境和软件工具集，系统应具有功能的易扩展性以及系统软、硬件的开放性，系统的模型和结构模块应具有高重用性和可重组性，以提高各构件的组合能力。

4. 系统应满足分布式协同工作和动态运行操作

虚拟制造系统常常要处理大量的实体仿真，使用不同网址上的大量数据、知识和资源信息。在分布式环境下进行虚拟并行运作，已成为虚拟制造系统的必备条件。

3.2　虚拟制造系统模式

美国马里兰大学的 Edward Lin 和 Ioannis Minis 等人的研究小组受 Lawrence Associates 公司、美国空军系统指挥部(Air Force Systems Command)的联合委托进行了虚拟制造技术基础研究。他们对目前的 CAX 技术的特点和存在问题进行了分析，特别是对可制造性评价的相关技术进行了论证，认为 VM 是解决所存在问题的关键技术，提出了三种虚拟制造系统模式。

(1) 以设计为中心的虚拟制造 (DCVM, Design－Centered VM)：提供设计工程师在虚拟环境下设计产品的设计工具和环境，如面向制造的设计(DFM, Design－Centered Manufacturing)，面向装配的设计(DFA, Design－Centered Assembly) 等并行设计工具，以满足各种设计准则(DFX)。

(2) 以生产为中心的虚拟制造(PCVM,Production - Centered VM)::提供开发和分析各种生产计划、过程计划和资源需求规划(如新设备的采购等)的仿真工具。

(3) 以控制为中心的虚拟制造(CCVM,Control - Centered VM):构建从设计到制造一体化的虚拟环境，即在考虑车间和制造单元生产活动的情况下，评价产品设计、生产计划和控制策略，并在模拟的控制过程中提供改进的手段。

但实际上，上述分类尚不能概括虚拟制造系统的各种类型，例如面向加工过程仿真的虚拟制造系统也是虚拟制造的重要模式。由于虚拟制造在概念上强调全生命周期过程的仿真，因此将多种模式的虚拟制造系统实现集成，将是虚拟制造的发展趋势和最终目标。

一、以设计为中心的虚拟制造

以设计为中心的虚拟制造为产品设计、产品评价和异地协同设计提供模拟环境。该环境集成了计算分析、网络通信、可视化仿真技术等开发工具，以支持面向设计与管理的全球化合作。在这种设计模式下，工艺工程师、制造工程师在产品的构思阶段就参与产品设计，对设计提供可制造性方面的评价。设计工程师、工艺工程师和制造工程师已经不需要面对面的交流，他们虽然可能处于不同的国家和地区，但虚拟设计环境提供的丰富的信息通信手段，使地域不会阻碍他们之间设计思想的交流。

在虚拟制造环境下的设计也可以称为虚拟设计。虚拟设计把制造因素和信息引入到整个的设计过程，利用仿真优化产品设计。例如 DFX 技术，通过在计算机上制造产生许多“软”样机，从而在设计阶段，就可以对所设计的零件甚至整机进行可制造性分析。这包括加工过程的工艺分析、铸造过程的热力学分析、整机的动力学分析等，甚至包括加工时间、加工费用、加工精度分析等。

虚拟设计使传统的产品设计方式发生了深刻的变革。新的产品设计模式如图3-3所示。传统设计过程中很多必不可少的步骤，在虚拟设计中则可以大大简化，如传统的图纸传递方式被生动的三维产品模型传递所取代。这就使原来静态的产品设计转换为动态的设计，产品用户也可以通过虚拟环境中的用户接口参与产品设计。

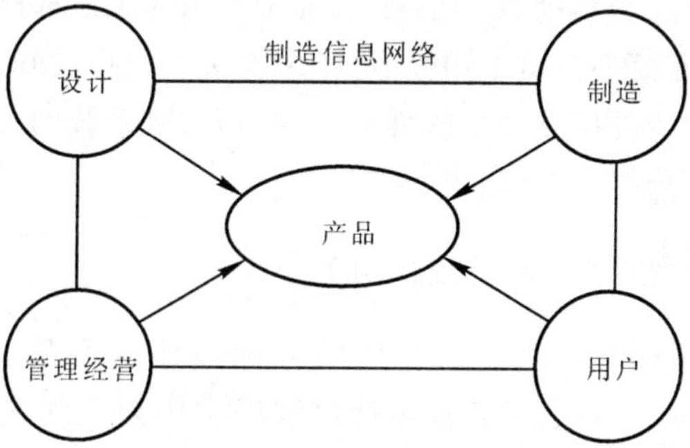

图3-3　虚拟制造环境下的设计模式

以设计为中心的虚拟制造的目标是进行产品设计、产品的适用性分析和宜人性(Ergonomics)评价，其主要内容包括：

(1) 产品外形设计；

(2) 产品布局设计，如管道布局、设备布局、面板设计等；

(3) 产品装配仿真；

(4) 产品运动学、动力学仿真，如运动协调、运动干涉检验、运动范围确定及强度校验等。

系统的输出为产品数字模型及产品评价结果。

该模式主要适用于产品设计及评价、产品使用培训及维修。例如1994年日本Matsuchita公司研制开发的虚拟空间决策支持系统，可用于厨房设备订购，顾客可直观地观察评价厨房配置效果并做出购买决策，被选购的设计结果立即传到车间进行生产。由美国马里兰大学开发的 IMACS(Interactive Manufacturability Analysis and Critiquing System)系统也是类似的一种系统。

虚拟设计基于许多单项分析技术。其中一些单项技术已有很长时间的发展历史,但在虚拟设计中又得到新的发展,例如在设计中描述零件或产品的模型不仅包括几何模型和制造特征模型,还包括各种物理特征,如力学特征、运动特征等,而且这些模型建立在统一的产品数据管理(PDM,Product Data Management)的基础上,从而使模型的可重用性、可扩展性大大加强。同时,具有三维动画能力的各种仿真分析软件可实现与PDM系统的无缝连接,无需用户重新分析、重新建模。

二、以生产为中心的虚拟制造

以生产为中心的虚拟制造的目标是评价产品的可生产性(Productionability)。它是在生产过程模型中溶入仿真技术,对产品生产全过程进行仿真,以寻求资源的最佳配置和生产组织、调度的最佳方式。

以生产为中心的虚拟制造的主要研究内容包括车间设备的配置及分布、生产调度、生产环境的布局设计、设备集成、生产组织调度等。其输出是资源需求规划、生产调度规划、供货计划及精确的成本信息等。

嵌入式仿真已在生产计划的编排中获得广泛的应用,而以生产为中心的虚拟制造技术使可生产性评价达到了更高的水平,它不但以动画或高真实感图像显示某一生产计划驱动下生产线的制造过程,还可考虑到各种资源约束(如机器故障、刀夹具数量、空间及人力资源限制等)情况下的动态调度过程。传统的仿真技术主要考虑的是设备的空间分布,而虚拟制造则还包括总体(人、设备、环境)协调及动态过程优化。虚拟现实技术的采用,更进一步使用户能进入“未来”的系统或生产过程中,动态地预演整个生产过程。

三、以控制为中心的虚拟制造

以控制为中心的虚拟制造是将仿真加到控制模型和信息处理中，以实现基于仿真的最优控制，例如 CNC 控制器和机器人路径规划的仿真以及流程工业的控制研究，并提供过程监测、评价和实现用户定义的处理算法。其中，虚拟数控是当前研究的热点之一，它利用计算机软硬件的强大功能，将传统的各种控制仪表、检测仪表的功能数字化，并可灵活地进行各种功能的组合。

四、以加工为中心的虚拟制造

以加工为中心的虚拟制造目标是研究产品的可加工性，即研究产品及其零部件的铸造、锻造、焊接、切削的可加工性和可装配性，研究零件的技术要求与材料、设备资源的匹配，以优化工艺过程。可支持零件或部件的并行设计、工艺规划及工艺过程分析。

以加工为中心的虚拟制造系统可以全面逼真地反映加工环境与加工过程；检测加工中的干涉与碰撞现象，进行刀具运动轨迹仿真、机床运动过程仿真和材料去除过程仿真，从而对工艺装备的设计正确性、合理性做出评价，对加工精度进行预测，对工艺规划合理性进行评估。其输出是优化工艺规划、工艺参数和加工精度预测，为动态工艺规划提供技术支持。这类虚拟制造系统的主要特点是仿真精度要求高，图形界面精细，人机交互过程多。

五、虚拟制造系统的其他分类方式

虚拟制造系统也可根据仿真对象的不同分为单机型和系统型两个模式。单机型 VM 也可称为微观型 VM(Micro VM)，它是针对某种加工或检测机器设备的过程仿真而设计的，例如虚拟数控、虚拟机器(Virtual Machine，Virtual NC) 或虚拟检验机(Virtual Inspection)。系统型 VM 又称宏 VM(Macro VM)，它是针对生产系统或车间、工厂的过程仿真而设计开发的，例如，以生产或以虚拟企业为中心的 VM 都属于此类。

根据虚拟制造系统与外界的联系，虚拟制造系统又可分为全封闭式与半封闭式两种，全封闭式不向外界真实对象发出控制信息，而半封闭式 VM 系统可以作为车间的监控器，接收车间的数据，并对它们进行翻译解释，经仿真后向外界真实世界提供控制信息。

3.3 虚拟制造系统的体系结构

虚拟制造系统是在一定的体系上构成和运行的，体系结构的优劣直接关系到虚拟制造技术实施的成败。一个合理的虚拟制造体系结构，不仅能把虚拟产品开发过程中的设计、制造、装配、生产调度、质量管理等环节有机地集成起来，实现产品开发全过程的信息、功能和过程集成，实施产品开发活动的并行运作，还可以充分体现人在生产活动中的能动性，达到人、设备、组织、管理、技术的协同，同时也支持生产经营活动和生产资源的分布式特性，具有层次化的控制特点和“即插即用”的开放式结构，支持异地分布的制造环境下产品开发活动的动态并行运作。

虚拟制造系统的体系结构根据不同应用目标和应用环境而各有不同。其中具有代表性的体系结构有 Mediator 体系、Iwata 体系、分布式体系、虚拟开发平台体系等。

一、Mediator 体系

Mediator 体系是通过建立一个开放式的信息和知识体系，以提供一套支持复杂制造环境的柔性管理技术。针对系统的地域分布性以及应用软件和操作平台异构性，Mediator 体系着重处理和解决了这种情况下的知识支持及通信技术。Mediator 体系结构如图 3-4 所示。体系的轴心是一个支持分布式协同工作的用户环境。整个结构中有 4 个扇面和 4 个轮圈。4 个扇面是用户、设计应用、体系内核、通用软件包；4 个轮圈自内向外分别是界面层、应用层、活动层、通信层。其中界面层使用文本、图形或超媒体方式；应用层提供特定服务的功能软件包；活动层支持代理的活动；通信层支持面向对象协议，并将其用于知识数据的交换。

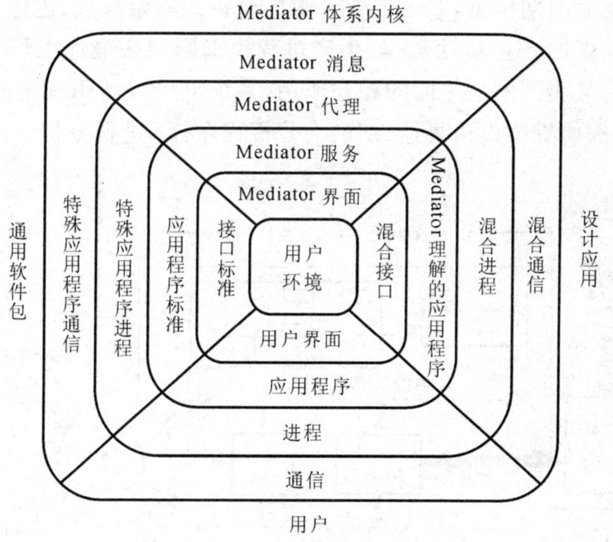

图 3-4　Mediator 系统的体系结构

Mediator 体系是一个侧重于知识信息的管理体系，它考虑了多软件、多地域的集成。但是，该体系并没有涉及产品开发周期，也没有体现模型技术和数据管理技术在其中的地位。

二、Iwata 体系

日本学者 Iwata 提出的虚拟制造系统的体系结构如图 3-5 所示，它着重描述了虚拟制造系统的宏观结构和组成。系统由虚拟信息系统 VIS、虚拟物理系统 VPS、定时控制器和数据浏览器组成。整个系统由时间同步器实现同步，VIS 和 VPS 通过通信接口进行通信。系统通过浏览器和虚拟现实设备向用户提供输入、输出接口。虚拟物理系统由产品模型、工厂模型和生产过程模型组成，产品模型是产品的全生命周期模型，它不仅包括最后的目标产品模型，也包括加工过程中各阶段的半成品产品模型。工厂模型是工厂的全生命周期模型，它不但包含工厂设备的原始参数，也记录着生命周期中的各种活动数据。生产过程模型则用来描述工厂模型与产品的某实例模型之间的相互作用。系统也可以利用其他的CAE系统（例如机器人仿真器、切削力分析程序等）进行分析。

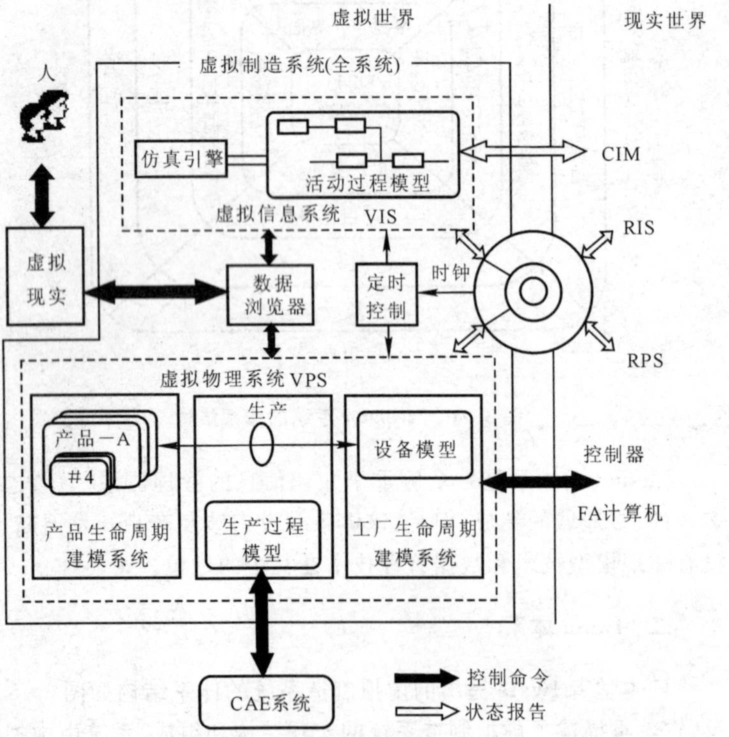

图3-5 Iwata系统体系结构

虚拟信息系统包括仿真引擎和活动过程模型。活动过程模型用以描述决策过程和虚拟信息系统 VIS 中的信息流，仿真引擎用以解释过程描述和执行决策过程。

Iwata 虚拟制造系统的建模与仿真活动如图 3－6 所示。

(1) 设备模型准备：根据真实设备的规格和参数建立设备模型库。面向对象建模方法是定义高度模块化设备模型最有效的方法。设备模型定义中还要用到仿真服务模块，以定义设备行为。

(2) 仿真服务：该模块是定义设备模型间相互作用以及仿真过程基本功能的模块，它对于有效开发虚拟制造系统是十分重要的。

(3) 虚拟车间定义：虚拟车间可以用设备库和仿真服务模块进行定义，首先用设备模型库中的对象类定义创建车间对象模型，并指定对象的位置，然后与相应的仿真服务建立关联。

(4) 操作定义：该模块用以确定车间资源的操作调度规划，并产生相应的控制命令和控制程序。

(5) 产品建模：该模块可提供产品数据，供数控机床和测量机编程使用，也可提供工件原始毛坯模型，以供生产过程仿真应用。

(6) 虚拟车间仿真：该模块执行车间仿真任务，它是上述设备模型、仿真服务模型、操作程序和产品信息的集成。

(7) 仿真接口：该模块是虚拟制造系统与用户、应用系统和真实设备的接口。

三、基于“虚拟总线”的虚拟制造系统的体系结构

上海交通大学在国家自然科学基金的支持下，提出了基于“虚拟总线”的虚拟制造系统的体系结构。该体系由界面层、控制层、应用层、活动层和数据层组成五层的体系结构，如图 3－7 所示。

界面层提供操作者与系统交换信息的方式和手段，并提供虚拟现实环境。

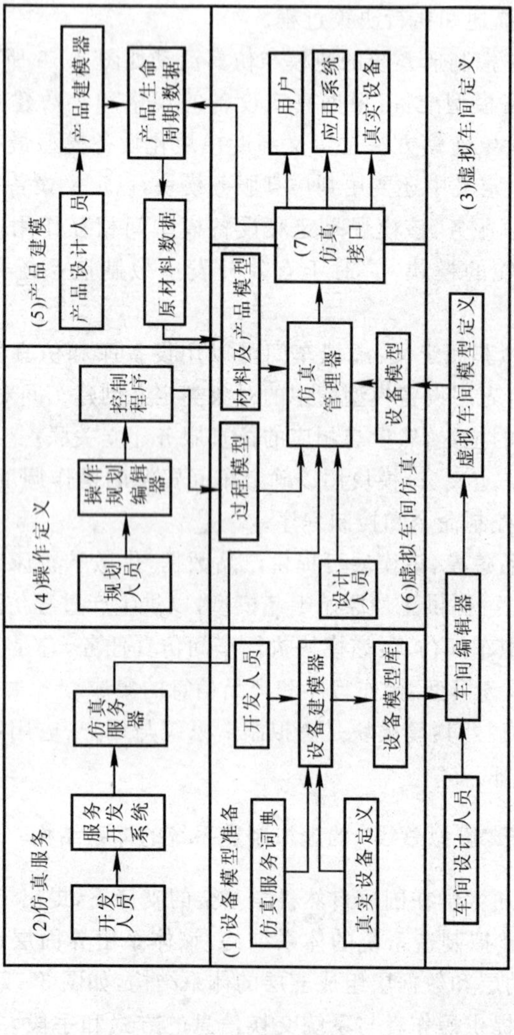

图 3-6 Iwata 虚拟制造系统建模与仿真

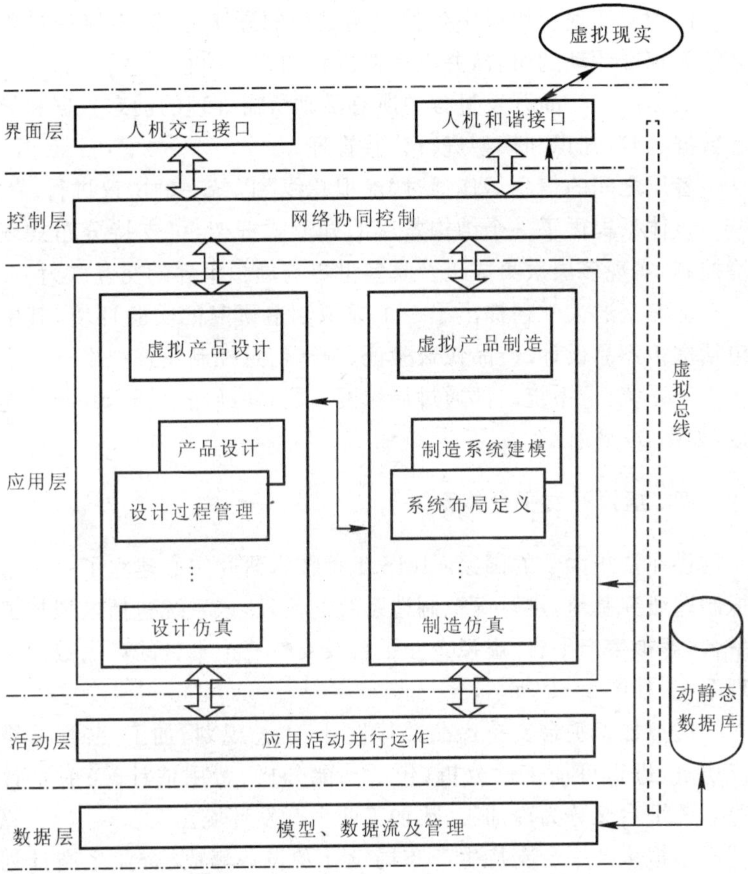

图 3-7 虚拟总线的虚拟制造系统体系结构

控制层基于网络协议将界面层传来的服务请求等工作指令转化为控制数据,以激发本地或远程应用系统服务。

应用层由虚拟产品设计(包括 CAD,DFX,FEA 等)和虚拟产品制造(包括制造系统建模、系统布局定义、制造仿真等)两部分组成。并对产品开发过程的功能模块进行管理。

活动层实现应用层中各种应用过程的逐步分解，将应用过程分解为标准活动的组合，并以类似进程的方式执行这些活动。

数据层对产品开发过程中所有活动所需处理的动态数据和静态数据、制造知识和模型进行公共管理。

各层之间的信息运作通过“虚拟总线”以统一的协议进行。

该体系提供了一个结构紧凑的开放式框架，可支持分布式环境控制，实现多层次集成以及真实世界与虚拟世界的交互映射。

上海交通大学还提出了一个虚拟制造研究的实验环境，其中包括虚拟产品设计、产品快速验证、制造信息控制及虚拟生产仿真四个子系统。子系统内部通过局域网互联，并经路由器 Internet 连接，如图 3-8 所示。

四、虚拟开发平台体系

设在清华大学的国家 CIMS 工程技术研究中心建立了一个虚拟制造研究基地，进行虚拟制造系统的研发，该系统包括虚拟加工平台、虚拟生产平台、虚拟企业平台及支持三个平台的产品数据管理系统，如图 3-9 所示。

虚拟加工平台支持产品并行设计、工艺规划、加工、装配及维修仿真，进行可加工性分析（包括性能分析、费用估计、工时估计等）。该平台又分为冷加工、热加工两个开发环境。

虚拟生产平台支持生产布局设计及设备集成、企业生产计划及调度优化、产品远程虚拟测试等，进行可生产性分析。

虚拟企业平台提供虚拟测试等，进行可生产性分析，并提供虚拟企业协同工作环境及虚拟企业运行支持环境，支持异地设计、异地装配、异地测试的环境，特别是基于广域网的三维图形异地快速传递、过程控制和人机交互。

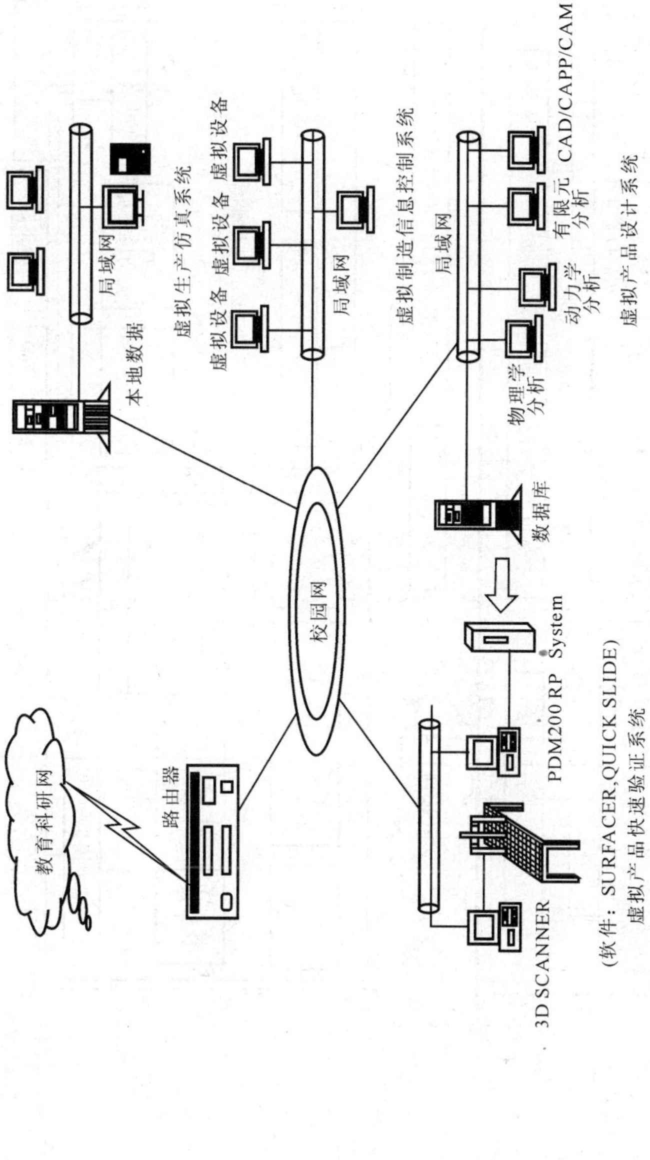

图 3-8　虚拟制造研究的实验环境

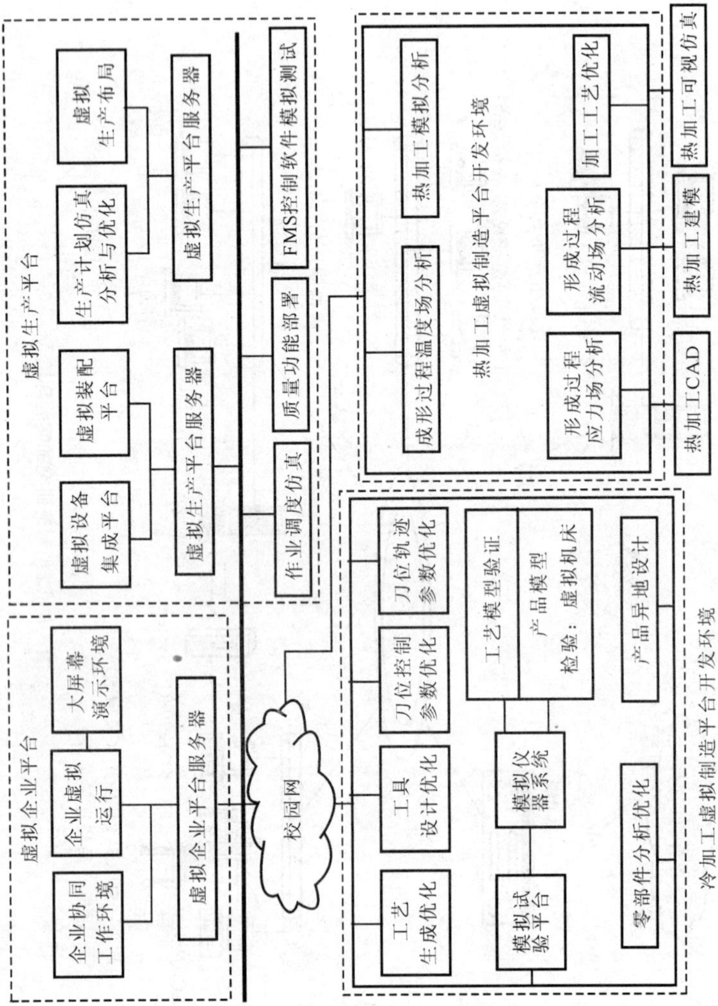

图 3-9 CIMS ERC 虚拟制造技术研究基地

3.4 虚拟制造系统的建模方法

一、概述

1. 系统建模方法

虚拟制造系统开发及运行的主要内容可表述如下：

(1) 基于相关理论和经验积累，对制造知识进行系统化组织和描述。

(2) 对产品、设备等工程对象及制造过程、活动进行综合建模，建立虚拟制造的系统模型。

(3) 利用虚拟制造的系统模型进行仿真，对产品设计制造进行评价。

(4) 对不满意的仿真结果进行分析，提出改进措施后，重复过程(3)。

(5) 对虚拟制造系统模型进行维护和完善，不断提高仿真质量。

由此可见，系统建模是虚拟制造系统的核心，是构成虚拟制造系统的基础。尽管在一些具体的应用领域如CAD，CAPP，CAM中也用到了建模技术，但是这些建模是不完整的，相互分离的，难以实现制造过程的有效集成。在虚拟制造系统中，需要采用综合的、各阶段都连贯一致的模型表示方法，使后续操作可以利用前阶段的模型数据。例如动态加工模型可以利用刀具和零件的几何形状模型数据进行碰撞分析。

2. 虚拟制造系统模型

虚拟制造系统模型实质上是真实制造系统要素的数字化表达，主要包括产品模型、过程模型和生产系统模型，又称3P模型。

(1) 产品模型：目前描述产品模型的方法有产品三维几何模型、二维工程图以及产品结构明细表(BOM，Bill of Material) 等，但这些模型均不能完整反映在产品设计、制造的各个阶段，不能动态跟踪在制造过程中产品的属性变化。虚拟制造系统的产品数据模型应支持制造过程中的全部活动，它应是一个完备的全信息模型。

(2) 过程模型：制造过程模型包含了对产品功能有很大影响的一些关键属性信息。过程模型有多种形式，如基于理论的物理模型和数学模型，基于经验的统计模型，基于计算机的过程仿真模型，以及列举方法表达的图表和规则等。制造过程模型在虚拟制造中起着非常大的作用，但由于缺乏统一的方法来建立过程模型，因此成为虚拟制造的主要瓶颈。过程模型的有效表示是非常重要的，它提供了同虚拟制造环境的通信机制。

(3) 生产系统模型(或设备资源模型)：生产系统模型必须具有静态和动态的描述能力。静态描述包括生产系统的能力和规模能否达到产品的设计性能要求，用以评价产品设计的可制造性或评定该生产系统的适用范围及柔性。动态描述表示系统的动态行为和实时状态，用以预测生产性能指标，例如估算生产周期、库存水平、等待时间及设备利用率等。

3. 建模的层次结构

不同的产品，其制造环境及制造活动的结构也不相同。图 3-10 所示为虚拟制造系统的递阶式建模结构。由图可见，虚拟制造系统模型可以分为三层：目标系统层、虚拟制造过程模型层和基础模型构造层。

基础模型构造层用以建立描述制造过程及对象的基础模型。制造对象包括产品和制造设备，它们代表了制造中的物理实体，都是由一些基本形体和基础零部件组合生成。

过程是活动及活动关系的集合。产品开发制造过程是由各种活动描述的，活动模型代表各种人及真实系统的活动，这些活动模型具有可逐级分解和逐步求精的特点，单元活动模型为构造复杂的上层活动提供基础。虚拟制造过程模型层通过基础模型构建各种工程活动模型，如产品设计、生产过程、加工制造、检验、装配、生产管理等。为了实现制造活动的柔性化，还需要建立任务组织模型。

目标系统层是按照用户要求在过程模型支持下得到具体的系统。

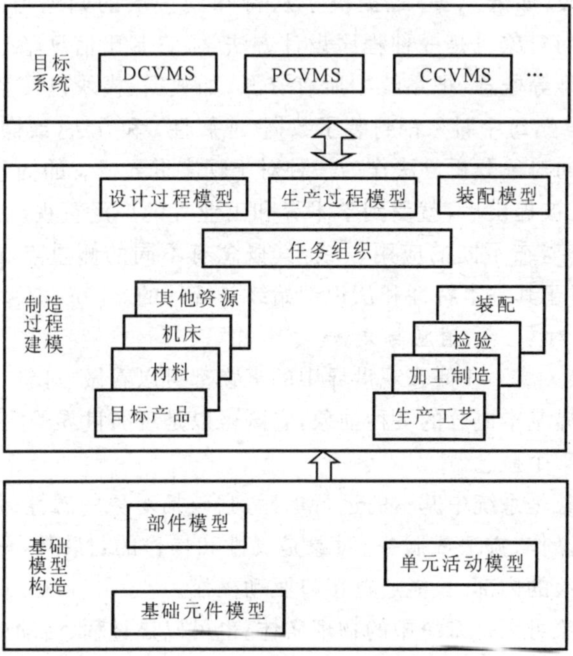

图 3－10　虚拟制造系统建模

二、面向对象的建模方法

面向对象（O－O，Object－Oriented or Object－Orientation）的概念来源于 20 世纪 60 年代挪威计算中心开发的 SIMULA 语言，到 20 世纪 80 年代，面向对象的基本概念及其支持机制得到进一步完善和应用，90 年代面向对象技术走向繁荣阶段，表现为大批实用化的面向对象语言 OOPL 的涌现，如 C＋＋等。现在，人们对面向对象方法的研究和运用，已经发展到用于系统的分析和设计，这标志着面向对象方法已经发展为一种完整的方法论和系统化的技术体系。

面向对象是一种知识表示方法学，它提供了从一般到特殊的演绎手段（如继承等），提供了从特殊到一般的归纳形式（如类等）。面向对象也是一种程序设计方法学，它基于信息隐蔽和抽象数据类型等概念，把系统中所有资源，如数据、模块以及系统都看做“对象”，每个对象都封装了数据（或属性）和方法（或操作）。

面向对象分析方法作为一种对于现实世界概念的抽象思维方式，自从被提出后，就受到学术界和工业界的广泛重视。由于其应用范围广，在不同的应用领域，其概念有不同的侧重点和特殊理解，但对于其基本特性和认识却始终是统一的。

1. 对象、类、消息与关联

(1) 对象：任何客观世界中的事物都可以看做“对象”，对象是现实世界基本成分的一种抽象，它既可以是现实世界的实体，也可以表示某个概念。

对象是系统中基本的运行单元，它包括对象的属性（数据）和相应的操作、方法或服务。对象是属性和操作的封装体，外部不能访问对象的内部，只能通过接口驱动操作。

对象可以是系统中的物理实体，也可以是过程、活动或某些信息的集合。每个对象具有一个标识，用以区别不同的对象。

(2) 消息：消息是对象之间的通信。消息可发给某对象，消息中包括要求该对象执行某种操作的信息。接收消息的对象收到消息后做出解释，并予以响应，这个过程称为消息传递。

(3) 类：类(Class) 是对一组相似的对象的抽象。一个类定义了一组对象的共同属性和操作，类的上层可以有许多超类，下层可以有许多子类，构成层次关系，子类可以继承其父类的全部描述，实现共享机制。

类作为一种抽象机制，是面向对象技术的重要特点之一。在一般软件系统中，类一般不是运行时的实体，但在某些应用中，例如面向对象数据库中，类是运行的实体，是实例对象的集合。

2. 面向对象方法的基本特征

(1) 抽象性(Abstraction)：抽象是指从许多事物中舍弃个别的、非本质的特征，抽取其共同的、本质的特征。抽象是形成概念的必要手段。在分析问题中运用抽象原则具有两个意义，其一，尽管分析的对象很复杂，但分析中不需要了解和描述它们的所有细节，只需要分析研究与系统目标有关的事物及其本质性的特征即可；其二，通过舍弃个体事物的细节差异，抽取其共同特征而得到被研究事物的抽象概念。抽象原则是面向对象方法中使用得最为广泛的原则。

(2) 分类性(Classification)：分类就是把具有相同属性和处理过程的对象划分为相同的一类，用类作为这些对象的抽象描述。分类原则实际上是抽象原则运用于对象描述的一种表现形式。运用分类原则可以通过不同程度的抽象形成一般类或特殊类的结构(又称为分类结构)，集中地描述对象的共性，清晰地表示对象与类的关系以及特殊类与一般类的关系，从而使系统的复杂性得到控制。

(3) 关联性(Association)：关联是通过事物之间存在的某种联系，从一个事物联想到另外的事物，是人类思考问题时经常使用的思想方法，运用此原则可以在系统模型中明确对象之间的静态联系。

(4) 组装(Composition)：组装又称为聚合(Aggregation)，其原则是把一个复杂的事物看成若干简单的事物的组装体，从而简化对复杂事物的描述。运用组装原则可以形成类之间的整体-部分类结构，以递阶层次化的形式描述系统。

(5) 继承性(Inheretance)：继承性是面向对象方法的重要特征之一，其原则是在每个由一般类和特殊类构成的一般-特殊类结构中，把一般类的对象实例和所有的特殊类对象实例都共同具有的属性和操作，在一般类中定义，而特殊类自动地、隐含地拥有其一般类(以及更上一层的一般类)中定义的全部属性和操作。继承性原则避免了一般类和特殊类之间共同特征的重复定义；同时，也清晰地表达了每项共同特征属性和处理过程所适应的概念范围。运用继承性原则可以简化复杂系统模型并且使概念更加清晰。

3. *面向对象技术的表达方法*

系统中的对象本身是封闭、独立的，但对象之间必须采用几种方法进行相互联系。在面向对象建模方法中，将这种联系称之为关联。

(1) 组装结构：组装结构反映了对象间整体类与部分类，一般类与特殊类的结构关系，作为整体类的对象是一种复合对象。如图3-11所示为整体-部分类结构连接符，从三角形的顶点引出的连线连接到整体类，从三角形底边引出的连线连接到部分类。

整体-部分类连接符两端所标示的数字或字母用于表明该结构中对象的多重性(Multiplicity)关系。所谓的多重性是指，位于连接符一端的对象要求连接符另一端多少个对象与自己进行整体-部分组合。靠近整体类的数字表明它的一个对象需要连接另一端几个对象实例来组成这个整体；靠近部分类的数字表明这个类的一个对象可以同时成为几个整体对象的组成部分。

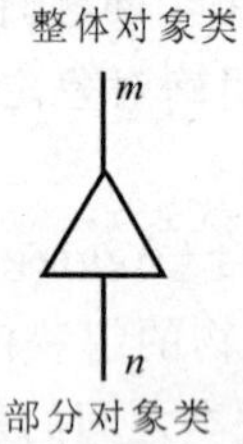

图3-11　整体类与部分类的表示

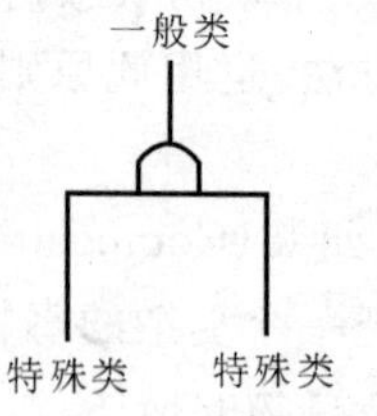

图3-12　一般类与特殊类的表示

一般-特殊类结构连接符如图3-12所示，从圆弧引出的连线连接到一般类，从直线上分出的连线连接到每个特殊类。

(2) 实例关联：实例关联是对象之间属性值的一种相互依赖关系，或称实例对应。实例关联两类对象之间的连接为一具体的操作过程，我们采用带有一组属性的关联来描述这种操作过程。在具有实例连接关系的类(对象)之间画一条连接线把它们连接起来，连线的旁边引入关联的概念来描述实例连接的属性，并且用一组动词给出操作关系，进一步扩充关联的表达能力，使之能同时描述实例连接的属性和过程处理，如图 3-13 中的连接属性和连接操作。

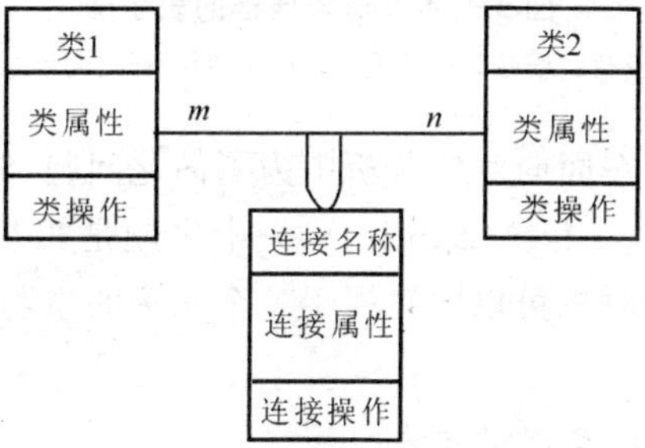

图 3-13　实例关联的表示

实例连接线两端所标示的数字，其方式和整体-部分类结构一样，可以是一个固定的数字、一个不确定的数字、一对固定的或不确定的数字。其涵义也和整体-部分类结构一样，共有三种连接情况：一对一的连接，一对多的连接，多对多的连接。

(3) 消息关联：消息关联是另一种对象间的关联方式。对象在协同工作时的相互通信关系就是消息关联。其表示方法如图 3-14 所示，其中图 3-14(a) 表示同一个控制线程内部的消息连接，图 3-14(b) 表示不同控制线程之间的消息连接。

消息关联与实例关联不同的是，消息关联具有方向性。发送方发消息给接收方，接收方根据自身的状态对消息做出响应。除了系统内对象之间的消息关联外,系统内的对象与外部也存在消息关联,例如系统内对象与人的消息关联就定义了人机界面的基本内容。

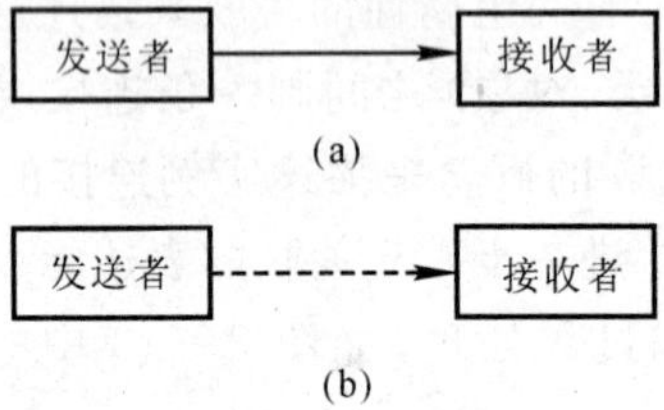

图 3-14　消息连接的表示法

(a) 控制线程内部消息连接;(b) 控制线程之间消息连接

(4) 主题:在面向对象分析中为了简化问题,常将问题域分解成几个子域,称为主题(Subject)。一个主题是相互关系紧密的对象的集合。某些对象可以同时属于几个相关的主题,成为连接主题的桥梁。

4. 结构式对象建模方法

结构式对象建模方法是基于面向对象方法的封装、继承与关联特性,利用派生图、对象图、事件转移图和状态转移图四种模型描述系统的组成及关系。

派生图用树状图表示类的定义及继承关系,设计对象的类完全记录在派生图上。对象图、事件转移图和状态转移图是对各对象类的详细设计和描述,如图 3-15 所示。

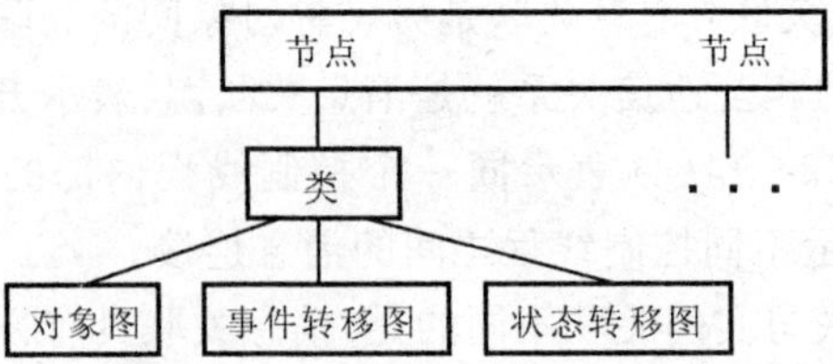

图 3-15　类的定义及继承关系

对象图描述系统中对象的结构，包括对象标识、属性及操作，对象模型用对象流图表示。

事件转移图表示一组相互关联的类对象中消息、事件的传递，它以时间为横轴，纵轴表示对象。整个事件转移图描述了不同时刻对不同的对象消息的接收。

状态转移图表示一个对象类所允许的事件及状态序列，显示类的状态，引起状态转移的事件及状态转移引起的动作。

三、Petri 网建模方法

1. Petri 网概述

Petri 网是一种用于对离散事件动态系统（如通信网络系统、计算机系统、机械制造系统等）进行建模和分析的图论工具。20 世纪 80 年代中后期以来，Petri 网（Petri Net）理论越来越多地被用于自动化制造系统的建模。Petri 网为虚拟制造系统的建模提供了一种技术支持。

对一个离散事件动态系统建模，需要考虑系统的状态及状态变迁。Petri 网正是包含了这两种特性的集合，一个为“库所（Place）”，一个为“变迁（Transition）”，库所和变迁分别以圆圈和短线段表示，库所与变迁之间以加权流动关系（Weighted Flow Relation）来联系。下面给出 Petri 网的定义。

定义 1　一个 Petri 网是一个 4 元组（$P,T,\mathbf{IN},\mathbf{OUT}$），其中：

$P=\{p_1,p_2,\cdots,p_n\}$ 是库所的集合；

$T=\{t_1,t_2,\cdots,t_m\}$ 是变迁的集合；

$P\cup T\neq\varnothing$；

$P\cap T\neq\varnothing$；

$\mathrm{IN}(p_i,t_j):(P\times T)\rightarrow\mathbf{N}$（$\mathbf{N}$ 为非负整数的集合）为输入函数；

$\mathrm{OUT}(p_i,t_j):(P\times T)\rightarrow\mathbf{N}$ 为输出函数。

当且仅当 $\mathrm{IN}(p_i,t_j)\neq 0$，存在一个由库所 p_i 指向变迁 t_j 的弧，$\mathrm{IN}(p_i,t_j)$ 为该弧的权值。同样，当且仅当 $\mathrm{OUT}(p_i,t_j)\neq 0$，存

在一个由变迁 t_j 指向库所 p_i 的弧，$OUT(p_i,t_j)$ 为该弧的权值。图 3 - 16 给出了一个简单的 Petri 网示例。

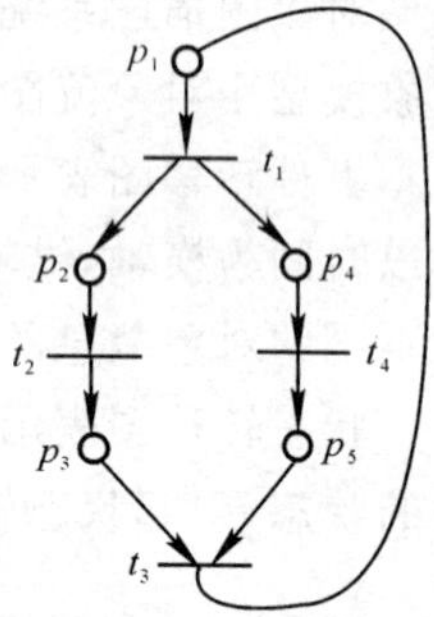

图 3 - 16　一个简单的 Petri 网

定义 2　如果一个弧连接 t_j 与 p_i 且指向 p_i，则库所 p_i 是 t_j 的一个输出，称为输出库所，用 $OP(t_j)$ 表示；若指向 t_j，则库所 p_i 是的 t_j 的一个输入，称为输入库所，用 $IP(t_j)$ 表示。在图 3 - 16 中，p_3，p_5 是 t_3 的输入库所，p_2，p_4 是 t_1 的输出库所。

可以用影响矩阵（Incidence Matrix）表示 **IN** 和 **OUT**，即输入矩阵和输出矩阵。对于一个具有 m 个库所和 n 个变迁的网，其 **IN** 和 **OUT** 均为 $m \times n$ 的矩阵，矩阵的第 i 行第 j 列的元素值为

对于输入矩阵，$(\mathrm{IN})_{ij} = \mathrm{IN}(p_i,t_j)$；

对于输出矩阵，$(\mathrm{OUT})_{ij} = \mathrm{OUT}(p_i,t_j)$。

图 3 - 16 所示的输入矩阵和输出矩阵分别为

$$\mathbf{IN} = \begin{array}{c} \begin{matrix} t_1 & t_2 & t_3 & t_4 \end{matrix} \\ \begin{bmatrix} 1 & 0 & 0 & 0 \\ 0 & 1 & 0 & 0 \\ 0 & 0 & 2 & 0 \\ 0 & 0 & 0 & 1 \\ 0 & 0 & 1 & 0 \end{bmatrix} \end{array} \begin{matrix} p_1 \\ p_2 \\ p_3 \\ p_4 \\ p_5 \end{matrix}$$

$$\mathbf{OUT} = \begin{array}{c} \begin{matrix} t_1 & t_2 & t_3 & t_4 \end{matrix} \\ \begin{bmatrix} 0 & 0 & 1 & 0 \\ 1 & 0 & 0 & 0 \\ 0 & 1 & 0 & 0 \\ 1 & 0 & 0 & 0 \\ 0 & 0 & 0 & 1 \end{bmatrix} \end{array} \begin{matrix} p_1 \\ p_2 \\ p_3 \\ p_4 \\ p_5 \end{matrix}$$

实际上，输入矩阵和输出矩阵也完全描述了 Petri 网。可以由

输入矩阵和输出矩阵方便地画出 Petri 网。

如果一个库所即是一个变迁的输入，又是它的输出，则这一对库所和变迁组成一个自环。如图 3-17 所示。如果一个 Petri 网中不存在自环，则称此 Petri 网是单纯的(Pure)。实际上一个单纯的 Petri 网仅需一个矩阵即可完整地描述，这就是所谓的单影响矩阵(Single lncidence Matrix)，即

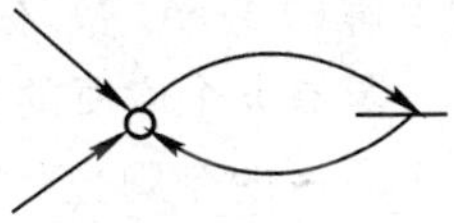

图 3-17 自环

$$\boldsymbol{C} = \mathbf{OUT} - \mathbf{IN}$$

矩阵 $\boldsymbol{C}$ 中，若 C_{ij} 为正，则 p_i 为 t_j 的输出；若 C_{ij} 为负，则 p_i 为 t_j 的输入。C_{ij} 的绝对值即为相应的弧的权值。很明显，若存在自环，则 $\boldsymbol{C}$ 无法表达自环的输入、输出情况。

定义 3 对于 T 的一个子集 T_i，如果 $\bigcap_{t \in T_i} \mathrm{IP}(t) \neq \varnothing$，则 T_i 中的变迁被称为是冲突(Conflicting) 的；如果

$$\mathrm{IP}(t_j) \cap \mathrm{IP}(t_k) = \varnothing \quad (\forall t_j, t_k \in T_i)$$

则称 T_i 中的变迁是并发(Concurrent) 的。

如图 3-18 所示，子集 $\{t_1, t_3\}$，$\{t_1, t_2\}$，$\{t_2, t_4\}$，$\{t_3, t_4\}$ 中的变迁都是冲突的，而 $\{t_1, t_4\}$，$\{t_2, t_3\}$ 两个子集中的变迁则是并发的。

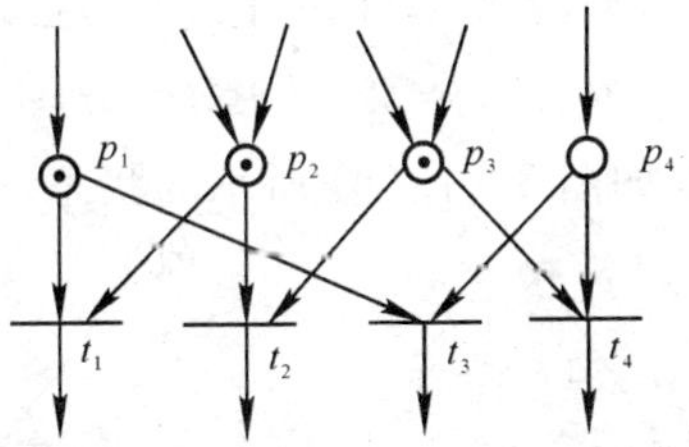

图 3-18 冲突与并发的例图

上述所介绍的网的结构是静态的，系统的动态行为实际上包括系统状态及状态的变化。Petri 网的动态是以标记(Marking) 来描述的。

Petri 网的标记 $\boldsymbol{M}$ 是指对网的每一个库所指定一个非零整数，即令牌(Token)数。标记 Petri 网是已附有标记的 Petri 网。

具有 n 个库所的 Petri 网的一个标记 $\boldsymbol{M}$ 是一个 $n\times1$ 的向量，一个库所的令牌数代表这个库所的状态，也就是这个状态变量的值。在网络图中，常用黑点数目表示令牌数。标记 $\boldsymbol{M}$ 的第 i 个元素，即 $M(i)$ 表示库所 i 的令牌数。向量也就是 Petri 网所描述的一个离散事件动态系统的状态向量，以表示一个 Petri 网的初始标记，或称初始状态。若图 3-18 所示为一个 Petri 网的初始标记，则

$$\boldsymbol{M}_0=[M(1)\quad M(2)\quad M(3)\quad M(4)]^{\mathrm{T}}=[1\quad 1\quad 1\quad 0]^{\mathrm{T}}$$

在一个给定的标记 $\boldsymbol{M}$ 中，如果某变迁 t_j 的每一个输入库所的令牌数不少于输入弧的权，即

$$M(p_i)\geqslant \mathrm{IN}(p_i,t_j)\quad (\forall p_i\in \mathrm{IP}(t_j))$$

则称变迁 t_j 是使能的(Enabled)。一个使能变迁可在任意时刻发送，发送后从变迁的每一个输入(输出)库所中去除(加上)一定数目的令牌，其令牌数等于连接库所(变迁)至变迁(库所)的弧的权数。

如图 3-19(a) 中所示，变迁 t 是使能的，这是因为

$$M(p_1)=4>\mathrm{IN}(p_1,t)=3$$
$$M(p_2)=1=\mathrm{IN}(p_2,t)$$
$$M(p_3)=2=\mathrm{IN}(p_3,t)$$

它的发送导致如图 3-19(b) 所示的状态。

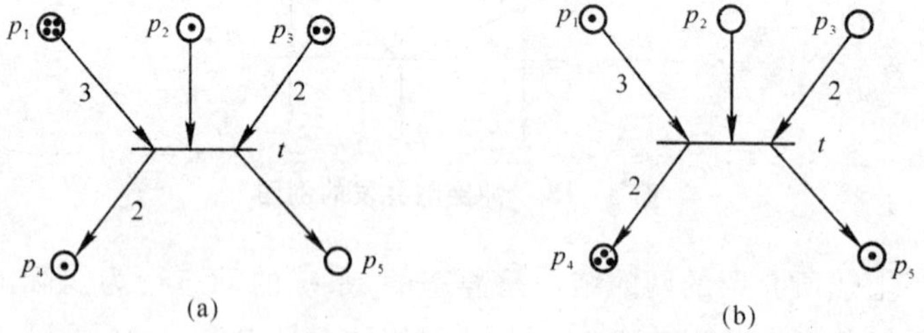

图 3-19　转移发送及标记状态演讲

Petri 网可用来表达离散事件动态系统的一些基本特征，下面介绍常用的一些系统基本特征的 Petri 网表达方法。

(1) 顺序(Sequence)：变迁 t_2 的发送只能在 t_1 被发送后完成，因此 t_1 与 t_2 的发送存在一个先后顺序约束关系。在制造系统中，顺序关系非常多见，如一个零件的两个工序。

(2) 冲突(Conflict)：如图 3-20(a) 中所示，t_1，t_2，t_3 三个变迁就是冲突的。图中的三个变迁全是使能的。但一旦其中某个变迁(如 t_1) 被发送后，另两个变迁就不再是使能的。图 3-20(b) 所示的是 t_1 被发送后的情况。至于究竟哪一个变迁被发送，通常根据对具有冲突的那些变迁赋予一定的概率来决定。

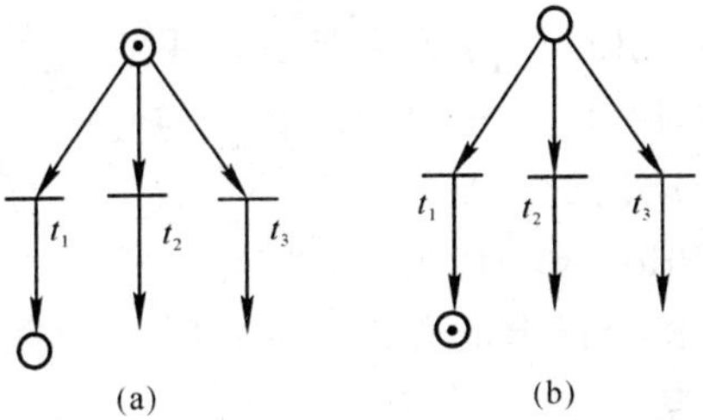

图 3-20　冲 突

(3) 并发(Concurrence)：如图 3-21 所示，t_1，t_2，t_3 是并发的。也就是说它们的发送可在同一时刻发生。并发的变迁不能有共同的输入库所。

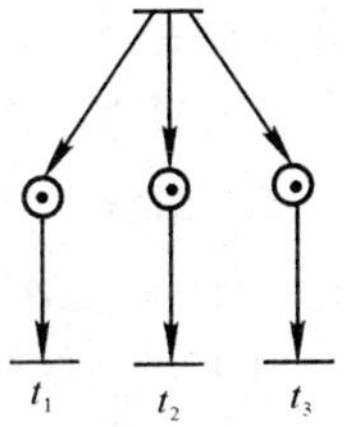

图 3-21　并 发

(4) 同步(Synchronization)：欲使一个变迁能发送，必须使其每一个输入库所的令牌数均不小于其相应弧的权数。如图 3-22 所示，t_1 的发送必须等待 p_1 库所得到令牌。但就是说 t_1 的发送必须使 3 个输入库所的条件同步地满足。

(5) 合并(Merging)：多个变迁的输出为同一个库所，称为合并，如图 3－23 所示。例如，几个零件到达机床前的缓冲站，等待同一台机床进行加工；几个零件同时进入立体仓库，对此类情况均可用合并的模型表示之。

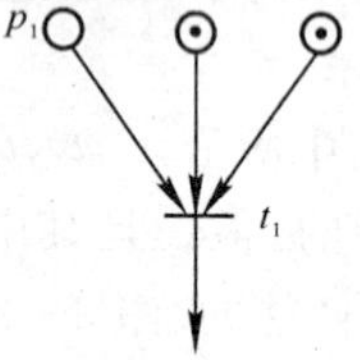

图 3－22　同 步

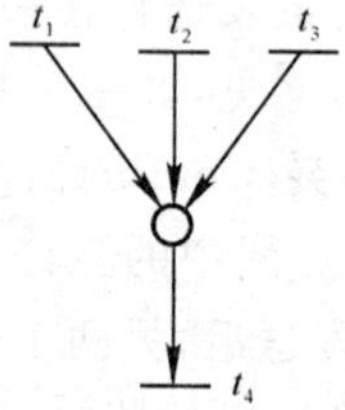

图 3－23　合 并

(6) 紊乱(Confusion)：紊乱是一种并发与冲突并存的情况。图 3－24 中所示的 t_1 与 t_3 是并发的，t_1 与 t_2 以及 t_2 与 t_3 则是冲突的。

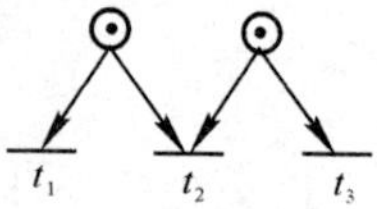

图 3－24　紊 乱

(7) 优先(Priority)：优先也是实际中经常碰到的情况，两个以上的变迁具有共同的输入库所，其中某个有优先发送的权利。

定义 4　一个拟制是一个 5 元组($P,T,\mathbf{IN},\mathbf{OUT},\mathbf{INH}$)，其中($P,T,\mathbf{IN},\mathbf{OUT}$)是一个 Petri 网，而 $\mathrm{INH}(p_i,t_j):(P\times T)\rightarrow\{0,1\}$ 称为拟制函数。在一个拟制函数中，如果

(1) $M(p_i)\geqslant \mathrm{IN}(p_i,t_j)\quad(\forall p_i\in \mathrm{IP}(t_j))$

(2) $M(p_i)=0\quad(\forall p_i:\mathrm{INH}(p_i,t_j)\neq 0)$

则在一个标记 $\boldsymbol{M}$ 中，t_j 是被使能的。

引入拟制函数的目的是使无优先权的转移的发送被拟制。若 $\mathrm{INH}(p_i,t_j)=1$，则 p_i 为 t_j 的拟制位。

2. Petri 网的几种新类型

以上介绍的 Petri 网通常称为经典 Petri 网(Classical Petri Net)。经典 Petri 网仅适于对系统进行简单的定性分析。由于系统中某一事件的发生总需要历经一定的时间，所以时间被引入 Petri

网，即所谓赋时 Petri 网(Timed Petri Net)。在 20 世纪 80 年代，研究者们又把时间概念延伸到随机时间。

(1) 随机 Petri 网：一个随机 Petri 网，简记为 SPN(Stochastic Petri Net)，是一个6元组 $(P,T,\mathbf{IN},\mathbf{OUT},\boldsymbol{M}_0,\boldsymbol{F})$，其中$(P,T,\mathbf{IN},\mathbf{OUT},\boldsymbol{M}_0)$ 是一个 Petri 网，F 是发送函数(Firing Function)。随机变量 $F(\boldsymbol{M},t)$ 是标记 $\boldsymbol{M}$ 中变迁 t 的发送时间(Firing Time)。

在一个 SPN 中，当标记 $\boldsymbol{M}$ 中的变迁 t 被使能时，其变迁 t 之输入库所的令牌数在发送时间内仍然保持不变，直到发送时间结束，输入库所中的一些令牌被送出，同时变迁 t 的输出库所也存入若干令牌。当变迁 t 被使能时，则称 t 开始发送，而在发送时间结束时，则称 t 完成发送或称已经发送。

若以 $X(u)$ 表示一个 SPN$(P,T,\mathbf{IN},\mathbf{OUT},\boldsymbol{M}_0,\boldsymbol{F})$ 中在时刻 $u(u>0)$ 的一个标记(显然 $\boldsymbol{X}(0)=\boldsymbol{M}_0$)，则 $X(u)$：$u\geqslant 0$ 是一个随机过程，也叫 SPN 的标记过程(Marking Process)。

在 SPN 中，引入了发送时间的概念，既然发送时间是一个随机变量，那么就可能以某种特定的分布来描述发送时间。下面介绍指数赋时 Petri 网(ETPN，Exponential Timed Petri Net)。

一个 ETPN 是一个 SPN，即$(P,T,\mathbf{IN},\mathbf{OUT},\boldsymbol{M}_0,\boldsymbol{F})$。其每一个标记中的每个变迁发送时间是带有参数 $F(\boldsymbol{M},t)$ 的指数随机变量。$F(\boldsymbol{M},t)$ 称之标记 $\boldsymbol{M}$ 中的变迁 t 的发送率(Firing Rate)，下面举一简单例子说明。

例 3.1 一台机床一次只能加工一个零件，假设毛坯的供应是源源不断的，加工好一个零件后，即装夹下一个毛坯。机床常有故障发生，但故障排除较快。若零件加工时间、毛坯装夹时间、故障发生时间及故障排除时间均为呈指数分布的随机变量，且相互之间独立。试建立该系统的 Petri 网模型。

系统的 Petri 网模型如图 3-25 所示。为有别于其他 Petri 网的变迁，在图中，ETPN 的变迁以一小矩形表示。图 3-25 中字母的含义如下：

p_1：正在上料；

p_2：机床正加工零件；

p_3：机床出现故障，正待修复；

t_1：上料完成；

t_2：加工完成；

t_3：故障发生；

t_4：排除故障。

变迁发送率为

$$F(M,t_1)=s$$
$$F(M,t_2)=p$$
$$F(M,t_3)=f$$
$$F(M,t_4)=r$$

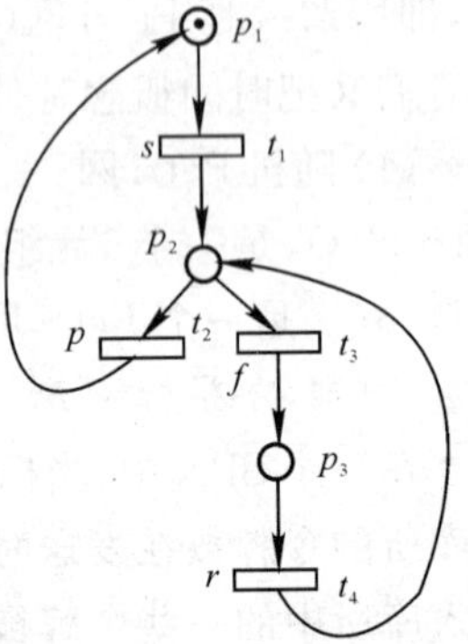

图 3-25　一个 ETPN 之例子

(2) 着色(Colored)Petri 网：随着 Petri 网逐步被用于实际应用系统的建模，人们发现，经典 Petri 网和一般随机 Petri 网用于许多实际系统的建模时，尚有很多局限性。因此，又在经典 Petri 网、随机 Petri 网的基础上进行了扩展，提出了一些新的 Petri 网。

对于较复杂的系统运用 Petri 网建模时，其状态和变迁数将迅速增加，往往使建模者望而生畏。着色 Petri 网(CPN，Color Petri Net)正是为了适应模型简化，尤其是图形模型简化的需要而提出来的。着色 Petri 网首先由 Jensen 提出，其后经过一些研究者们的共同努力，得以进一步发展。

CPN 的基本思想是把某些相似的库所(或变迁)合并成库所(或变迁)，并赋予其不同的颜色，而且和输入、输出的令牌联系起来。

定义 5　一个 CPN 是一个 5 元组 $(P,T,C,\mathbf{IN},\mathbf{OUT})$，其中：

1) $P=\{p_1,p_2,\cdots,p_n\}$，$n>0$，是库所集合。

$T=\{t_1,t_2,\cdots,t_m\}$，$m>0$，是变迁集合，$P\cup T\neq\varnothing$；$P\cap T=\varnothing$。

2) $C(p_i)$ 和 $C(t_j)$ 分别是关于库所 $p_i\in P$ 和关于变迁 $t_j\in T$

的颜色的集合。即

$$C(p_i) = \{ a_{i1}, a_{i2}, \cdots, a_{i\mu_i} \} \mu_i = | C(p_i) | \quad (i = 1, 2, \cdots, n)$$

$$C(t_j) = \{ b_{j1}, b_{j2}, \cdots, b_{jv_j} \} v_j = | C(t_j) | \quad (j = 1, 2, \cdots, m)$$

式中，$a_{i1}, a_{i2}, \cdots, a_{i\mu_i}$ 为库所的颜色，$b_{j1}, b_{j2}, \cdots, b_{jv_j}$ 为变迁的颜色。

3) $\mathrm{IN}(p_i, t_j): C(p_i) \times C(t_j) \rightarrow \mathbf{N}$ 为输入函数。

$\mathrm{OUT}(p_i, t_j): C(p_i) \times C(t_j) \rightarrow \mathbf{N}$ 为输出函数。

CPN 的图形表示、库所与变迁的表示仍同前。对于弧，则规定如果对于某个 h 和 k，有 $\mathrm{IN}(p_i, t_j)(a_{ih}, b_{jk}) \neq 0$，就画一个从 p_i 至 t_j 的有向弧，并可用相应的函数 $\mathrm{IN}(p_i, t_j)$ 标识。若 $\mathrm{OUT}(p_i, t_j)(a_{ih}, b_{jk}) \neq 0$,，就画一个 t_j 至 p_i 的有向弧，并可用相应的 $\mathrm{OUT}(p_i, t_j)$ 标识。这里 $\mathrm{IN}(p_i, t_j)(a_{ih}, b_{jk})$ 表示库所 p_i 的颜色，a_{ih} 为变迁 t_j 的颜色 b_{jk} 的输入函数。类似地，$\mathrm{OUT}(p_i, t_j)(a_{ih}, b_{jk})$ 表示库所 p_i 的颜色，a_{ih} 为变迁 t_j 的颜色 b_{jk} 的输出函数。

(3) 扩展随机 Petri 网：扩展随机 Petri 网，简记为 ESPN，是由 Dugan 等首先提出来的，它是 GSPN 的进一步扩展。ESPN 中除包括抑制弧外，还有一些特殊的弧，如计数弧(Counter Arc)，计数—交替弧(Counter - Alternate Arc)，概率弧(Probabilistic Arc) 等，下面仅做简单说明。

一个计数弧以一个正整数 X 来标明。如果在其输入库所中至少存在 K 个令牌，而且有 K 个令牌被移出作为变迁发送，则与计数、弧连接的变迁才能被使能，与某一特定的计数弧联系在一起的往往是一个计数 — 交替弧。对于标明正整数 K 的计数弧，只要计数是在 1 至 $K-1$ 之间，则相应的交替变迁(对应于计数 — 交替弧的变迁) 就可被使能并发送。也就是说当计数输入库所的令牌还不满足时，库所中每存入一个令牌，交替变迁就可发送一次。

(4) 广义随机 Petri 网：广义随机 Petri 网(GSPN，Generalized Stochatic Petri Nets) 的基本思想是允许网中存在两种不同性质的变迁发送，即立即变迁(Immediate Transition) 和指数变迁(Exponential Transition)。立即变迁是指变迁一旦被使能即可立即被发送，而指数变迁与一般 ETPN 中的变迁一样。

定义 6 一个广义随机 Petri 网是一个 8 元组(P, T, **IN**, **OUT**, **INH**, $\boldsymbol{M}_0$, $\boldsymbol{F}$, S)，其中：

1)(P, T, **IN**, **OUT**, **INH**, $\boldsymbol{M}_0$)是一个初始标记为 $\boldsymbol{M}_0$ 且具有拟制的 Petri 网；

2)T 被分为立即变迁 T_I 和指数变迁 T_E 两组集合；

3)$F(R[\boldsymbol{M}_0] \times T_E) \rightarrow \mathbf{R}$(实数集合)为发送函数，变迁 $t \in T_E$ 的发送时间是发送率为 $F(M,t)$ 的指数随机变量；

4) 每个变迁具有零发送时间；

5)S 是所有被使能且被赋予一定概率分布的、有冲突的立即变迁的集合。S 可以是空集。在 GSPN 中，立即变迁用直线段表示，指数变迁用小矩形表示。

3. 制造系统 Petri 网的建模方法

(1) 制造系统 Petri 网模型的基本要素与方法：众所周知，制造系统是由一系列活动组成的，而活动又与资源联系在一起。制造中的活动主要包括物流活动和信息流活动。物流活动的例子，如物料输送、零件加工、零件装配等。信息流活动的例子，如数控程序传送、生产计划发送、质量信息采集、质量信息统计等。与活动联系在一起的资源包括原材料、机器、人员等，资源是活动的主体或受体。

如前所述，构成一个 Petri 网的基本要素有库所、变迁和令牌。为了表示此 3 要素与制造系统联系的一般规律，一般采用如下方法：

1) 一个库所代表一个资源状态或操作。代表资源时，则初始令牌数可能是恒定的，如机器数；也可能是变量，如工件数、托板数等。

2) 一个库所代表一个资源状态时，库所中的一个或多个令牌表示资源可被提供，无令牌则表明没有资源可被提供。

3) 一个库所代表一个操作时，库所中有令牌说明操作正在被执行，否则，操作在当前未被执行。

4）一个变迁代表一个事件、一个活动、一个操作过程的开始或者完成。

建立制造系统 Petri 网模型的基本方法归纳如下：

1）列出加工每一种零件所需的资源与活动；

2）按先后关系对活动进行排序；

3）对一个活动可以用库所或变迁描述：① 以库所表示其状态，库所的输入变迁一般是开始其活动，而输出变迁往往是停止其活动，同时某一活动的停止往往是另一活动的开始。② 以变迁表示活动时，活动被视为一个事件。

4）对于表示某一活动开始的变迁，在该活动所需的所有资源库所和与该变迁间的连结弧一并作为该变迁的输入弧。

5）给定系统的初始标记。

(2)Petri 网的综合分析方法：由于实际制造系统的复杂性，往往可能导致所设计出的 Petri 网非常庞大，无论是建立这样一个 Petri 网，还是对它进行系统性能分析，没有合适的综合分析方法是难以奏效的。对于复杂系统，人们最容易想到的综合分析方法就是由子系统入手，再经过自下而上和自上而下的反复来实现。

1）自上而下的综合分析方法：Petri 网的自上而下方法是逐步对网的库所和变迁进行细化。为此首先需要建立作为系统第一层次模型(First - Level Model) 的 Petri 网。第一层次模型应能描述系统的主要关系，它实际上是系统的总体模型。在自上而下的分析中，一个大的系统可分解成一些小的子系统，进而决定资源库所与操作库所。

2）自下而上的综合分析方法：通过自上而下的分析，每一个子系统都已存在了。剩下的问题主要是决定子系统之间的相互作用或操作库所之间的相互作用。子系统或操作之间的相互作用主要是以共享资源来体现的。因此自下而上方法的主要任务就是决定操作之间乃至子系统之间的共享资源库所，并决定共享资源库所中的初始令牌数。

柔性制造系统中的 AGV 或 RGV、装卸站、中央刀库等都是典型的共享资源的例子。

(3) 利用 Petri 网模型进行性能分析：一个制造系统的 Petri 网图，只是为了达到某种目的(如性能分析、系统控制)而被使用的一种工具，其最终目的是为了利用 Petri 网模型对制造系统进行性能分析。下面以较为复杂的广义随机 Petri 网为例，介绍其性能指标的计算方法。

假设一个广义随机 Petri 网为 $(P, T, \mathbf{IN}, \mathbf{OUT}, \mathbf{INT}, \boldsymbol{M}_0, \boldsymbol{F}, S)$。$\{M_1, M_2, \cdots, M_s\}$ 是其可及的且可感知的标记的集合，相应的稳态概率为 $\{\pi_1, \pi_2, \cdots, \pi_s\}$，下面是几个基本性能指标：

1) 特定条件 C 成立的概率为

$$\mathrm{PROB}(C) = \pi_j$$

$$S_1 = \{j \in \{1,2,\cdots,s\}, \text{标记 } M_j \text{ 满足条件 } C\}$$

这就是说，PROB(C) 即为所有满足特定条件 C 的标记的稳态概率之和。

2) p_i 令牌数等于 $k(k = 0, l, 2, \cdots)$ 的概率为

$$\mathrm{PROB}(p_i, k) = \pi_j$$

$$S_2 = \{j \in \{1,2,\cdots,s\}, M_j(p_i) = k\}$$

3) p_i 令牌数之期望值为

$$\mathrm{ET}(p_i) = k\mathrm{PROB}(p_i, k)$$

式中，k 是包含于任一可及的标记中的 p_i 的最大令牌数。

4) 指数变迁 p_i 的发送率为

$$\mathrm{TR}(t_j) = \pi_i F(M_i, t_j) q_{ij}$$

$$S_3 = \{i \in \{1,2,\cdots,s\}, t_j \text{ 被 } M_i \text{ 使能}\}$$

q_{ij} 的计算规则是，如 t_j 不与 M_i 中的任何一个使能的变迁冲突，则 $q_{ij} = 1$，否则 q_{ij} 就是 M_i 中 t_j 冲突竞争发送的概率。

5) 立即变迁的发送率：在知道了指数变迁的发送率后，所有立即变迁的发送率可根据 GSPN 的结构很容易地推算出来。对于随机开关，立即变迁的发送率应等于随机开关根茎上指数变迁的

发送率与相应的立即变迁的分布概率的乘积。在一段路径中，若不存在随机开关，则两个变迁发送率应相等。

四、基于 Agent 的建模方法

虚拟制造系统体现为仿真技术应用的集成化，是一个复杂的综合智能系统，需要进行分布式协同求解和系统全局的最优决策。

问题求解是建立虚拟系统的最终目的，归纳推理、演绎推理和推断推理是问题求解的基本方法。传统的信息处理技术能进行归纳推理和演绎推理有关的操作，较难进行与推断推理有关的操作。因为推断推理是基于知识、基于经验的感性知识和理性知识的结合。

在制造环境中，神经网络、遗传算法等新技术的引入，使许多机器和系统向决策智能化、行为自主化方向发展。另一方面，制造系统本身是一个人机混合系统。因此，从虚拟制造环境的仿真需求看，就需要能够表达出对象的主动性和智能行为。

为了表达出对象的主动性和智能行为，对对象的内涵进行扩展就产生了 Agent 的概念。基于 Agent 的仿真系统与基于对象技术的系统相比，在物理意义上更接近于实际系统。因此，Agent 可以作为对虚拟环境建模与仿真的有效工具，特别对大型的、复杂的系统仿真更能体现出面向 Agent 方法的优越性。

1. Agent 的概念

Agent 是分布式人工智能(Distributed Artificial Intelligence)的一个基本术语，起源于 20 世纪 60 年代，其出发点是“把一些简单的信息系统集合起来，使之相互作用，以产生集团智能”。那时 Agent 的思想并未引起人工智能研究者的兴趣。到了 20 世纪 80 年代，由于智能技术的广泛应用以及计算机软、硬件水平的提高，Agent 研究引起了人们的广泛重视。近年来，关于 Agent 理论的研究十分活跃，Agent 的应用研究也极为广泛，涉及工程技术的各个方面。

Agent 一词的含义极其丰富,但目前尚无被广泛接受的定义。其对应中文词有“智能体”“代理”和“作用体”等,为充分表达原意,本书对 Agent 不做中文翻译。

人工智能界普遍认为 Agent 除了具有一般对象的概念外,还具有知识、能力、信念、承诺、目的、义务等涵义,甚至给 Agent 赋予情绪,具有许多精神状态。

Agent 是将推理与知识表示相结合的能动实体。在一定环境下能独立自主地运行,作用于环境,也受环境影响,且能不断地从环境中获取知识以提高自己的能力。Agent 具有知识和知识获取与应用的能力、有与环境进行通信的能力、及达到目标的事物处理的方法。

从应用角度出发,Agent 被认为是一个物理的或抽象的实体,可以表示为一个软件单元,能作用于自身和环境,并与其他 Agent 通信。它具有这样的特征:

(1) 自主性(Autonomy):Agent 可以在没有人或者其他 Agent 干预的情况下运作,而且对自己的行为和内部状态有某种控制能力。

(2) 社交性(Sociability):Agent 可以和其他 Agent 或人通过某种 Agent 语言进行交互。

(3) 响应性(Reactivity):Agent 对其环境(如物理世界、图形界面、其他 Agent)进行感知,并做出适当反映,对环境施加影响。

(4) 预动性(Pre-Activeness):Agent 不仅能够简单对环境做出反映,而且能够通过接受某些启发信息,体现出某种目标的定向行为。

因此,Agent 可以被视为一种特殊类型的对象。本质上,Agent 和对象一样,在形式上,也具有面向对象技术形式化系统中关于对象的描述,而且,对象和 Agent 都是通过消息传递建立计算过程的,但 Agent 的性能却大大超越了对象。

2. Agent 结构

Agent 结构有多种形式，一般包括知识库、推理机、通信控制等模块。图 3-26 所示的 Agent 结构由通信控制器和问题求解器两部分组成。其中，通信控制器包含：① 消息门：用来具体控制消息的传递。② 消息解释器：对消息内容进行解释。

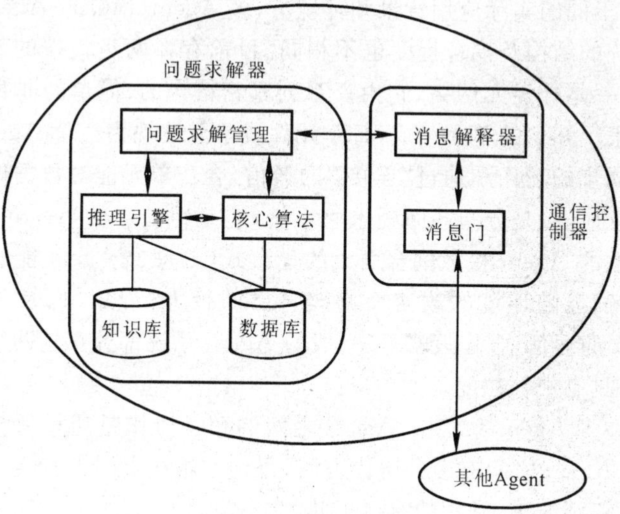

图 3-26 Agent 结构

问题求解器包含 ① 问题求解管理模块：负责各 Agent 之间的合作与协调。② 推理引擎和核心算法：对相应任务进行问题求解。

通信控制器主要作为连接各个 Agent 问题求解器的接口机制。消息门调节 Agent 之间的消息传输，并将消息传递给消息解释器。消息解释器将消息转换为相关信息并传递给问题求解器。问题求解管理模块将这些任务定义成能够求解的具体问题，然后分别或同时将问题指定给推理引擎、核心算法。推理引擎利用知识库以及数据库进行求解，而核心算法主要依赖数据库进行问题求解。在求解过程中，这两者可以进行交互以交换相关信息，所得结果再通过问题求解管理模块和通信控制器传递给其他 Agent。

Agent 的这种混合结构方式,将逻辑推理与数学计算结合起来,使其具有更强的问题求解能力。

3. 多 Agent 系统

只有多个 Agent 相互连接组成系统,才能体现出 Agent 的优势。在不同的实际应用背景和环境下,多 Agent(Multi - Agent) 应用系统的结构及耦合程度也不相同。目前存在两类极端的 Agent 系统,一是神经元网络,它由一系列紧密耦合的、简单的非智能元件或表示知识的单元组成,每个元件或单元被视为一个 Agent,通过非同步的动作和通过"连接" 的通信,合作单元能对数据做出灵活的反应。二是分布式问题求解系统,它是粗粒度的 Agent 系统,由自主的 Agent 松散耦合而成的分布式网。每个 Agent 能进行问题求解,能随环境的改变而修改自己的行为、规划,以及与其他 Agent 的通信、合作策略等。一般的 Agent 系统都处在这两个极端之间,具有中等粒度。

在多 Agent 系统中,Agent 之间的相互协作是通过通信来实现的。Agent 之间有多种协作方法,每种方法适合一类特定的问题求解。概括起来,常用的有以下几种方式:

(1) 集中控制:各 Agent 间的协作是确定的,由一个指定的 Agent 统一管理。

(2) 黑板系统:黑板是一个共享的数据结构,通过访问黑板,实现 Agent 间的协作。

(3) 异步通信:Agent 间的协作关系也是确定的,协作是通过 Agent 间相互传递消息控制的。

从本质上说,多 Agent 系统是一种协同求解方法,全局目标的实现是各个 Agent 相互协作的结果。每个 Agent 都有自己的目标,可以根据局部的知识解决问题,也能对外界的刺激实时做出反应。通过对当前状态和环境的了解,它不仅能处理外部输入,还能主动了解情况,实时地与外界交流。多 Agent 系统可以动态地重组以适应不同的需求，可以通过添加和删除 Agent 来更新系统，呈现高度的柔性化特征。

3.5　产品模型建模方法

产品模型是用来表示制造过程中被制造对象的模型，它包括目标产品、零部件、毛坯及中间产品。日本学者 Iwata 将机床、刀具等制造资源模型也纳入产品模型。产品模型和制造资源模型之间有某些共同点，例如它们都是物理实体的模型，在制造过程中都会发生外形的变化，但变化机制不同，仿真需求不同。因此，本书还是采用通常含义上的产品模型的概念。

一、产品建模方法的发展过程

产品建模方法随着 CAD/CAM 技术和系统的发展，经历了面向结构的产品模型、面向几何的产品模型、面向特征的产品模型、面向知识的产品模型和集成产品模型 5 个阶段。

1. 面向结构的产品模型

产品结构是面向结构的产品模型的核心，为了表达产品结构，可以用以下几种方法：材料结构（material - structure - types）、归类结构、版本表述结构和差异结构。

应用系统中的产品数据存储在产品结构中，定单信息的处理、产品的具体数据及格式、访问函数及网络地址都存储在面向结构的产品模型中，只有通过产品模型才能访问系统数据库。这种方法难以实现不同系统中功能模块的集成，也难以避免数据冗余。

2. 面向几何的产品模型

面向几何的产品模型采用线框、曲面、实体及混合模型表达产品的几何信息，在 CAD、数控编程及有限元分析（FEM）中获得广泛的应用。有的企业还开发了自己的面向几何的产品模型，例如丰田造型设计系统。该系统使用了一种新的曲面表达及操作方法，可以对汽车外形的自由曲面进行交互式定义与操作，生成概念化汽车外形的几何模型。这种几何模型的数据结构与真实车体的结构一致，可供虚拟制造产品模型的生成借鉴。由于几何模型的数据是用来表达几何形状的，所以在非几何信息的表达方面遇到了困难。

3. 面向特征的产品模型

面向特征的产品模型采用“特征”(Feature) 作为描述产品信息的载体，使产品的几何信息、拓扑关系和制造信息得到综合的描述。

特征是具有相同处理方式的几何形状和属性的集合，通过内置的处理方法表示为一组简单的参数。将特征的概念应用于不同的领域，形成了设计特征、制造特征、装配特征等。特征造型技术摆脱了传统的点、线、面造型元素的束缚，提供了一种在宏观基础上易于定义的描述模型和数据结构。它具有更高层次的几何描述和语义描述能力，支持整个产品开发的各个阶段，从产品需求分析、产品概念设计到详细设计、工艺及装配设计、数控编程到检测规划等。

目前，基于特征的建模方法进一步向面向功能建模的方向发展。利用零件定义语言 PDL(Part Definition Language) 定义功能特征，进而由功能特征产生零件几何模型和产品几何模型。

4. 面向知识的产品模型

面向知识的产品模型以人工智能的采用为特征，采用面向对象编程，基于规则和知识的推理、决策等人工智能方法，将关于产品、工艺和环境的专家知识和经验集成在产品模型中。

这种方法将产品和工艺分类成各个抽象的对象，并在产品类中存储了过去设计、装配的零件及产品的设计和制造参数的信息。

关于面向知识的产品模型的例子是 IDEEA(Intelligent Design Environment for Engineering Application)。该系统集成了基于框架的表达、基于约束的语言、基于规则的推理、真值维护系统和面向对象方法，具有和分析程序、数据库、实体建模的接口。如

图 3－27 所示，该系统可支持符号化或数值化的知识，支持不同角度的假象推理、冲突决策的自动辩识，还可以执行由不同生命周期驱动的多方面问题求解、IDEEA 被用于产品建模、工艺规划、企业集成以及已有设计过程的记录系统。

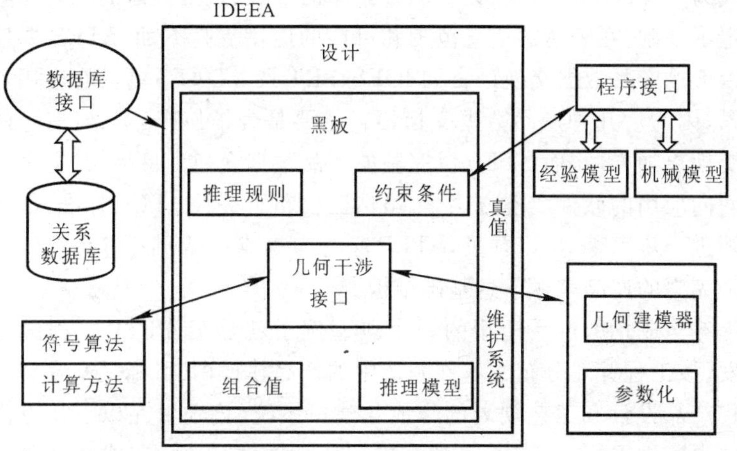

图 3－27　IDEEA 系统结构

5. 集成产品模型

集成化的产品模型包含了面向结构、几何、特征以及知识的产品模型，所有这些类型的产品信息都可以存储在一个集成化产品模型中。集成包含了语义集成，这就意味着需要对设计、工艺、制造等方面的语义进行扩展以支持真正企业的应用集成。除了集成化的管理和产品信息的中性表达外，产品知识还必须支持产品的开发过程。产品知识包含产品历史、开发原理、顾客模型、技术要求以及失效模型。对产品知识的表达必须考虑产品生命周期中的各阶段信息。因此，集成化的产品模型是产品生命周期信息的完整表达。

实现集成化的产品建模的一个重要方法是 ISO 标准

10303—STEP，STEP(Standard for the Exchange of Product Model Data) 为产品开发定义了一种中性的格式，用于产品数据的表达与交换。目的就是在产品生命周期中实现所有与产品相关的数据的完整表达，这种表达与具体应用系统独立。STEP 数据格式为中性的文件格式，为产品数据库的设计、过程接口的概念化奠定了基础。在表达的信息范围和可能的应用支持方面，STEP 要比以前的产品数据交换语言如 IGES，SET 及 VDAFS 更具有应用前景，因为后几种产品数据交换语言主要是为了使产品几何信息的交换更加方便，而 STEP 以完整的产品数据交换为目标，并提供了面向应用的软件实现方法学。虽然已公布了一些 STEP 标准，但还须进一步完善。可以预见，STEP 必将为集成产品开发过程提供一个完整的产品表达信息基础结构。

集成化的产品模型的一个典型例子就是 ESPRIT 工程的开发。该工程针对分布式零件制造中的产品建模，其目标是开发新一代产品设计和工艺规划的集成化建模系统。该项目在以下几方面取得了进展：① 产品信息建模的集成化方法。② 分布式零件制造中的一般和具体概念。③ 集成化产品及过程建模的系统组成。④ 集成分布式数据库系统，基于面向对象数据库管理系统的 EXPRESS 语言。该工程所采用的产品开发方法，对 STEP 的研究和发展产生了很大的影响，其成果在一些应用领域如薄金属板零件加工和复杂零件加工方面也都有很大的应用价值。

二、虚拟制造的产品全信息模型

1. 产品全信息模型的概念

虚拟制造环境下的产品模型应当是能够支持设计、工艺、制造、检测、装配、维修以及产品报废分解、再利用等全生命周期多层次活动信息交互和共享的全信息模型，它是一般意义上的计算机产品模型的更深层次上的发展。

产品全信息模型的内容，不仅包含产品定义数据，还应包括产品与环境的相互作用规律，以便规划及预测产品在全生命周期的变化，确定变换准则或变换属性。例如由毛坯与加工设备的交互产生中间形态的产品；由最终产品与应用环境的交互作用产生机械磨损，能量消耗及废弃物，导致产品形态及环境的变迁。

在产品生命周期的不同阶段，产品模型具有不同视图。在概念设计阶段，只需要概念化的形状信息；在详细设计阶段应具有零部件几何信息、拓扑信息和结构强度分析模型；在加工制造阶段，还必须提供工艺、装配、检验等相关过程的设计信息。因此，产品全信息模型实质上是一个表达产品各阶段各侧面特性的结构化符号集。

2. 产品全信息模型建模策略

产品全信息模型建模策略决定产品建模效率，一般可考虑三种建模策略。

(1) 自上而下的建模策略：这种建模策略要求先建造产品模型的核心及其主要框架，然后由核心模型的进一步衍生构成产品的多侧面模型，例如建造机械产品设计阶段模型时，可先描述产品的物理属性和支配产品功能活动的物理法则，形成产品模型的核心，然后基于该核心模型衍生出几何模型、有限元模型、运动学模型、振动模型，再进一步衍生出制造模型、装配模型，等等。

(2) 自下而上的建模策略：这种建模策略要求先选择只含部分产品信息的某一产品模型，然后逐步添加其他信息，以构成全信息模型。例如先选择产品几何模型作为产品全信息模型的雏形，通过添加公差信息、材料信息、制造信息等构成适合全生命周期的产品模型。

(3) 双向建模策略：在实际建模过程中，单纯依赖上述两种策略中的任一种策略都比较困难，因此更多地是采用两种策略的结合。

由于全信息产品模型建模的信息量大，复杂程度高，因此，注意应用信息／知识的全相关技术、抽象化技术和模型标准化技术是十分必要的。

信息/知识全相关技术是指信息/知识的相互依赖关系,当模型的某一部分修改或变动时,相关的信息/知识也应相应地修改或变动,以保持产品模型的一致性和协调性。

信息/知识的抽象化技术是指对产品模型进行必要的聚合、一般化、去伪存真、近似化等抽象化操作,以保证产品的有效性。

模型标准化技术注重信息/知识描述的标准化与规范化,以提高建模效率,减少不必要的模型矛盾和模型交换中可能发生的问题。

三、面向对象的产品建模

面向对象的产品建模是目前虚拟制造系统中主要采用的建模方法。在产品建模过程中,产品的组成用树状结构描述,定义产品类、部件类、零件类和特征类。

1. 产品信息的类关联模型

产品信息模型用来进行产品的描述,采用面向对象技术建立以产品为中心的类关联模型,如图 3-28 所示。

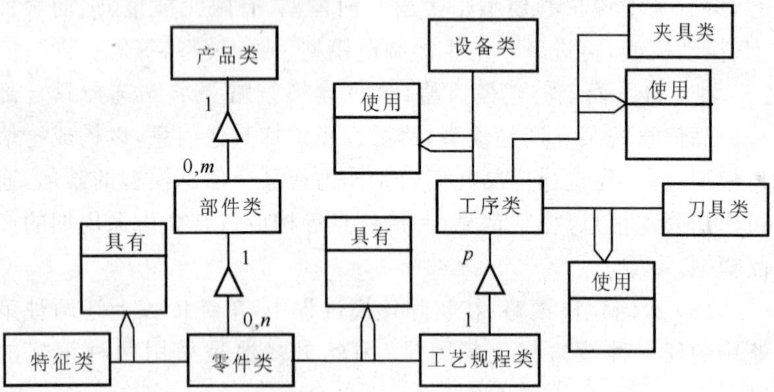

图 3-28　产品类关联模型

产品类、部件类和零件类依次组成递阶式的整体与部分类的一对多的关联关系；工艺规程类和工序类组成一对多的整体与部分类关系；工序类和资源信息类中的设备类、刀具类、夹具类通过"使用"实例组成实例连接关系；零件类和工艺规程类、特征类之间由"具有"实例组成实例关系。

2. 产品信息模型

产品类和部件类的属性主要是静态属性，包括产品（部件）名称、模型名称、设计者、设计日期、轮廓尺寸、技术规格等。

零件类是部件类的子类，作为贯穿生命周期全过程的产品数据模型，它不仅包括静态信息，还包括动态信息。其静态信息可以用管理信息类、形状特征信息类、尺寸信息类和精度信息类4个子类模型表示。

零件类的动态信息应包括制造过程中半成品的状态信息，Iwata等人开发的VirtualWorks系统中的加工过程零件状态建模子系统（State Modeling System）用4维对象描述加工过程中的零件属性，它包括三维实体模型、时间间隔及一组属性值。

在以生产规划调度为目标的面向生产的虚拟制造系统中，零件类的静态属性还包括工艺路线、交货期、批量等，动态信息则包括当前夹具号、机床号、托盘号等。

虚拟环境下的零件类属性中最重要的是可视外观。在已知工艺路线的情况下，可以用工序子模型描述加工过程中的半成品外观几何。在工艺路线未知的情况下，可以用动态属性描述工件几何，在加工过程中利用设备和工件之间的作用函数，修改工件模型，更改动态属性值。

图3-29所示为产品信息模型的静态属性，其中包含部件类模型。前5个属性表达了产品的基本信息，企业代号和生产周期是为协作者需求查询所提供的信息。

产品部件类信息模型包含两个次级类。这里不存在区分同名产品混乱的问题，但是在同类型产品的不同系列中，部件可能是有区别的。在采用以“面向装配的制造”策略的企业过程实体产品描述中应该注意此问题，以免发生产品装配错误。

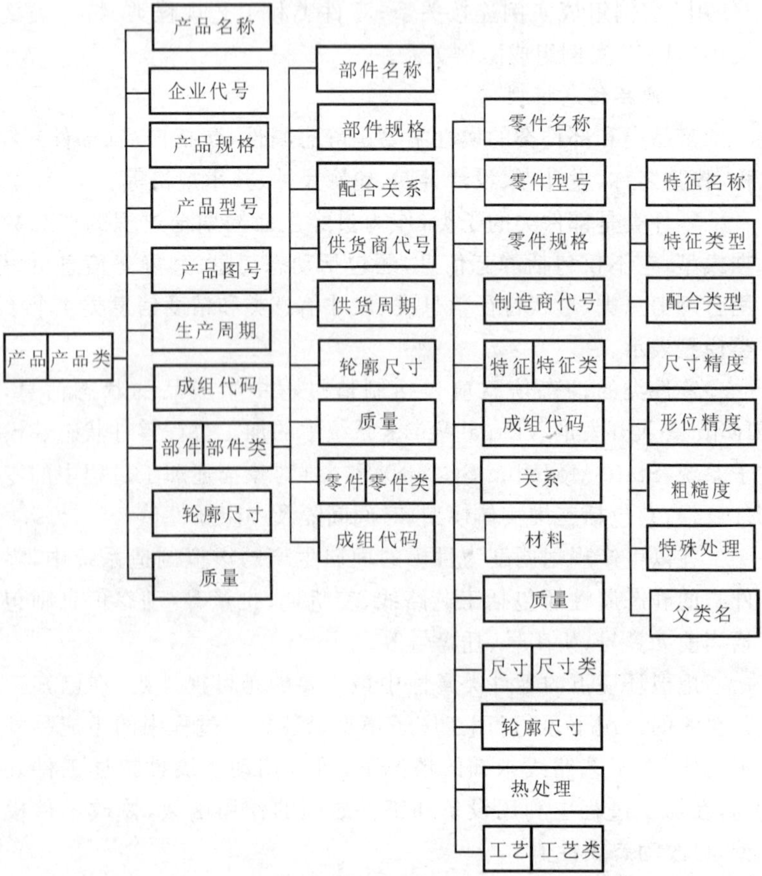

图 3-29　产品信息模型

零件类信息模型是部件类的子类，表示了部件的构成。零件的具体加工要求由零件的特征类和工艺类表示。零件的尺寸要求由尺寸类描述。

零件特征类是零件类的子类，表示零件的具体加工要求，在一定程度上描述了产品的动态属性，也即表示出零件加工面的特征信息。父类名和特征名称是从其基类继承来的，具有相同的性质。

成组代码：字符串，表达零部件的成组技术标准编码。该变量为产品制造与CAPP技术的集成提供查询信息。

配合关系：二维字符串数组变量表示零件在部件装配中与其他零件的配合关系。其中数组的第一维表示与其相配合零件的名称，与“零件名称”变量相符；第二维表示相互配合的性质，“0”表示过渡配合，“1”表示过盈配合，“2”表示间隙配合。

配合类型：字符串变量，表示该特征面与其他特征面之间的配合关系。该变量与零件信息模型中的“关系”变量不同，“关系”变量表示零件与一组其他零件相配合的情况，而“配合类型”表示某个特征面与其他配合面的配合性质。

特殊处理：字符串变量表示该特征面的特殊处理要求，如喷丸、渗碳淬火等。与零件类信息模型中的“热处理”变量表达的意义不同，前者指对整个零件的热处理要求，而特殊处理是指对特征表面的热处理或特殊加工要求。

3.6 设备资源模型

现代制造系统中的设备、仪器及工具主要包括物料处理设备和运输系统。这些设备以一定的方式布置和关联，共同完成对原料和中间产品的加工、运输、检验等操作。这些设备、工具和仪器组成真实物理系统，称为设备资源。通常把信息、设备、人力和资金统称为制造资源。

一、虚拟设备的功能需求

制造设备建模是虚拟制造系统的主要内容之一。设备模型也可称为虚拟设备，具有在功能特征、几何特征等方面与物理设备的一致性。虚拟设备是物理设备的数字化描述，是物理设备在信息域的映射。设备模型应当实现：

（1）物理设备几何特征的真实表达。可真实地复现物理设备的三维实体模型、体素特征和材料纹理特征。

（2）物理设备系统操作的精确表达，以动画形式表达设备行为的运动学、动力学信息。

（3）系统性能、可靠性、灵敏性的精确估计。

为了实现上述要求，必须对物理设备进行功能特征与几何特征分析。其中功能特征决定虚拟设备的控制属性，几何特征决定其形状属性。因而可以将虚拟设备分为虚拟控制器和几何模型两部分，如图 3－30 所示。

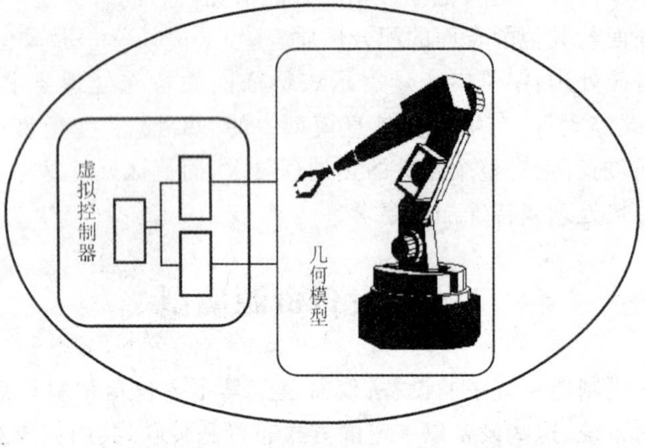

图 3－30　虚拟设备模型

虚拟控制器作为物理设备控制器的映像，接收来自外部控制信息和虚拟传感器的反馈信息，并进行处理、判断，输出决策控制信号，驱动相关几何模型的位置和姿态发生变化，产生虚拟对象的行为。

几何模型是对物理设备形状特征的描述，可以采用虚拟现实技术，生成设备的立体模型及虚拟场景，使用户产生沉浸感。该几何模型通过接收虚拟控制器的数据流来表达物理设备的行为。这些数据实际代表着诸如电机转角、工作台位移、传输带上对象的运动、以及运动发生和终止的时间等。因此在设备执行一定功能时，产生虚拟设备位置和姿态变化的动画显示，给用户直观展现虚拟设备的工作过程，使控制规律所表达的过程变化与虚拟现实所强调的沉浸感结合起来，形成对物理设备的准确刻画。

二、虚拟设备几何建模

设备可看做空间模型组合体，虚拟设备要在计算机内表示这样一个组合体，但并不要求清楚地表示各组件及其相互关系。虚拟设备几何模型用来表达物理设备的形状特征，并进一步展示设备功能。对组件的表述不仅应包含三维几何信息，而且应包含拓扑信息。几何信息用来决定组件的形状、大小及位置；拓扑信息用来表示组件间的连接和装配关系。因此，虚拟设备的几何模型需要解决如下几方面的问题：

（1）基本模型生成：定义组成设备及部件的基本几何形体，可以用一些成熟的几何建模工具及图形库进行建模，如 Open GL 等。

（2）模型层次表达：一个设备可以分解成若干部件，部件又可以进一步细分为若干零件。因此，需要表达这些设备组件之间的层次关系。

（3）模型定位与装配：表达设备中组件之间的相对位置关系，确定基本模型的空间位置及方向。

（4）运动约束定义：描述设备组件之间的相对运动和传动关系，确定运动约束。

1. 基本模型

一个物理设备可以看做一个由许多子系统（部件）组成的复

杂系统，各子系统又可以进一步细分。在物理设备建模时，为了节约计算资源，设备模型应尽可能简化。

设备模型可视为由一些基本模型构成。基本模型可以是简单的形体如体素，也可以是一些复杂的形体。基本模型除了表达几何信息外，还应当包括许多非几何信息，如模型编号、模型名称、模型类型等。基本模型由基本模型 — 特征 — 体素三个层次组成，基本模型和特征为上层数据，而体素为底层数据。

对基本模型及其数据结构的表达已经研究出很多成熟的方法，开发了许多商业化的几何建模软件。在CAD的交互设计中，用户采用上层数据进行设计，而在计算机内部则用体素数据来表示。

对于一些不便用图形建模软件构造的几何模型，可以采用程序方法基于图形库生成。SGI公司的Open GL是广泛使用的图形库，已被多家大公司如Microsoft，Intel，IBM，DEC等采用，已成为事实上的图形标准。Open GL提供了100多个图形处理命令，利用这些命令可以方便地进行三维几何建模。

在构成虚拟设备时，无论用何种方法生成基本模型，都需要表达出以下特征：几何形状、包容盒、中点、方向等。几何形状指表达物理设备各部件的形状信息。包容盒是包含对象的最小长方体，它只是作为描述模型位置及方向的参考，并不真实存在。中点即包容盒的中心。方向指模型所占据的空间方向，用包容盒的最大边长方向的轴向来表示。

基本模型的数据结构可以表示为$m=\{g,x,y,z,\Phi,\theta,\Psi\}$，其中，$g$是模型几何外形，$x,y,z$是模型的中点坐标，$\Phi,\theta,\Psi$是模型的方向参量。

2. 模型层次

设备几何模型不是由基本模型随意堆砌的，而是依赖于物理模型间的装配关系。拓扑关系是表达模型间的连接性和层次性的方法。对于拓扑关系的描述，常用的方法是关联图法。它是将组成设备的每一个模型用一些基本的配合关系连接成关联图。在关联图中，各种模型均用节点来表示，节点既可以表示模型的几何信息，也表达模型的非几何信息。例如，对于一个由五个模型组成的设备，其装配关系可以用如图3－31所示的关联图来表示。其中，节点代表各个基本模型，节点之间的连线代表了各种基本配合关系，如接触关系、紧固关系、配合关系、传动关系等。用关联图来表达模型层次比较简单，但是，它包含有许多冗余的连接，会使系统计算变得很复杂。

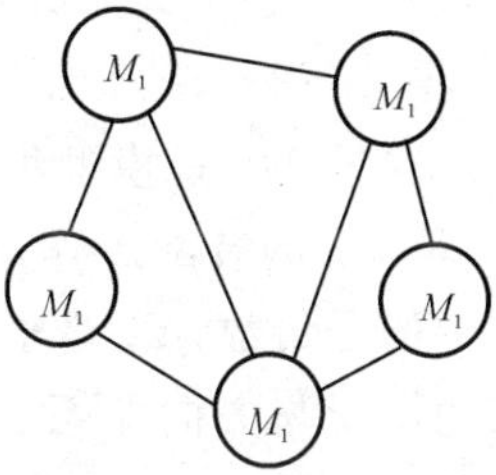

图 3－31　关联图

对于一个设备，其组成关系一般为设备 — 部件 — 零件的形式，并且具有一定的层次性。因此，采用分层树状结构可以更好地表达出模型间的分层装配、顺序约束。

在分层树状结构中，由若干个基本模型组成一个子模型集，若干个子模型集及若干个基本模型再构成整个装配体，这就形成了如图3－32所示的装配树。装配树的根节点是设备，叶节点是各个零件，中间节点是各个部件。装配树清楚地表达了设备、部件、零件之间的父子从属关系。

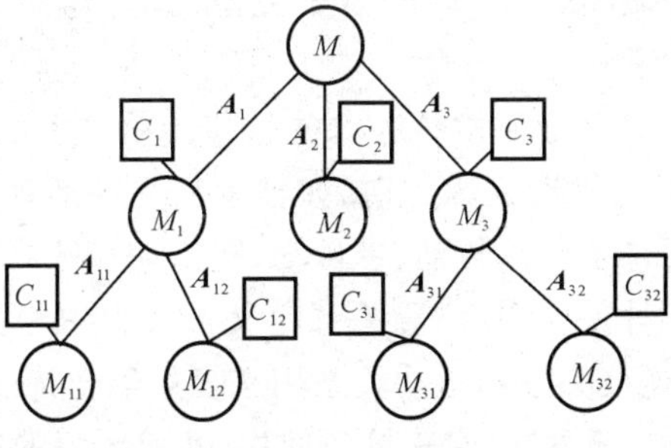

图 3－32　设备的树状结构

装配树的数据结构可以表示如下：

$$M_i = \{\mathbf{A}_{in}(M_{in}), \mathbf{A}_{ik}(M_{ik})\}$$
$$n = 1,2,\cdots,N; \quad k = 1,2,\cdots,K$$

这里 M_{in} 是模型集 M_i 中第 n 个基本模型，N 是基本模型数，$\mathbf{A}_{in}$ 是 M_{in} 的装配矩阵；M_{ik} 是 M_i 中的第 k 个子集（$M_{ik} \in M_i$），K 是其中的子集数，$\mathbf{A}_{ik}$ 是子集 M_{ik} 的装配矩阵。装配矩阵代表了模型间的位置与方向关系。这样，一个完整的设备几何模型可以表示如下：

$$M = \{\mathbf{A}_i(M_i) \quad C_i\}, i = 1,2,\cdots,I$$

式中，I 是组成设备几何模型的模型集个数，$\mathbf{A}_i$ 为模型集 M_i 的装配矩阵，C_i 为模型运动约束。

3. 模型定位与装配

(1) 基本装配关系：基本装配关系分为三类，即位置关系、连接关系、运动关系。

位置关系描述基本模型几何元素之间直接的相互关系，如平面贴合、平面对齐（同向）、直线对齐（共线）、柱面贴合、相切、点/线/面接触等类型。通过定义组件之间这些关系可以表达其空间位置关系，并实现模型的装配。

连接关系可分为刚性连接和弹性连接，刚性连接主要包括螺纹连接件、键和花键、销、联轴器等类型；弹性连接主要指弹簧连接等。

运动关系可以分为相对运动关系和传动关系两类。组件之间的相对运动关系包括旋转运动（如轴承）、平面运动（如导轨）等。传动关系主要包括齿轮传动、带传动、链传动和螺旋传动等类型。

在上述三种关系中，位置关系定义了设备中相关组件间的几何位置关系。连接关系和运动关系用来表达配合特征。

(2) 模型装配方法：在三维空间中，几何对象的定位是由一个 4×4 阶空间位置齐次变换矩阵所确定的，该矩阵称为装配矩阵。模型装配的中心任务就是要确定该装配矩阵。在将部件模型装配成整体模型时，装配矩阵的作用就是将基本模型以正确的方向放在正确的位置上。模型装配方法有以下两种：

1）直接给出表达组件空间位置的装配矩阵，在数据结构中直接存储各组件之间的相互位置关系。这种方法结构简单，但每一个组件都要存储一个 4×4 矩阵的数据，以确定其位置和方位。当一些组件的尺寸修改时，装配矩阵也常需要随之变动，另外，在交互输入矩阵参数时也非常容易出错，当组件数目多时，工作量显著增大。

2）在装配模型中，记录了装配体中各组件之间的基本装配关系。组件的装配矩阵可以根据组件之间的配合、连接关系自动推导出来。这种方法易实现交互式确定每个组件的位置和方位，但若要计算出相应各组件的装配矩阵时，则需要解大量的方程。在面向装配的产品设计（DFA）中，该方法被广泛采用。

4. 运动约束

单个模型的行为与装配体是不同的，单个模型在几何空间移动、转动不受限制，而在装配体中各个模型之间具有约束关系，模型的所有平动（沿 x,y,z 轴）和转动（沿 Ψ,θ,Φ）统称为自由度。模型的装配过程是各个模型逐渐失去部分自由度的过程，残余自由度就是设备行为自由度。

约束有一元约束和二元约束，尺寸约束属于一元约束，它包含一个几何参数和一个实值参数。二元约束是用两个几何参数和一个实值参数来表达，例如，要定义两条线平行约束，就可以规定这两条线上的矢量夹角为0°，模型的约束可以用点、线、面、圆等基本体素进行定义：

dist：point－point(G_1,G_2,d)　点 G_1 和点 G_2 间的距离 d

dist：point－line(G_1,G_L,d)　点 G_1 和线 G_L 间的距离 d

dist：point－plane(G_1,G_p,d)　点 G_1 和面 G_p 间的距离 d

dist：line－circle(G_1,G_c,d)　线 G_1 和圆 G_c 间的距离 d

dist：vec－vec(G_{V1},G_{V2},a)　矢量 $\boldsymbol{G}_{V1}$ 和 $\boldsymbol{G}_{V2}$ 间的夹角 a

在定义了基本体素之间的各种约束关系之后，各模型之间的间接约束就可以用其相关特征点、线、面之间的约束来表达。

在虚拟设备模型中，为了对模型约束进行有效判断，需要对模型运动约束进行编码。编码由 C 来表示，。例如 M_i 的约束编码表示为

$$C_i = \{m_x, m_y, m_z, r_x, r_y, r_z\}$$

式中，m_x，m_y，m_z 分别为 x，y，z 方向的平动约束；r_x，r_y，r_z 分别为绕 x，y，z 方向的转动约束。

以上各参数取值均为 0 或 1，0 表示该方向不能运动，1 代表可以运动。

三、虚拟设备的运动控制模型

虚拟设备的运动控制模型反映了物理设备各结构部分的运动特性，根据外部输入的控制信息和自身所带的虚拟传感器的反馈信息，经过处理后输出控制信号来控制相关几何模型的位置和运动状态。外部输入的信息包括两个方面，一是来源于系统所提供的各种操作命令，可以直接控制相关几何模型的运动，产生相应的虚拟行为；二是来源于程序控制命令，如数控代码。对于数控代码，需要通过相应的代码处理程序，经过解释、计算后产生驱动几何模型的运动，实现数控加工过程的模拟。

由于在建立设备几何模型的过程中已经考虑到了模型之间的运动位置关系，所以设备运动控制模型将根据具体结构的运动特征和几何约束，通过对相关变换矩阵的操作便可实现几何模型的各种运动。运动控制模型和设备几何模型是紧密关联的，运动控制模型接受控制信号来驱动几何模型运动状态的变化，同时也向外反馈几何模型的状态信息。

虚拟传感器用于对虚拟设备及工件的工作状态进行检测。虚拟传感器发出的信息可以作为虚拟制造环境某些行为的触发条件，根据具体对象的运行状态来决定是否进行相应的操作，如机械手将工件抓紧后方可进行后续的机械手运动；工件到达加工位置

后,设备才开始加工动作等。

虚拟控制器接收来自外部的控制信息和虚拟传感器的反馈信息,并进行处理、判断,输出决策控制信号,驱动相关的几何模型的位置和姿态发生变化,产生虚拟对象的行为。下面以虚拟数控机床为例对虚拟控制器进行说明。

数控机床的外部控制信息包括两部分,一是来自设备控制面板的操作命令;二是程序控制命令如 NC 代码。对控制面板的操作命令的解释比较简单,可以直接调用控制几何对象运动的相关程序模块,产生命令所指定的行为。而对于数控程序,则需要虚拟控制器进行翻译、预处理、产生驱动几何对象的运行。因此,NC 代码翻译器是虚拟控制器的研究重点。

NC 代码翻译器用于控制虚拟机床在加工过程中的动作和状态,它实际上是一个编译系统,用来将 NC 代码转换成一种虚拟机床可识别并执行的代码。NC 代码翻译器主要有检错和翻译两项工作。检错,即按照数控系统的编程规定和有关数控加工的常识,对 NC 代码进行语法和语义分析,检查出该 NC 代码可能的语法和逻辑错误(如数据不合理,加工状态不合理等)。经过检错阶段,若 NC 代码未被查出错误,则进入翻译阶段。翻译,即从 NC 代码中提取控制机床部件运动的有关命令动作和状态信息,将运动的数据按照位移和速度的变化划分成一系列时间片段,计算出各时间片段内机床相关运动部分的位移,从而驱动机床模型的运动。

3.7 过程模型建模技术

过程模型是描述产品模型与设备资源模型之间相互作用的模型。过程模型又是活动及活动关系的集合,可以逐级分解,使过程的描述逐步明晰和完善。

一、过程模型的特征

1. 过程模型的物理特征

从过程的物理特性来看，过程建模是用来表示产品行为和制造过程的物理模型。用以描述对象在输入激励下的状态变迁及几何物理参数的变化。从原理上讲，可以基于一些宏过程来定义过程模型，例如切削过程的力学模型是由切削力学和实体模型组成的宏模型，并且可以和零件的物理模型复合构成变形过程模型。

2. 过程模型的逻辑特征

过程模型也可以称为过程链，它代表了与产品生命周期相关的全部任务，包括产品开发过程、生产制造过程、销售维护过程及产品回收分解等。因此，过程是相对于产品而言的，过程模型应支持从最初的概念化模型到最终产品的所有活动。过程链的每个子过程又可以继续细分，例如生产制造过程又可分为毛坯制造、切削加工、检测、装配及试验等二级子过程。

3. 过程模型的动态特征

过程模型包括一个输入集 X，一个输出集 Y，一个状态集 S 和一个行为函数。行为函数描述从输入到输出的转换准则。转换可以是状态的变化，例如机器人由空载到装载状态的变化，也可以是状态参数的变化，如数控工作台由快速进给到工作进给的变化等。过程模型就是对状态变化规律的描述。

二、过程模型的元素

(1) 实体：实体(或成分、资源)是指与过程相关的物理单元或组成系统的物理单元 。实体可分为主动实体与被动实体，主动实体是能够主动产生活动、执行某种功能操作的实体，例如 CNC 加工中心、机器人等。被动实体是在主动实体作用下才产生状态变化的那些实体，如工具等。

(2) 事件：事件是描述过程的基本要素，事件是指引起状态转换的行为，系统的动态过程是由事件驱动的。例如机器装载完成后，发出“装载完毕”的消息，该事件驱动数控设备由空闲状态转入“正在加工”状态。

(3) 活动：两个相邻事件之间的过程称为活动。它标志着系统状态的变迁。

(4) 进程：若干事件和活动组成的过程称为进程，它描述了各事件、活动发生的相互逻辑关系和时序关系。

三、过程模型的建模方法

在实际的控制工程中，对象过程模型的结构如图 3－33 所示，可划分成五个阶段：① 由实际对象经过特征提取、要素分析、模式选择到形成框架性实体模型的阶段。② 由框架性实体模型经过相关物理、化学定律的应用及约束条件的确认到形成定性的结构模型阶段。③ 由结构模型经过系统辨识、实验数据获得到形成定量的数值模型阶段。④ 由复杂的数值模型经过离散化、算法化、简略化到在线计算机能实时进行有效计算的计算模型阶段。⑤ 由计算模型到与控制系统、检测系统及与其他相关系统软件模块的连接与通信、调试及维护工具的使用等等，即真正成为可执行的工程化模型阶段。

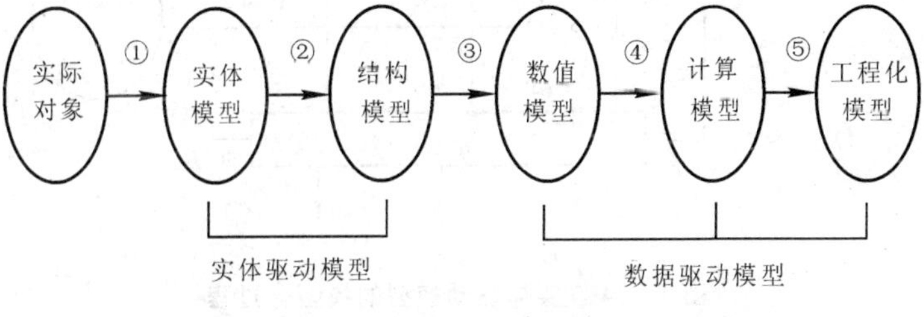

图 3－33　对象过程模型结构

由图 3－33 可知，实体驱动模型由实体模型与结构模型组成，数据驱动模型由数值模型和计算模型组成。

(1) 实体驱动模型的建模要点:从特定的对象过程出发,根据所提取的特征信息,结合领域知识,进行以下三个方面的选择,完成模型属性的定义。

1) 实体的选择:赋予实际对象过程一个结构,以确定对象过程的行为本质,是目的与结构的结合。

2) 描述方法的选择:这是表达方法选择的外延,即模型的最佳描述方式,是功能与形式的结合。

3) 行为状态的选择:主要考虑变量表示的精度和不确定性。它是行为状态与可变性的综合,定义了系统变量取值的支持集(量化空间)。

具体的模型化过程如图 3 - 34 所示。

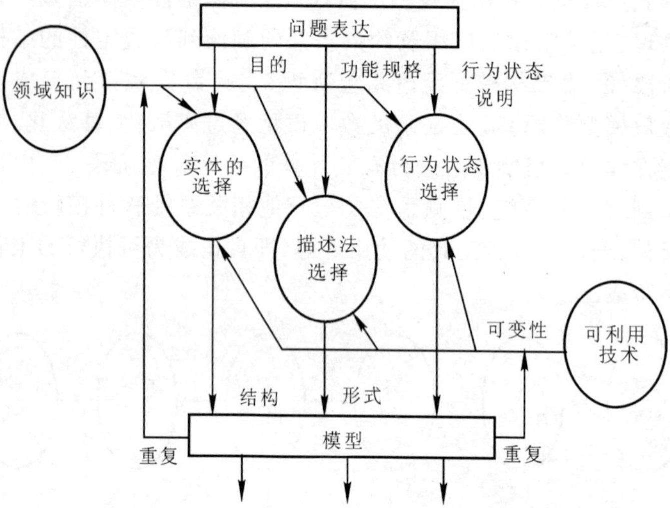

图 3 - 34　实体驱动模型的模型化过程

结构模型是在实体模型的基础上,应用物理或化学定律并结合某领域的知识等,并通过描述法的选择,建立反映功能与形式相结合的结构模型,进而确定模型的量化空间。当然,这些均在定性推理的范畴之内。

(2) 数据驱动模型的建模要点：根据已获得的数据，可以进行下列几方面选择。

1) 数据预处理的选择：要识别数据收集的质量（包括均匀性与相关性），去掉明显错误的数据。然后对数据进行筛选、整合，在可能的情况下，把数据按质量分类，进行数据与采用方法匹配的编码。

2) 数据的聚集（包括输出值）与特征析取的选择：即描述与所观察对象过程有关的特征值，以简化数据，同时需要从原始数据中析取能区别不同工况的特征值等。

3) 抽样汇总选择：建模时，应用其他数据作为模型检验用，所以必须对不同数据汇总进行选择，包括抽样时必须要考虑的、能否成功建模的各种附加条件。

4) 变量选择：选择最后用于建立模型的输入值，即要考虑所研究对象过程的特征，必须区分数据相关与不相关的数值；

5) 模型方式的选择：选择与数据和所表述问题相匹配的模型方式；

6) 模型结构的选择：是结构偏差与波动的平衡的选择；

7) 模型参数选择：模型结构确定后，还有一些参数是未知的。有些参数虽然可以由被控过程的运动规律来确定，但是由于在结构识别时简化了一些用简化假定的实际过程与环境关系的复杂性，使得那些参数也有待于用实际过程的实验数据来确定。所以，参数估计是系统辨识的一个重要部分，也是系统辨识中内容最丰富的部分。最小二乘法是常用的参数估计方法，单纯型、梯度法等传统优化计算中的方法在参数估计中也非常有用。

四、仿真模型和分析模型

1. 仿真模型

主要是离散事件仿真模型。在仿真模型中，给定一个人为的随机输入或一个指定的输入，仿真模型产生对应的输出，并显示系统状态的变化，同时在后台对输出样本进行采集和统计分析，以对各种可能的零件状态、机器状态、任务路线及排队调度规则进行评价。

仿真模型主要用于对制造系统的规划和设计提供支持，并为整个企业生产过程规划和经营决策提供评价手段。例如在规划设计阶段，确定机床类型和数量、物料传递设备类型和数量、机床设备的组合及调度策略等；在制造系统运行阶段，在突发故障时，寻找最优路径，分析增减资源的影响。

2．分析模型

分析模型是根据过程的物理特性，经简化得到的数学模型，例如加工过程仿真中的各种物理效应模型（应力-应变模型、热模型）及有限元分析模型等。

分析模型的建模方法主要有形式化建模方法及非形式化建模方法两大类。形式化建模方法是指利用数学工具通过状态方程对系统进行描述和分析，例如排队网络法、极大极小代数法、扰动分析法和 Petri 网法等；非形式化的建模方法是指用图形符号或语言描述对系统进行分析的方法，例如活动循环图、仿真语言和面向对象方法等。

第 4 章　产品数据交换与建模语言

4.1　概　述

虚拟制造涉及 CAX,DFX 等多个环节,其中需要频繁地在不同应用系统之间进行产品数据交换,以实现虚拟制造过程中信息流的变换、加工和流通。在 Internet/Intranet/Extranet(简称 IIE)环境和虚拟企业环境下,虚拟制造的产品数据交换将进一步扩展到多个部门和多个企业,此时,除了存在大量的异构系统外,还涉及异地的协同产品开发过程。这就需要研究和应用各种产品信息的描述和交换标准,以实现异地异构环境下的产品信息共享。本章主要讨论虚拟制造中常用的产品数据标准、支持产品数据交换技术的相关建模语言和技术。

4.2　STEP 产品模型数据交换标准

一、STEP 概述

产品的开发需要经过产品设计、工艺过程规划、数控编程、加工制造、装配等各个不同阶段。CAD,CAPP,CAM 等计算机辅助技术的产生与应用从不同方面和规模上缩短了产品的开发周期,提高了企业的生产效率与产品质量。但是随着各种 CAX 软件的不断增多,版本升级以及应用的深入,带来了需要解决的一系列问题,主要体现在以下三个方面:

(1)由于 CAD,CAPP,CAM 都是独立发展起来的系统,对产品数据的表达都局限于自身的考虑范围。因此从 CAD 到 CAPP、从 CAPP 到 CAM 或 CAD 到 CAM 作业的各个环节，都需要大量重复数据的输入、输出与重组，从而严重制约了企业生产效率的进一步提高。

(2)不同 CAX 系统之间在信息共享与数据格式等方面存在很大的不一致性。特别是在 CAD，CAPP，CAM 信息集成基础上进行数据共享是现有的许多数据交换格式(如 DXF 等)所无法实现的，从而使一个企业在不同平台、不同系统之间生成的数据无法共享。

(3)随着软件产品生命周期的不断缩短和系统更新换代的不断加速，要求企业应用 CAX 系统所生成的产品数据能够建立在一个不依赖于其支撑的平台上，并且在尽可能长的时间内能在企业或行业内被使用。

解决上述问题的关键技术之一就是建立通用的产品数据交换的规范。STEP 就是国际标准化组织(ISO)正在制定的一个产品数据表达与交换标准(也称为产品模型数据交换标准)。

1983 年 12 月，国际标准化组织 ISO 设立了 184 技术委员会(TC184)，下设第四分委员会(SC4)，其领域即为产品数据表达与交换。ISO TC184/SC4 制定的标准常被称为产品模型数据交换标准 STEP(Standard for the Exchange of Product Model Data)，标准号为 ISO 10303。我国也参照 STEP 制定了相应的国标，代号为 GB/T 16656。STEP 的目标是提供一种不依赖于具体系统的中性机制，能够描述产品整个生命周期中的相关数据。从考虑的信息范围和允许的实现方法来看，STEP 大大超出了以前的一些交换标准，如 IGES，SET 和 VDAFS 等。这些标准仅仅是为了几何信息的交换，STEP 第一次将完整产品模型交换的思想变为标准，并为面向应用的软件开发过程提供了方法论。STEP 标准涉及机械、电子、汽车、建筑、船舶等许多领域，建立 STEP 标准是一个非常庞大的工程。虽然 STEP 中已有相当部分非常成熟，但目前 STEP 仍处于发展阶段。

二、STEP 标准的体系结构

STEP 是一个系列标准，由许多部分(Part)组成，可分为描述方法、集成资源、应用协议、一致性测试方法论与框架、实现方法、抽象测试集六类，每一类又包括若干部分，如图 4－1 所示。

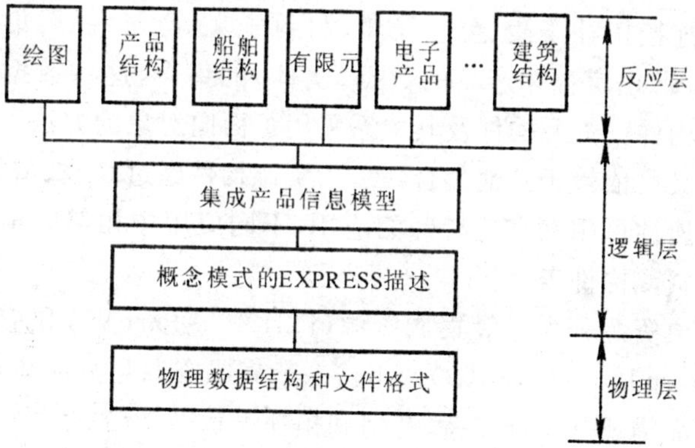

图 4－1　STEP 的体系结构

1. 描述方法

STEP 提供了形式化描述语言 EXPRESS。这种形式化语言具有可读性，使人们能够理解其中的含义，又具有被计算机理解的形式化程度，有利于计算机应用程序和支持软件的生成。EXPRESS 支持子类、父类层次构造，并且能够保证对产品描述的一致性，防止二义性。EXPRESS 是 STEP 中数据模型的形式化描述工具，所有 STEP 组成部分中的数据模型都是用 EXPRESS 来描述的。STEP Part 11～Part 19 属于描述方法，目前只有 Part 11 和 Part 12，其他为保留编号，为将来新的描述方法所预留。

2. 集成资源

集成资源是用 EXPRESS 语言描述的实体、类型、功能、规则和参照的集合体，它们共同定义了对产品数据模型的有效描述，如产品数据的全局信息模型。集成资源不仅给出了产品几何形状的表达方法，如边界表示法 B-rep、CSG 表示法、特征造型法等，还支持对公差、材料、表面粗糙度等非几何信息的表达。

集成资源包括许多子集，如产品的几何描述子集、几何元素间的相互连接拓扑子集、公差子集、材料子集等。每一子集都是用 EXPRESS 语言描述产品的数据(实体)的集合，这些数据描述称为资源构件。资源构件及其关系采用了面向对象的方法。一个集合的定义可依赖于其他集合。一个资源构件经过修改、增加约束、关系和属性可用来支持特殊的应用，不同应用中相似的信息可用同一个资源构件表达。

集成资源分为一般集成资源(Part 49～Part 99)和应用集成资源(Part 100～Part 199)两组。一般集成资源与具体应用无关，包括产品描述基础和支持、几何和拓扑表示等，资源之间可互相引用。应用集成资源与具体应用领域有关，它引用和扩充一组相似应用使用的一般集成资源，例如：绘图、有限元。

3. 应用协议

应用协议 AP(Application Protocol)主要包括定义应用的范围、相关内容和信息要求涉及 STEP 标准的 Part 201～Part 1199。

集成资源定义了产品数据的全局信息模型，要支持某一应用的信息要求，必须对集成资源增加许多特定的约束和关系。

应用协议就是选用集成资源中的资源构件(实体)，对它进行变更并增加约束、关系和属性。以满足某一具体应用的信息要求，最后得到的 EXPRESS 语言描述的产品数据模型，称为应用解释模型(AIM，Application Interpreted Model)。

应用范围以应用活动模型(AAM，Application Activity Model)来表达，用来说明具体应用的过程、信息流和功能需求。

AAM 通常用 IDEF0 来描述。

应用相关内容以应用参考模型(ARM,Application Reference Model)来表达,用来定义应用相关内容的信息要求、约束、功能及对象。ARM 通常用 IDEF1X,EXPRESS－G 或 NIAM 来描述。

应用信息要求以 AIM 来表达,AIM 是用 EXPRESS 语言描述的产品数据模型。

4. 一致性测试方法论与框架

一致性测试方法论与框架提供了一致性测试的方法、过程和组织机构等,是对一致性测试的概述,主要涉及 STEP 标准的 Part 31～Part 39。一致性测试检查应用解释模型(AIM)能否完全满足应用领域的信息要求,以保证实现一致性。于是,每一实现方法都要根据一致性要求编制检测软件。一个 STEP 实现的一致性是指实现符合应用协议中规定的一致性要求。若两个实现符合同一应用协议对应的一致性要求,那么两者应该是一致的,双方的数据可以顺利交换。

5. 实现方法

在物理实现上,访问产品数据的软件系统(如 CAD,CAM)可以用特定程序设计语言(如 C＋＋)实现,存储产品数据的可以是数据库、文件或某软件系统的内部数据结构。STEP 提供了数据交换的 4 种实现方式:文件交换、内部格式、数据库和知识库,每一种方法都能完成对产品数据的存储、访问、传送和存档。为了在不同的系统之间交换产品数据以达到异构系统的数据共享,STEP 中定义了一个标准数据访问接口(SDAI,Standard Data Access Interface),它能屏蔽产品数据的不同物理存储方式之间的区别,在访问产品数据的软件系统与存储产品数据的软件系统之间建立一个标准化的数据访问机制。这样,任何符合 STEP 标准的系统之间都能够进行数据交换和共享。

图 4－2 显示了不同系统对 STEP 的 4 种实现层次。其中高层实现同时支持低层实现。

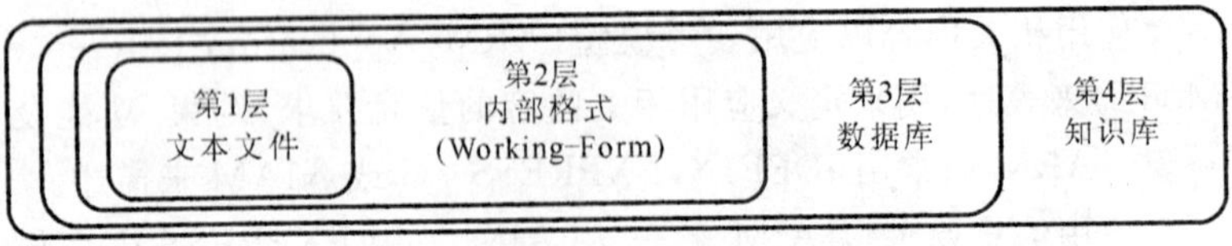

图 4-2 STEP 的实现层次

第 1 层：文件交换方法利用显式正文或二进制编码提供对应用协议中产品数据描述的读和写。STEP Part 21 定义了标准中性文件格式(见图 4-3)。

图 4-3 文件交换过程

第 2 层：第 2 层实现拥有第 1 层的所有特性，同时添加了基于 EXPRESS 信息模型操作数据的能力。一个工作表应用程序使用交换文件与另一个应用程序通信，然而当应用程序将文件读入内存时，数据按照 EXPRESS 模型被组织成表格的形式。STEP 定义了一套称为标准数据访问接口 SDAI 的标准 API，应用程序可以通过这些 API 访问任何基于 EXPRESS 模型的产品数据，同时应用程序间也可直接通过 SDAI 交换符合 EXPRESS 模型的产品数据。SDAI 提供给应用程序员一组完整的函数和子程序，以实现对数据的操作。SDAI 可以与几种不同的程序设计语言(如 C，C++，Java)进行联编，如图 4-4 所示。

目前已有许多基于工作表的实现，如 ST-Developer ROSE，SDAI libraries，NIST SCL。将 Part 21 格式转换为工作表模型称为工作表绑定，事实上，大部分 CAD 系统的 Part 21 接口都是建立在工作表绑定之上的。

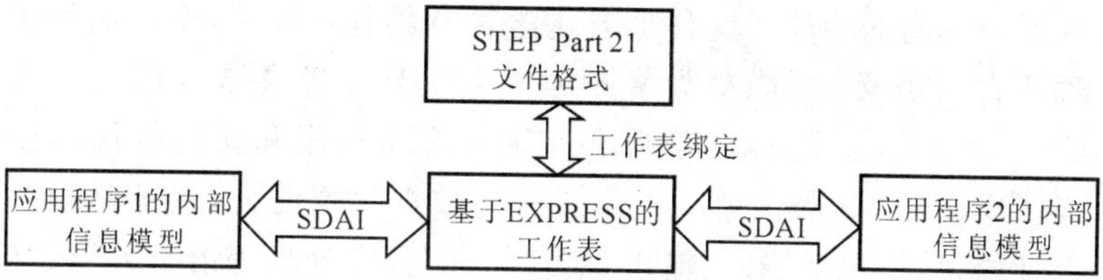

图 4-4 工作表交换过程

第 3 层:第 3 层实现具有第 2 层的所有特性,另外具有访问存储在数据库中数据的能力。多个应用可同时访问数据库中的产品数据,可利用数据库的许多优越性,如查询处理。第 3 层的实现也应该能读写交换文件和支持 SDAI。第 3 层实现方法通过标准交换格式,调用标准存储软件和标准查询语言(如 SQL)来实现读、写、修改数据库中的数据。数据库管理系统的其他功能,如数据字典等也被用来为应用系统解释 EXPRESS 模型,也用来定义概念模型上的约束。

第 4 层:知识库实现方法通过知识及规则推理机制,实现与知识库管理系统(KBMS,Knowledge Base Management System)的交换。该方法支持上述所有的低级交换方式,并进行全部有效性检验。目前,基于知识库的数据交换还处于研究和初级应用阶段。

6. 抽象测试集

对于每个应用协议,都有对应的抽象测试集测试协议的实现是否满足协议的一致性要求。抽象测试集用形式化 EXPRESS 语言定义。一个应用协议的所有抽象测试件构成了抽象测试集。

三、EXPRESS 语言

EXPRESS 语言是根据 STEP 标准的要求制定的,用于描述产品信息模型。EXPRESS 是一种面向对象的语言,对产品数据描述时,可以保证描述的 致性及消除二义性。它的制定吸收了其他语言的功能和特点，如 Ada，C，C++，Pascal，SQL 等，并增加了一些新的功能。这种形式化语言既具有可读性，使人们便于理解它的语义，又能被计算机理解，易于与高级语言（例如 C，C++）建立映射关系，有利于计算机应用程序和支持软件的生成。EXPRESS 语言是一种形式化的数据规范语言，它不是程序设计语言，不包括输入、输出、信息处理、异常处理等语言元素（详细内容可参考 STEP 标准的 Part 11）。

数据类型是信息建模语言的核心，它决定了语言的建模能力。EXPRESS 在传统程序设计语言的基础上吸收了面向对象的技术特性，形成具有强大表达能力又易于描述产品数据的数据类型，其中包括简单数据类型、聚合数据类型、命名数据类型、构造数据类型、实体数据类型和广义数据类型等。

1. 模式

如同 C 程序是由函数组成的一样，EXPRESS 描述的信息模型是由一个或几个模式组成的。模式是 EXPRESS 描述的最外层框架，在每个模式中定义了一些相关的对象，模式中的说明与对象的顺序无关。

(1)模式的结构：

SCHEMA schema_id……………………模式标识符

{ interface specification:

USE FROM schema_id(entity_id,type_id,

Old_entity_id AS new_entity_id,old_type_id AS new_type_id);

REFERENCE FROM schema_id(entity_id,type_id)

} 界面规范说明

[constant_declaration]………………………常量说明

{ entity_declaration }……………………… 实体说明

{ function_declaration }……………………… 函数说明

{ type_declaration }………………………… 类型说明

{ rule_declaration }…………………………… 规则说明

END - SCHEMA;

(2)作用域:一般情况下,一个模式内说明的类型、实体、常量、函数、过程、规则等的作用域只限于所在模式,其余模式不能使用。而在实际应用中,一个模式内的说明有时需要引用其他模式中的资源,模式界面规范说明提供了模式间交流的机制。

(3)模式界面规范的说明:具体的说明如表 4-1 所示。

表 4-1

内　容	格　式	要　点
使用界面规范说明	USE FROM Schema_id (entity_id, type_id, old_entity_id AS new_entity_id, old_entity_is AS new_type_id);	给出另一模式中已说明的实体或类型名,相当于在本模式中说明了这些实体或类型,若没有给出则相当于使用另一模式中已说明的所有实体或类型; 被使用的实体或类型可以赋以新的名称; 被使用的实体或类型在两模式内完全独立,可以独立地实例化; 被使用的实体或类型在模式间可以被传递使用; 使用规范优先于引用规范
引用界面规范说明	REFERENCE FROM schema_id (entity_id, type_id);	被引用的资源包括另一模式中的常量、实体、类型、函数、过程; 被引用的资源在本模式内不同于被说明的资源;不可以独立实例化; 被引用的资源在两模式内有依赖关系,不具有独立性,在模式间不可以被传递使用。

(4)隐式访问规则:隐式访问规则的情况如表4-2所示。

表 4-2

被引用或使用的资源类型	被隐式访问的相关内容
常　量	常量说明中用到的定义类型、实体类型、常量、函数
定义数据类型	定义类型说明中用到的其他数据类型、常量、函数
实　体	该实体类型的所有超类,涉及该实体类型的全局规则和规则涉及的其他实体类型,该实体说明中用到的其他定义数据类型、常量、实体类型、函数
函数及过程	函数或类型说明中用到的定义数据类型、常量、实体类型、函数
规　则	规则说明中用到的定义数据类型、常量、实体类型、函数

2. 实体类型

在信息建模过程中,EXPRESS主要通过对实体类型的描述,反映客观世界中我们感兴趣的事物,包括事实、实际对象、概念、设想、关系等。EXPRESS中表达对象类和关系类是无区别的,均定义为实体类型。

对象的特性在实体类型中用“属性”和“约束”表达。

(1)实体类型的结构:

ENTITY entity_id[subsuper]……………………………………实体类型标识符[超类/子类说明]

{ explicit_attr }…………………………显式属性说明

[derive_clause]…………………… 导出属性说明

[inverse_clause]……………………逆向属性说明

[unique_clause]…………………… 唯一性规则(局部规则)

[where_clause]…………………… 值域规则(局部规则)

END - ENTITY;

(2)实体类型(entity_id)的选定:来源于自然语言描述中的名词和动词。名词表明客观世界的实际对象、概念;动词表明事物间的联系。

(3)实体类型的超类与子类说明:超类是子类的抽象,子类是超类的限定类,在一个模式中,各实体间的子类、超类说明构成了实体之间的继承关系,具有层次性,体现了面向对象技术中的继承机制,为复杂对象的信息建模提供了强有力的工具。子类继承超类的所有属性和约束,子类对它所继承的超类的某些属性可以重新说明。一个子类可以有若干个超类,一个超类也可以有若干个子类,子类、超类关系可以传递,但继承关系不能形成回路。抽象超类本身不能产生实例,在实现时不能被独立实例化,只能与某一子类在一起才可实例化。

(4)实体类型的属性与规则的说明:有关说明如表 4 - 3 所示。

表　4 - 3

类　别	说明内容	格　式	要　点
explicit_attr 显式属性	实体的基本属性	Attr_id:属性的类型	对实体的实例必须有值
derive_attr 导出属性	可以通过某种计算方式得到	DERIVE Attr_id:类型:=表达式	
inverse _clause 逆向属性	指明本身实体在所指实体中起的作用,说明实体间存在的依赖关系	INVERSE attr_id:类型 FOR 所指实体的某一属性;	必须是另一实体类型;所在的实体必须是另一实体中某一显式属性的类型,就是另一实体类型的实例

续 表

类 别	说明内容	格 式	要 点
unique_clause 唯一性规则	指明对实体的某些属性(单个属性或属性的组合),实体实例必须保持唯一性的约束条件	UNIQUE rule _ id:属性名称	如果存在属性值的唯一性,应在模型中通过唯一规则标出
where_clause 值域规则	给出对实体值的一些约束	WHERE rule _ id:规则(逻辑表达式)	针对实体的某些属性;每一实体实例,只有其属性值域规则中的约束,才属于这一实体的实例范围

3. 实体数据类型的说明

(1)简单数据类型:有关简单数据类型的情况如表 4-4 所示。

表 4-4

类型标识符	类 型
NUMBER	整型或实型
REAL	实 型
INTEGER	整 型
STRING	字符型
BOOLEAN	布尔型(TRUE,FALSE)
LOGICAL	逻辑型(TRUE,FALSE,UNKNOWN)
BINARY	二进制类型

简单数据类型可用于构造复杂数据类型，不具有语义。在模型中，用这些类型作为属性时，应检查是否有语义，若有，则应定义新的类，以显式方式传达语义。

(2)聚合数据类型：有关聚合数据类型的说明，如表 4-5 所示。

表　4-5

类型标识符	类型名称	要　点
ARRAY	数组类型	有序，元素可有不定值，长度可变
LIST	链表类型	有序，元素值要求唯一，长度可变
SET	集合类型	无序，元素值要求唯一，长度可变
BAG	包类型	无序，元素可有不定值，长度可变

(3)构造数据类型：包括枚举数据类型和选择数据类型两种。

(4)广义数据类型：只用于在函数过程的参数类型说明中的一些特定场合，在实体数据类型的属性定义中并不应用。

(5)实体数据类型：EXPRESS 在表达具体对象类时，可以将对象数据定义为实体数据类型。

4. EXPRESS 的表达式运算符：详细情况，如表 4-6 所示。

表　4-6

运算符	标识符	说　明
算术运算符	单目运算符：+，－ 双目运算符：+，－， *，/，** DIV，MOD	** 乘方； DIV 整除；MOD 取模

续　表

运算符	标识符	说　明
关系运算符	值比较运算符：＝，＜＞，＜，＞，＞＝，＜＝	结果为 LOGICAL 类型 用于数字、逻辑、字符串、枚举类型的值比较，＝和＜，＞还可用于聚合、二进制、实体数据类型，＜和＜＝可以构成区间表达式(5.0＜b＜＝100.0)
	实例比较符：：＝：，：＜＞：	当两实体展开得到的实例为同一实例时，实例相等
	成员归属运算符：IN	用于判断一元素是否属于某一聚合数据，当聚合数据实例中有一元素值等于被判断元素值时，表达式为真
	字符串匹配运算符：LIKE	对字符串进行模式匹配
BINARY 运算符	索引：[　]	索引从二进制数据中取出一位或多位，产生一个新的二进制值
	连接：＋	连接是把两个二进制数接在一起，产生一个新的二进制数
逻辑运算符	NOT，AND，OR，XOR	操作数须为逻辑值
字符串运算符	索引：[　]	从字符串中去掉一个或相邻的数个字符
	连接：＋	把两个字符串首尾相接
聚合运算符	索引：[　]	对于 ARRAY 及 LIST 类型的返回指定位置的元素；对于 BAG 及 SET 类型返回任一元素，要求[n]在有效值范围求
	交：＊X，和：＋，差：－	两聚合值的交、并、差
	子集：＜＝超集：＞＝	对于 BAG 及 SET 类型，判断两聚合值的包容关系
	查询：QUERY	对于聚合值，按一个表达式查询，结果为那些对表达式为真的元素组成聚合值

续 表

运算符	标识符	说 明
实体运算符	属性访问运算符：* 组访问运算符：\ 复杂实体构成运算符：||	用于访问实体中的属性 从复杂实体中选取某一实体的全部属性值 把部分实体实例组合成复杂实体实例

四、STEP标准的应用协议

应用协议(AP)在STEP标准中用于定义应用系统的范围、相关环境、信息要求和实现方法，并说明用于系统测试的一致性要求和测试目的。

STEP提供的集成信息资源包括集成通用资源和集成应用资源，用于支持产品整个生命周期中不同时期和不同应用领域信息的集成和共享。STEP通过不同的应用协议规定不同应用系统在集成信息资源中引用的格式、模式和方法，从而使特定的应用系统建立起适合于系统的产品信息模型，

STEP标准规定在应用协议的正文中给出应用范围、引用标准、术语与缩写、信息需求、应用解释模型和一致性要求，在应用协议的附录中给出应用活动模型、应用参考模型、应用解释模型、实现方法及一致性测试方法。

(1)应用活动模型(AAM)：用于定义系统的应用范围，利用图式化表达方法IDEF0描述应用中的各个信息流和处理过程。

(2)应用参考模型(ARM)：用于定义特定应用的信息需求和约束，它用图式化方法(如EXPRESS—G，IDEFlX或NIAM)表达构件之间的关系，并以文本形式对应用对象进行解释。

(3)应用解释模型(AIM)：对STEP集成资源构件进行抽取和解释，建立特定产品信息模型，并由EXPRESS语言进行严格定义，作为实现系统产品数据交换或共享的基础。

4.3 可扩展标记语言 XML

一、XML 概述

XML(eXtensible Markup Language,可扩展标记语言)是近年来出现的一种新的标记语言。它是由 W3C(World Wide Web Consortium——WWW 联合会)制定并于 1998 年推出的,其目的是不仅要满足网络环境下不断增长的数据应用需求,而且还能够确保基于网络进行各种交互合作时具有良好的交换性与互操作性。

虽然 HTML 和 XML 都是用相互匹配的起止标记符对来标记信息,但它们在数据描述能力和应用范围等方面有着显著差别。HTML 描述的是数据的显示风格和方式,而 XML 描述的则是数据本身的含义和结构关系。XML 突破了 HTML 仅能使用固定标记集合的约束,用户可以根据需要自定义标记,由用户来制定这些标记的含义、在浏览器中的显示方式等,然后再用这些标记描述文档中的数据元素。

XML 的优越性主要体现在以下几方面:

(1)提供了一种功能强大、灵活高效地表达数据内容的方法。

(2)具有很强的可扩展性。XML 提供了用户自定义新标记的能力,使得不同领域的用户可以根据自己在 Web 上表达信息的特殊需要去定义专用的标记和属性。而 HTML 则缺乏这种可扩展自定义的能力,只能使用 W3C 规定的一套固定标记集。

(3)对所包含的数据具有自描述性,XML 通过文档类型定义(DTD,Document Type Definition)、XML 模式(XML Schema)等 XML 描述语言,使用户能够确定文档的结构和格式,从而使 XML 文档具有很强的模式描述能力和校验能力。

XML 中的数据内容与具体应用无关，这使得用它表示的数据具有很高的使用效率和较好的重用性，这一点在通过网络交换数据时表现得更为明显。

XML 的上述特点使它可以很方便地应用在以下 4 个主要方面：

(1)元内容定义：使用 XML 描述其他文档或在线资源的元信息。

(2)数据库应用：使用 XML 发布和交换数据库内容。

(3)消息描述：使用 XML 作为不同应用系统间通信的消息格式。

(4)制作多媒体文档(Rich Document)：使用 XML 使多媒体文档的描述用户化，使文档内容更加丰富。

由于 XML 较 HTML 有许多优越性，它正成为 Internet 上信息描述与交换的事实标准。许多国际大公司和专业化国际组织都对 XML 非常关注和重视，如 IBM，Microsoft，Nokia 等大公司都将它提升到战略高度来加以研究，并开发了许多基于 XML 的产品，目前 Internet Explorer 5.0 及 Netscape 6.0 都已完全支持 XML；分别推出了基于 XML 编制的化学标记语言 CML(Chemical Markup Language)和数学标记语言 MML(Methematical Markup Language)。在制造业领域，基于 XML 的过程定义语言(PDML，Process Define Markup Language)，EXPRESS 到 XML 的映射(其实质是基于 XML 的 STEP 描述)、基于 XML 的企业异构关系数据集成等应用研究已经取得了初步的成果。可以预见，XML 也必将为虚拟制造、敏捷制造、网络化制造等各种先进制造系统中的信息描述和交换提供新的有效支持手段。

二、XML 的发展过程

1. 通用标记语言标准 SGML

通用标记语言标准 (SGML，Standard for Generalized Markup Language)是一种元语言，是用来描述标记语言的语言，适用于电子文档交换、文档管理和文档发布。SGML 最早可追溯到 1969 年 IBM 一个研究小组开发的“通用标记语言”GML，1986 年被完善成 ISO 国际标准(ISO8879)，即 SGML。

利用 SGML 可以定义各种各样的标记语言。定义一种标记语言的方法是根据 SGML 的规则制订这种标记语言的模式描述。在模式描述中规定了这类文档可以出现的标记及其组合规则。JTC1/WG4 制订的另外一个关于 SGML 的标准是文档样式语义和描述语言 DSSSL，它定义文档输出格式的规则。

SGML 是一个复杂、庞大、功能强大的标准，已经成为大型复杂文档交换的事实标准。但 SGML 软件实现的复杂性和高价格也阻碍了它在包括 WWW 在内的多种环境中的应用。

2. 超文本标记语言 HTML

针对 SGML 过于复杂的问题，欧洲粒子物理研究中心的 Tim Berners－Lee 使用类似 SGML 的语法，以一个 DTD 为基础，在 1989 年开发了今天广为应用的超文本标记语言 HTML(Hyper Text Markup Language)。

HTML 只使用了数量很少的一组结构和语义标记，使其适合相对简单的文档的创作，另外，还增加了对超文本的支持。HTML 的语法易学易用，开发 HTML 的浏览器也十分容易。正是由于 HTML 的简单性，才使得 Web 技术能够得到如此广泛的应用和普及。但是，随着 Web 的应用越来越广泛和深入，人们渐渐觉得 HTML 过于简单的语法使其难以表现复杂的文档形式(如矢量图形、多媒体、电子商务、数学公式、元数据等)，而标记使用的随意性则为浏览器的开发带来了复杂性。

面对 HTML 遇到的这些问题，人们想到能否仅使用 SGML 的子集来构造一种既有很好的适用性和可扩充性，又便于理解和应用的标记语言。因此，Web 标准化组织 WWW 联盟(W3C)建议使用一种精简的 SGML 版本。

3. 可扩展标记语言 XML

1996 年 W3C 正式成立了 XML 工作组，经过近两年的工作完成了 XML 的制定。1998 年 2 月，XML1.0 被 W3C 正式确认为 W3C 推荐标准。为了使 XML 易学易用，XML 工作组精简了一大批 SGML 难得一用的功能，仅保留了 SGML 常用的部分，使它一下就精简了 80%。XML 工作组将 XML 的功能描述如下：

(1)实现与使用媒体无关的电子出版；

(2)使工业界能够定义与平台无关的数据交换协议，特别是电子商务中的数据交换协议；

(3)给用户助理递交信息的方式使它收到后能够自动处理；

(4)简化 Web 信息处理软件的开发工作；

(5)使人们能够使用廉价的软件方便地处理数据；

(6)通过样式表(stylesheet)的控制，使得人们能够以自己希望的方式显示信息；

(7)简化元数据和说明信息数据的提取，协助人们尽快地寻找到信息，并协助信息生产者和信息消费者的相互发现。

虽然 XML 是 SGML 的一种受限形式，但仍保持了 SGML 的大部分功能以及它的丰富性和灵活性，同时又兼有 HTML 的易用性，逐渐成为 Web 环境数据表达的事实标准。

三、XML 的组成要素

1. XML 的基本概念

XML1.0 中对 XML 的定义是："可扩展的标记语言 XML 描述了一类称为 XML 文档的数据对象，且部分地描述了处理这些数据对象的计算机程序的行为。XML 是 SGML 的一个应用概型(Application Profile)或受限形式"。

简单地说，XML 是文档的一种数字表示形式。这里的文档可以是百科全书，也可以是一封电子邮件，或者一则天气预报、一张电子商务的交易单等等。用 XML 表示的数字文档(例如电子书）可以由计算机处理，也可以供人阅读。XML 文档是一种纯文本文档，它可以包含图片、视频或其他多媒体信息，这些信息本身有自己的格式，如 GIF，JPEG，WAV 和 MPEG 等，XML 文档只是对这些信息照搬。

（1）XML 文档的组成：一个 XML 文档由序言和文档实例两部分组成。序言包括一个 XML 声明和一个文档类型声明，二者都是可选的。一个简单的序言例子如下：

＜? xml version=“1.0”＞

＜! DOCTYPE BOOK SYSTEM “//www. net. com. cn/book. dtd”＞

第一行是 XML 声明，第二行是文档类型声明，这里是由外部的 DTD 文件定义。文档类型声明中列出可用的元素类型，并对元素的出现位置和内容及其他有关文档结构的细节进行约束。

序言之后是文档的主体——文档实例，它是所指文档类型（DTD）的一个实现。

（2）元素：文档（如书）通常都可以分解为组件（如章），组件还可能可以进一步细分（如章的标题、段落、图表等）。在 XML 中这种组件称为“元素（element）”，即组成 XML 文档的逻辑组件。

在 XML 文档中，用开始标记和结束标记来确定元素的边界。对空元素，用空元素标记定界。标记（tag）以“＜”开始，以“＞”终结。开始标记和终结标记形式上的区别是“＜abc＞”和“＜/abc＞”。

元素之间的包含结构是一种树状结构，包含所有其他元素的元素称为“根元素”，包含在根元素之内的元素称为根元素的子元素（相应地根元素称为此子元素的父元素），如果此子元素还包含子元素，则称它为“树枝”，不包含其他子元素的元素称为“树叶”。

（3）文档的物理结构：从物理上看，XML 文档由一系列字符组成，也可以看成由称为实体（entity）的存储单元构成。正如元素是描述文档逻辑结构的基本概念一样，实体是描述文档物理结构的基本概念。实体可能小到一个字符，大到整个文档。可以把实体理解为一个带标签的盒子，盒子中装的内容是某种形式的文本或数据，而盒子的标签就是实体的名字。所谓实体声明，即创建盒子并贴上标签，一个实体声明的例子如下：

＜！ENTITY macro“计算机辅助设计”

对此实体的引用方式是“&macro;”，在 XML 文档中出现的“&macro;”都被替换为“计算机辅助设计”，这里体现了实体的主要作用——复用，类似于编程语言中的“宏定义”。实体的其他用法还包括：

1)可以把一本书的每一章都写成一个独立的文件，然后把它们作为实体连接成整体。

2)可以把常用的文本(如单位名称)用实体表示，从而简化书写并保证统一性，而且这一文本内容变化时不需要处处修改。

3)把图片和多媒体对象作为实体集成到文档之中。

4)可以开发具有通用意义的文档类型定义组件，从而在多种文档类型中复用一些公共元素类型。

实体可以是文档的一部分，也可以是整个文档；可以是一个计算机文件，也可以是数据库中的一个对象，或者计算机程序产生的结果，还可以跨越万维网。与文件相比，实体的概念大大提高了文档编辑、处理和使用的灵活性。

(4) 标记：标记是标记语言的基本概念。XML 文档由标记和字符数据构成，字符数据是文档真正的内容，而标记则表示文档的逻辑结构并把实体连在一起。XML 文档的字符数据和标记都采用 ISO/IEC10646 规定的 Unicode 编码。

标记通过封装在定界符之内而区分于字符数据。通俗地说，在符号“＜”和“＞”之间的以及“&”和“;”之间的文本就是标记。标记的形式有开始标记(Start_tags)、结束标记(End_tags)、空元素标记(Empty_Element tags)、实体引用(Entity References)、字符引用(Character References)、注释(Comments)、CDATA 节定界符(CDATA Section Delimiters)、文件类型声明(Document Type Declarations)及处理指令(Processing Instructions)。

2. XML 的组成要素

XML 主要由 3 个要素组成:文档类型定义 DTD 或 XML 模式(XML Schema)、可扩展样式语言 XSL(eXtensible Stylesheet Language)和可扩展链接语言 XLink(eXtensible Link language)。

(1)文档类型定义 DTD:DTD 和 XML Schema 规定了 XML 文件的逻辑结构,定义了 XML 文件中的元素、元素的属性以及元素和元素属性之间的关系。DTD 以一种结构化的方式确定了文档的语法,而文档的语法反过来能够让 XML 语法分析程序确认整个文档内容结构的合法性。

DTD 一般包括标记声明和参数实体引用,有时还包括外部实体的 ID。标记声明可以是元素类型声明、属性表声明、实体声明或记号声明。

1)元素类型声明:元素是 XML 文档的基础。元素类型声明规定了元素的内容,通常也规定了子元素的类型,元素类型声明以“<! ELEMENT”开头,以“>”结束,二者之间是对声明元素的名称和内容的说明。

2)属性表声明:属性表声明用于定义给定元素类型所关联的属性集,它还可以指定这些属性的类型限制并能提供缺省值。通常属性声明紧跟在元素类型声明之后。属性表声明以“<! ATTLIST”开始,以“>”结束,中间是元素名称和属性定义。属性定义由属性名称、属性类型和缺省值声明组成。

3)实体声明:从物理角度上说,XML 的文档可以看做是实体的组合。实体声明后就可以在其他地方引用。在解析 XML 文档时,解析器将用文本或二进制数据来代替该实体。

根据声明的位置不同,实体分为一般实体声明和参数实体声明。一般实体声明在引用时用“&”开始,以“;”结束;参数实体声明引用时用“%”开始,以“;”结束。

4)记号声明：记号声明使用自定义符号来标识一个不需分析实体(一定是外部的)的格式、具有记号属性的元素格式，或处理指令、指示的应用，因此可以把一个记号声明看做是格式定义。

记号声明中规定作为记号的名字，可用于实体声明、属性表声明和属性说明。记号声明又提供了外部标识符，这样，XML 处理器或作为其客户的应用就可以定位查找一个辅助程序来处理记号所代表的数据。例如，我们可以把 XML Spy 作为一个辅助应用程序 与记号 xhtml 联系起来：

<! NOTATION xhtml SYSTEM "xmlspy. exe">

(2) XML 模式：DTD 明显带有 SGML 的烙印，最关键的一点是：DTD 本身并不是 XML，它只提供了非常有限的数据类型，也不支持命名空间(Namespace)机制。另外，DTD 中的内容模型是不开放的，不能随意扩充内容。XML Schema 就是为克服这些缺点而制定的。

XML Schema 可称为 XML 模式，是一组以数据定义语言来表达的语句集，该语句集描述了数据库的结构。XML 模式本身就是用 XML 描述的，XML 模式文档由元素定义和属性定义组成，其中元素可以包含子元素而形成树状结构。

与 DTD 相比，XML 模式能实现 DTD 的所有功能，而且 XML 模式文档本身也是 XML 文档，而不是像 DTD 一样使用特殊格式，因此可以使用相同的工具来处理 XML 模式和其他 XML 信息。此外，XML 模式还具有如下的新特点：

1) 丰富的数据类型：XML 模式支持的数据类型包括字符型、字符串型、整型、浮点型、数值型、布尔型、时间型、日期型、日期时间型、统一资源标识(URI)、全球唯一标识(UUID)、源自 XML 的类型(entity, entities, enumeration, id, idref, idrefs, nmtoken, nmtokens, notation)等，而且还支持由这些简单的类型生成更复杂的类型。

2)可以由用户自定义数据类型。

3)支持属性分组:属性的应用范围是多种多样的,有的是针对所有元素,有的则专门针对图形元素开放的内容模型:DTD 定义的内容模式是封闭的,而 XML 模式定义的内容模式是开放的,可以随时更新,这意味着在不违反语义有效性的情况下可以扩充 XML 文档。

4)支持名域:允许把文档中特殊的节点与模式中的类型说明联系起来。联系 XML 节点和 DTD 的唯一方法是通过 DOCTYPE 说明,即每个文档只能使用一个 DTD,但可以由多个 XML 模式来描述。

下面举一个应用 XML 模式的实例。

```
<商品>
        <名称>海尔洗衣机</名称>
        <质量> 1</质量>
        <价格>2860</价格>
</商品>
```

若用 DTD 定义其类型,则为

```
<! ELEMENT 商品(名称,质量,价格)>
<! ELEMENT 名称  (#PCDATA)>
<! ELEMENT 质量  (#PCDATA)>
<! ELEMENT 价格  (#PCDATA)>
```

若用 XML 模式定义其类型,则为

```
<xsd: complexType name="商品">
  <xsd:sequence>
  <xsd:element name="名称" type="xsd:string"/>
  <xsd:element name="质量" type="xsd:integer"/>
  <xsd:element name="价格" type="xsd:number"/>
  </xsd:sequence>
</xsd:complexType>
```

在应用中,如果名称、质量、价格还不足于描述一个商品的特征，可以通过其他模式增加新特征，只要加入的元素在它们各自名域的前后关系中是有效的。例如：

<商品 xmlns：西单商场商品＝“urn：西单商场商品描述”>

<名称>海尔洗衣机</名称>

<质量>1</质量>

<价格>2860</价格>

<西单商场商品：日期>2000 年 4 月 20 日</西单商场商品：日期>

</商品>

(3)可扩展样式表语言 XSL：XSL 是用于规定 XML 文档呈现样式的语言，它使得数据与其表现形式相互独立。XSL 直接架构在 XML 语法之上，即 XSL 本身便是一项 XML 应用。XSL 规范包括两部分：XSL 转换语言 XSLT(XSL Transformations)和作为格式化语言的 XML 词表。XSLT 的元素是定义一个 XML 文档转换为另一 XML 文档的规则。XSLT 是一种用来进行 XML 文档间相互转化的语言，它的设计目标是用做 XSL 的一部分。XSL 是 XML 的样式表语言，定义了描述样式的词表。而 XSLT 则描述怎样将一个文档转化为使用这个格式词表的 XML 文档，从这个意义上讲，XSL 描述了 XML 文档的样式。

XSLT 的应用十分灵活，它可以打乱元素的出现次序、挑选有用的信息以及同样的信息在结果中可以出现多次，可以用同一信息源为不同目的生成不同的结果(不仅仅是格式不同，而且内容和结果也可以大相径庭)。XSLT 的转换结果可以是 XML 文档，也可以是 HTML 或简单的文本文档。XSLT 实现了用多种方式使用同一数据。

(4) XML 路径语言 XPath：XML 路径语言(XML Path Language)XPath 于 1999 年 11 月和 XSLT 一起成为正式标准。XPath 是 XSLT 和 XPointer(XML 文件内部链接语言)对 XML 文档组成部分进行寻址的语言，为 XSLT 和 XPointer 提供了一

个共同、整合的定位语法，用来定位 XML 文件中各个部位。为了实现寻址定位的目的，XPath 还提供一些工具，以实现基本的数字运算、布尔运算和字符串处理功能。

(5) XML 链接语言：链接(Linking)是 Web 最重要的特征之一。在 HTML 时代，链接是很简单的：链是单向的，有两个端点——源端和目标端，源端通常是 Web 页的一个片断，如一个词语、一段文本或一幅图像，目标端是一个"资源"，由 URI 地址指定。XML 链接语言 XLink 的出现则在一定程度上扩展了HTML 的超链接概念。

XLink 明确把链接和寻址(Addressing)的概念分离。链接是在两个事物之间建立关系，而寻址是对事物的定位，例如电子邮件地址是对人的一种寻址方法。XML 在 XPath 的基础上制订了对 XML,文档内部各组成部分进行定位的语言 XPointer，大大扩展了链接源和目标的概念。

XLink 使链接的概念也得到扩展，例如链接不仅仅是单向的(因此链接可能要由第三方独立维护)，也可以有多个终点，XML 文档中所关联的任意资源(包括 XMI 文档及其组成部分)的链接元素的构造由 XLink 规范定义。

四、XML 的应用

为了建立一个 XML 应用，通常需要遵循以下主要步骤：

(1)选择或编写一个 DTD(或 Schema)：微软提出的 Biztalk 就是一个运用于电子商务的 XML 框架，目前许多公司都提交了 Schema，它们一旦被验证通过，就可供人们下载使用。

(2)生成 XML 文档：可以将 DTD 或 Schema 看成模板，填入需要的数据。

(3)解析 XML 文档：可以选择 SAX 或 DOM 标准，目前已有针对各种语言的多种解析器。

(4)显示 XML 文档：如果浏览器可以显示 XML，那么，可以直接将XML文档发送给浏览器，或者使用XSL将XML翻译成浏览器可处理的内容。如果还想作更复杂的排序和重排结构，可以使用DOM。

XML的应用一般都是围绕解析器建立的。解析器实际上就是一段应用代码，负责读入一个XML文档并分析其结构。目前已经有多种语言的XML解析器和库，包括Java，C++，Perl和Python。

4.4　虚拟现实建模语言VRML

一、VRML概述

VRML(Virtual Reality Modeling Language，虚拟现实建模语言)是一项和多媒体通信、Internet和虚拟现实等领域密切相关的新技术，其基本目标是创建Internet上的交互式三维多媒体技术和规范。1998年1月VRML被正式批准为国际标准(ISO/IEC14772—I:1997，通常称为VRML97)。

VRML是HTML的三维模型，它使用VRML浏览器能读懂的ASCII文本格式来描述现实世界和链接。通过VRML，我们可以模仿现实世界的特征，生成自己的虚拟现实世界，供别人巡访。VRML浏览器可以带你浏览Web上的三维环境。这样，人们就能在计算机屏幕之前，使用VRML浏览器，通过Internet来参观工厂和实验室，在虚拟电子办公室内会谈。

为了提供具有三维效果的虚拟现实世界，VRML使用了一种可用于描述所有三维世界静态特征结构的场景图，它包括对象的几何关系、材质、纹理、几何变换、光线、视点及嵌套结构。基于Internet的特殊性，VRML总共提供了6+1个自由度：既可以沿着三个方向移动，也可以绕着三个方向旋转；与此同时，还可以建立与其他三维空间和WWW空间的超链接。为了访问基于

VRML 的三维虚拟世界，需要一种支持 VRML 的浏览器（Browser）。目前最为流行的 WWW 浏览器都内含 VRML 支持，如 Netscape 公司的 Navigator、Communications 内含的 Live3D 及 Microsoft 公司的 Internet Explorer 内含的 Active VRML。这样，我们就可以在 WWW 浏览器中直接访问 VRML 文件，或者将三维虚拟世界嵌入主页之中。

VRML 具有如下特点：

（1）动态对象描述和超链接：作为一种面向 WWW 应用的语言，VRML 可以描述静态的和动态的三维对象，也能描述连接别的场景或媒体类型（如音频、视频、图片等）的超链接。

（2）通用性：VRML 解释器（即浏览器）和生成 VRML 文件的写作工具广泛适用于多台计算机。

（3）扩展性：VRML 是一种可扩展的语言。经过注册，允许应用团体对基本标准增加新的可交互对象。

（4）易实现性：由于 VRML 的设计考虑了其创作工具和浏览器的易实现性，在 VRML 元素与通用的三维图形编程接口之间有对应关系，因此，利用现有图形接口很容易开发 VRML 创作工具和浏览器。

这里有必要澄清以下两个概念。

首先，VRML 不等同于虚拟现实，但它将对虚拟现实技术产生重要影响。典型的虚拟现实意味着用户可借助复杂设备（如头盔显示器、数据手套等）进入虚幻境界，获得沉浸式的感受。VRML 却和设备无关，既不强求沉浸感，也不排斥沉浸感，而是作为一种描述虚拟境界的语言独立存在，以 VRML 为基础可以建立不同档次的系统实现。由于 VRML 具有广泛的用户，可满足一般 VR 应用的需要：既可用来建立真实世界的模型，也可以建立虚构的 3D 世界，还可以模拟人们熟悉的事物来表达未知的事物。VRML 也使巨大的万维网形象化，形成所谓的 Cyberspace。经过不断改进和完善，VRML 有可能成为构建虚拟现实系统的通用性基础构架，正像 HTML 已成为构建分布式多媒体系统的基本构架一样。

其次，VRML 并非造型语言。真正的造型语言包含十分丰富的几何造型图元和造型机制，能够产生复杂的几何造型。而 VRML 构造的是动态虚拟场景，包含了大量不属于造型语言范围的特性，因此要求它尽可能少地提供几何造型特性。这也正是我们把它称为虚拟现实建模语言而不是虚拟现实造型语言的原因。

二、VRML 的基本要素及文件结构

1. VRML 的基本要素

在 VRML 中，虚拟境界用场景图(Scene Ggraph)描述，场景图的基本单元称为节点(Node)。节点以层次关系组织在一起。节点之间可以通过消息(称为事件)相互通信，事件通过场景图传播。检测器节点(Sensor)能够检测用户动作或时间推移，从而产生初始事件，这是交互性和动态行为的基础。通过脚本节点(Script)，可以集成用 Java 或 ECMAScript 语言编写的程序代码，从而编写各种自定义行为。常用的基本动态行为(如关键帧动画所需的颜色变化和方位变化)可利用插补器节点(Interpolator)进行插值计算，插补器实际上是内置脚本。原型是一种类型封装机制，利用它可以在已定义节点类型的基础上定义新的节点类型，通过原型还可以跨越因特网引用自定义的节点类型。最后，内连节点提供了场景之间的链接能力，从而形成跨越因特网的分布式三维多媒体。

(1)场景图结构：VRML 文件用层次性的场景图描述 3D 对象和境界，场景图由节点构成。在 VRML2.0 中定义了 54 种节点类型，可分为几何造型、形态属性、光源、音响、编组、检测器、插补器、脚本、境界营造等 9 大类。每个节点包括 1 个或多个域，VRML 定义了 20 种域类型，包括从单浮点值(SFFloat 类型)到 3D 旋转数组(MFRotation 域类型)的多种类型。一个实际节点

(称为实例)是通过为各个域指定实际值而定义的。有些域类型对应某种节点类型,这时域值实际上是一个节点实例。

场景图的结构是有向无环图(Directed Afyclic Graph)。有些节点可以根据语义包含其他特定节点,编组节点可以包含子节点(Children Nodes),一个节点可以有多个父节点(Parent Nodes),但节点不能包含自己。利用场景图结构可以创建子组件并把子组件组合成大型境界或复杂对象。

(2)事件体系:VRML 定义了一种事件(Event)或消息传递机制,通过这种机制,场景图中的节点可以相互通信。域类型对事件同样适用。在每种节点类型中,都定义了它可以输出和接收的事件名称及其类型。事件产生者和接收者之间的路由用 ROUTE 语句定义。

(3)检测器:检测器(Sensor)是 VRML 用来提供交互能力和动态行为的节点。时间检测器(Time Sensor)随着时间推移而不断产生事件。其他检测器提供交互能力,当取景器(视点)在境界移动时,或者用户利用输入设备产生互动操作时,这些检测器就会产生事件。检测器只负责产生事件,要使此事件产生作用,必须把检测器通过 ROUTE 语句和其他节点联系在一起。

(4)脚本和插补器:脚本节点 Script 可以插在事件产生者(一般是检测器节点)和事件接收者之间,可供境界创作者编写任意自定义的行为(称为脚本)。Script 节点中的脚本可以采用 VRML97 支持的脚本描述语言编写,目前可用的两种描述语言是 Java 和 ECMA Script(原名 Java Script)。

插补器是 VRML 的内置脚本,它们完成关键帧动画所需的动态计算。插补器通常由时间检测器驱动。

(5)原型机制:封装和重用:利用原型机制(PROTO 语句)可以对场景图进行封装和重用。几何体、属性和行为都可以封装。通过原型机制,可以组合已有节点类型来定义新节点类型,这不仅方便了 VRML 的使用,也减小了 VRML 文件的大小。

(6)分布式场景：VRML 中三种机制使 VRML 虚拟境界能够跨越万维网。利用外部原型语句 EXTERN PROTO 可以从万维网上获取新的节点类型，这是实现 VRML 扩充能力的基本机制。内连节点 Inline 可以获取万维网上的其他 VRML 文件，并合并到当前境界之内，从而组合成更大的虚拟境界。锚节点 Anchor 提供超链接功能，使得虚拟境界像 HTML 页面一样相互编织在一起。

2. VRML 的文件结构

VRML 文件是一种以.wrl 为扩展名的 ASCII 文件，和 HTML文件一样，可以用文本编辑器直接编辑。VRML 语言是一种基于对象、结构化的语言。每个 VRML 语言都由如下几个部分组成：

(1) VRML 文件头(File Header)：每一个 VRML 文件都必须有一个说明该文件的 VRML 文件头。一般为

#VRML V2.0 utf8

其中，V2.0 表示 VRML2.0 版本，utf8 表示此文件采用的是 utf8 编码方案。此外，文件头还包括作者信息、使用简介等附加信息。

(2)VRML 文件注释(File Comments)：编写 VRML 文件犹如编写程序，为了方便作者和其他人对 VRML 文件进行阅读和修改，VRML 文件中有许多说明文件中指令的注释。这些注释均以"#"开头。例如：

#画一个圆柱体

#作者：孙强

(3)VRML 绘制对象指令(Nodes)。

(4)VRML 对象的大小参数设置(Fields)：由于 VRML 文件是一种描述性文件。所以，三维空间中的任一立体对象的描述都至少需要由两部分组成：绘制指令(也称节点)和对象参数(也称参量域)。

三、VRML 规范简介

VRML2.0 规范共提供了 54 个立体对象绘制指令(节点)。它们可被划分为 3 大类:造型指令(Shape Nodes)、属性节点(Property Nodes)和组节点(Group Nodes)。此外,由于 VRML 提供了 6+1 个自由度,我们可以在三维虚拟空间漫游的同时,建立与其他三维空间和 WWW 世界的超链接。这就需要另一个节点指令 WWW Anchor,它帮助我们完成与其他三维空间和 WWW 空间的超链接。

1. 造型指令

造型指令绘制一些基本的立体造型,它包括表 4-7 所示的 8 条对象绘制指令。

表 4-7 造型指令一览表

造型指令	说　明	造型指令	说　明
Cone	绘制圆锥体	Asciitext	添加文字
Cube	绘制立方体	IndexedFaceSet	绘制复杂的三维立体平面
Cylinder	绘制圆柱体	IndexedLineSet	绘制复杂的三维立体坐标线
Sphere	绘制球体	PointSet	绘制复杂的三维立体坐标点

在造型指令中,最常用的当属 IndexedFaceSet,可以用它来绘制极其复杂的三维立体平面和曲面。IndexedFaceSet 所使用的参数有 4 个:坐标索引表 CoordIndex、原料索引表 MaterilIndex、垂直向索引表 NoRmalIndex、文字索引表 TextureCoordIndex。这些索引表中的索引值则由属性节点中的几何外观组中的指令来确定。

2. 属性节点

造型指令仅解决了“画什么”的问题，属性节点则解决“怎么画”的问题。属性节点虽然不会产生直接的、可见的结果，但会对后续节点产生重要的影响。属性节点共有 21 个，可以分为 4 组：几何外观组、几何变换组、摄影组和光源组。

3. 组节点

一个组节点由若干个子节点组成，可用来表示具有父子关系的层次关系。如表示一个人的几何节点可用一个组节点表示，分别由头节点、四肢节点和躯干节点组合而成。

原始的几何节点可以被用来创建多种的单一造型，如 Cone，Cube，Cylinder，Sphere。但是，它们不能适应创建复杂形体的需要，比如一些光滑或流动的曲面。幸运的是，VRML 提供了一些非常灵活的节点使你能够通过使用点、线、面来构造出所需的几何形体。

可利用 PointSet 节点中的点集来实现一个 VRML 点的绘制。可利用 IndexedLine 节点中的线集来绘制出直线、曲线和网格。一个 VRML 的面是一个平面的造型，比如三角形、正方形或者八边形。一个面的轮廓或周界是由一串点连接在一起的，其中每个点都是这个面的一个顶点。在 IndexedFaceSet 节点内安排邻近的面，就可以构造出具有复杂表面形状的面。可以创建一个由许多平面组成的造型。利用许许多多微小的平面，可以非常近似地模拟出任何平滑的曲面，如一部跑车流线型的车身，风景画中起伏的高山，一个鼠标等其他类似的造型。

PointSet，IndexedLineSet，IndexedFaceSet 节点各自都利用了 Coordinate 节点来指定点集中点的三维位置、线集中线的端点和面集中面的各个顶点。可以通过使用 CoordinateInterPolator 节点让这些三维位置运动，并且借此创建一个能够随着动画进行弯曲或改变的物体。

利用三维坐标，可以通过创建面集来构筑三维造型。

IndexedFaceSet几何节点使得创建这些面所需的列表在作为一个IndexedFaceSet 几何节点中的 Coord 域值的坐标节点内被指定。为了指定哪些坐标要被连接到周界上以及它们的连接顺序，VRML 提供了一张在 IndexedFaceSet 节点的 CoordIndex 域中的坐标索引列表。最后通过使用作为一个造型节点内的 Geometry 域值的 IndexedFaceSet 节点在虚拟世界中创建一个造型。像其他的造型一样，你可以给面集造型赋予一种颜色，将它们编组并在其他坐标系统中创建它们。

四、VRML 的应用实例

VRML 可以把产品的三维模型通过 Web 浏览器展现在全球用户面前，用户可以通过通用浏览器对 VRML 表示的产品三维模型进行放大、缩小、旋转、平移等各种操作，实现跨平台、跨地区的产品三维可视化浏览。图 4－5 给出了用 VRML 表示的一个产品实例。其所使用的是 Netscape 公司提供的 VRML 浏览器插件。

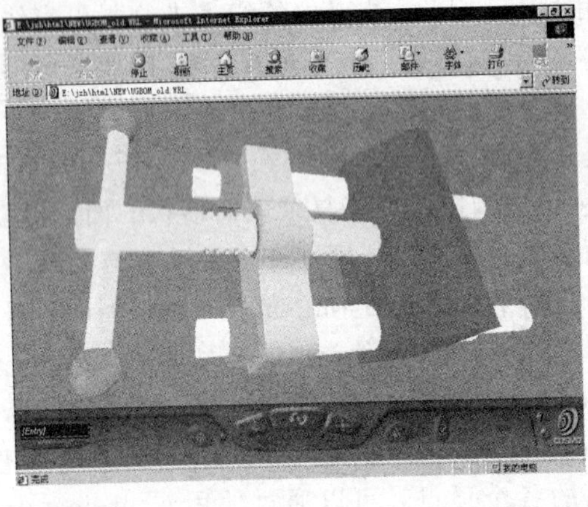

图 4－5　Web 浏览器中 VRML 格式的三维产品表示

五、VRML 的发展——X3D 技术

X3D（Extensible 3D——可扩展 3D）是一个软件标准，定义了如何在多媒体中整合基于网络传播的交互三维内容。X3D 将在不同的硬件设备中使用，并可用于不同的应用领域中。比如工程设计、科学可视化、多媒体再现、娱乐、教育、网页、共享虚拟世界等方面。X3D 也致力于建立一个 3D 图形与多媒体的统一的交换格式。X3D 是 VRML 的继承。VRML 使用原来的网络 3D 图形的 ISO 标准（ISO/IEC 14772）。X3D 为相对 VRML 的改进，提供了以下的新特性：更先进的应用程序界面、新添的数据编码格式、严格的一致性、组件化结构（用来允许模块化的支持标准的各部分）。

为了满足工程设计、科学可视化、多媒体、娱乐、教育、网页、共享虚拟世界等方面使用的需要，X3D 添加了如下新特性：

（1）3D 图形：包括多边形化几何体、参数化几何体、变换层级、光照、材质、多通道/多进程纹理贴图。

（2）2D 图形：在 3D 变换层级中显示文本、2D 矢量、平面图形。

（3）动画：计时器和插值器驱动的连续动画；人性化动画和变形。

（4）空间化的音频和视频：是指在场景几何体上映射视听源。

（5）用户交互：包括基于鼠标的选取和拖曳、键盘输入。

（6）导航：包括摄像机功能、用户在 3D 场景中的移动、碰撞、接近和可见性检测等。

（7）用户定义对象：通过创建用户定义的数据类型，可以扩展浏览器的功能。

（8）脚本：通过程序或脚本语言，可以动态地改变场景，交互能能更强。

（9）超链接：可用网络上的资源组成一个单一的 X3D 场景；可

以通过超链接对象连接到其他场景或网络上的其他资源；

(10)物理模拟：包括人性化动画、地理化数据集、分布交互模拟(DIS，Distributed Interactive Simulation)协议整合。

详细的 X3D 特性，可以参考 ISO/IEC 19775 文档此部分条款 7～29 中的组件描述。

4.5 Java 语言与 CORBA 标准

一、Java 概述

Java 语言是 Sun 公司推出的一种适合于分布式计算的新型面向对象程序设计语言。Java 最早不是专为 Web 开发的，而是针对消费类电器，但 Sun 公司看到可以通过 Java 语言提供一种 Web 环境上跨平台交互应用程序的手段，就迅捷地将 Java 转而应用到 Web 上来了。

Java 是 C++的衍生语言，它从 C++中继承了大量语言成分，但抛弃了 C++中冗余的和容易引起问题的功能，而且增加了许多新的特性，如更加简洁、更易于使用，而且增加了许多高级的安全功能。同时 Java 支持接口(Interface)，一个类可以实现多个接口，利用接口可以得到多重继承的许多优点而又没有多重继承的弊端。Java 的接口十分类似于 CORBA 的 IDL(Interface Definition Language)接口，构造 IDL 到 Java 的编译器十分方便，这使得 Java 成为开发 CORBA 对象系统的一种理想语言。

Java 是第一个真正的跨平台语言，Java 程序本身是以与平台无关的中间代码的形式存在的，在不同的平台上由各自的 Java 虚拟机来解释执行。跨平台的特性使得 Java 程序可以很容易地和 Web 环境无缝集成。Java 将面向对象、平台无关、稳固性与安全性、语言级多线程等诸多特性集于一身，为用户提供了一个良好的程序设计环境。Java 特别适合于 Internet 应用的开发，并可以将

Java 代码以 Applet 的形式嵌入到 Web 页面中，从而可以给 Web 页面加入许多可交互的成分。

二、Java 语言简介

Java 语言是支持整个 Java 技术的底层基础，Java 类库是随 Java 语言一起提供的，提供了在任何平台上正常工作的一系列功能特性。这是 Java 超过其他编程语言的重要优势之一。在这之前，没有一种语言能跨平台地提供这样丰富的功能。

Java 运行系统主要是指 Java 虚拟机，负责将 Java 与平台无关的中间代码翻译成本机的可执行机器代码。Java 的源代码经过一次编译后，首先生成一种与操作系统无关的中间代码，由于在编译中进行了一些优化，因此，它比直接对源代码进行解释的程序要快。Java 就是通过这种方式实现与平台无关的。

Java Applet 是用 Java 语言编写的小应用程序，通常存放在 Web 服务器上，可以嵌入 HTML 中。当调用网页的时候，自动从 Web 服务器上下载并在客户机上运行，用户的浏览器就作为一个 Java 虚拟机。Applet 被编译成中间代码，然后再解释成本机代码加以执行，因此运行速度较慢，而且要占用本机资源，不少用户在浏览器端都设置禁用 Applet，使得包含 Applet 的网页起不到理想中的作用。Applet 现在已经向在服务器端运行并把结果返回浏览器的 Servlet 发展。

以下代码的作用就是调用一个位丁 doc/classes 目录、名为 CheckersGame. class 的 Java Applet，这是 HTML 支持的。

<applet CODEBASE = "doc/classes/"CODE = "Checkers Game. class">

</applet>

Java Script 是一种脚本语言，可以直接将代码放置在 HTML 文件中，以完成一些简单的操作，如菜单、动画等。Java Applet/Servlet 和 JavaScript 的使用给 Web 页面带来了交互性。

另外,Java 标准类库中提供了内建的 Internet 和 Web 支持,使得编制 Internet 和 Web 的应用非常简单,而如果使用 C++或其他语言编写网络应用,开发者需要了解许多技术细节。

三、CORBA 概述及其核心概念

目前主要的分布式计算标准有三种:国际对象管理组织(OMG,Object Management Group)的 CORBA 标准(Common Object Request Broker Architecture)、微软公司的 ActiveX 标准和 Sun 公司的 EJB (Enterprise Java Bean) 标准。

三种标准相比,CORBA 的优势在于规范的成熟程度较高,技术上最先进。相比而言,ActiveX 在技术上则相对落后,即使是 ActiveX 的新一代标准 COM+中的很多内容,在 CORBA 中已经早有规定,并且已经有相应的产品支持。同时,作为概念化的规范,CORBA 获得了各个厂家和多种平台的广泛支持。

ActiveX 和 CORBA 标准区别在于 ActiveX 不是一个概念标准,而是一个实际的二进制标准,包含一个实用工具。ActiveX 的优势是效率较高,基于二进制标准的特点使 ActiveX 构件之间的功能调用可以节省很多系统开销。ActiveX 的局限性是它主要应用在微软的 Windows 系列平台上,已经有了 Unix 和 Mac 平台的 ActiveX 实现,但无论在开发、配置还是一些辅助工具等方面,ActiveX最适合使用的平台仍然是 Windows 系列产品。

EJB 采用了很多类似于 CORBA 的技术,可以认为 EJB 是特定于 Java 语言的 CORBA 标准。如果 CORBA 能够获得普及,相信 EJB 未来的发展趋势将是逐渐与标准的 CORBA 融合。

CORBA 是 OMG 提出的一种支持分布式异构环境中对象间互操作的规范和技术。它为分布式异构环境中各类应用的互操作提供了一个公共平台,对象之间的通信并不需要了解对方的位置、实现方法等信息,这种透明机制为 CORBA 提供了广阔的应用潜力。CORBA 兼容的对象可以通过 Client/Server 模式向其他

CORBA 兼容的对象提出请求，并得到相应的服务，而无须知道对方的位置、平台类型和开发语言，它可集成已有系统，并屏蔽通信和实现细节。

ORB(Object Request Broker)和 IDL 是 CORBA 的核心技术，ORB 在对象交互中充当了中介的作用，而 IDL 则为不同开发语言开发的对象提供了统一的接口定义语言，在开发每一个 CORBA 兼容的对象时都必须使用 IDL 为其定义接口。由于 CORBA 技术的平台无关性和开发语言无关性，所以它被形象地称为“软插件”技术。

1. OMA 参考模型

ORG 给出了 OMG OMA 参考模型，如图 4－6 所示，它将组成对象系统的组件、接口、协议分成了 4 个领域。

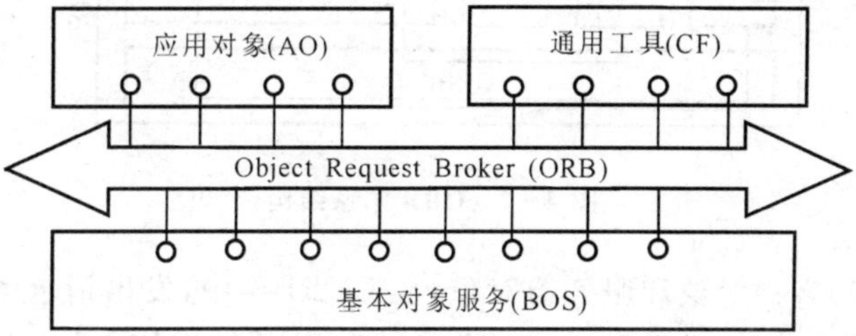

图 4－6　OMG OMA 参考模型

(1)ORB(Object Request Broker)：定义了一个对象模型，并提供了一种机制，它使对象可以透明地向本地或远程的对象发出请求并收到响应或服务。

(2)基本对象服务(BOS，Basic Object Service)：它是一个具有对象接口的基本服务的集合，它为 OMG 应用提供了最基本的功能，如事件服务、命名服务、外部化、事务服务、查询服务、一致性检查服务等。

(3)通用工具(CF，Common Facility)：它是另一类对象服务的集合，它提供了在许多应用中会用到的一般性功能，如数据管理、知识管理、工作流、代理等服务。CF以BOS为基础。

(4)应用对象(Application Object)：指最终用户所使用的应用程序对象。

2. ORB体系结构

CORBA的核心部件是ORB。图4-7给出了ORB的体系结构。

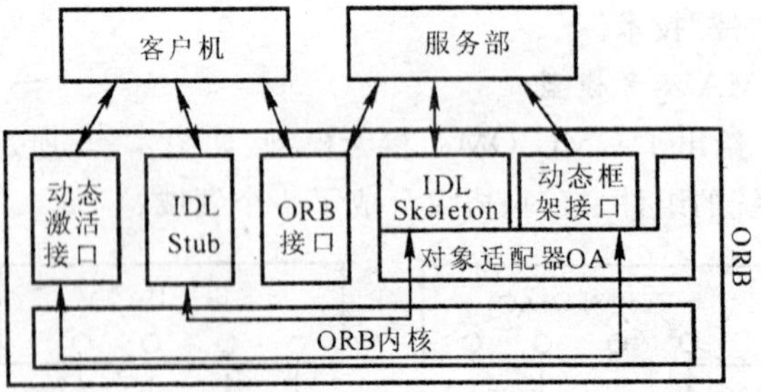

图4-7 ORB体系结构

(1)客户对象和服务器对象：在CORBA中，发出请求的一方称为客户对象，它根据访问对象参考和调用定义在对象上的某个操作来发出请求；接受请求的一方称为对象实现(服务器对象)，它接受这个请求，执行操作并将结果返回给客户。一个构件同时可以既是客户又是服务器。客户对象与服务器对象可运行在同一主机上，也可运行在不同主机上。

(2)对象请求代理ORB：根据CORBA标准，不同的构件之间通过ORB进行通信。由于各构件是基于不同平台的，它们之间无法直接交互，但都可以使用共同的接口定义语言IDL与ORB通信。客户构件用IDL向服务器构件提出请求，到服务器端可以映射为服务器的主机语言。ORB的功能包括确定和定位远程对象、管理连接、收发数据。ORB可以透明地将客户请求传送给服务器对象的实现。服务器在其进程中处理请求并将结果返回给客户。

3. 接口定义语言 IDL

IDL 是一种独立的、说明性的形式语言，用来定义对象界面。这个界面描述了该对象的操作和类型，为表示对象提供服务。IDL 作为一种说明性而不是编程的抽象语言，其目的是为CORBA综合不同应用提供基础，这表明 CORBA 允许用不同编程语言构成的对象可以在 ORB 上互相发生作用。IDL 的表示方法与C++类似，并含有支持分布概念的一些特征。不同语言的 CORBA 实现需要进行 CORBA IDL 向该语言的映射。目前多数 CORBA 产品的实现采用的是 C++或者 Java。

四、基于 CORBA 的应用系统开发过程

基于 CORBA 的应用系统是完全面向对象的系统，所采用的开发方法也不同于传统的软件工程方法。基于 CORBA 的系统应采用面向对象的设计、分析与建模方法。其主要步骤如下：

(1)系统需求分析；

(2)系统的面向对象分析，建立系统的对象模型；

(3)对象 IDL 定义；

(4)服务器对象的开发；

(5)客户对象的开发；

(6)系统测试。

4.6　XML 与关系数据库的多层次双向数据集成技术

一、XML 与 RDB 的双向数据集成技术概述

虚拟制造系统的基础平台将是 Internet/Intranet，XML 已经

成为 Internet/Intranet 环境下数据表达的事实标准，而关系数据库（RDB，Relational Data Base）仍是目前数据存储的主要方式。相对 XML 来说，RDB 在数据管理方面具有数据操作速度快、效率高、安全性好、并发访问控制好、技术成熟、应用广泛等优点，但也存在着一些不足：如不同数据库管理系统之间存在着异构性，RDB 技术的语义描述能力差，数据库属于高端应用，运行成本较高等。由于 XML 在数据交换方面具有自描述、可扩展等优势，使其适于充当 Internet 环境下数据描述标准与异构应用间数据交换载体的角色，但 XML 目前还缺乏像 RDB 那样有效的数据管理手段，操作效率较低、安全性较差。

针对 XML 与 RDB 各自的优点和不足，作者提出“以 RDB 为底层数据存储手段，建立底层数据的 XML 视图作为应用间数据交换及直接 Internet 应用通道”的双重数据管理机制（见图 4－8）。旨在通过静态数据转换、动态数据检索、同步数据修改等多个层面的数据处理，实现 XML 与 RDB 之间双向的数据集成。在静态转换层，通过关系模式与 XML Schema 之间的双向模式映射，实现 XML 与 RDB 的静态双向数据转换：既可以将关系数据发布为 XML 格式，又可以将应用程序间数据交换的结果 XML 数据存入 RDB；在动态检索层，处理用户通过 XML 视图对底层 RDB 的动态检索操作，将用户对 XML 视图的动态检索操作转换为对底层 RDB 的 SQL 检索操作，标记 SQL 执行结果，以 XML 格式返回给用户，从而实现用户通过 XML 视图对底层关系数据有选择的数据检索；在同步修改层，处理用户通过 XML 视图对底层 RDB 的修改操作，将用户对 XML 视图的修改操作转换为对底层 RDB 的修改，并建立这两个修改的同步执行机制，以实现 XML 视图与底层 RDB 的数据一致性。因此，XML 与 RDB 的双向数据集成是一个“从静态到动态，从动态到同步”逐步递进的多层次过程。

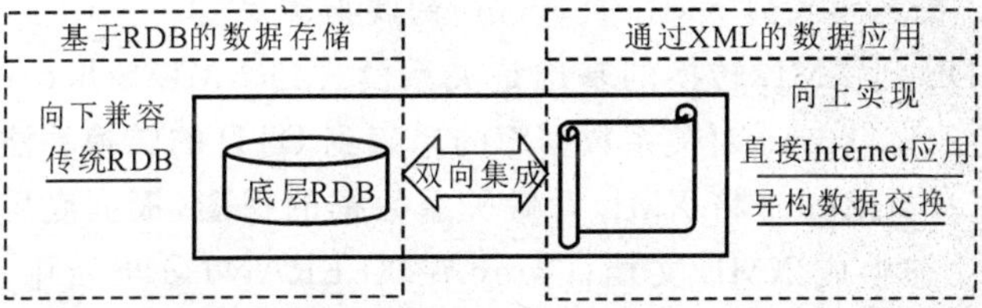

图 4-8　双重数据管理机制示意图

二、XML 与 RDB 的静态数据转换技术

1. XML Schema 到关系模式的映射算法

如图 4-9 所示，映射算法通过对 ER 模型进行必要的扩展，形成 EER 模型，利用正则树文法对 XML 进行形式化描述，该形式化描述正确完整地表达了原 XML-Schema 的结构信息和约束条件；将该形式化描述转化为 EER；对 EER 模型进行必要的简化；将简化的 EER 模型转换为关系模式。该算法的关键技术是 XML Schena 的形式化描述方法、ER 模型的扩展、及 EER 模型到一般关系模式的转换算法。

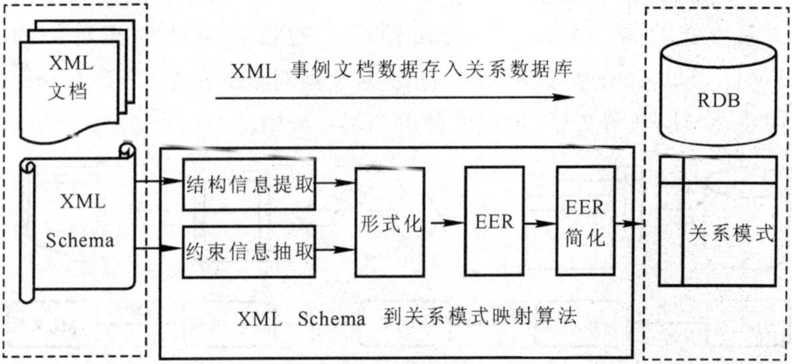

图 4-9　XML 到 RDB 转换示意图

2. 关系模式到 XML - Schema 的映射算法

RDB 到 XML 转换的基础是关系模式到 XML Schema 的映射算法。V. Turau 对关系数据库的单表到 DTD 的转换算法进行了研究;Fernandez 将 XML 看做关系数据的视图,根据底层关系数据,动态生成 XML 文档;Carey 在 XPERANTO 项目中,提出为底层的对象——关系数据库——提供一个通用的 XML 接口;J. Shanmugasundaram 提出基于内嵌的关系数据发布技术;Lee Dongwon 首先研究了基于内嵌的关系数据到 DTD 的转换算法,并提出并建立了关系模式到 DTD 转换的语义约束保留机制;在上述工作基础上,作者提出并实现了保留语义约束的关系模式到 XML - Schema 映射算法。

另外,一些商业化工具或产品不同程度的支持关系模式到 XML 模式的转换,例如 ODBC2XML,Oracles XSQL,XML Spy,SilkRoute 等,这些工具大部分都是为相关数据库产品服务的,并且除 XML Spy 外都只能输出 DTD 模式,尚不支持 XML - Schema模式。

如图 4 - 10 所示,通过数据库统一接口反求关系模式并表示为有向图结构;内定义一个 XML - Schema 模板;将有向图表示的关系模式合成 XML - Schema 模板中的模式组件形成对应的 XML - Schema;基于 RDB 中的数据及其对应的 XML - Schema,构建 XML 事例文档,形成完整的 XML 文档。

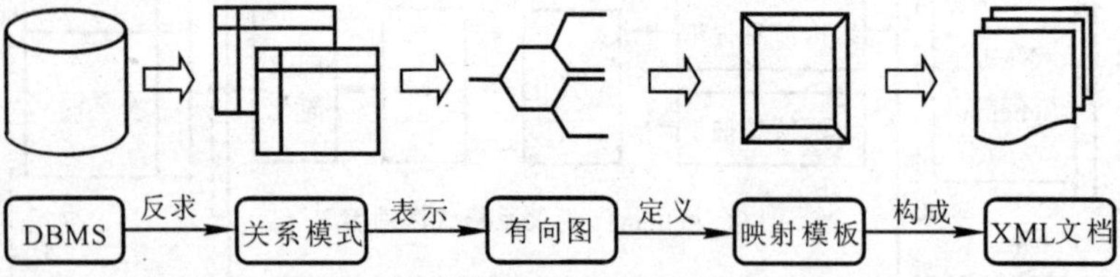

图 4 - 10　RDB 到 XML 转换流程图

三、动态数据检索技术

1. 动态检索的运行机制

用户面向的是 XML 视图，其预期流程是：采用 XQuery 对 XML 视图进行检索，然后返回 XML 格式的检索结果。系统的实际处理流程如图 4－11 所示，首先通过 XML 与 RDB 的双向静态数据转换，建立 XML 视图与底层 RDB 的双重数据管理机制，见标签 1；在双重数据管理机制下，动态检索运行机制首先获取用户的检索 XQuery，并将这种检索转换为 SQL，见标签 2；然后将 SQL 加载到底层 RDB 上，见标签 3；SQL 执行结果输出为关系数据，见标签 4；在 XQuery 中提取标记结构（XQuery 中隐含着以标记结构表示的用户期望的检索结果的返回形式）标记结果关系数据，形成 XML 格式的检索结果，返回给用户，见标签 5。可以看出，双重数据管理机制的动态检索处理流程与用户预期流程具有同样的效果，从用户角度讲，这两种过程是不透明和无区别的。

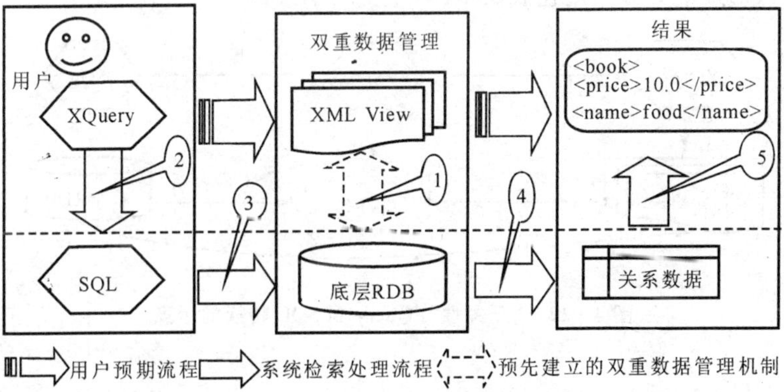

图 4－11 动态检索处理流程

2. 一种弱约束的 XQuery 到 SQL 的转换算法

现有的 XQuery 到 SQL 的转换算法大多建立在特定的 XML

Schema 与关系模式映射算法之上，因此，存在着动态检索转换对静态转换算法的依赖性。这种依赖性的存在往往会造成应用上的困难甚至导致失败。

这里提出一种弱约束的 XQuery 到 SQL 的转换算法，以解决这种依赖性问题。如图 4－12 所示，通过在 XML 视图和底层 RDB 之间引入一个通用的虚拟关系模式（GVRS，General Virtual Relational Schema for XML Document）来分离数据的 XML 视图和数据的底层 RDB 存储，GVRS 是从实体-关系角度对 XML 事例文件中的实体进行分析和关系建模，该关系模型用统一的关系模式描述 XML 事例文件，普遍适用于任何 XML 文档，具有通用性；GVRS 作为连接 XML 视图和底层 RDB 的桥梁，和 XML 视图与底层 RDB 建立数据项对应关系，而 GVRS 不是物化存在的，具有虚拟性。GVRS 建立后，XQuery 到 SQL 的转换操作将分两步进行：将对 XML 视图的检索操作 XQuery 转换为对 GVRS 的 SQL 操作，然后根据 GVRS 与底层 RDB 的数据项对应关系，将 VSQL 重写为作用在底层 RDB 上的 SQL。

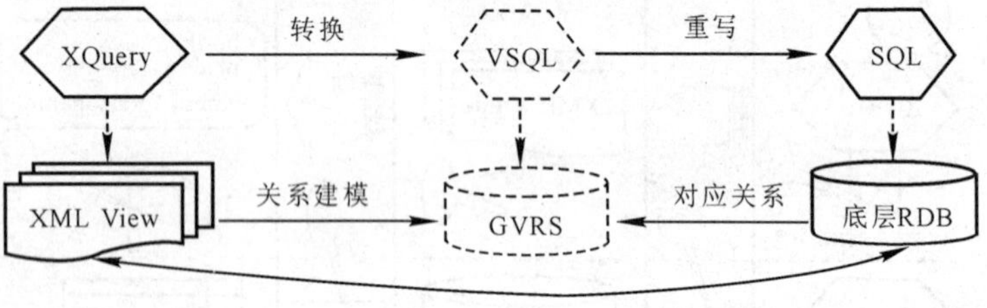

图 4－12 “无关性”XQuery 到 SQL 转换的示意

四、同步数据修改技术

1. 基于 RDB 的 XML 修改的运行机制

由于应用过程是一个数据不断更新和交换的过程，因此需要研究 XML 视图与 RDB 的同步修改技术（见图 4－13）。在双重数据管理机制中，需要首先获取表达用户修改意图，并将修改意图转换为底层 RDB 上的 SQL(标签 2)，通过用户修改意图与底层关系数据的同步修改控制(标签 3)，实现用户对 XML 视图的修改与 SQL 对底层 RDB 的修改的同步执行，达到 XML 视图与关系数据同步更新的目的，保证底层 RDB 与 XML 视图的数据一致性。因此，首先有必要设计一种表达用户修改意图载体的 XML 修改语言。

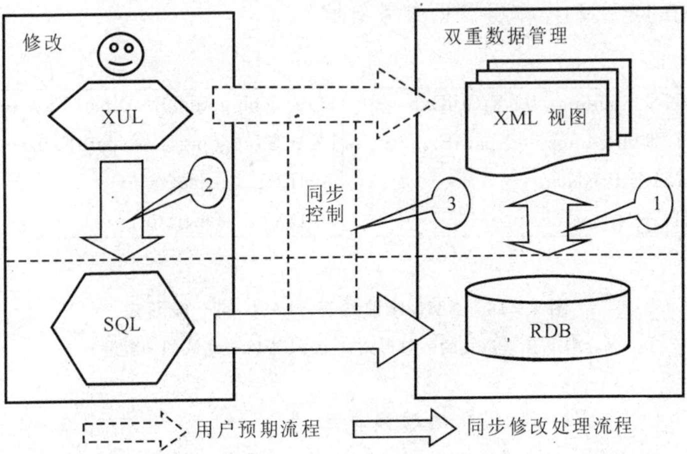

图 4-13　重数据管理机制中的同步修改处理流程

2. 一种 XML 修改语言 FLWU

借鉴 W3C 用于检索 XML 的语言 XQuery，本文提出一种 XML 修改语言 FLWU (For Let Where Update)，FLWU 采用与 XQuery 同样的数据模型，将 XML 文档看做带标签的互相参照的节点树，对于次序敏感的 XML，同父的子节点遵守从左到右的次序原则。

如图 4-14 所示，类似 SQL 的 SELECT，FROM，WHERE 语句，XQuery 语法是由 FOR，LET，WHERE，RETURN 四个子句组成 FLWR 表达式，其中，FOR 子句、LET 子句用来绑定一个或

多个变量，其输出是被绑定变量的列表；FOR，LET 子句的结果被提交给一个可选的 WHERE 语句进行筛选；RETURN 子句表示检索返回结果的形式与内容。很明显，FLWU 同样需要用于在 XML 文档中进行节点定位、变量绑定及条件过滤的 FOR，LET，WHERE 子句，而不需要表示返回结果内容及形式的 RETURN 子句，取而代之的应是对节点进行修改操作的 UPDATE 子句，于是形成 FLWU(FOR，LET，WHERE，UPDATE)语句。FLWU 语句的定义和操作可参见参考文献 72。

```
FOR $ bingdings IN XpathExp1 …
LET $ bingdings := XpathExp1 …
WHERE Predacate1 …
RETURN XpathExp1 …
```

(a)

⇒

```
FOR $ bingdings IN XpathExp1 …
LET $ bingdings := XpathExp1 …
WHERE Predacate1 …
UPDATE {Operator1 …}
```

(b)

图 4-14 XML 修改语言 FLWU 的一般形式

(a)FLWR 表达式的一般形式；(b)FLWU 表达式的一般形式

3. FLWU 到 SQL 的转换算法

任何 FLWU 都可以分解为基元操作 FLWI(FOR，LET，WHERE，INSERT)，FLWD(FOR，LET，WHERE，DELETE)的组合，分解的结果是等价于原 FLWU 的 FLWI 与 FLWD 的序列。因此，只要解决了如何将这个序列中的基元操作 FLWI，FLWD 转换为 SQL 中对应的 INSERT 与 DELETE 语句，就可以实现由 FLWI，FLWD 组合成的 FLWU 到 SQL 的转换。

4. FLWU 与 SQL 的同步执行机制

FLWU 对 XML 视图的修改和 SQL 对底层 RDB 的修改是基于 RDB 的 XML 数据管理技术中数据修改的两个过程，为了保证 XML 视图与底层 RDB 的数据一致性，这两个修改要求同步进行。一般情况是，首先获取用户对 XML 视图的修改 FLWU，然后需要进行FLWU分解、转换为SQL等算法处理。另外，SQL在关系数据上执行不但需要时间，而且是否成功也是需要考虑的问题，如果不采用一定的同步机制，FLWU对XML视图的修改与SQL对底层RDB的修改是不同步的，所以需要建立FLWU与SQL的同步执行机制。

如图4-15所示，在XML视图获取用户的基于FLWU表达的修改意图之后，等待FLWU分解为FLWI/FLWD序列，FLWI/FLWD序列转换为SQL；然后进行SQL在底层RDB及FLWU在XML视图上的预执行，当两者同时获得成功，锁定XML视图及底层RDB，同时启动FLWU对XML视图的修改和SQL对底层RDB的修改事务，同步执行，开锁完成一次修改；如果预执行没有同时获得成功，则同时回滚修改操作，返回修改失败信息，进行新一轮的修改操作。该方法称为"FLWU与SQL执行的等待加锁同步法"。

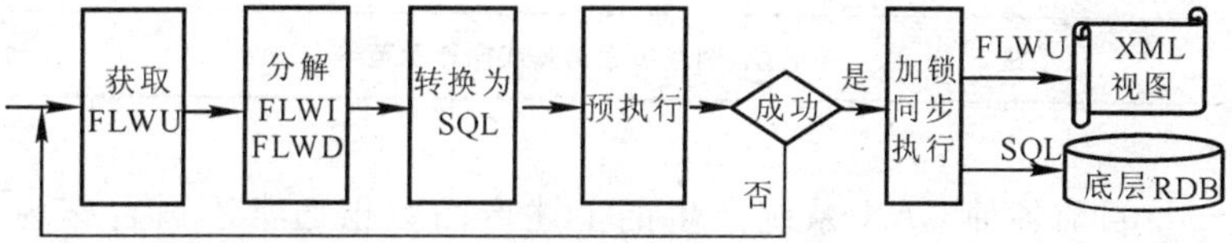

图4-15 FLWU与SQL执行的等待加锁同步法示意图

4.7 产品数据交换技术在虚拟制造中的应用

一、Web使能的产品数据

在虚拟制造系统的运行过程中，通常会产生大量的、不同类型的产品数据。其中包括产品设计信息、工艺信息、工程分析信息、制造信息、测试信息、与产品相关的项目信息、人员及设备信息、材料信息等等。从媒体形式上,这些数据类型可分为二维,三维图形数据、图像数据、文本数据、数据库字段数据、音频、视频、动画等,几乎包含了多媒体数据类型中的所有形式。表4-8列出了产品数据涉及的主要多媒体形式。

表4-8 媒体类型

媒体类型	举例
三维图形数据	产品概念设计、产品几何造型数据、仿真数据等
二维图形数据	产品概念设计、产品几何造型数据、电路图等
图像数据	产品设计图纸、工业CT扫描数据等
文本数据	与产品相关的各类说明性文档
数据库字段数据	与产品相关的各类说明性字段数据或元数据
音频	语音类型的产品设计、制造、使用说明
视频	装配、制造过程仿真或操作示范等
动画	装配、制造过程仿真或操作示范等

目前各种CAX系统产生的上述产品数据通常不适合作为Internet上的信息共享的数据格式,为了实现IIE和异地异构环境下的产品信息共享,需要采用Web使能的产品数据。Web使能的产品数据具有如下特征:

(1)能在浏览器中使用:此特性是Web使能的产品数据最基本的功能。

(2)文件格式紧凑:基于Internet的应用,带宽是必须要考虑的因素。传统产品数据通常数据量较大,为了便于在网络上高效传输,其Web使能的产品数据必须格式紧凑,文件尺寸小。

(3)允许在文件中设置超链接:超链接特性是Web应用最有魅力的特点之一,Web使能的产品数据中具有的超链接特性是将相关数据紧密集成在一起的有力手段。

基于上述原则，采用表 4-9 所示的数据格式作为 Web 使能的产品数据格式，原有产品数据须做相应的转换。各种数据格式转换工作由相应数据格式转换服务器完成。

表 4-9　数据格式转换

媒体类型	原有数据格式	Web 使能的产品数据格式
三维产品造型数据	STEP	VRML
二维图形数据	DXF，DWG	DWF
图像数据	TIFF，GIF，JPEG 等	GIF，JPEG
无格式文档数据	TXT	XML，HTML，TXT
格式文档数据	MS Word，Postscript	PDF，MS Word
表格	Lotus 123，MS Excel	HTML
数据库字段数据	数据库	XML，HTML
音频	WAV 等多种格式	MP3
仿真过程等（视频）	MPEG 等多种格式	MOV
仿真过程等（动画）		VRML

表 4-9 中 DXF，DWG 为 AutoCAD 所支持的数据格式，DWF 格式是由 Autodesk 公司开发的一种 Web 使能的二维图形表示格式，可应用浏览器不失真的显示 DXF，DWG 数据。PDF (Portable Data Format)已成为目前 Internet 上事实上的专业级格式文档的标准，PDF 文件格式相对于 Postscript，MS Word 格式具有文件尺寸小、文档格式精美、易于浏览的优点。XML 同 HTML 一样，也是一种标记语言，不同的是它允许用户自定义标记(Tag)，并赋予标记某种语义，这就使 XML 相对 HTML 更加灵活。理论上讲，XML 可以作为一切系统间通过 Internet 进行信息交换的通用语言。XML 已成为可以替代 HTML 的新一代 Web

语言。在上述各种媒体类型中，产品三维模型 STEP 数据到 VRML 格式的转换是实现 Web 使能的产品数据的重点和难点，下面将介绍产品三维模型 STEP 数据到 VRML 格式转换的相关技术。

二、STEP 到 VRML 格式的转换技术

1. STEP 到 VRML 格式转换的技术路线

如前所述，STEP 标准是用 EXPRESS 语言进行描述的。EXPRESS 是一种信息建模语言，具有被计算机和人同时理解的形式化表示。语言的重点是实体定义，包括实体属性和这些属性的约束条件。STEP 中性交换文件中的实体同样在 STEP 的应用协议中利用 EXPRESS 语言进行了规范化的描述，在输入 STEP 中性交换文件之前，必须建立基于 STEP 的 EXPRESS 到 C++的映射，相当于 C++ 语言对 STEP 标准的接口。依据该映射，可以根据 STEP 中性文件的组织结构与语意表达，进行结构分析与语意理解，完成 STEP 中性交换文件的输入，产生面向 STEP 的内存数据模式。STEP 标准的实体造型大量采用边界表示法（B—rep），而 VRML 采用面片拟合表示三维实体，由于二者在三维实体造型方法上的差异，需要对读入的 STEP 实体进行表面三角剖分，完成边界表示到面片表示的转换。在三角剖分之前需进行数据前置处理，使面向 STEP 中性交换文件的内存模式数据结构有利于实体表面的三角剖分。实体三角剖分的结果需要数据后置处理，产生面向 VRML 文件格式的内存数据模式；接着建立 C++ 到 VRML 的映射，相当于 C++语言对 VRML 节点的接口，该映射中的每个节点对应的 C++类都具有串行化输出的功能。依据该映射，根据 VRML 的文件格式，利用映射中 VRML 节点对应 C++类的串行化输出函数，完成 VRML 文件的输出。格式转换生成的 VRML 文件可用通用浏览器进行浏览，以检查转换结果的正确性。图 4－16 给出了 STEP 到 VRML 格式转换的技术路线。

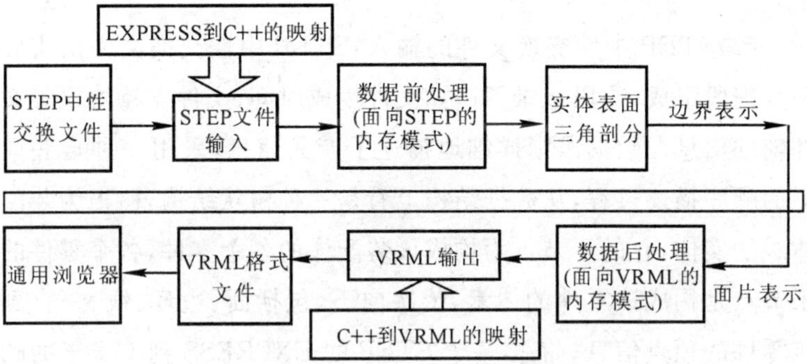

图 4－16　STEP 格式到 VRML 格式转换技术路线

2. STEP 到 VRML 格式转换的主要技术

(1)基于 STEP 的 EXPRESS 到 C＋＋的映射：在此模块中，把 STEP 标准中利用 EXPRESS 描述的实体用 C＋＋类描述，映射为 C＋＋类的内存信息模式。这样，在输入 STEP 中性交换文件时，如果遇到这样的实体实例，将在内存中产生一个对应的 C＋＋类对象，实体之间的关系也用 C＋＋类之间的关系表示。建立基于 STEP 的 EXPRESS 到 C＋＋的映射关系，具体内容如表4－10 所示。

表 4－10　基于 STEP 的 EXPRESS 到 C＋＋的映射

STEP 的 EXPRESS 描述	STEP 的 C＋＋内存模式
EXPRESS 的数据类型	C＋＋中的数据类型、类或抽象类
EXPRESS 的实体	C＋＋中的类
EXPRESS 实体中的域	C＋＋类的成员变量
EXPRESS 实体中的规则	C＋＋类的构造方法或成员方法
EXPRESS 实体之间的关系	C＋＋类之间的关系，包括包含和继承关系
EXPRESS 的常量	C＋＋中的常量

(2)STEP 中性交换文件的输入：STEP 中性交换文件由头段和数据段组成，头段记录了诸如文件生成时间、文件支持协议等文件辅助信息。数据段则详细地描述了产品信息，采用一种自底向上的顺序描述过程，从数据结构上看是一种树状结构，树根为装配体级的实体，它的子节点为构成该装配体的各个零件，各个零件的子节点是构成该零件的体素，依次向下，包括面、边环、线、一直到该零件的顶点信息。依据基于 STEP 的 EXPRESS 到 C＋＋的映射，进行中性交换文件的结构分析与语意理解，采用效率较高的实体查找方法有效搜索该文件，提取产品造型信息，使中性交换文件中的实体实例与内存模式数据通过实体查找对号入座，完成 STEP 中性交换文件的输入。

(3)实体表面的三角剖分：STEP 标准对产品的实体造型大量采用了边界表示法(B－rep)，而 VRML 的实体造型则是用面片表示，同时 VRML 不提供对几何形体的精确表达，即 VRML 所描述的几何形体不能作为产品设计生产的依据，仅能作为网络浏览的场景描述语言。虽然 VRML 具有一些简单的基本体素节点，如长方体、球体、圆柱体、圆锥体、圆环，但 VRML 不支持体素的布尔运算，对于不完整的基本体素、复杂形体、自由曲面等，VRML 统一使用面集节点近似表示，面集节点是一系列互相拼接的小平面片的集合。STEP 格式转换为 VRML 格式须要进行实体的边界表示到面片表示的转换，通过对产品几何造型的表面进行三角剖分，将实体边界表示转化为三角面片表示。

(4)数据前/后置处理：在完成 EXPRESS 实体到 C＋＋类的映射及 STEP 文件的输入之后，进行内存模式数据前置处理，使面向 STEP 中性交换文件的数据结构适合进行实体表面三角剖分。

对实体进行三角剖分之后，整个 STEP 文件中表达的零件三维造型用三角面片拟和，这时必须进行数据后置处理，即对三角剖分的结果进行数据结构转换及设置 VRML 文件的环境变量，以便于 VRML 文件输出。

(5)C++类到 VRML 节点的映射：建立 C++类到 VRML 节点的映射，以便将三角剖分结果及零件与装配体之间的链接关系按照 VRML 节点到 C++类的映射关系输出为 VRML 文件格式。

根据 VRML 2.0 规范，建立从 C++类到 VRML 节点的映射关系主要是为了便于按 VRML 格式输出。由于 VRML 也具有部分面向对象特性，所以我们将 VRML 节点映射为 C++的类；将节点的域映射为 C++类的成员变量；将节点域的数据类型映射为 C++类、相应的数据类型或一种 C++ 数据结构。

(6)VRML 文件的输出：根据 VRML 文件的结构，依据C++到 VRML 的映射，对实体三角剖分所得到的三角面片序列进行数据后置处理之后，利用串行化输出函数，通过 VRML 标准的 IndexedFaceSet节点来表示零件三维模型，并完成 VRML 格式文件的输出。

三、STEP 到 VRML 格式转换的实例

图 4－17 和图 4－18 给出了一个零件的 STEP 数据到 VRML 格式转换的实例。零件的 STEP 数据在 UG14 上生成，输出为 VRML2.0 格式的文件。实体三角剖分的效果如图 4－17 所示，三角剖分后输出为 VRML 格式文件，图 4－18 给出了在通用浏览器 IE5.0 下的浏览效果。

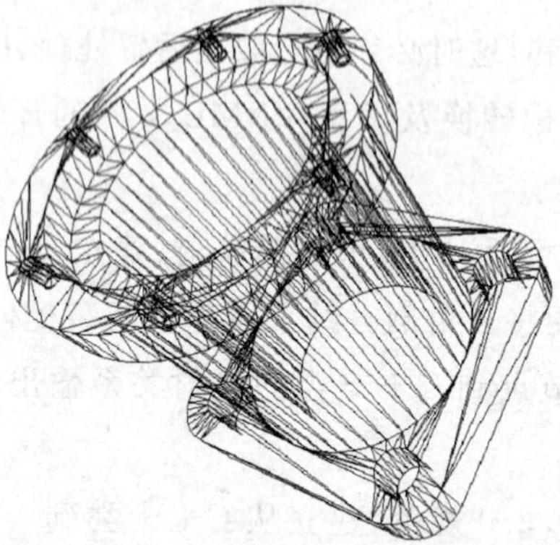

图 4-17　零件的三角剖分结果

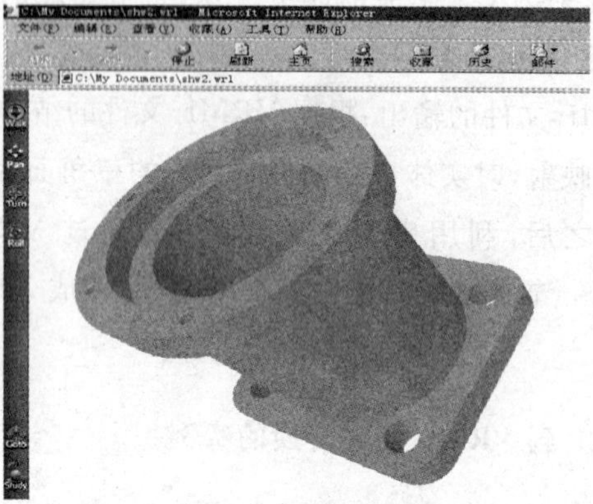

图 4-18　零件的 VRML 文件浏览器

下　篇

应用篇

第5章　虚拟样机与虚拟产品开发

虚拟产品开发是伴随着激烈的市场竞争出现的一种新的产品开发方法。虚拟产品开发可看做是以设计为中心的虚拟制造技术，它通过建立产品的数字化原型（虚拟样机或数字样机）代替传统实物模型，在数字状态下进行产品静态和动态性能仿真，不断完善原始设计，使新产品开发一次成功。本章主要介绍虚拟样机和数字样机的基本概念和关键技术、虚拟产品开发过程和方法、产品协同设计技术及产品信息可视化集成共享技术。

5.1　虚拟样机概述

在航空、航天、汽车等领域大型复杂产品的研制开发过程中，常使用各种实物模型来解决设计和制造中的各种问题。例如在飞机设计初期，为了验证飞机的空气动力性能，需要制作飞机的风洞实验模型。这种用物质材料制作的产品模型称为物理模型（或物理样机、实物样机），它通常需要花费较大的制作成本和较长的制作时间。

随着电子计算机及软件技术的迅速发展，人们已可以用计算机系统来建立产品的数学模型，称为产品的计算机模型。计算机模型与物理模型相比有很多优点：

(1)计算机模型是用适当的数学方法和相应的数据来描述产品模型并将这些数据存储在计算机系统内的，所以花费的成本低，建立模型的周期短，模型的可重用性好。

(2)对于同一产品可方便地建立满足不同需求的多种计算机模型，而且又便于修改，为产品的优化设计和改型设计提供了有利手段。

(3)根据计算机模型可以方便快速地完成各种工程分析所需的计算工作,并可加速产品的工艺规划等后续工作的进行。

(4)计算机模型可以方便地模拟产品(对象)的各种运动状态,甚至达到动态仿真的程度。而要用物理模型来实现上述效果往往需要付出很大代价。对于某些特殊的研究对象,物理模型很难甚至无法实现模拟和动态仿真。

(5)计算机模型原则上不受尺寸大小的限制,可方便地对它实施比例变换。

(6)计算机模型便于人们观察它的内部(内腔),而物理模型很难做到这一点。

虚拟样机是一种新的产品开发方法,产品完全基于计算机模型,采用数值计算进行设计。对于虚拟样机目前还没有统一的定义。在 CAD 领域和虚拟现实领域都使用“虚拟样机”的中文术语,但是对应的英文含义却不完全相同。

在 CAD 领域,虚拟样机的概念实际上是数字样机(DMU,Digital MockUp)的含义,即利用计算机建立产品的三维几何模型,经过建立约束关系的装配模型、功能和性能仿真,部分或全部代替物理样机的试验,使得物理样机在真正生产之前,产品的性能大部分已通过了计算机模拟或验证,从而减少产品设计的返工和出错率,提高设计效率,同时又可及早发现物理样机在制造和装配中可能出现的问题。由于产品模型完全是电子化的模型,有时又称这类样机为“电子样机”。

在虚拟现实领域,虚拟样机(VP,Virtual Prototype)作为虚拟现实在 CAD 领域的典型应用,指的是在虚拟现实环境下模拟产品的设计、制造仿真、装配等过程,使得设计者犹如亲临现场,特别是在虚拟装配方面,能够真实地模拟装配过程,及时发现装配中的问题。

以数字样机为基础的虚拟样机大部分是以计算机和 CAD 技

术、仿真技术实现其功能，并不过分强调设计、装配环境的真实模拟；而虚拟现实环境下的虚拟样机更强调虚拟的真实环境，具有现场沉浸感。上述虚拟样机的意义和工作环境尽管不同，但它们具有一些相同的特点：都是利用计算机建立与物理样机“相似”的模型，并对模型进行评估和测试，从而获得物理模型设计方案的一种途径。从实现技术来看，以数字样机为代表的虚拟样机技术比较成熟，而虚拟现实环境下的虚拟样机技术由于受到硬件设备和软件功能的限制还处于研究发展阶段。

本章各节使用的“虚拟装配”术语，一般是指虚拟现实环境下的虚拟装配，而对 CAD 环境下的虚拟样机则采用数字样机的概念。

一、数字样机

物理样机是和实际产品尺寸成某种比例的产品原型，是看得见、摸得着并能够进行性能和功能试验的产品模型。相对物理样机而言，数字样机是产品的计算机模型的表示。

数字样机同样与实际产品具有某种比例和精确尺寸，但是它并不是真实存在于现实世界中，而是以计算机的数字形式表示的，其作用就是要将现实世界中物理样机完成的功能用数字样机代替。由于是数字化模型，产品的几何形状、性能分析、功能等都需要用数学模型来表示和处理。数字样机按照承担的功能又可以分为几何样机、性能样机、功能样机。几何样机主要表示产品的形状和装配结构，其支撑软件就是我们常用的 CAD 系统，也是目前最为成熟的表示几何模型的手段。性能样机和功能样机则是在几何样机的基础上，模拟物理样机的性能和功能，例如物理样机中某些部件的强度分析、运动机构分析模型等。常用的有限元分析和运动机构分析软件均属于支撑性能样机和功能样机的系统。但是由于产品性能和功能的专业性强，数值模拟的难度大，并不是样机的各种性能和功能目前都能够模拟，例如航空产品的气动分析、风洞试验、发动机试车等还需要靠物理样机进行试验。虽然数字样机目前还不能完全替代物理样机,但已经可以代替部分的试验。对于航空、航天类的复杂产品,减少试验次数将大大减少物理样机的试验费用。最为成功的数字样机是美国波音777飞机的数字样机。整机设计完全采用数字模型,数字化贯通设计、分析、装配、工艺、加工全过程,使得设计更改和返工减少50%,装配问题减少50%～80%,研制周期缩短50%以上,这是数字样机技术的一个重要里程碑。图5-1所示是波音777的数字样机模型。

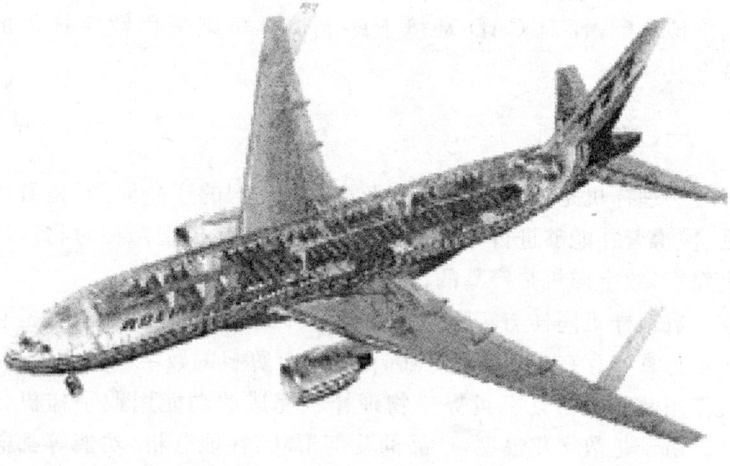

图5-1　波音777数字样机

利用数字样机技术建立的零件三维几何模型,不仅含有产品的几何形状,还可作为其他操作的基础模型和信息载体。例如装配时,可以直接引用零件模型进行约束;制图时可以引用三维模型进行投影得到二维视图;数控加工时,可以在零件模型上计算加工刀位轨迹;有限元分析时,可以在零件模型上施加载荷进行变形分析等。零件的几何模型体现了"主模型"的思想,其他专用模型(装配、制图、加工、分析)则作为下游应用模型。当“主模型”发生变化时,所有的下游模型自动保持同步更新。图5-2表示了数字样机的主模型概念。

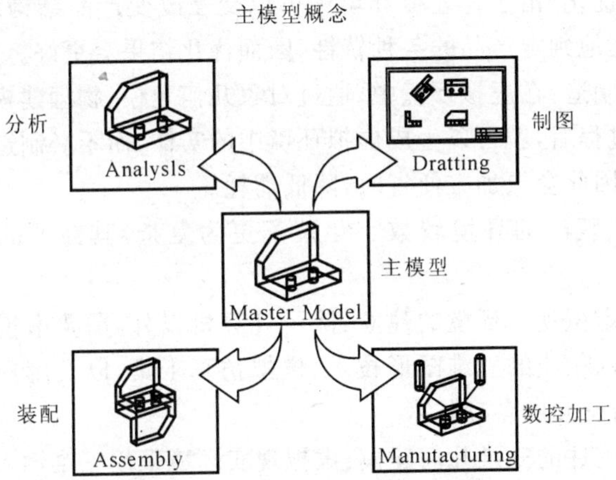

图5-2 数字样机的主模型概念

二、虚拟样机

基于虚拟现实的虚拟样机是在虚拟现实环境下模拟真实产品建立的数字模型,因此它的输入设备、零件设计、装配方法均受到虚拟现实环境的影响,具有自己的方法和特点。目前,真正实用和商品化的虚拟装配系统还很少见到。虚拟装配是数字化装配的一种形式,也是虚拟制造技术发展的一个研究方向。

基于虚拟现实技术的设计方法具有如下优点:

(1)观察:在虚拟环境的任意视点、任意方向上,观察者可以观察虚拟对象,也可以操纵虚拟对象,将其放置在任意位置、方向上,进行观察。

(2)产品判定:虚拟环境中除可以定义对象的几何模型外,还可以定义对象的物理模型和行为模型。因此,在虚拟环境中,可以对产品的各种物理特性进行判定，从而得到对产品的全面评价。

(3)重复开发：在虚拟环境中，可以通过交互改变产品结构或参数来完成重复开发。

(4)优化：由于在虚拟环境中可以交互改变产品结构或参数，能更广泛地判定产品的各种特性，因而优化结果会更好。

(5)制造：在虚拟环境中，通过对象几何建模、物理建模和行为建模等过程后，就可以生成虚拟环境中的实体，而不必制造实际物理模型，因此会更加方便省时，降低消耗。

虚拟装配的环境较数字化装配更为复杂，其涉及的关键技术有：

(1)虚拟现实环境的建立：除了计算机以外，需要虚拟现实设备的支持、相应的三维图形技术、模拟仿真工具，以及用户与虚拟对象进行交互的各项技术。

(2)零件的三维几何建模：虚拟现实环境采用三维输入设备设计零件，采用专门的处理方法。如果零件直接来自 CAD 系统，可通过转换得到虚拟现实环境下的三维几何模型。

(3)装配结构的建立：采用装配树结构建立产品的结构模型。

(4)装配信息的获取：从装配模型、装配结构树和属性等获取信息。

(5)装配过程和显示：抓握感知、装配过程导航、装配语义理解、装配精确定位和约束。

(6)装配动态干涉检查：实时干涉检查算法。

(7)装配工艺规划的制定：记录零件装配轨迹，确定装配顺序和路径。

有关虚拟装配的详细内容请参考第 6 章。

5.2 数字样机的关键技术

数字样机是以 CAD 技术为基础的。从系统支持的环境来说，一般的计算机配置加上相应的CAD软件就可以构成工作环境。例如现在流行的各种CAD,CAM,CAE软件，一般都支持几何样机和部分性能样机的设计。从大的方面来讲，数字样机涉及的关键技术包括三维几何建模技术、产品的数字化定义方法、数字化预装配技术和分析与仿真技术。

一、三维几何建模技术

三维几何建模技术是数字样机的核心支撑技术，它为数字样机的形状表达提供基本的建模工具和方法。目前，三维几何建模技术目前已相当成熟，但其内容仍在不断外延。

1. 三维几何建模方法

几何建模在广义上指在计算机上处理几何对象的方法，可以理解为描述和构造对象及它们的几何特性的方法，其种类分为线框模型、表面模型、实体模型、特征模型。

(1)线框模型：线框模型采用在三维空间中用点和棱边定义物体，并按照一定的拓扑关系将这些点和边连接起来。在计算机内描述一个三维线框模型必须给出两类信息：其一是各个顶点的三维坐标值；其二是每个棱边应由哪两个顶点作为它的端点。

线框模型是一种具有简单数据结构的三维模型，其优点是描述方法简单，所需数据信息量少，显示速度快，特别适合于线框图的显示。

(2)表面模型：表面模型的数据结构是以“面一棱边一点”三层信息表示物体的，面由有界棱边围成，棱边由点构成，它们形成了一种拓扑关系。表面模型用的曲面可以是简单的解析曲面，也可以是自由曲面，构造自由曲面的方法有很多，最常用的是Bézier方法、B样条方法、非均匀有理B样条方法等。平面也是表面模型中常用的，通常把它看成曲面的退化状态。

表面模型避免了线框模型的二义性。由于定义了面，利用消隐技术，可以根据不同的观察方向消除隐藏线和隐藏面，可以对面着色，像实体模型一样显示出逼真的色调图形，还可以利用面的信息进行数控加工程序编制。

(3)实体模型：实体模型数据结构是以"体—面—环—棱边—点"的五层结构信息表示物体的。体是由表面围成的封闭空间，表面是由棱边围成的区域，其内部可能存在环，例如一个孔在一个表面上形成了一个环，或者一个凹槽在表面形成一个封闭环。实体建模的方法有很多，最常用的是边界描述法(B-Rep，Boundary Representation)和构造性实体几何法(CSG，Constructed Solid Geometry)。

实体模型包含的信息丰富，因而能够满足零件消隐图显示、质量与质心计算、有限元网格生成等工程分析及数控加工编程等的需求。

(4)特征模型：特征模型的本质还是实体造型，但是进行了高度的抽象。针对CAD/CAM的集成，人们对特征的概念、表示方法与应用做了大量的研究工作。从设计的角度来看，特征设计能满足产品设计、几何模型建立以及设计分析(如有限元分析)的信息需求；从制造计划的角度来看，像加工工艺规划、装配计划、检测计划、零件的数控加工编程等制造活动，均可能潜在地基于零件的某种特征表示。从研究方法来看，特征模型技术的研究主要包括特征识别和特征设计。特征识别利用几何造型系统所提供的实体模型，对几何模型进行解释，自动识别制造工艺计划所要求的特定的零件"几何信息模式"，即加工特征，直接应用于产品零件的制造工艺设计。主要的特征识别方法有基于图的特征识别、基于规则的特征识别、基于语义匹配的特征识别等。特征设计则试图从设计者的意图出发，通过一组预先定义好的具有一定工程意义的设计特征，引导设计者去进行产品设计。

特征被研究者们视为是一个比较理想的产品信息模型表示方法，成为CAD，CAM集成的纽带。特征模型的优点主要是：

1)以实体模型为主的几何造型方法主要着眼于产品零件的几

何描述；而特征模型则主要着眼于产品零件的设计与制造过程的完整信息描述，是产品模型的重要基础。

2）特征的引用直接体现了设计意图，而且便于设计图样的修改，使产品零件的设计工作在更高的层次上进行，设计人员可以将更多的精力用于创造性构思，而非几何构造操作，从而提高设计效率。

3）特征模型有助于加强产品设计、设计分析、制造工艺计划、加工工序设计、检验等各制造环节之间的联系，更好地将产品的设计意图贯穿到各个后续制造环节并且及时得到后者的意见反馈，在很大程度上使各个环节并行展开，即有利于并行工程的实施。

4）特征模型能够直接应用于产品零件的设计与制造全过程，为开发新一代的基于统一产品模型的CAD，CAPP，CAM集成系统创造了有利条件。

关于上述各种模型的详细描述请参考有关的书籍。

二、产品的数字化定义方法

三维几何建模技术仅仅提供了建立产品三维几何模型的工具，但是数字样机远不是只用这些工具直接建立模型。真正的数字样机还需要产品的数字化定义。产品的数字化定义的内容既包括微观的具体几何定义，也包括宏观的设计过程、模型定义。如产品的结构定义、产品的相关性设计定义、产品的非几何属性定义、产品的数字化模板定制等。

1. 产品的结构定义

一个产品的结构反映了产品的基本组成，它是产品的基本构架。产品的结构定义应当来自产品的概要设计，它一开始并不涉及具体的尺寸，而把重点放在基本构成上。产品的结构定义是产品的组成框架，它不但作为零件装配的依据，而且是生成产品各层次BOM表的主要信息来源。

在数字化环境下产品结构的定义需要相关的工具支持。例如目前CAD系统普遍采用的装配结构树都支持装配结构的建立，产品的结构树是以功能划分逻辑单位的，例如航空发动机产品划分为压气机、风扇、燃烧室、涡轮、尾喷管等子结构，每个子结构对应一定的功能，并成为装配结构树上的一个节点。但是从装配结构树中并不反映产品的相互位置关系和它们的相关关系，而仅仅反映产品是由什么子装配体、部件、零件组成，这一点有些类似BOM表的功能，不反映产品零件的详细几何信息。

一个合理的产品结构定义不应当以一棵装配结构树孤立地表示，而应当使产品的结构具有产品定制功能、产品结构的整体控制功能。

所谓产品定制功能是通过产品结构树，根据用户的个性化需求，快速定制出一个产品的结构，例如同一型号的汽车，不同的用户可能有不同的需求配置：豪华型、标准型、经济型。不同的配置对应于产品结构上的某些变化，如豪华型可能需要高档空调、高保真音响、卫星定位系统、加长的车体、三门结构等，而经济型仅仅是普通的空调、简单录放机、两门结构等。这些不同的需求可以理解为不同的配置条件或准则，在设计产品时就需要指定产品结构配置准则，当需要客户化定制时，按照条件配置相应的产品结构。

产品结构的定义除了定制功能之外，还必须有一套产品结构的控制工具。当产品根据配置确定有哪些零部件后，一个问题就是如何控制结构中的这些部件，例如汽车如何根据配置将两门结构变为三门结构、前后车轮的轮距调整、车身形状的改变等。有些CAD系统提供了这样的工具，如UG系统的WAVE软件包。当一个汽车根据准则改变为豪华型结构后，自动将轮距加大，车门由两门改为三门，车身加长，相应的车身曲面随之改变。这些功能的实现是通过建立一系列的参数化基准面和基准轴完成的。基准面、基准轴之间是参数化关联的，改变关键参数影响整个结构。

目前，产品结构定义在实际生产中还存在一定的难度，它与产品自身和相关的专业有很大关系，需要相应的专业知识。因为建立一个可定制的产品结构，必须了解产品的功能，结构的基本构成，哪些部件是影响结构或全局的关键部件，哪些参数是影响结构相关的关键参数，它们之间应当建立怎样的联系，能否通过数学表达式表示出来，等等。目前，这些是比较容易忽视的问题。虽然已出现了这样的CAD工具，但是大部分的产品数字化设计还仅局限于建立装配结构树，零部件的设计很少采用相关性设计。

2. 产品的相关性设计定义

在产品的数字化定义中，离不开产品的相关性设计定义。所谓相关性设计定义是指产品的零部件或零件的特征之间具有一定的联系，当其中的一个部件的参数改变时，与之相关联的零部件随之自动改变。一般地，相关性设计有特征级相关性、零件级相关性、装配级相关性。

特征级相关性是在设计一个零件时，零件的特征之间存在参数关联。相关性设计的基础是参数化设计，即基于约束的设计，包括了几何约束和尺寸约束。几何约束反映了零部件几何对象之间的几何关系，如平行、垂直、相切、共圆心等。尺寸约束则利用表达式进行约束。例如，设计一个带通孔的圆柱体，孔直径总为圆柱体直径的1/2，孔的轴线总是和圆柱体的轴线重合(由几何定位约束保证)。圆柱体由圆柱体高度 H 和直径 D 定义，通孔由孔的深度 h 和孔径 d 定义。这里它们之间的关系是 $h=H, d=D/2$，当圆柱体直径或高度修改时，孔的直径自动保持相关的关系，如图5-3(a)和(b)所示。

零件级相关性是在设计零件时，零件的特征参数可能与另一个零件的参数相关，相关关系建立在两个零件之间。例如对图5-3(b)所示的零件(Part 1)，需要设计一个与之相配的销钉零件(Part 2)，如图5-3(c)所示。销钉的钉杆部分的直径 d 和 Part 1 的孔径 d 一致，长度 L 要等于孔的深度 h。因而销钉中的参数约束关系的程序表达式为 d=Part 1 :: d，L=Part 1 :: h。当前零件的参数在等号左侧，与其有关的零件和参数在等号右侧。建立这样的关系后，当孔的直径改变时，销钉的直径自动保持与之一致。这种跨越零件之间的相关关系应当在数字化定义的初始定义零件时确定下来，这是保持零件之间对应尺寸一致性的有效方法。

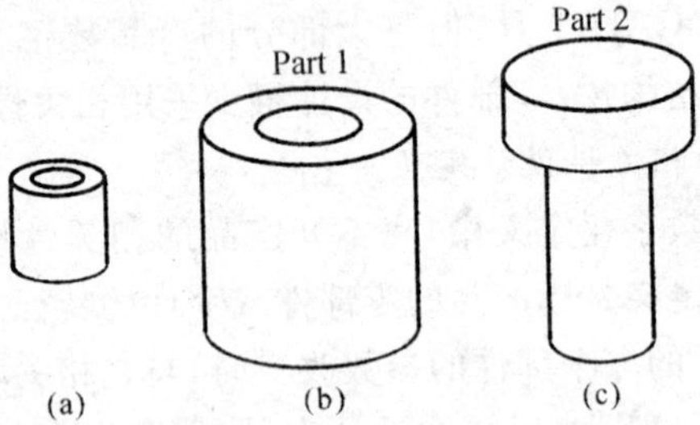

图 5-3　零件级的相关性

装配级相关性是在产品装配层次上，在装配部件之间建立约束。例如装配结构中的两个零件的约束面之间的距离和另外一对约束面之间的距离保持一致，或者在装配结构中零件之间的几何元素相关。这可以通过表达式建立这种约束关系。部件级相关性除了利用表达式之外，还可以直接利用几何引用关系。在相关的几何对象之间建立引用关系，被引用的几何可以是线、面、区域、实体等，称为原始几何元素，引用的几何相当于原始几何元素的复制元素，但是这种复制保留了指向被引用元素的指针。每当被引用几何发生改变时，引用几何自动进行更新，保持了零件之间的相关部分的一致性。例如在装配结构下，图 5-3(c)所示的销钉的直径可以直接取自图 5-3(b)所示的孔的棱边，利用对棱边拉伸得到销钉体，而用户不必关心具体的直径值，它总是和孔径保持一致。这种相关性是通过装配结构保持的。

3. 产品的非几何属性定义

数字样机除了提供产品的几何形状之外，还包括了非几何信息。这些信息也是数字化定义的基本内容。非几何信息属性的定义内容比较多，需要考虑：哪些信息是需要定义的？如何定义？定义的信息格式是什么？等等。

非几何信息属性的定义弥补了几何模型仅利用参数表示产品形状的不足，而将产品的信息扩大到工艺、制造等阶段。从信息集成的角度和产品数据管理的角度来看，需要的信息更多的是非几何信息，特别是工艺加工信息。产品的BOM表可以来自装配结构树，但是每个零件的详细信息只能从非几何属性中得到。

非几何属性定义包括BOM表所需的信息以及PDM(Product Data Management)所需的信息，例如产品名称、材料、规格、设计者、设计时间等。一个企业应当根据企业的PDM管理内容，指定一套完整的属性信息。对于几何形位公差等信息则需要根据公差特征获取。

4．产品的数字化模板定制

数字化模板定制是一种快速数字化定义产品的方法，也是实现建模标准化的推荐方法之一。企业的建模标准和规范可以通过数字化定制模板定义，在模板中将标准、规范以指定的模式确定下来，例如产品的建模精度、层的设定、绘制标准、零件模型基本模式等。产品的数字化模板总结了产品的数字化设计经验，由标准化人员和设计人员共同参与制定。零件设计时自动继承模板的各种属性，如有特殊要求，只需用户修改相关的属性。

三、数字化预装配

数字化预装配是数字样机和虚拟设计的一个重要组成部分。其内容包括产品的装配建模、装配零件之间的约束、装配的间隙分析、可装配性分析与评价等。

1．装配建模

装配建模包括产品结构设计和信息建模。在产品设计过程中，装配设计是在概念设计之后进行的，它可以将概念设计中模糊的、不确定的构思，通过产品结构和逐步求精细化，设计成产品的整体装配结构，为详细设计提供一个基本框架。装配设计要结合产品的数字化定义方法，在概念设计和详细设计之间搭建桥梁，实现从概念设计到详细设计的映射。

装配建模可以利用装配建模工具建立装配树。装配树的节点表示了子装配或者零件。一个零件如果没有进入装配树，它是一个单一游离在装配之外的零件。一旦作为节点链接到装配树中，它就是产品模型中的一个装配成员，同时也是 BOM 表中的一个成员项。

每个装配节点从数据结构上有指向父节点和子节点的指针，根节点的父节点指针为空，而其他节点都有一个父节点。如果子节点的指针为空，则该节点为一个零件，如果指针不空，则该节点为子装配，它指向的节点为它的下一级节点。同一零件可能被链接在不同的子节点上，它们是具有相同几何模型的零件，但是属于不同的装配体，因而可以具有不同的父节点。如图 5-4 所示，通过父节点可以查询每个装配成员被哪些节点调用。除此之外，装配结构还包含了每个节点默认的工作环境，如层、几何对象的颜色等各种信息。

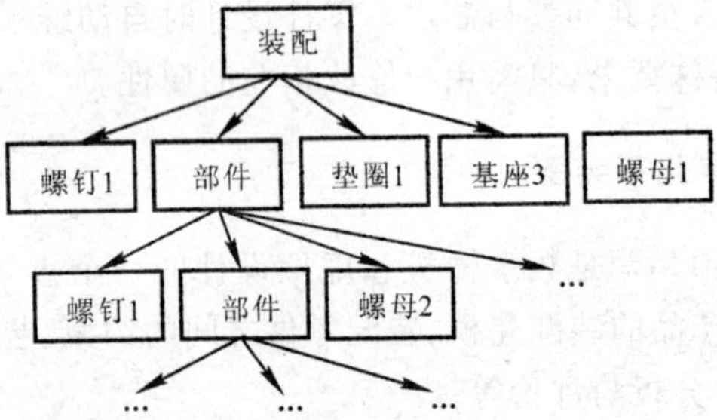

图 5-4　装配树

在装配建模中，信息量的大小是影响产品操作、浏览的一个重要因素。对于简单产品，一般的显卡和内存即可满足要求，但是对于像飞机和航空发动机这样复杂的大型产品，装配的零件个数都是数以万计的，目前的硬件平台和软件处理很难支持如此庞大的信息量。解决信息量巨大的方法一个是减少每次装入的零件数目，另一个是减少每个零件的几何和其他模型信息量。

(1)减少每次装入的零件数目：对于产品结构和BOM表来说，产品的零件数目是不能减少的，但是在装配时，能够控制装配树上的节点的载入和卸载，可以有选择地装入零件，而不是将整个产品全部装进来。所谓有选择就是只装载当前必需的零件，或感兴趣的零件，不装载小零件或者标准件等。例如显示一个飞机，在装配结构树上，飞机的外部零件是需要载入的，内部零件和小零件可以不载入。

(2)减少几何信息量：一个复杂零件的设计，包含的几何内容不仅是零件外形，可能存在大量的辅助线、辅助面，以及设计过程的中间结果。对于装配来说，参与装配的零件仅需要实体外形的几何信息，因此，应该建立一个零件的信息过滤功能，把需要的几何实体过滤出来，放入这个零件的几何信息子集中。这些过滤出来的几何信息与模型保持一致。这个子集能够代表零件进行装配。

(3)减少其他模型信息量：对于一个零件，可能包含了下列信息：

1)设计信息(三维零件模型)；

2)数控加工信息(如果是复杂曲面，其数控加工刀具轨迹计算的信息量是非常庞大的)；

3)工程制图信息(如果是一般零件的加工，需要工程制图)；

4)分析和仿真信息(如有限元分析等)。

这些信息应当分门别类放入不同的模型文件中，并建立模型之间的连接关系。我们将设计模型称为主模型，其他模型称为它的下游应用模型。主模型是所有其他下游应用模型的基础。装配模型也作为其中的下游模型，装配时只需要把设计模型中的几何信息子集装入就能大大减少装配信息量。

装配信息除了几何模型外，还包括属性信息和装配所需的其他信息。属性信息请参考前面的产品的数字化定义方法，其他装配信息请参考第 6 章中 6.2 节的装配信息模型和关系模型。

2. 装配零件之间的约束

装配结构树只能了解产品由什么零件组成，至于零件在装配体中的位置和方位则不得而知。因此数字化装配并不是简单的零件堆积，而是对装配零件进行几何或参数约束，模拟实际的装配条件。实际的装配条件既不是装配级的，也不是零件级和特征级的，而是具体的几何元素级。例如一个零件的某个面和另一个零件的某个面贴合。常见的约束类型有：

(1)面贴合：面贴合指约束的两个面的法矢方向相反，且两个面完全重合，面贴合同样适合圆柱(圆锥)面约束，但要求圆柱贴合面的直径必须相等。如图 5-5(a)所示为两个平面贴合，图 5-5(b)所示为两个圆锥面贴合的例子。

(2)面对齐：面对齐指约束的两个面的法矢共方向，两个面共面，如图 5-6(a)所示是两个平面配对的例子，法矢相同，图 5-6(b)所示是两个圆柱面配对的例子，它不要求直径必须相等。

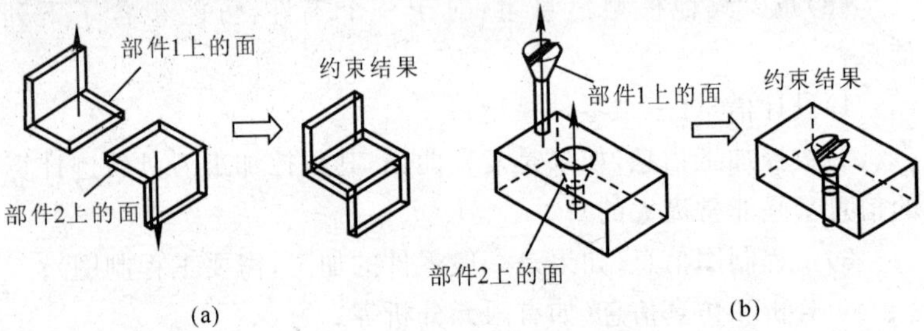

图 5-5　面贴合约束

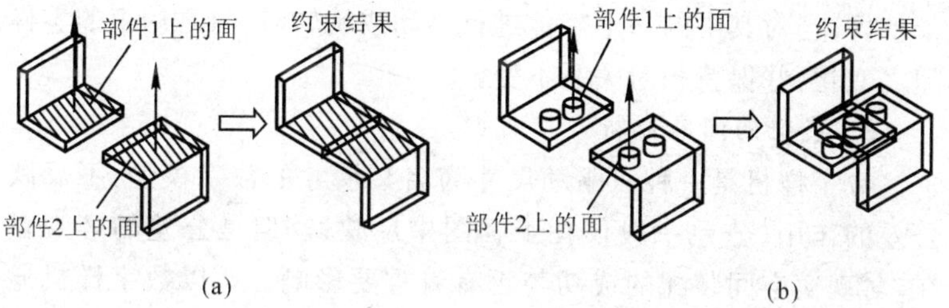

图 5－6　面对齐约束

(3)角度约束:角度约束用来约束两个对象的旋转角,例如图 5－7 中销钉的一个平面与基座的侧面为 90°或 0°。

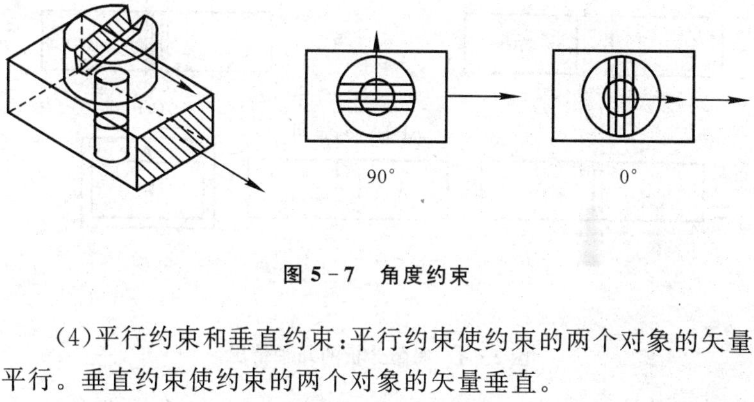

图 5－7　角度约束

(4)平行约束和垂直约束:平行约束使约束的两个对象的矢量平行。垂直约束使约束的两个对象的矢量垂直。

(5)对称约束:对称约束用来约束对称几何,使装配的部件定位在对称条件下。

(6)距离约束:距离约束用来约束两个对象之间的距离,距离值的正负是相对于选择的静止部件的方向。正值表示在箭头正方向的一个距离值,负值表示在箭头反方向的距离值。

(7)相切约束:用来约束两个零件的相切关系。

零件之间加入上述装配约束后，被约束的零件在逻辑上是一个整体，当对其中的一个零件进行移动或旋转时，与之约束的零件随之变化，并保持相对关系不变。

3. 装配的间隙分析

数字样机是一种以驱动尺寸为名义尺寸的数字模型，不反映公差的作用（公差一般仅在工程图中反映）。但是公差的客观存在，对现实空间装配的成功与否有着重要影响。所以数字样机通过间隙分析判断装配的可行性。目前的装配间隙分析主要是从静态干涉的角度进行检查，主要有 5 种干涉检查结果。

（1）无干涉：装配零件之间的距离大于给出的间隙范围（公差带），如图 5－8(a)所示，其中虚线表示的是间隙范围。

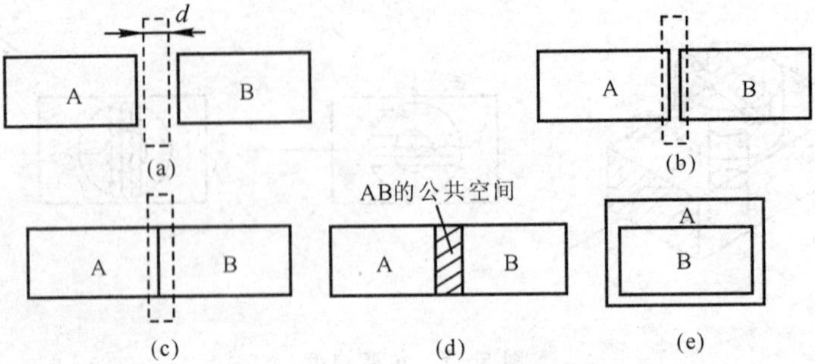

图 5－8　间隙分析的几种情况

（2）软干涉：两个检测零件的名义距离小于或等于给出的间隙范围，但是零件并不接触，类似过渡配合，如图 5－8(b)所示。

（3）接触干涉：两个零件名义尺寸接触，但是零件之间没有相交，如图 5－8(c)所示，一般的装配模型按照名义尺寸属于这一类。例如一个 $\phi5$ 的孔和一个 $\phi5$ 的轴装配。

（4）硬干涉：零件之间相交，如图 5－8(d)所示。在现实装配中是绝对不能装配的，类似过盈配合。

(5)包容：一个部件的对象完全被另一个部件的对象包容在内，如图 5-8(e)所示。现实中不会出现这种情况。

装配的间隙分析是利用距离和实体是否相交进行间隙分析的，没有反映公差设计。实际的设计、制造、装配都离不开公差设计。初始的公差分配和设计来自于装配设计，最终的成功验证也是在装配模型上进行。目前，在数字样机中关于计算机辅助装配公差设计的研究还存在一定困难。

4. 可装配性分析与评价

可装配性指产品及其装配件易装配的能力和特性，是衡量装配结构优劣的重要指标。相关内容请参考第 6 章。

四、仿真技术

仿真技术不仅是利用计算机模拟和动画技术来表现产品的运动特征，它还是一种研究产品工作性能的方法。通过仿真，设计人员能够在早期对产品的性能进行定性和定量的描述和评价，可以避免或减轻物理样机的昂贵试验成本。仿真技术在产品的整个生命周期内都有广泛的用途。例如在设计阶段，利用物理和数学方法模拟产品的功能和性能，对产品进行评价；在制造阶段对加工过程进行仿真，包括可制造性、可加工性分析，数控加工的切削仿真和工艺参数性能仿真；在装配阶段的机器人装配仿真和零件拆卸仿真；在产品使用和维护阶段的拆卸仿真、材料分解性仿真等。

对于高性能机械产品或复杂航空产品的开发，在制作和测试昂贵的物理样机之前就能够得到准确的动力学分析结果是至关重要的。例如飞机或航空发动机的几何样机仅反映了产品的外观和部分产品信息，产品的功能和性能则需要功能样机和性能样机来实现。这里不对功能样机和性能样机作具体定义。功能样机的作用是反映产品能实现什么功能，性能样机则反映样机的性能指标如何。

一个仿真系统，首先需要建立系统的抽象模型，然后对模型求解，将求解结果以可视化形式显示出来。

1．系统的抽象模型

系统的抽象模型就是仿真模型，该模型能够用来模拟系统的功能或性能。例如，运动机构的仿真所建立的是运动学仿真模型和动力学仿真模型；热力系统的仿真，需要建立热流场的模型；风洞数值仿真，需要建立风洞数学模型；强度的分析仿真，需要建立结构强度的有限元分析模型。这些模型为进一步的求解计算奠定了基础。仿真模型的建立需要对系统进行详细的分析，首次建立的仿真模型并不是完善的，需要根据实际的情况不断进行改进。

2．求解计算

求解计算是一个针对仿真模型进行数学求解的解算器，是个复杂的数学求解系统。解算器根据具体的模型类型，设计特定的算法，例如数理方程和微积分方程的求解。

3．结果的可视化处理

仿真模型求解结果的可视化处理是将结果以曲线、图表、图形、动画等各种形式显示出来。典型的有运动机构仿真（例如模拟飞机起落架的收放过程）、流场热力学仿真（例如燃烧室温度场仿真）、物体的碰撞仿真（例如汽车的碰撞性能仿真）、强度分析仿真（物体的应力-应变分析）等。

可视化处理以图形学为基础，将专业知识与图形学结合起来，用直观的图形反映结果。目前的图形软件包，例如 OpenGL 软件已经提供了方便的图形处理功能，包括真实感显示、三维动画显示等，因此仿真显示的处理主要应在图形表示和专业知识结合的基础上，将物理量表现为直观的图形，例如用颜色反映温度的高低，或者强度的大小。

图 5－9 (a)(b)(c)(d) 分别为应力-应变分析、气动仿真、装配过程仿真、模态仿真的举例。

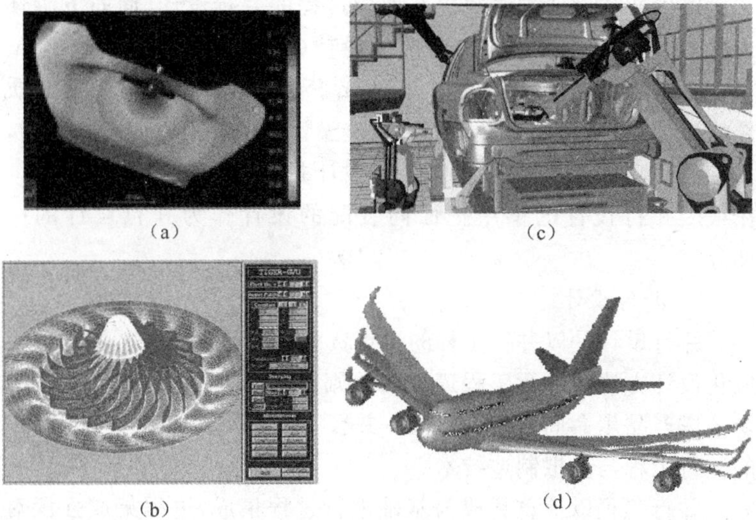

图 5-9　仿真举例

5.3　虚拟产品开发

虚拟产品开发是实际产品开发在计算机上的本质表现，它的设计方法、开发过程、信息管理与传统的产品开发方式有很大不同，体现了先进制造技术的优越性。

一、现代产品设计方法

支持虚拟产品开发的设计方法主要采用现代产品设计方法。现代产品设计在方法上强调群体性、协同性、并行性。由于现代产品的复杂性和要求开发周期的缩短，每项设计都要求多个设计部门和成员参与，要求各设计成员的工作内容和工作流程相互渗透和交叉，通过网络实现异地协同设计，实现用户参与设计论证及评价，支持并行设计已成为现代设计的主要方法。

现代产品设计方法主要有面向过程的并行设计、面向下游环节的 DFX 设计，例如面向装配的设计（DFA，Design for Assembly）、面向制造的设计（DFM，Design for Manufacturing）、面向质量的设计、面向环保的设计等。这些设计方法并不是完全独立的，只是强调侧重点的不同，例如并行设计并不排斥面向装配的设计，在很多并行设计的书中把面向装配的设计作为并行设计的一部分。

1. 并行设计

并行设计是以并行工程的思想贯穿于产品设计过程的一种集成化设计方法。并行工程遵循的原则是以产品开发为中心，并综合考虑产品生命周期的各阶段。并行工程的概念可参见 1.4 节中的并行工程与虚拟制造技术。

并行工程以信息集成为基础进行过程集成，过程集成强调对企业的各种活动过程进行重组，将各种串行过程转变为并行过程。在并行工程中，设计占主导地位，并行工程的核心是并行设计。

工程设计本质上是一个顺序性、协调性很强的工作过程。处于产品生命周期前端的设计阶段不但需要为下游的环节提供完整信息，而且需要来自下游环节的反馈信息以对设计阶段的不足提出修改意见。因此，并行设计的着眼点是把过程设计中传统的顺序性和并行设计中的并行性合理地协调起来，使设计者从一开始就考虑产品生命周期（从概念设计到产品报废处理）的所有因素，以便能够实现提高质量、缩短开发周期、降低成本等综合指标。

在计算机环境下，并行设计的并行性必须具有可操作性。从设计活动来看，要使设计活动并行起来，需要对设计进程进行有效管理，将设计活动中可并行的活动确定下来，在整个设计过程中，重新安排各个活动，定义完成各项活动的步骤顺序，协调各自过程的相互关系，解决它们之间的冲突。从产品模型来看，模型的信息应可修改和更新，特别是针对产品外形的几何模型，当根据下游需求修改后，模型不需重构而是在新参数下更新。另外，模型之间的关系需要定义和管理，例如工艺过程中各阶段的模型之间的关系引用管理。从组织模型来说，并行设计的参与人员是以团队的组织形式进行工作，设计团队包括了各领域的专家，每个领域的专家负责本领域的开发工作及与其他领域的协调。从存储方式来看，产品模型应保持模型数据的唯一有效性，即在物理存储上可以分布在不同的位置，但在逻辑存取上模型数据的唯一性和有效性必须保证。

并行设计中的并行性是如何体现的？我们知道，在设计过程中，下游活动中的输入数据、信息来源于前面环节的输出结果。在串行工作方式中，这个输出结果不可能在前面环节的进行过程中就获得，因此需要等到前面环节任务完成才能开始本活动的工作，造成了时间上的延迟。在并行设计时，当前工作小组可以在前面工作小组的任务尚未完成时，就可开始当前活动，这个时候获得的信息是不完备的，但确是当前活动所必需的。在本活动中，根据这些信息进行的设计可能会出现下列情况：由于信息是不完备的，所以设计结果会随着前面结果的变化而变化。在开发过程中，各环节的模型与信息也是不断完善的过程，直到设计过程全部完成。要保证这个过程的实现，系统必须具有支持并行设计的下列功能：

(1)能够适时地对下游环节进行信息发布：在一个环节的进行过程中，能够对当前环节的中间结果信息进行发布，这些信息包括几何模型、产品数据信息、文档等。信息发布可以根据某种规则控制发布的时机。例如定义一个产品设计“成熟度”的概念，当产品的主要功能设计完成了指定的百分比或一个控制阀值，就向下游环节发布。

(2)下游信息的反馈：下游信息反馈到上游，不同环节反馈的信息不同，包括文档信息、数据库信息、模型信息。

(3)对设计过程的信息进行管理：管理设计过程各环节的信息，包括中间信息、发布信息，信息之间的关联等。

(4)对设计的更新：各阶段的设计小组每次收到新的发布信息

后，能够对原有设计进行更新。更新有各种方式，一种是自动方式，每次新的信息到来后，系统自动进行，这种方式需要强大的模型一致性判断功能和模型更新功能，而且产品模型不能太复杂。例如，设计小组在完成了基本的零件设计后，向工艺小组发布了初始版本的零件模型和部分工艺信息；工艺小组根据数字化模型进行数控加工编程和可加工性分析，发现某处的倒圆角半径太小，或某处壁厚太薄，不能加工，就要给前面的设计小组返回信息，要求修改倒圆角半径或壁厚；设计小组修改模型并更新后，将新版本重新发布给工艺小组；工艺小组使用的系统应能够判别出模型的修改，并使数控加工程序自动进行更新。对于简单零件，目前的CAD，CAM系统能够支持这样的自动更新。对于复杂零件，尚不能完全支持这种自动更新，主要原因是太复杂的零件有时参数化更新会失败。另一种是人工更新方式，采用人工交互进行更新。根据修改信息，对产品进行修改，完成更新。这种更新如果是参数化系统，修改较方便，如果不是，例如采用非参数化的二维绘图，修改起来就比较麻烦。

2. DFA 方法

面向装配的设计是在设计阶段利用各种设计手段，如分析、评价、规划、仿真等，分析产品的可装配性和对产品性能和功能的影响，进而优化设计。在概念设计阶段，自顶向下的设计是从装配结构开始的，并逐步分解为零件设计，这个阶段主要从功能的角度设计产品结构。从产品生命周期来说，装配与制造属于下游环节，更多的涉及装配自身装配工艺的内容。DFA 的着眼点在于分析产品的可装配性，包括技术特性、经济特性、社会特性。

(1)技术特性：评价装配在技术上是否可行，如位置的可达性、装配的可操作性、定位的可靠性、检测可及性、工具的操作空间等。

(2)经济特性：评价装配成本和装配效率，在保证质量的前提下，尽可能降低装配成本，并使产品总成本降低。评价的内容有装配操作效率、装配公差分布、零件标准化程度、材料成本、装配资源的利用等。

(3)社会特性：社会特性主要是评价产品生命周期后阶段与装配相关的内容，如装配的可拆卸性（装配和维护阶段均涉及）、零件的可重用性（维护阶段除易损件外的零件应能重复使用）、材料的可回收性等。

DFA的术语是由美国马萨诸塞大学（University of Massachusetts）的G. Boothroyd和P. Dewhurst于1980年正式提出的，其产生的背景源于如何处理设计、制造、装配的关系。产品的设计必须考虑制造的总成本，为了降低制造成本和加工的方便，设计的零件应尽可能简单和易于加工，但是由此可能导致产品的装配结构复杂，总成本反而上升。例如图5-10(a)所示的零件，加工明显比图5-10(b)所示的零件复杂，但图5-10(b)所示的零件加工虽然简单，但是装配的零件个数和结构却复杂多了。因此设计需要考虑产品的可装配性和可加工性，并协调好二者的关系。

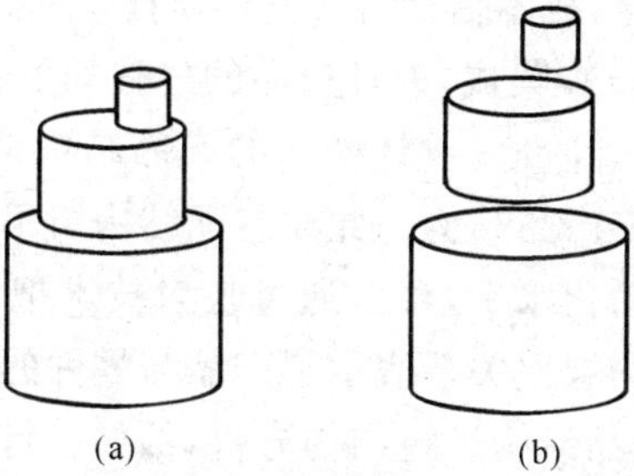

图5-10　可装配性和可制造性的矛盾

早期的DFA方法的重点是对产品可装配性进行评价，采用各种评价准则来判断装配性能如何，例如，对装配活动中的每项操作进行分值评价（有些采用扣分形式，有些采用百分比形式），最后根据总的评分情况评价装配性能，对装配性能低的零件就需要改进。这些评分的涉及范围是零件的装配动作、零件的最少数目、装配时间估算、装配方法选定、零件形状、装配方向、位姿调整、工装夹具等。早期的 DFA 方法虽然反映了并行工程的思想，却工作在串行设计模式下，可装配性评价一般是在详细设计阶段进行，其作用十分有限。

随着 CAD 技术和并行工程技术的发展，DFA 技术和 CAD 工具的有效结合使得 DFA 方法真正开始发挥它的作用。DFA 被看做是并行设计的一个组成部分，通过 DFA 体现并行设计的特点。DFA 可以从概念设计就开始，用来简化产品结构，并在此基础上逐步创建零件的几何形状。产品结构的获取不再是依据详细的工程图纸，而是数字化模型和数据库信息。首先输入产品结构（可以采用草图方法创建），并结合 DFA 的某些相关评判准则，对产品结构进行分析，通过分析，可以简化产品结构，然后用 CAD 系统对产品结构中的零部件进行几何设计。设计过程中，零件的形状如果太复杂（可能不易加工），可以返回结构设计部分，对产品结构进行修改，并重新评价，然后修改几何形状或参数。这个过程还可与成本估计相结合，成本估计直接利用所产生的几何信息。

将 CAD 与 DFA 集成，设计产品的过程如下：

(1)在概念设计阶段，设计初始的产品结构，可以通过装配结构树和草图来确定产品结构。此时装配结构树不包含任何几何信息。为了提高自动化水平，可以通过映射技术把功能映射为产品结构树。结构树的层次关系表示了产品与零件的组成关系。

(2)对当前产品结构进行结构分析，例如进行最少零件数的判断，对结构进行改进，可得到更加简单的产品结构。

(3)改进后的产品结构可以在 DFA 用户界面上显示，并可进行零件选取操作。

(4)这些产品结构动态映射到 CAD 系统中。在 CAD 系统中，对选中的零件进行详细的几何设计，这些几何模型是今后的查询和访问的基础。

(5)在每个零件的几何设计完毕后，就可对零件的加工工艺进行早期成本评价，判断是否易于加工，如果不符合要求，需要返回到概念设计阶段对结构进行修改。否则，结构设计基本完成。

从上述过程可以看出，这是一个自顶向下的设计过程，DFA的设计与CAD系统的关系很紧密，每一个零件的DFA分析所需要的信息从本质上来说都是几何信息，可以从CAD模型中获取。需要注意的是：DFA分析要尽可能早地进行，如果零件的CAD模型完全建完后才进行DFA分析，可能改动工作会较大。

DFA所需信息和装配模型有关。装配模型来自概念设计和结构设计，模型包括结构、几何、工艺、装配关系等。其中结构来自装配结构树和BOM信息；几何模型来自CAD构造的零件模型，包括位置参数、质量等；工艺信息包括装配顺序、装配路径、装配工位安排与调整、装配工具、装配夹具等装配工艺规划和技术要求、规范、标准等；装配关系表示了装配单元之间的关系。

DFA涉及的内容较多，有关装配顺序规划等问题，请参考第6章。

3. DFM 方法

装配和制造是制造过程中两个重要的环节，它们对设计的影响很大。前者主要考虑产品整体结构对设计的影响，后者多考虑单个零件的制造问题和设计的关系。因此DFM和DFA都被作为并行设计的最有效技术之一。DFM方法强调制造对设计的约束，在产品的设计阶段，分析制造因素对设计的影响。一个产品是可装配的，但不能保证零件是可制造的或者是易于制造的，如果制造难度太大或几乎不能制造，就需要修改设计方案。因此考虑可制造性，需要考虑工艺可行性、加工可行性、制造资源(机床、加工方法)的利用、工装模具、加工工具，以及加工的时间、费用等问题。

产品的可制造性评价：主要有两个指标：技术指标和经济指标。

技术指标从技术的角度评价产品的制造是否可行与合理。从零件本身来讲，零件是否是可加工的？例如，数控铣削 个零件，它的某个凹面圆角半径为1.5 mm，而从零件的材料和刀具的强度考虑,加工刀具的最小半径不能小于 3 mm,那么零件的这个圆角半径在实际加工时,或者加工不到位,或者加工到位但是会“啃伤”其他部位,因此需要修改零件的倒圆半径。

经济指标是在满足功能的前提下,保证生产费用最低,生产周期最短。例如上面的例子,如果不修改零件,直接采用数控加工很难加工出圆角半径,那么可以采用电火花加工。但是这样工艺就会复杂,另外还增加了设计和加工电极的额外工作,由此增加了制造成本和延长了生产周期。相比之下,也许修改零件是一个好的方法(在不影响产品功能的前提下)。

二、虚拟产品开发过程

虚拟产品开发是在计算机上完成包括产品设计、分析、测试等环节的整个过程,在实际产品制造前就能对产品的各方面进行评价,减少对物理原型的依赖,加速产品设计进程。围绕数字化模型,虚拟产品开发过程主要包括:

(1)组建产品开发小组:开发小组是由从事产品设计、分析、仿真、制造及产品销售和服务等方面的各种人员,甚至顾客(用户)组成的,通过组成“虚拟”的产品开发小组,实现异地协同工作。

(2)建立产品开发模型:对产品设计过程进行详细分析,确定并行产品开发过程,包括确定设计活动、这些设计活动之间的关系、哪些活动需要向下游发布信息。利用 PDM 对设计过程进行集成和管理。

(3)各阶段的设计:在 PDM 的集成管理下,每个设计小组按照并行设计过程进行概念设计、详细设计、工艺设计、工装设计、数控编程等,开发小组相互之间协同工作,随时进行信息交流,完善产品的设计。

在上述开发过程中,需要建立产品的主模型,包括几何模型、装配模型等,在此基础上,开发再现产品运动性能和动力学特征的动态仿真模型,进行性能和功能仿真。在设计阶段初步完成时,对下游发布模型与信息，利用DFA、DFM工具，结合工艺设计、工装设计、数控编程对模型进行可装配性分析和可加工性分析，分析的结果反馈到设计小组，对模型进行修改，并将修改结果自动反映到所有相关的活动中，保证产品生命周期中模型的有效性和一致性。这个过程需要多次迭代，逐步优化才能达到要求。

三、产品数据管理技术

虚拟产品开发过程会产生大量的产品数据，如设计数据、分析数据、文档数据、模型数据、绘图数据、加工数据、工艺数据、过程数据等。这些数据之间并不是独立存在的，有效地管理这些数据将会大大地提高虚拟产品开发的效率。

1. PDM的概念

产品数据管理(PDM)目前尚没有统一的定义，这里列出两个比较有代表性的定义。一个是Gartner Group公司的D. Burdick给出的定义："PDM是以软件为基础的技术，它将所有与产品相关的信息和与产品开发相关的过程集成在一起，与产品相关的信息包括CAD,CAE,CAM文件、物料清单(BOM)、产品配置、电子表格、生产成本、供应商状况等；与生产过程有关的过程有加工工序、加工路线、过程的审批权限、版本、工作流程、人员组织等。"另一个是CIMdata公司的EdMiller在"PDM today"中的定义："PDM是管理所有与产品相关的信息和过程的技术；与产品相关的所有信息，即描述产品的各种信息，包括零部件信息、结构配置、文件、CAD档案、审批信息等；与产品相关的所有过程，即对这些过程的定义和管理，包括信息的审批和发放。"从这些定义可以看出，PDM技术是对数据和过程的管理。

2. 产品数据的特点

产品数据具有下列特点：

(1)数据类型多：产品开发过程涉及的环节多，包含有各种类型的信息，如字符、图形、图像、视频、声音等，这些类型的信息从不同的侧面表达了产品数据。如设计环境信息包括开发产品的各种规范、设计准则、设计方法、标准元素等。产品的设计数据包括几何数据(如 CAD 模型)、工艺数据、工装数据、数控加工数据等,它们可能是图形数据(各种图形、仿真、模拟、动画)、数据库数据(各种表格数据)、分析数据(有限元分析、运动机构分析等)、图像(网络浏览产品模型)等。

(2)数据量大:数据量大源于两个因素:一个是与产品整个生命周期的各阶段的数据有关,另一个是与产品自身的复杂程度、零件数量有关。例如管理一个飞机产品或者航空发动机产品,零件数量都在几万个以上,而且零件的曲面多是自由曲面,使得数据量很大。

(3)动态性:设计过程本身是一个不断迭代和完善的过程,在这个过程中产生的数据是不断变化的,在各设计活动之间数据的修改必须保持模型数据的一致性,因此数据的动态性为管理带来了难度。

(4)数据结构复杂:产品的不同阶段和表现的内容都不相同,数据结构非常复杂,有结构化的,也有非结构化的,有层次结构的,也有网状结构的。这些为产品数据的统一管理增加了难度。为了处理不同的数据结构,就形成了不同的应用系统。

3. PDM 的基本功能

早期的产品数据管理主要是针对图档管理,这是因为当时的 CAD 技术水平所限。随着数字化技术的发展,PDM 管理的信息越来越庞杂,功能越来越强大,PDM 的功能主要有[3]:

(1)电子仓库和文档管理:电子仓库是 PDM 的最基本功能,它提供了存取产品生命周期内所有数据的能力,支持数据的生成、存储、查询等。电子仓库提供了一种数据存储机制,它保存了管理数据的数据(元数据),这些数据是指向描述产品的物理文件和数据指针,为 PDM 控制环境和管理提供依据,允许用户方便地访问产品的全部信息而不必关心数据的物理位置。

文档管理提供对电子仓库中文档的管理和控制。例如产品资料的分类组织、模型文档的版本管理、对象的查询、动态浏览与导航、数据资料的状态控制、权限控制及安全保密控制。

（2）产品配置管理：产品配置管理以物料清单为组织核心，把定义最终产品的所有过程数据和文档联系起来，对产品对象及其相互之间的联系进行维护和管理。例如产品结构定义和维护、产品数据资料的导航、产品配置和系列产品管理、CAD和PDM之间的结构协同等。

（3）流程管理：流程管理用来控制产品设计制造活动的提交、审批、发放过程和更改过程。一个产品的流程是可预先定义的，一旦定义好后，设计过程就按照流程的顺序自动进行。流程中的每个节点代表了过程中的一个环节，一个环节的结束必须通过审批确定（通过电子签字），如果审批通过，则自动进入下一个环节。每个环节是否允许通过，与预先定义的审批规则有关。在定义审批过程时，必须定义审批规则和审批人员，例如一个环节的结束是采用一票否决制还是半数通过制，审批人员的组成是由哪些部门的人员构成等。对于更改过程，当前环节的审批未被通过时，需要回到当前环节的产品模型中修改模型。由于模型提交给审批过程后，模型就处于锁住阶段，任何人无权更改，因此更改过程需要将模型解锁，在当前环节允许模型修改，并再次提交。这是一个非常复杂的过程，特别是设计和制造之间的更改有时会非常频繁，控制这个过程需要工作流系统有较好的柔性。流程管理还必须适合并行工程的需要，这是一个更为复杂的流程管理。在并行工程环境下，更改的范围可能要跨越若干个环节，提交的模型需要考虑中间信息发布和最终信息发布。审批和发布流程如图5-11所示。

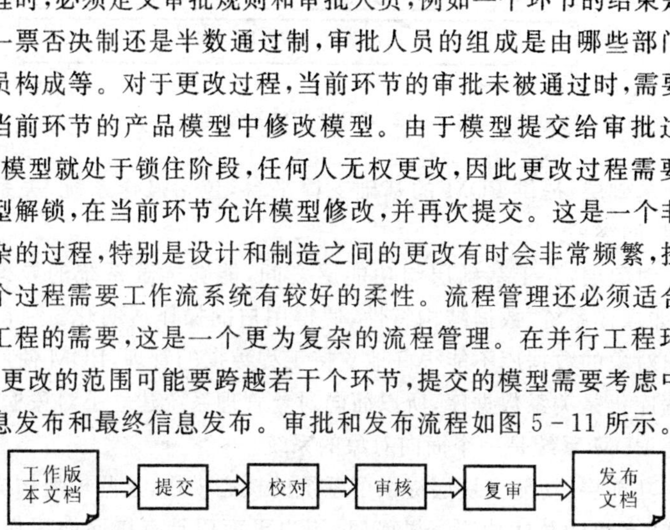

图5-11　审批和发布流程

(4)软件集成功能：产品数据管理系统管理各种类型的数据和模型，要达到集成的目的，必须对不同数据和模型的应用软件提供封装工具的功能，例如面向一般软件的封装机制、面向 CAD 的集成机制、面向 ERP 的数据库链接、面向浏览器的页面集成等。

(5)项目管理功能：项目管理是为管理者提供项目的进展活动和状态的查询和浏览工具。例如产品开发项目的人员组织、构造产品开发的虚拟团队、自顶向下的工作分派、产品开发任务的动态监测等。

4. PDM 的体系结构

PDM 具有开放的层次体系结构，如图 5－12 所示。

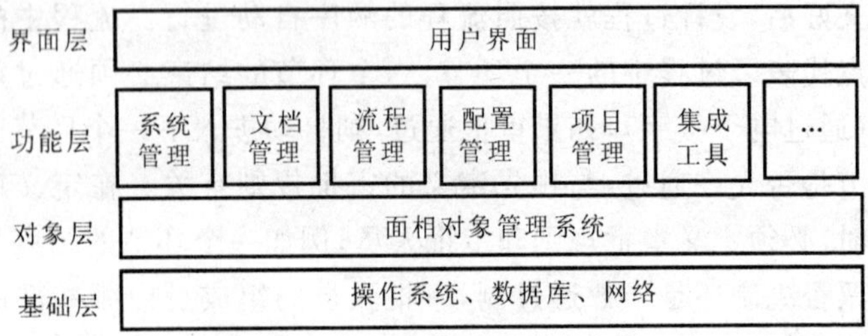

图 5－12　PDM 的体系结构

基础层：提供 PDM 的基础支撑平台，包括操作系统、关系数据库、网络等。

对象层：介于基础层与功能层之间，能够屏蔽系统的异构环境，如操作系统、数据结构特性，使得用户的操作透明化。目前的面向对象的数据库不能很好地支持工程数据的管理，PDM 使用的数据库仍是关系数据库，所以面向对象管理系统建立了对象框架，使得 PDM 系统是一个面向对象的系统。

功能层：功能模块层提供了系统的核心模块，这些模块构成了 PDM 系统的总体功能。界面层：用户界面层是直接面向用户的，提供了用户与系统的交互窗口。

5. 在 PDM 下的产品数据定义与管理

(1)以产品对象为核心的产品数据组织:为了描述和管理产品数据,面向对象技术可以被用来定义产品数据,通过继承和封装的思想,保证产品数据的重用性和可扩充性。

产品数据从内容上看,包括描述产品自身的几何信息和非几何信息、产品开发过程中的数据之间的关系、人员组织模型和产品过程的管理信息。从分布上看,数据分布在不同的系统和计算机中,具有典型的分布性。从表示形式上看,信息有结构化和非结构化数据。

面向对象技术将复杂的产品信息实体看做对象,对象之间的关系可以通过消息的传递激活相应的方法实现。在产品的开发过程中,产品始终是各种活动的中心,产品数据的组织应当以产品对象为核心来组织数据。产品、部件、零件可以被抽象成一个产品对象,与产品对象相关的数据文档可以封装为数据对象,数据对象和产品对象相关联就构成了面向对象的产品数据定义。以产品对象为核心的产品对象结构如图 5-13 所示。

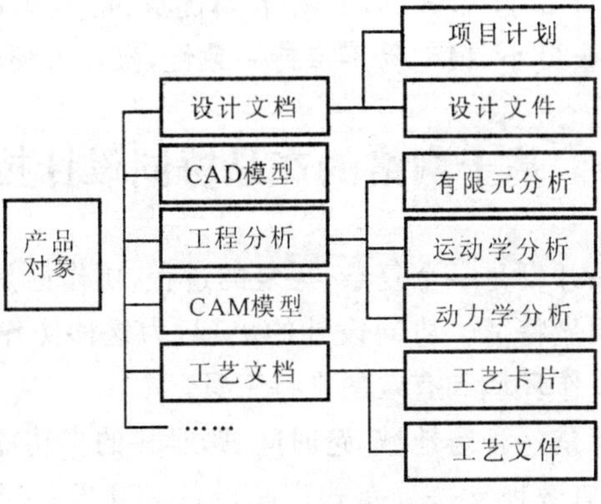

图 5-13　产品对象结构

(2)产品结构树:产品结构树是产品对象层次结构的一种表示

形式，产品结构树从功能层次描述了产品零部件之间的装配关系，它由产品、部件、零件构成。

1)产品：企业生产的产品，可以是产品、部件、零件，并具有一定的功能。

2)部件：具有由一定功能的零部件组成的子装配体。

3)零件：泛指具有单一功能的产品装配的最小单位。

对于零件来说，可以进一步分类，作为其子类描述：

1)标准件：由一定部门发布的标准件，如符合国家标准、行业标准、企业标准的标准件。

2)外协件：由外单位加工，本单位提供技术资料的零部件。

3)外购件：直接购买的零部件。

4)自制件：由本单位加工的零部件。

每一个子类的信息构成不同，管理的数据亦不同。PDM 系统会按照对象的方式建立产品结构树，并将相应的信息进行封装。围绕着产品对象、产品的版本管理、审批过程、权限管理、文档管理，将和产品对象建立相应的关系，共同实现对产品数据的管理。

在 PDM 下的产品数据，具有下列优点：信息集成度高，便于管理，存储冗余量小，模型易于保持一致性，操作方便。

5.4 基于网络的产品协同设计技术

虚拟产品开发是一个复杂、反复的过程，协作性是产品设计和开发过程的明显特征。协同设计的出现，为这种协作性的实现提供了良好的工作环境和有效的支持工具。

协同设计是一种跨地域、跨时间、跨学科的多功能小组协同工作模式，能够有效地支持分布式产品设计和开发。协同设计强调不同专业领域的专家共享知识和交流设计思想，它对传统的 CAD 设计工具提出了新的需求，应当为地理分布的用户提供实时的、在线的协同讨论和问题求解的协作环境，使产品生命周期全过程的人员都能够为产品的开发做出贡献。与并行设计相比，协同设计更加突出人的作用，强调相关活动的各方面人员（包括设计、制造、销售、管理、维护，甚至最终用户）的协同工作，协同设计思想认为在未来的全球化企业竞争中，只有使来自不同专业领域、具有不同经验技能的专家彼此间共享知识、交流思想、激发灵感，才能有效地实现产品设计的创新。

一、协同设计的基本概念

协同设计主要指的是在协同环境下的产品设计过程。为了完成某一设计目标，由两个或者两个以上来自不同专业领域的设计主体（或称专家），通过一定的信息交换和相互协同机制，分别完成各自的协作任务，以实现共同的设计目标。协同设计的实质在于：通过交换、共享关于产品设计的信息和知识，从而提高产品设计过程中决策的正确率，减少返工次数，加速决策的过程，进而提高设计的效率。

协同设计具有下列特点：

(1)协同性：产品设计过程涉及各个领域的知识，各领域在完成各自设计任务的前提下需要与其他领域进行协调。协同性包括：信息协同——各领域专家实现的总目标是共同的，所有设计者面对的是同一产品信息模型，不同设计者之间存在设计信息的协同；过程协同——设计活动之间存在关联性，必须按照一定顺序，协调一致地进行。

(2)多主体性：设计活动是靠各领域专家共同完成，而这些专家是相互独立的，并在本领域具有领域知识、经验和问题处理能力；

(3)异地环境：协同设计由于网络环境的支持，设计专家可以异地设计，不局限在同一地域。

二、协同设计系统的分类

协同设计系统可以按照多种方式进行分类，最常见是按照地域和时间关系分类。可以分为同地异步协同、同地同步协同、异地异步协同、异地同步协同。而同步协同和异步协同的区分可以用图 5-14 所示来说明。

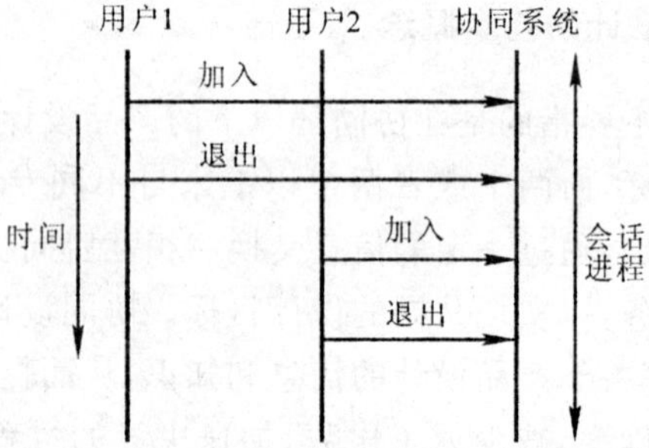

(a)

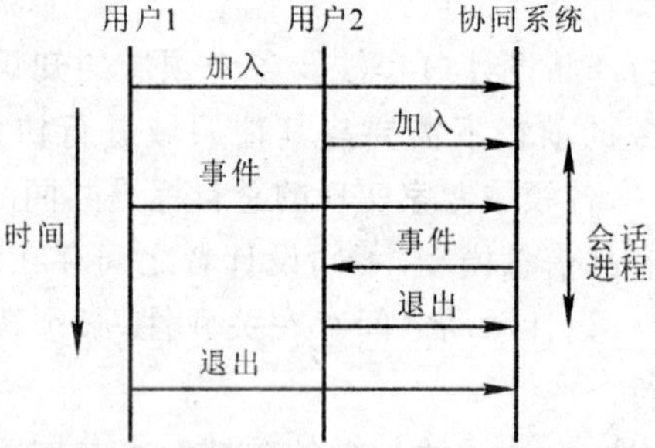

(b)

图 5-14　异步与同步协同

(a)异步协同；(b)同步协同

异步协同对协同的并发控制和实时性要求不高，协同小组在需要协调工作时，依靠发送电子邮件进行交流，产品模型信息通过网络传递，可以通过网络浏览器观察模型，因此对协同环境的时间同步性要求相对较弱。异步协同虽然放松了对实时性的苛刻限制，但是对模型的唯一性和一致性则提出了严格要求。用户各自操作自己的模型，随时处于修改和设计中。在进行协同时，必须保证看到的产品模型是当前最新的模型，因此系统要提供模型唯一性检查和一致性检查。

在虚拟产品开发中，大量使用的是这种异步协同机制。例如PDM就是一个具有异步协同功能的集成平台。产品模型的唯一性由主模型和版本控制保证。当需要通过网络进行浏览时，模型需要转换成VRML或其他格式进行显示。模型的一致性就要求每次显示前查询显示模型和实际模型的一致性。

同步协同需要严格的并发控制和实时性。例如在异地同步协同环境下，协同小组成员讨论产品方案，会议中各用户的任意一个操作（对产品的意见、查询的信息、浏览的视角、对产品的标注等），都反映在浏览器上，即“你见即我见”。同步协同主要用于异地方案讨论、工艺会签、装配协调、工艺协调等环节。

三、同步协同应用系统的体系结构

由于协同设计系统的类型不同，其体系结构不可能统一。这里以参考文献[5]为例，说明同步协同的体系结构。

如图5-15(a)所示是集中式协同应用系统，这种实现方法称为“显示广播”，是协同系统的一种主要实现方法。图中的中心会议Agent（会议代理）接收协同用户的输入，合并输入事件，产生单一的输入事件序列，并传送给会议Agent的应用程序，应用程序的图形输出结果被发送给协同用户。

如图5-15(b)所示是复制式协同应用系统，这种实现方法称为“事件广播”。每个用户主机拥有一份共享数据拷贝和独立的应用程序，协同用户的输入首先被传送给会议Agent，会议Agent合并输入事件，产生单一的输入事件序列，然后通过事件广播器发送给协同用户，协同用户调用本地的应用程序操作共享数据。

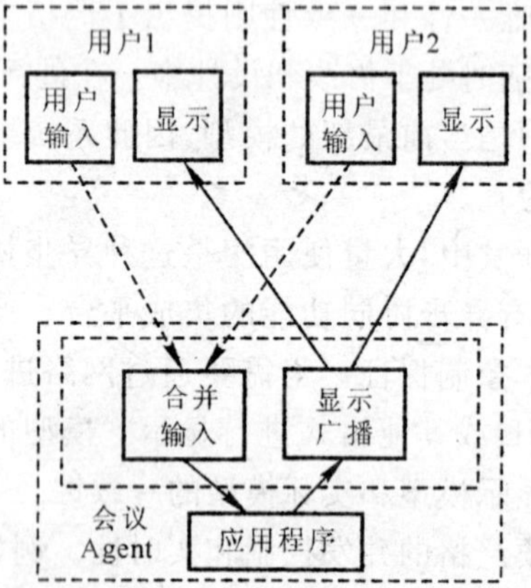

(a)

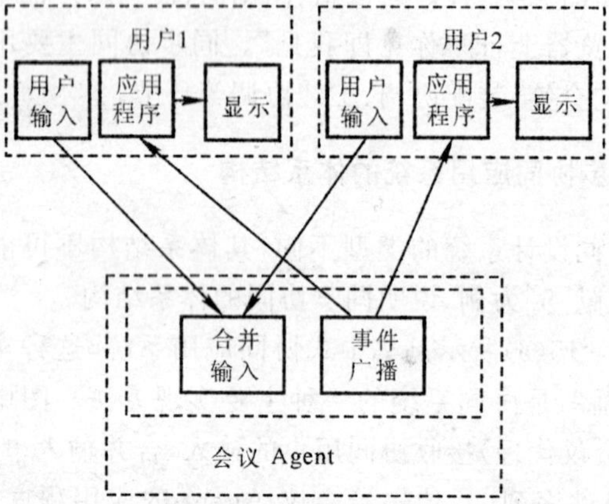

(b)

图 5－15　同步协同应用系统

(a)集中式协同应用系统；(b)复制式协同应用系统

集中式结构实现简单，所有的通信和连接都是通过中央主机，形成星型拓扑结构。但是星型结构的中心主机可能成为性能瓶颈，尤其当用户数目大量增加时，系统性能会显著下降，而且星型结构的系统可靠性比较差，一旦中心主机出现问题，整个系统都会瘫痪。

集中式与复制式结构各有优缺点，分析比较如下：

(1)由于只有一份数据拷贝，集中式结构易于保证共享数据的一致性，而复制式结构存在多份数据拷贝，如何维护数据的一致性是一个需要解决的问题。

(2)对于集中式结构，由于大量的处理和计算是放在中心主机上的，因此中心主机的处理能力应当很强，而用户主机的处理能力则可以较弱。相反，复制式结构要求各个主机的性能差异不大，如果不同用户主机的处理性能不相同，可能会导致数据的不一致和不同步。

(3)对于集中式结构，用户对共享数据的操作是顺序串行的，而复制式结构则可以允许多用户并发操作，因此，复制式结构需要解决并发操作引起的冲突。

(4)由于接口与功能分离，集中式结构需要开发两个应用程序——用户端应用程序和中心主机端应用程序，而复制式结构只是一个应用程序、多个实例。

(5)集中式结构要求高速、宽带网络环境，而复制式结构则可以在相对低速、窄带宽条件下实现。

四、协同 CAD 环境

协同设计需要提供协同交流的平台，因此必须有网络技术的支持和通用的协同工具，使协同小组成员不受时空的限制进行设计和协调。协同环境分为 4 个层次：网络层、通信层、协作层、应用层，如图 5－16 所示。

(1)网络层:实现基本的 Internet/Intranet 网络连接和网络通信支持(TCP/IP,HTTP 协议等)。

(2)通信层:实现数据传输、消息通信和多媒体通信(音频、视频、图形、图像)等功能。

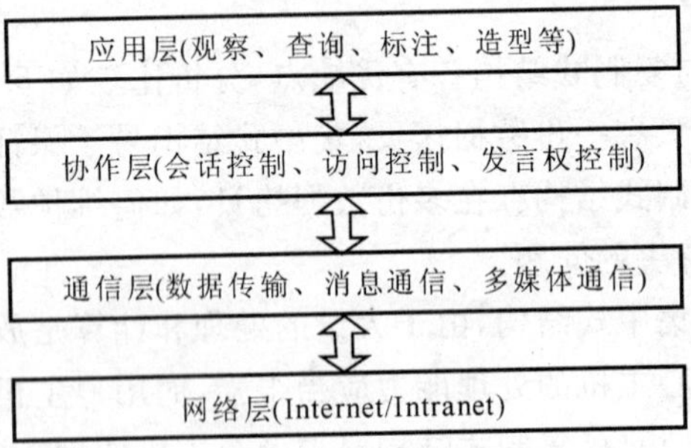

图 5-16　协同 CAD 系统层次模型

(3)协作层:实现通用 CSCW(Computer Supported Cooperative Work)功能,包括会话控制、访问控制、发言权控制等功能。

(4)应用层:实现专用 CAD 功能。在异步协同和同步协同工作模式下,这些应用层功能应当包括:

1)观察:在异步协同工作模式下,协作用户可以观察产品模型,对模型进行视图操作(平移、旋转、放缩),产品模型可能是 3D 模型或者 2D 工程图,如图 5-17 所示。

2)查询(Query):在异步协同工作模式下,协作用户可以查询相关的产品模型信息,例如几何参数、设计约束、材料等属性信息。

3)标注(Mark up):在异步协同工作模式下,协作用户可以直接在产品模型(3D 模型或者 2D 工程图)上添加注释和标记,以记录设计意图和意见,用户也可以查看其他协作用户添加的标注信息。

4)造型(Model):在异步协同工作模式下,根据协作用户的标注意见,设计人员可以对产品模型进行编辑修改和造型操作。

5）协同观察（Co-View）：在同步协同工作模式下，参与协同讨论的用户，可以与其他用户同步地观察产品模型（3D 模型或者 2D 工程图），进行视图操作（平移、旋转、放缩），实现多个协作用户之间的显示同步，即“你见即我见”。

6）协同标注（Co-Markup）：在同步协同工作模式下，参与协同讨论的用户，可以直接在产品模型（3D 模型或者 2D 工程图）上添加注释和标记，以记录中间讨论结果和设计意图，其他用户可以同步地查看添加的标注信息。

7）协同造型（Co-Model）：在同步协同工作模式下，设计人员可以在线地进行编辑修改和造型操作，造型修改结果被通知给其他的协作用户，实现多个协作用户的模型同步和更新。

其中，前 4 项功能是异步协同工作模式，而后 3 项功能是同步协同工作模式，同步协同的功能，使那些通过网络连接起来的协作用户可以直接在产品模型上进行协同讨论和召开会议。

五、协同设计过程

一个产品设计过程，从接受产品设计开始，首先组成协同设计团队，团队成员来自各领域，例如设计、分析、工艺、加工、质量管理等，各领域专家可能跨企业、跨行业，处于不同的地理位置。团队成员之间的交流通过网络。例如某一航空发动机产品的研制，产品设计在成都，产品制造在西安，部分加工在北京等。每个成员在本地完成自己的任务，对于与其他领域有相关关系的内容，需要登录协同设计系统，在协同环境下进行协调。典型的是产品装配环节的协同，设计与加工环节的协同。例如在装配环节，零部件可能来自不同的部门设计者、异构的应用系统，装配时，需要协调零部件之间的尺寸、装配间隙等。利用协同浏览器，可以查看装配模型，并对装配模型进行评价，对于需要协商零件尺寸的修改，可以通过电子白板或者电子会议进行交流和协商，并最终做出决策，确定哪个零件需要修改，将修改消息发给零件的设计者，由设计者修改,刷新模型,并再次提交给协同团队的相关人员。

5.5 网络环境下产品信息可视化集成共享技术

虚拟产品开发涉及设计、工艺、制造、装配等多个生产环节的虚拟运行,同时也需要供应商和产品用户的共同参与,在计算机网络环境下群组协同工作,实现整个虚拟产品开发过程。显而易见,产品信息共享是实现虚拟产品开发的重要基础。虚拟产品开发对产品信息共享的要求:

(1)集成化:为了实现虚拟产品开发过程中多学科、多系统、多用户的协同合作,需要建立面向产品全生命周期的产品数据模型,实现设计、工艺、制造、营销、服务等环节的高度信息集成与共享。

(2)标准化:面向产品全生命周期的全局产品数据模型必须是中性的、开放的、平台无关的,因此,要求产品数据模型的标准化和规范化。

(3)网络化:虚拟产品开发通过计算机网络将生产企业、合作伙伴、供应商以及最终用户连接在一起,要求产品信息能够在网络环境下方便地实现访问和共享。

(4)可视化:产品数据模型面对的是不仅是工程技术人员,也包括管理人员、营销人员、产品维护人员、培训人员以及最终用户,因此,需要将产品信息以直观和可视化的形式提供给各种用户,产品数据模型的表现形式应包括文本、二维和三维模型、动画、音频、视频等多种形式。

近年来,随着信息技术、Internet 技术和各种先进制造技术的迅速发展,为实现网络环境下产品信息的可视化集成共享提供了有力支持。本节主要介绍基于 STEP,Web,VRML 的产品信息可视化集成共享技术。采用 STEP 标准建立面向产品全生命周期的产品数据主模型,为虚拟产品开发提供统一的产品数据描述;利用 Web 的跨地区、跨平台特性,以 Web 浏览器作为产品共享数据的标准访问方式；采用 VRML 技术建立以三维模型为载体的可视化产品结构树，实现产品信息的表示从静态到动态、从二维到三维的飞跃，以及产品信息的可视化集成共享。

一、基于 STEP 的产品数据主模型建模技术

产品数据主模型，也称全局产品模型或通用产品数据模型，是面向产品全生命周期，由设计、工艺、制造、维护等产品研制不同阶段所共享的数据模型，描述对象包括几何信息、尺寸公差、材料信息、加工信息、装配信息、分析信息、管理信息等。

产品数据主模型建模应该以 STEP 标准为依据，对虚拟产品开发过程涉及的共享数据进行逻辑组织和管理，采用 EXPRESS 描述语言，通过模式、实体、属性、规则、约束等描述产品信息模型。SDAI(Standard Data Access Interface)是 STEP 标准中规定的产品数据的标准访问接口，通过将 EXPRESS 模式转换成数据库模式和 SDAI 数据字典，开发 SDAI 接口模块，根据不同的实现方法(数据库或中性文件)，建立产品数据库；应用系统可通过 SDAI 接口访问和管理产品数据。具体过程如图 5－17 所示。

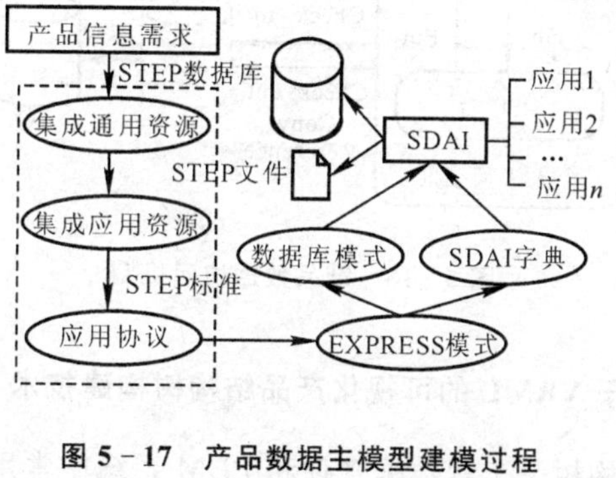

图 5－17　产品数据主模型建模过程

主模型的数据是通过主模型、功能视图、个人工作空间、工作台、个人存储空间等层次来进行组织和管理的。产品数据主模型

是一个全局数据模型;功能视图是主模型的子集,是主模型的面向某一工作组的应用视图,如设计视图、工艺视图、制造视图、装配视图等;个人工作空间是功能视图的子集,是多学科工作组中某一成员的个人逻辑工作空间,是用户存储和维护中间设计结果的场所,其中的数据不被工作组其他成员共享;工作台是组成员执行产品开发活动中某一任务的空间,是一个逻辑的活动执行空间;个人存储空间中存放的是个人的私有数据,通常用来存储设计人员的中间设计结果以及设计活动所参考或使用到的其他信息。如图5-18所示,工作组成员对数据的访问手段一般有以下几种:Reference,Copy,Check_in,Check_out,用户将参考数据复制到个人工作空间后,即可开始工作,设计工作在工作台中进行,工作台中记录了各种开发环境信息,用户暂停工作时,可将中间结果暂时存放于个人存储空间;当用户重新开始工作时,再从中取出到工作台继续工作;当设计工作完成后,用户将定型的产品零部件版本以Check_in 的方式存入主模型,被工作团队中的其他人所共享。

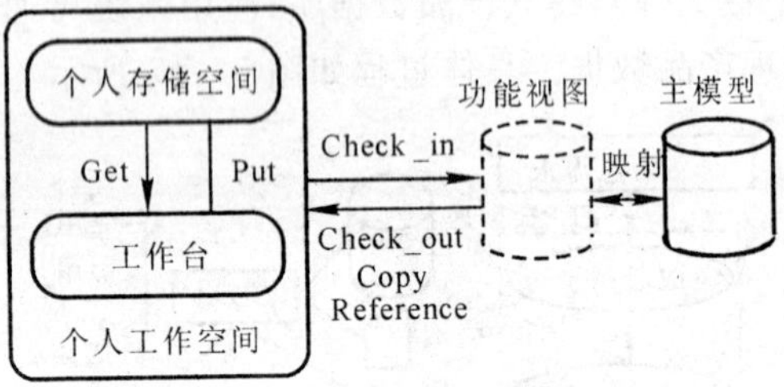

图 5-18 产品数据访问机制

二、基于 VRML 的可视化产品结构树构建技术

产品结构树是工程数据管理和 PDM 系统中常用的产品信息载体,它以树状结构的文本形式反映了产品、部件、零件间的装配关系;可视化产品结构树则是对传统产品结构树的 Web 化和可视

化扩展，它以 VRML 表示的三维实体为主要的信息载体，利用 VRML 节点的可链接性和可导航性来描述产品结构的层次关系。通过将产品的装配关系自动转化为相关零部件 VRML 文件间的超链接关系，以超链接相连的产品全部零部件 VRML 模型将构成一种可视化的产品结构树，为用户提供一种可视化的数据查询手段。

图 5-19 给出了建立可视化产品结构树的示意图，首先需要将产品零件级的 STEP 文件转换成 VRML 格式，可采用第 4 章 4.6 节 XML 与 RDB 的静态数据转换技术中介绍的技术来实现；然后从产品、部件级的 STEP 文件中自动提取装配关系，并应用 VRML 的面向对象特性、层次性、可导航性等特点，确定和建立可视化产品结构树中的超链接和访问形式，其中 VRML 父节点到子节点的一对多的关系是产品装配结构关系的映射。主模型的数据结构同时支持产品 VRML 数据的数据库存储和文件存储两种方式，格式转换工作在产品数据入库时进行，并将 VRML 数据作为产品数据文档的一部分来管理。

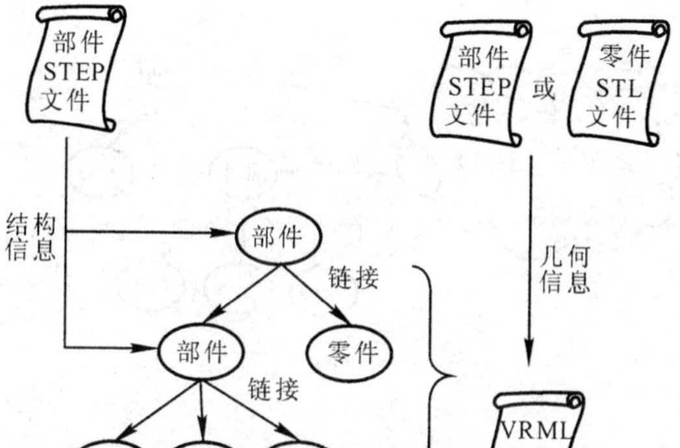

图 5-19 可视化产品结构树的构建

三、基于可视化产品结构树的产品信息集成共享技术

以可视化产品结构树为载体，可实现产品结构和开发过程纵、横两个方面的双向信息集成。如图 5-20 所示，产品结构可分为产品级、部件级和零件级，开发过程可分为 CAD，CAPP，CAM，产品装配等不同环节。如果把不同的产品结构视为不同的结点，则在不同的产品结构结点则分别集成了对应层次的开发过程信息；如产品级的 CAD，CAPP，CAM，装配等信息，部件级的 CAD，CAPP，CAM，装配等信息，零件级的 CAD，CAPP，CAM 等信息。

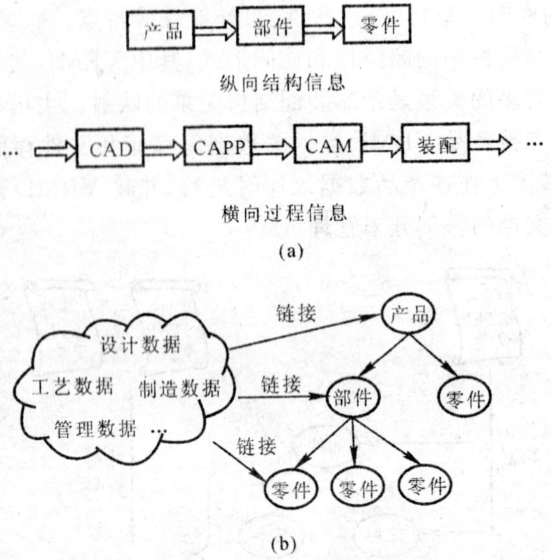

图 5-20　产品结构和开发过程纵横双向信息及集成

(a)纵横双向信息；(b)纵横双向信息集成

为了实现 Internet，Intranet，Extranet 和异地异构环境下的

产品信息共享，需要将传统的产品数据转换成 Web 使能的数据，可通过第 4 章 4.6 节中介绍的产品数据的 Web 使能技术来实现。

通过链接模型来表达产品数据链接关系，以产品数据主模型和 HTTP 协议为基础，以多媒体数据和超文本链接为工具来表达产品数据之间的相互关联，为基于 Web 的产品数据的共享和访问提供技术支持。链接模型以两种形式组织产品数据。一种是以传统的产品结构树为主线，围绕着产品、部件、零件间的装配关系组织产品数据。这种方式层次清楚，数据完备，特别适宜于工程技术人员的需要。另一种方式是以可视化产品结构树为信息载体，通过产品的三维实体模型，利用 VRML 节点的可链接性和可导航性来组织产品数据，用户可通过 VRML 浏览器直接操纵产品的三维实体，具有直观的三维效果和"所见即所得"的表达能力，非常适合管理人员、营销人员、维护人员以及最终用户的需要。这两种方式可单独使用，也可组合使用。不同角色和用户的信息访问范围通过权限管理来控制。

四、系统实现技术

图 5-21 给出了一个基于 STEP，Web，VRML 的产品数据信息共享及可视化技术的应用系统的总体结构简图。图中应用管理器在 Internet 环境下通过软件总线接受用户的访问请求，向功能视图管理器发出数据服务请求，视图管理器根据用户权限和功能分工，确定合适的应用服务器，并把数据和请求发送给该服务器对象；应用服务器可通过数据访问接口访问数据库或向其他的应用服务器发出请求，并将处理结果返回给用户。图中的设计服务对象和浏览服务对象只是两个应用服务对象的例子。

整个系统的组织以 CORBA 技术为核心，各个应用服务器以 CORBA Server 对象或 Java servlet 的形式存在于系统中，服务器对象可以相互通信，也可以同客户端的 CORBA Client 对象或 Applet 进行通信，以减轻 Web 服务器的负载，提高运行效率。

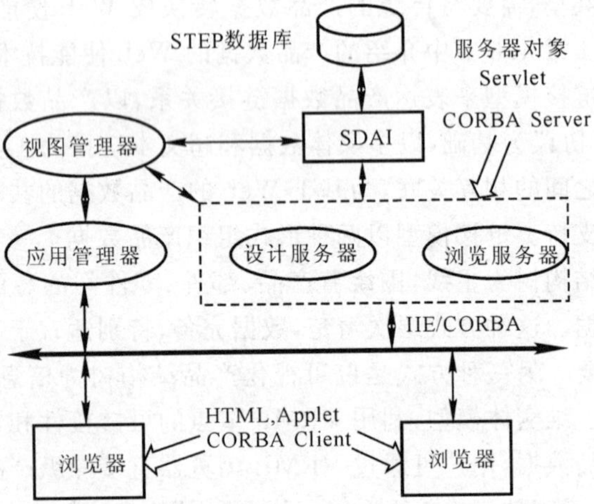

图 5-21　系统的总体结构简图

图 5-22 ～图 5-27 分别表示了原型系统的若干功能实现界面。

图 5-22　某一虎钳产品的可视化产品结构树浏览

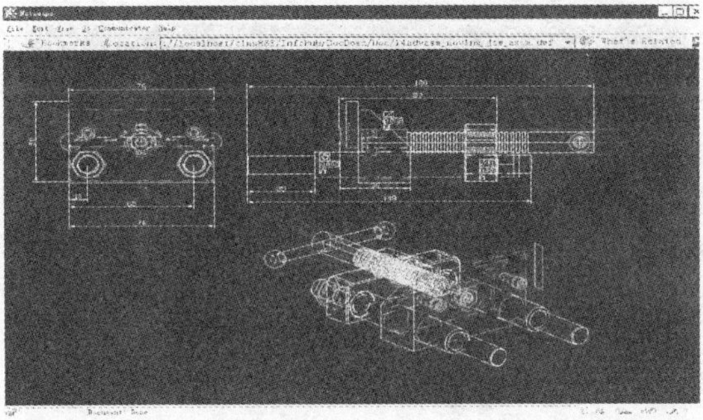

图 5 - 23　某一虎钳产品的二维装配工程图浏览

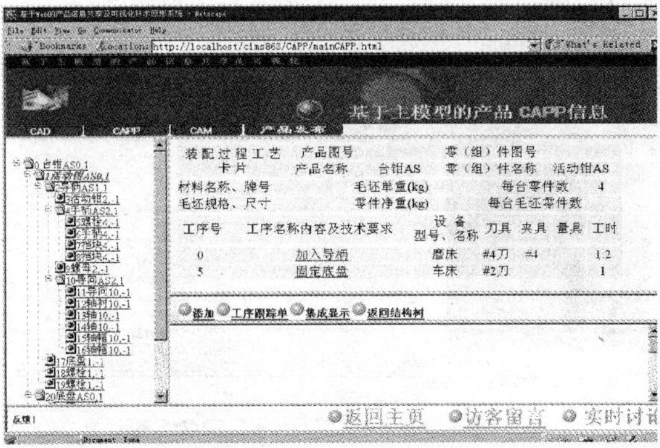

图 5 - 24　某一部件的 CAPP 装配过程工艺卡片浏览

本节介绍的网络环境下的产品信息可视化集成共享技术具有如下主要特点：

(1)客户端为零维护，只需安装 Web 浏览器及相关插件即可实现产品共享信息的访问，可方便地面向虚拟产品开发过程的不同用户和角色，具有与平台无关、使用方便和成本低廉等特点。

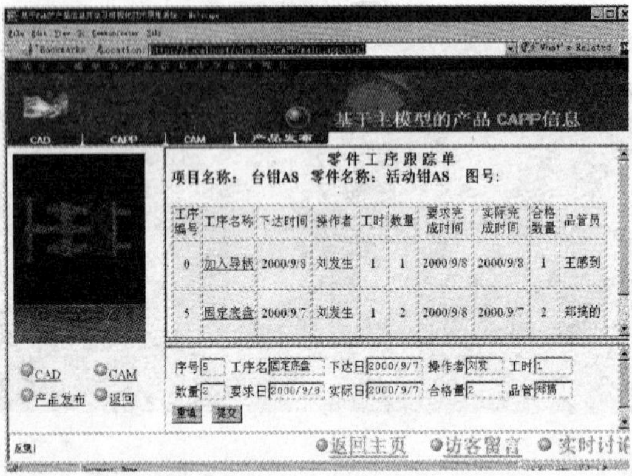

图 5－25　某一部件的装配工序跟踪单浏览

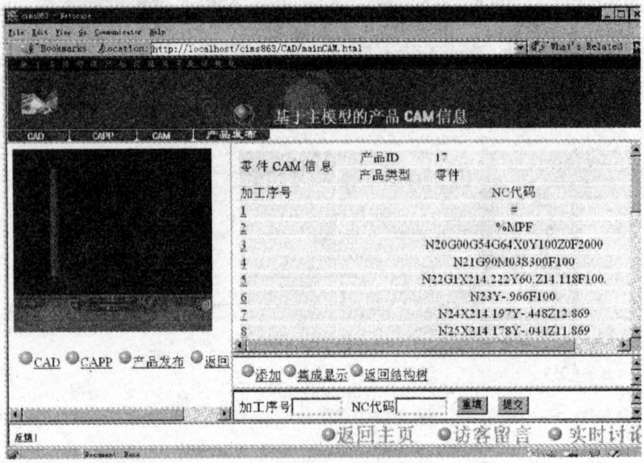

图 5－26　某一零件的 NC 加工代码浏览

(2)在 Web 环境下，无须 CAD 系统的支持，通过通用浏览器可交互实现产品三维模型的放缩、旋转、平移，整机/部件/零件等不同粒度的产品分解，可以深入到产品的内部浏览细节，具有鲜明的可视化特色。

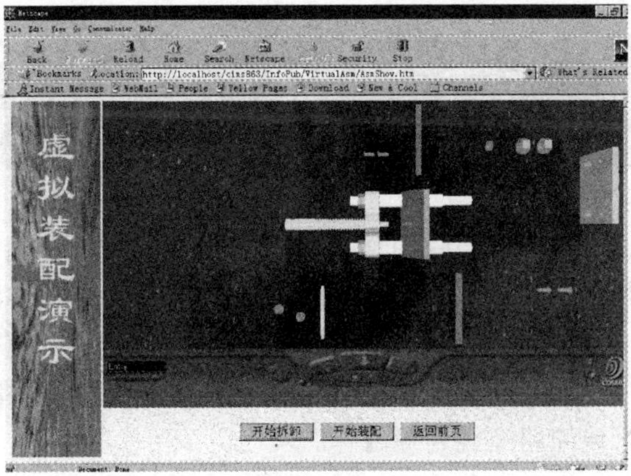

图 5-27　虎钳产品的虚拟装配演示

(3)可实现 Web 环境下产品三维模型、二维工程图及其他产品信息和过程信息(如工艺、装配、NC 代码、BOM、工程更改等)的集成管理和访问。

第6章　虚拟装配

虚拟装配是虚拟制造的重要组成部分。它充分利用了虚拟现实技术和CAD技术的优点，模拟一个虚拟的装配环境，用于验证装配设计和操作的正确性，及早发现装配中的问题，对模型进行修改，并可视化地展示装配过程。本章主要论述虚拟装配建模、装配序列规划、装配路径规划等内容。

6.1　虚拟装配建模

一、概　述

虚拟装配是在虚拟现实环境下仿真装配过程的一项高新技术。虚拟装配系统允许设计人员考虑可行的装配序列，自动生成装配规划。虚拟装配系统包括虚拟装配环境、虚拟零件设计、装配工艺规划、工作面布局、装配操作模拟等。

虚拟装配既可看做是虚拟设计的组成部分，为面向装配的设计(DFA)提供手段，又可看做是装配规划的技术保证与仿真实现环境。虚拟设计是以“虚拟现实”技术为基础，以机械产品为对象的设计手段。借助这样的手段，设计人员可以通过多种传感器与多维的信息环境(视觉、听觉、触觉及声音、手势等)进行自然地交互，完成设计工作。虚拟现实技术和产品设计的结合不仅可以帮助人们进行图形处理、产品预装配，而且可以帮助人们进行创新设计。它可以将设计人员从键盘和鼠标上解脱出来，与设计对象进行更自然和更直观地交互。

虚拟现实技术与CAD技术的结合为工程设计领域带来了全

新的环境。在虚拟环境下的设计和装配可以充分利用虚拟环境特有的操作自然、模拟环境真实、可视感强的优点，使设计人员在设计过程中，模拟真实环境进行操作，发现设计中的问题。在并行工程的思想指导下，采用虚拟装配可以真正在产品设计阶段就考虑制造装配环节的影响，通过虚拟装配发现设计过程中产品的问题，从产品整体考虑设计是否需要更改，产品的可装配性如何，同时还可直接观察装配的动态过程。

虚拟装配设计采用虚拟现实技术，具有直观的三维可视化界面，能够清晰地表达产品的设计概念，摆脱对实物样件的依赖，设计人员可以通过对虚拟模型的分析、评价和修改，最后完成产品的定型，并最终指导生产过程的装配。

虚拟装配在工程设计中具有广泛的应用前景，有关的研究已经引起国外发达国家的关注。特别是在汽车和飞机制造工业，例如福特公司应用虚拟装配技术来评估汽车零部件安装过程的可行性。汽车部件首先在CAD系统中被建模，并将得到的CAD文件传输到虚拟环境中，然后用户操纵虚拟部件并试图将它装配到虚拟汽车上。虚拟系统能够检查部件和汽车之间的相互干扰和碰撞。采用虚拟环境的目的是按照人—机工程学的要求对各种装配操作进行评价，主要考察某个装配过程对人是否可行。又如，美国麦道飞机公司在发动机设计中进行了虚拟装配的研究，采用沉浸式虚拟现实系统辅助新型号的发动机设计，重点研究了发动机的拆装过程，对可能发生的装配干涉问题进行检测。整个发动机的拆装过程在虚拟环境进行。虚拟拆卸发动机的过程是首先打开虚拟的发动机舱门，把拖车放到发动机的下面，然后用千斤顶把拖车顶到一定高度，用虚拟工具把发动机的螺栓松开，再把发动机固定在拖车上，降低拖车，把发动机移出去进行维修或替换。安装发动机的过程与拆卸过程类似，只是过程序列相反。发动机拆卸后还可以进一步分解，最终可拆卸到零件级。利用虚拟装配系统，人们可以为特定的零件开发专用工具，检查零件是否拆装方便，这在发动机真实装配和维修方面具有重大的应用价值。

二、虚拟装配环境

虚拟现实环境下的虚拟装配，必须符合虚拟现实的三个特点（沉浸感、交互性、想像力），并有特定的硬件及软件的支持。与数字化装配不同，它除了计算机的常用设备外，还包括三维鼠标、数据手套、液晶立体眼镜、头盔等特殊的输入输出设备。

在虚拟装配中，可以用一只手或两只手操作三维鼠标或佩带数据手套。当鼠标移动时，两个与左右鼠标分别对应的手模型显示在屏幕上，对应于人的左右手，这两个三维鼠标的功能完全相同。每个鼠标上有一些功能按钮，用户可以通过这些按钮，进行基本的交互操作，如弹出菜单，"抓握"虚拟物体，"释放"虚拟物体等，同时这些按钮还可以产生深度感觉，将虚拟场景拉近或推远。输出设备是头盔，提供三维真实感图形显示效果，带上头盔，用户可以看到模拟的真实场景。

虚拟环境中交互操作经常使用菜单。菜单是由 3D 图标构成。所谓 3D 图标是在屏幕上表示的一个具有立体感的图形命令显示图符。菜单的弹出是由用户根据需要用三维鼠标控制的。当需要弹出菜单时，用手按下一个功能键，伴随着声音的提示，在屏幕上虚拟手的附近出现一个三维菜单，此时，3D 鼠标的交互方式自动转换为菜单选择方式，从虚拟手中发出一道光束，用户手的移动带动光束的移动，最后光束停留在要选的菜单上，通过功能键执行相应的操作。

以美国华盛顿州立大学开发研制的虚拟装配设计环境VADE（Virtual Assembly Design Environment）为例来说明，该系统由若干部分组成：头盔式显示器提供高质量的三维图形，电磁跟踪装置跟踪用户的头部运动，根据用户的头部运动，头盔的显示内容自动刷新。输入部分配有手位手势跟踪装置，数据手套随时监视手指和手腕的动作，其信息用于创建和操纵虚拟环境中手的模型。

设计人员可以利用 VADE 评价产品的公差、选择零部件的装配顺序、确定装拆工艺并将结果进行可视化处理。

虚拟装配环境包含系统的硬件和软件。不同类型的虚拟装配环境,配置的软件亦不同。例如零件和装配设计采用已有的 CAD 还是采用虚拟装配系统本身的设计工具? 这与虚拟装配的建模环境有关。

1. 虚拟装配的设计环境

产品是由装配件、子装配件、零件组成,设计模式不管是自顶向下的设计还是自底向上的设计,最终都要进行零件设计和装配建模。建模的过程离不开 CAD 技术的支持。虚拟装配按照 CAD 技术与虚拟技术的结合有两种工作方式。

(1)通用 CAD 系统加可视化分析工具(虚拟现实环境仅作为虚拟装配的可视化显示和操作)

(2)基于虚拟现实的 CAD 系统(直接在虚拟现实环境下建立零件和装配模型)

2. 通用 CAD 系统加可视化分析工具

通用 CAD 系统具有强大的功能,为产品的几何设计提供了非常方便的工具。用户可以首先用 CAD 软件建立三维对象模型,然后将该对象模型输入到虚拟环境中,进行可视化显示与分析。这种方法的优点是,可以充分利用现有 CAD 的软件工具和资源,对产品的零件进行几何形状设计。由于现有的 CAD 系统大多数具有参数化特征造型功能,支持产品的可修改性,因此尽管采用二维鼠标和键盘,但仍是目前最快捷的造型和设计手段。另一个优点是可以支持产品的自顶向下的设计,用户可以从概念设计开始,首先进行产品的结构设计,例如一个简单的写字台是由支架、桌面、抽屉组成,概念设计时用户只有桌子的基本结构并没有精确尺寸,当自顶向下设计时,经过逐步细化结构的各部分,可得到最终产品。最终形成的装配体是一个完整的写字台。在屏幕上可以看到写字台的产品模型。

一般来说，我们看到的装配体是一个静止的物体，它只能反映产品的结构、几何尺寸和各部分的相对位置，而不能反映产品的动态装配过程。要模拟动态装配过程，常用的有两种方法：

(1)采用计算机直接通过软件算法实现，例如经过一系列的坐标变换和图形显示的处理，产生一个装配动画过程。

(2)将 CAD 模型通过专用接口，转换成虚拟环境下所需的模型格式，然后通过虚拟环境的数据手套和头盔等工具模仿装配过程，并在装配中进行装配干涉检查，调整装配方向和距离。

目前大多数虚拟装配系统都采用这种方法。由于造型与设计工作不需重新开发系统，原有的设计资源可以充分利用，能够较快地适应设计工作。这种基于通用 CAD 系统加可视化分析工具的虚拟装配存在的问题是：

(1)在 CAD 模型向虚拟模型（小的三角面片）的转换过程中，会导致实体拓扑关系和约束信息以及参数信息的丢失。

(2)不能直接对虚拟装配模型及零件模型进行修改，对模型的修改必须要返回到 CAD 环境进行，然后再将 CAD 模型输入到虚拟环境中进行重新验证。

这里以 VADE 系统为例说明通用 CAD 系统加可视化分析工具的工作方式和相应的软件环境。如图 6－1 所示为 VADE 系统的软件环境。它的 CAD 系统采用 Pro/E 软件，用来创建零件和装配模型。要将零件安装到最终的装配位置和方位，需要计算在安装过程中所需的平移和旋转值，这些均在 Pre/E 系统中完成。然后 CAD 系统向 VADE 环境传递装配的可用模型和信息，经过 VADE 的接口处理，将 CAD 几何模型信息、视觉属性（颜色、纹理等）、装配的公差、位置、方向、装配中零件的数量以及装配约束等信息自动转换为 VADE 可用的信息。在虚拟环境中零件被转换为三角面片，采用 OpenGL 显示零件，对于不同的零件将产生和执行不同的显示列表，以保证在虚拟环境中零件的唯一性，并能分离不同的实体。

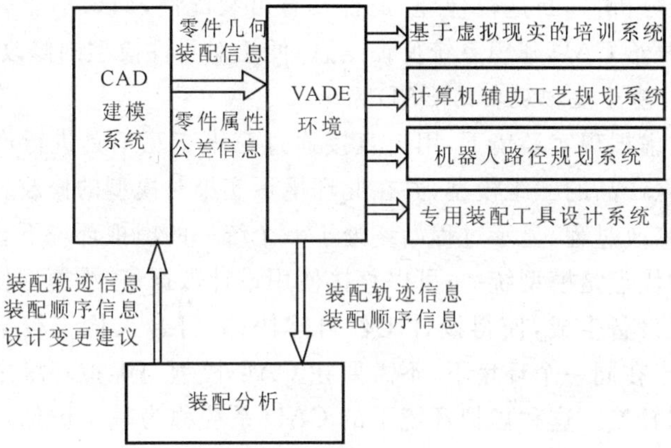

图 6-1　VADE 系统的软件环境

在 VADE 环境中，零件按装配顺序成行地排列在用户面前供用户选择，为了选中要装配的零件，系统通过跟踪装置随时测得手指的位置和方位，并与零件的任意初始位置和方位进行比较。当比较的结果在给定的范围内，这个零件就会“附到”手指上，随着手指的移动，零件的当前位置和方位与零件的最终位置和方位不断地进行比较，一旦比较结果在给定的误差范围内，零件就会立即被“吸附”到最终装配位置，此时完成一个零件的装配。用户可以按照上述方法继续选择零件进行装配。VADE 的后期版本为了简化手指移动过程中的变换，将零件的初始方位和最终方位设定为一致，这样零件在移动过程中仅仅需要平移变换。

在 VADE 环境下进行装配设计，用户可以存储装配路径，或删除并重新建立路径。碰撞检测功能会警告用户装配时发生干涉或公差出现问题。VADE 环境输出的信息可以用于装配分析、基于虚拟现实的培训系统、计算机辅助工艺规划系统、机器人路径规划系统和专用装配工具设计系统。

装配分析对来自 VADE 环境的装配轨迹信息、装配顺序信息等进行分析，判断是否合理，是否具有可装配性，如果不能满足要求，需要给 CAD 建模系统反馈信息，便于对零件模型的修改。

3. 基于虚拟现实的 CAD 系统

在虚拟现实环境下，用户直接通过三维交互工具进行产品设计，建立产品的三维模型，并在此环境下实施对模型的修改。设计过程、修改过程、显示过程始终处于一个统一的虚拟环境下。这种方法的优点是模型统一；可以直接使用设计数据；三维模型使用三维交互设备生成，使得设计工作自然协调，符合人机工程学的要求；由于在同一个环境下，不需要在 CAD 模型与虚拟环境之间进行数据转换。这种虚拟环境下的 CAD 系统称为基于虚拟现实的 CAD 系统。

目前这样的系统仍处于研究阶段，实用的商品化软件尚未推出，问题在于：

(1)由于采用三维输入设备定位，而目前的三维输入设备精确定位还比较困难。在工程设计中，特别是在详细设计阶段，精确定位的操作是必须的。虚拟环境中缺少对虚拟对象的约束。在交互操作时，造成用户进行三维设计时，难以对虚拟物体进行准确的定位和操作。一般借助于三维导航工具和设计约束改善这种操作的问题。

(2)缺少高层次的造型软件和复杂有效的设计修改工具。由于存在原有的 CAD 造型系统二维输入设备与虚拟环境的三维输入设备的差别，导致输入信息的处理方式差异较大，不能利用已有的 CAD 软件，必须开发新的适合虚拟环境和输入设备的软件，这涉及系统的结构、建模方式、数据结构等。而目前已有的大多数基于虚拟现实环境的 CAD 系统正处于研究阶段，零件模型主要建立在低层次的信息基础上，缺少高层次的描述信息和手段。

三、虚拟零件设计

零件是构成产品的基本单元，结构上是不可再分的。装配模型需要装配体中每个零件的信息。

1. 虚拟零件建模

在虚拟现实环境中进行实体造型的关键问题是零件的模型表示。零件建模是在实体造型模式下完成的。虚拟实体造型过程的主要步骤包括：

(1) 通过直接三维操作和语音命令来对基本体素进行初始定位；

(2) 通过直接三维操作和语音命令来对基本体素进行初始定形；

(3) 通过对定位约束进行识别与求解来完成对基本体素的精确定位；

(4) 通过对定形约束进行识别与求解来完成对基本体素的精确定形；

(5) 通过直接三维操作来进行变动设计。

虚拟现实系统大多采用多边形网格模型，即用三角面逼近它所表示的物体，显示速度快，便于虚拟环境的场景显示，但多边形表示的物体不适合CAD应用的要求，它缺乏几何与拓扑信息，因此主要建模方法是采用简单基本体素的模型表示方法。如圆柱体、球体等简单体素。在构造时它作为简单特征，自身带有初始尺寸值，作为默认的参数。尺寸值是作为特征的属性存在的，用户在交互操作中可以修改属性，达到修改零件的目的。例如用户通过语音命令“圆柱体高度20，直径10”精确修改初始圆柱体，也可以通过手势(两个手的拉开距离)改变高度尺寸(这是一种非精确尺寸的定义方式)。

因此，研究虚拟特征建模的方法是解决虚拟零件造型的关键。参考文献[94][101～104]提出了在虚拟现实环境下，基于约束的零件、装配建模方法。

2. 基于约束的虚拟装配—零件模型的层次表示

虚拟装配一零件模型是用来支持装配建模和零件建模的。它既有高层建模的特征语义，又有具体的实体模型定义。通常装配由零件组成，零件由特征构成，特征由特征元素定义。虚拟零件的装配，最终的装配约束是建立在特征元素上，例如面的配合，轴的对齐。虚拟零件的设计，最终的形状控制也是针对特征元素，如两个面的平行约束、面之间的距离约束等。所以特征元素是虚拟装配一零件模型最基本的组成单元，它代表了参与操作的几何元素，例如一个面，一条线等。虚拟装配－零件模型可以采用层次结构表示它们之间的约束关系，将约束信息分布在不同的对象层次上，为实现虚拟零件设计和虚拟装配提供了方便。如图 6－2 所示。

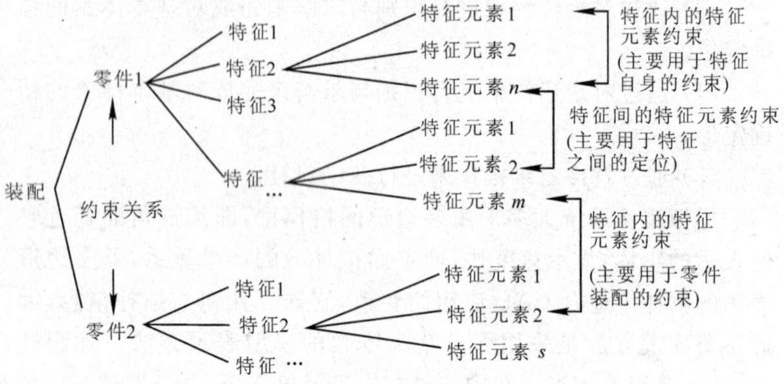

图 6－2　虚拟装配—零件层次模型

例如构造一个零件，需要 3 个特征：块、槽、孔，在基座块上开一个槽，在槽上打一个孔。块的特征元素为它的 6 个面，上下、左右、前后面分别平行，且用距离控制，与相邻面垂直等，这种在一个特征内的各元素间的约束称为特征内的特征元素约束关系；又如槽特征与块特征之间的位置约束，称为特征间的特征元素约束；如果是零件间的装配约束，对应的特征元素称为零件间的特征元素约束。所以，这是一个多层的虚拟装配—零件表示模型。

3. 基于约束的三维操作

虚拟零件设计和虚拟装配需要用户与系统不断地交互,进行几何元素的准确定位。在工程设计中,零件、装配都是需要精确尺寸约束的,例如一个圆柱体的高度和直径。虚拟现实系统由于精确定位困难,需要采用一些辅助方法实现精确定位。

在传统 CAD 系统中,精确定位或者借助于鼠标操作功能,或者借助于特征参数化功能。①鼠标操作功能采用的是设定网格和对象捕捉技术。基本原理是:在一定精度的条件下,设定矩形网格,光标落在网格附近,就被“吸附”到网格点上;光标落在对象附近,就被“吸附”到对象上。②特征参数化功能则是以草图及基本特征为粗略尺寸,通过修改参数,得到精确的图形或几何模型。

虚拟系统也可以利用上述原理进行处理。例如构造一个圆柱体,它已是一个基本特征,通过“手”的移动可将其定位在最近的网格点上。修改圆柱体的高度,可以用“手”移动特征元素(上、下表面)得到所需要的高度,也可以通过输入参数值修改高度。除此之外,可以采用基于约束的方法,进行交互和对象的操作。

基于约束的操作伴随着一个约束识别过程和一个约束满足过程。一旦一个约束被识别出来,经用户确认后,就通过执行相应对象的可允许动作满足该约束。这个约束进一步限制了对象的动作,得到新的可允许动作。用对象的可允许动作约束三维鼠标的动作即得到基于约束的操作。这里根据对象的约束与剩余自由度对应的关系,来确定对象的可允许动作操作。对象的剩余自由度,是指给对象施加某个约束后,对象能够自由运动的那些操作,对象的可允许动作只能是剩余自由度允许的范围和方式下的动作,并且保持已有的约束不变。例如,当一个小圆柱体放置在一个大圆柱体上时,如图 6－3 所示,两个圆柱体的接触面约束了小圆柱体不能有 y 方向的移动,只能有 x,z 方向的移动和绕接触面的法矢旋转操作。当移动小圆柱并定位在大圆柱的轴线上时,进一步的可允许动作是仅能围绕轴线旋转。每一步的可允许动作就是利用约束和剩余自由度确定的。对于三维空间的每一个对象，它的配置空间有 6 个自由度：3 个平移自由度和三个旋转自由度。可以用下面的矩阵表示，即

$$\begin{bmatrix} T_x & R_x & T_{x\min} & T_{x\max} & R_{x\min} & R_{x\max} \\ T_y & R_y & T_{y\min} & T_{y\max} & R_{y\min} & R_{y\max} \\ T_z & R_z & T_{z\min} & T_{z\max} & R_{z\min} & R_{z\max} \end{bmatrix} \quad (6-1)$$

式中，T_x，T_y，T_z 分别是 x，y，z 方向的平移；R_x，R_y，R_z 分别是绕 x，y，z 方向的旋转，这些元素的值可以是 0 或 1。1 表示对应的动作是可允许的，0 表示对应的动作不允许。矩阵的其他元素表示对应方向上的取值操作，如 $T_{x\min}$，$T_{x\max}$ 表示 x 方向的可允许移动范围。

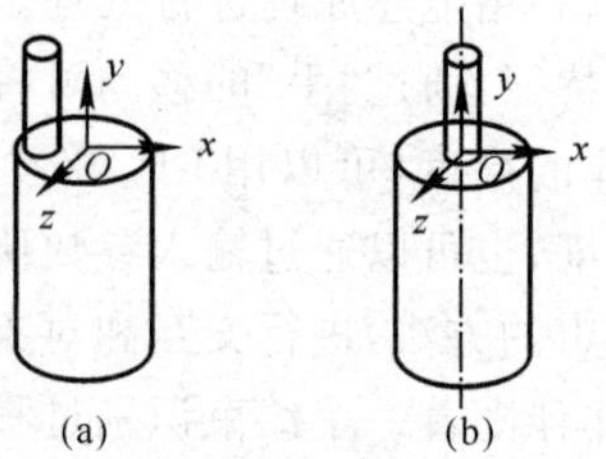

图 6－3　约束举例

一个对象可能有多个约束，不同的约束关系对应不同的剩余自由度，那么可允许的动作必须从自由度规约中推出。自由度规约表示在自由度范围内的可允许运动的交集。可利用式(6－1)的矩阵算出。用矩阵的第一列和第二列的每一个元素分别进行 Boolean 运算，同时还要对第一列和第二列的每一个元素相应的取值范围进行求交，从而得到对象的对应于多个约束的剩余自由度，也就得到了对应于多个约束的对象可允许动作。例如图 6－3(b)中的小圆柱，它们之间的约束包括面配合和轴对齐，两个约束分别对应的可允许动作为

$$\begin{bmatrix}1 & 0 & -10 & 10 & 0 & 0\\0 & 1 & 0 & 0 & 0 & 2\pi\\1 & 0 & -10 & 10 & 0 & 0\end{bmatrix},\quad \begin{bmatrix}0 & 0 & 0 & 0 & 0 & 0\\1 & 1 & -10 & 10 & 0 & 2\pi\\0 & 0 & 0 & 0 & 0 & 0\end{bmatrix} \tag{6-2}$$

与这两个约束对应的最终可允许动作为

$$\begin{bmatrix}0 & 0 & 0 & 0 & 0 & 00\\0 & 0 & 0 & 0 & 0 & 0\end{bmatrix}$$

即最后的鼠标操作仅限定在绕 y 轴旋转 360°范围内。

图 6-4 所示为带孔的虚拟零件构造过程。通过不断的约束操作和可允许动作,最终得到设计的零件。

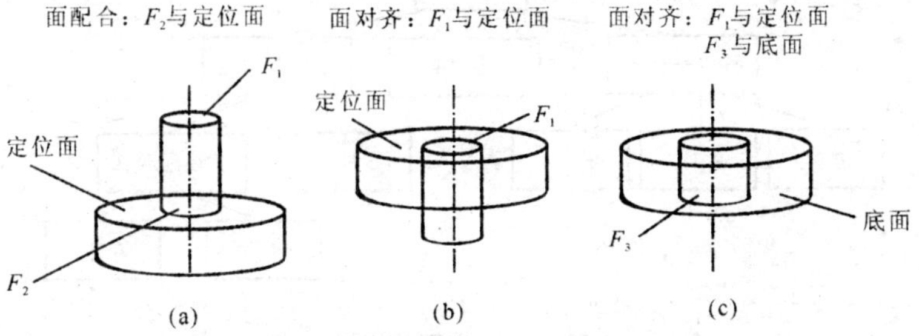

图 6-4　虚拟零件设计的特征之间及特征元素约束

(a)面配合、轴线对齐；(b)面对齐、轴线对齐；(c)Boolean 差的结果

在虚拟设计系统中,设计人员置身于虚拟现实环境中,还可以利用语音命令创建三维物体。基本工作原理是:系统根据操作者的命令,创建一个三维形体(带有系统默认参数),根据需要在其上添加不同的特征或属性,用户可以设定零件的尺寸、方向、位置。对于复杂虚拟零件的模型表示方法目前仍在研究中。

四、虚拟装配过程

虚拟装配环境中的装配建模是通过二维可视化图形界面以及对模型的三维操作实现的。虚拟装配过程是在零件识别、特征对识别、特征元素约束的基础上完成的。

1. 建立装配结构

装配结构反映了产品的构成,装配结构可以使用层次模型。装配模型中的层次关系指一个产品可以分解为不同层次的子装配体和零件,子装配体可以分解为若干个子装配体和零件,从而表现出一定的层次性。通常把装配体、子装配体、零件之间的这种层次关系直观地表示成一棵装配树结构,用装配树的层次关系表达它们之间的父子从属关系。根节点表示产品,有分支的节点表示子装配体,无分支的节点为零件。图 6-5 所示为装配结构树。

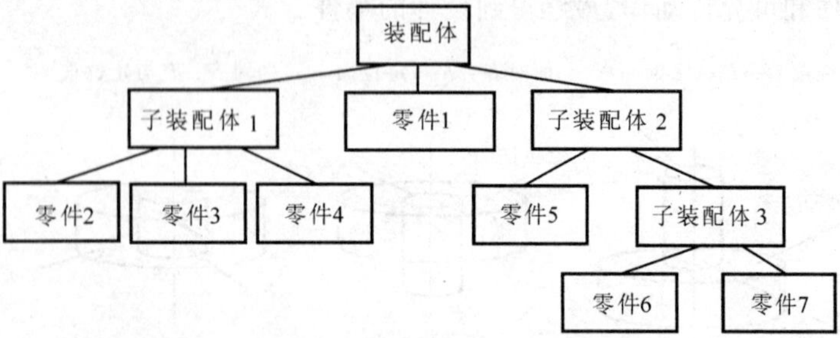

图 6-5　装配结构树

在产品设计中,装配结构模型的主要作用:

(1)装配结构的层次模型,可以支持并行装配,若干个子装配体可以分别装配,再进行整体装配,从而提高装配的效率。

(2)快速了解装配体的基本构成,定制产品的结构,实现面向客户化的产品配置。可以加入一定的配置条件,根据用户提出的条件,快速重组产品结构。

(3)构造装配 BOM(物料表),产品结构树为 BOM 表的生成提供了基本数据来源。

(4)产品预装配规划的信息来源,按照这些信息进行装配序列规划。

2. 虚拟装配过程

虚拟环境下装配过程与传统 CAD 装配过程不同，在虚拟现实环境中，它把由用户交互指定对象的操作过程变成了系统识别的过程，即通过自动识别零件之间的配合特征对及其之间的配合约束，将用户从传统装配造型过程中的繁琐的操作中解放出来，通过自动的配合约束满足特征元素的装配，从而大大简化装配过程，使装配过程更加趋向自然，并通过干涉碰撞检测，对装配过程出现的问题进行实时反馈。

虚拟装配过程如图 6－6 所示，经历了 5 个基本步骤。

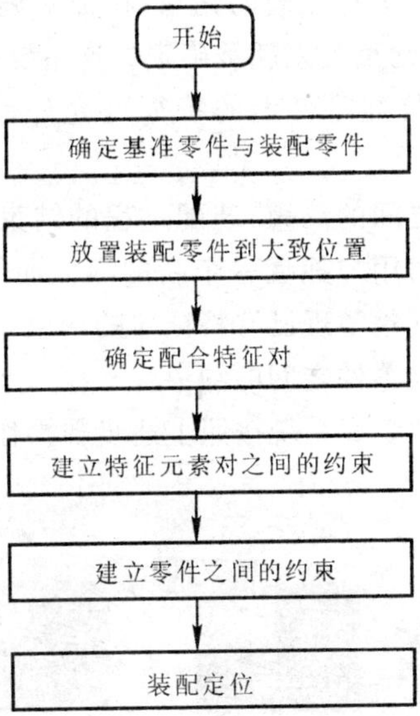

图 6－6　虚拟装配建模过程

(1)确定装配零件和基准零件：对于屏幕上有 M 个零件的环境，需要装配约束的零件一次只能选定一对，称为零件对。为了识别、操作零件对的方便，假定相对固定的零件称为基准零件，可移动的零件称为装配零件。用户用手移动零件(装配零件)，使它靠近另一个零件,系统会高亮显示该零件,并由用户确认,一旦确认,该零件即为基准零件。否则继续寻找基准零件。

(2)放置装配零件到大致位置:将装配零件放到基准零件上。识别装配零件与基准零件之间的面配合约束,一旦识别出来以高亮显示,并由用户确认。

(3)确定配合特征对:在初步定位之后,系统要进行配合特征对的识别。有些特征对还带有子特征,需要识别特征及子特征对,并判别特征对是否可匹配。例如孔轴特征是可匹配的,而一个圆柱类特征与一个平面类特征是不可匹配的。

(4)建立特征元素对之间的约束:特征对确定后,特征对相应的特征元素之间的约束关系就被确定。这主要是为装配建模提供约束信息,同时将装配零件上的特征可允许动作映射到装配零件上。

(5)建立零件之间的约束:装配过程的结束,可以随操作过程结束而终止,也可由用户抓握一个新的零件而终止。一旦装配过程要结束,系统要搜集整理已有特征对的约束,并将其存入到装配约束模型,从而建立零件之间的约束。

图 6-7 为虚拟装配系统按照上述步骤操作的装配实例。

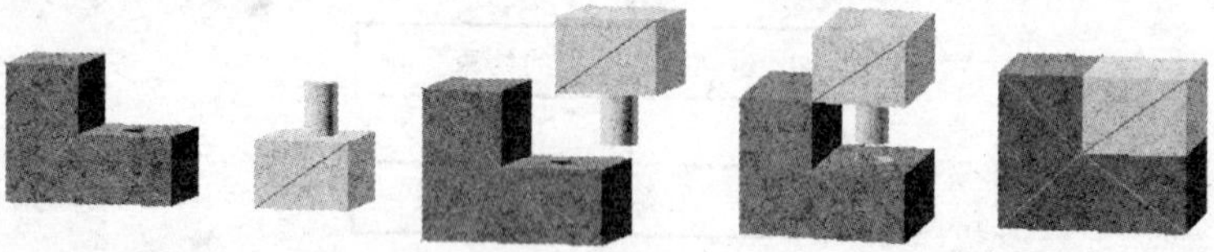

(a) (b) (c) (d)

图 6-7 虚拟装配实例

(a)基准零件与装配零件;(b)装配零件的大致定位;

(c)孔轴特征中心对齐;(d)最终装配

上述的虚拟装配方法是基于自动识别的方法，即通过自动识别来判断用户的装配意图。其他的方法还有基于装配语义的识别方法，这种方法主要是对零件间的装配设计意图、装配尺寸参量、装配关系等定位约束与工程约束进行抽象描述。根据装配体零件间的连接关系、定位关系以及传动关系，提取出装配设计过程中常用的装配语义。例如，常用的连接语义包括“螺钉连接”“螺栓连接”等；传动语义包括“标准直齿圆柱齿轮啮合”“斜齿轮啮合”等；轴上零件的轴向固定语义包括“轴肩—锁紧挡圈配合”“轴肩—弹性挡圈配合”等。零件间装配语义的表达是显式地通过语音或手势进行的。在显式指定装配语义的同时，设计系统可以根据装配零件间的粗略定位情况及零件的工程属性，推理潜在的装配语义，由系统通过推理来捕捉产品装配语义关系，将捕捉到的隐式装配语义反馈给设计者，以便得到设计者的确认。最终，将装配体零部件间的装配语义转换成零件间的约束关系，并作用于零件上。详细的了解请参考有关文献。

6.2 装配序列规划

一、概　述

在并行过程的指导思想下，在产品的设计阶段就应当考虑装配和制造对设计的影响。装配工艺规划是连接装配设计和装配实施的桥梁。装配工艺规划的制定一般要考虑零件设计中几何及功能约束、装配顺序、装配路径、可拆卸性、装配模型表示方式及旨在提高产品制造效率的零件与子装配体的夹紧方式、装配工艺中各种各样的限制、总体的经济可行性等。

早期的装配工艺规划一般用手工编制，制造工程师根据具体的生产条件，凭借经验对产品的装配进行工艺规划。在计算机环境下的装配工艺规划编制是将经验以知识的形式存储在计算机中,并经过推理等得到合理的装配工艺规划。在虚拟现实环境下的虚拟装配工艺规划,有其自身特点,例如装配顺序、装配路径可以在虚拟装配时得到。

计算机辅助装配序列规划研究是从20世纪80年代开始的。装配序列规划主要研究装配序列的生成与几何可行性分析。所谓装配序列的几何可行性是指:从几何约束的角度来讲,两个装配单元之间的装配操作或分解操作不存在几何干涉现象。为了描述装配体中各零件之间的几何干涉关系及装配序列生成方法,研究人员相继提出了各种概念和方法,如装配优先约束法、产品装配结构的关联图模型法、装配割集法、基于层次图的配合条件法、网络表示装配序列路径、基于知识(经验)的装配规划方法。这些方法的目的是从众多的装配序列中快速找到几何可行的装配顺序并选出少数几条相对较优的装配顺序。

二、装配信息模型和关系模型

1. 装配信息模型

装配信息模型包括装配特征描述、装配关系描述、装配层次关系描述、装配操作描述以及不同层次的装配体中的装配设计参数的约束和传递关系。装配信息模型一方面可以支持从整体产品设计到零件设计并支持并行设计,另一方面为后续的装配自动化和装配工艺规划提供信息源,并对设计进行分析和评价。

装配序列生成时所需的装配信息主要包括零件的几何信息、非几何信息以及零件之间的配合约束关系信息。几何信息指零件的几何形状、相对位置和特定的装配特征(如孔、轴装配特征);非几何信息指设计者的意图、装配环境以及特定的装配条件等客观要求;配合关系信息指零件装配为装配体时相互之间的表面配合特征信息。

装配信息的获取有自动推理和人工输入两种方法。①自动推理从零件的CAD几何模型(B－rep模型、CSG模型或特征模型)

中利用特征造型中配合面的配合特征或实体造型中的体素之间的配合信息，推理生成配合零件之间的配合面、配合方向、连接关系及阻碍关系。②人工输入利用交互式用户界面输入装配序列优先约束关系等几何信息和非几何信息。

2. 装配层次模型

装配层次模型实际上就是装配结构树，如图 6-5 所示。

3. 装配关系模型

装配结构树模型仅仅反映了产品的构成，零件之间的相对关系、位置、方向等需要装配关系模型来确定。

(1)接触关系：在产品装配中，为了实现某种装配功能，使得零件均具有某种物理接触。在装配中，凡是存在物理接触的两个零件间都存在接触关系。

(2)紧固关系：有些零件间的接触需要进一步固定，从而使固接后的两个零件成为一体(即相对自由度为零)。在目前的几何造型系统中没有对紧固方式的描述，但对于产品设计及装配规划来说，零件间的紧固方式是必须考虑的。

紧固方式的类型一般包括键连接、粘接、焊接、铆接、销连接、螺纹连接、锁扣连接等。

紧固方式是以零件间的接触为前提的。两个零件 p，q 之间的紧固关系表示为

$$A_{pq}=a\_type \tag{6-3}$$

式中，a_type 为紧固类型；a_type∈{压紧、粘接、焊接、铆接、螺纹连接、无紧固}。

在装配模型中，可以用一个紧固件记录描述紧固件信息，并且紧固件记录附在被紧固的第一个零件上作为零件的一个属性。

(3)位置关系：位置关系描述在装配体中装配零件之间的几何安装位置和精度。位置关系又分为配合关系和距离两种。配合是指装配零件之间的配合方式，如面配合(同法矢方向平面贴合、反法矢方向平面对齐、平面法矢之间夹角配合、柱面配合、锥面配合

等)，按配合关系又分为间隙配合、过渡配合、过盈配合。距离是指零件之间的距离关系，按尺寸精度等级又分为低精度、中精度、高精度。

(4)传动关系：在产品装配中装配零件间的传动关系，如齿轮传动、齿条传动、链传动、带传动、螺旋传动等。

三、典型装配序列生成法

1. 装配序列规划的分类

装配序列规划是在真实装配之前用计算机产生装配序列，同时进行装配干涉的检测。制定装配序列规划，可以在设计阶段就发现下游装配过程可能出现的问题，避免在大批零件已经制造或装配时才发现问题，减少了返工，提高了设计效率，缩短设计与制造周期。

给定由 N 个零件组成的产品装配，装配序列规划的目的就是找出一条合适的满足诸条件(如几何、工艺、机械、工具等条件)的装配序列，由此序列可逐步把零件装配成产品。装配过程中部分零件的装配形成子装配体。根据装配过程的特点，装配序列规划可分为以下类型：

(1)按装配的单调性分：

1)单调装配规划：若装配过程中，每个零件都是一次到位的，即任何一个零件装配后，在此零件之前装配的所有零件间的相对位置始终保持不变。如图 6－8(a)所示先分别装配零件(p_1p_2)，(p_3p_4)，再将它们组装到一起，在最后装配之前，p_1，p_2，p_3，p_4之间的相对位置保持不变。图 6－8 所示为二维平面装配的装配规划分类举例，装配时零件只能在平面内移动。

2)非单调装配规划：装配时零件(或子装配体)首先处于一个临时位置，待某装配操作完成后再进入目标位置。例如图6－8(b)所示，零件 p_3 首先与零件 p_1 装配，临时装入小槽内，待零件 p_2 装配后，零件 p_3 进入目标位置，落入目标 p_2 的槽内。

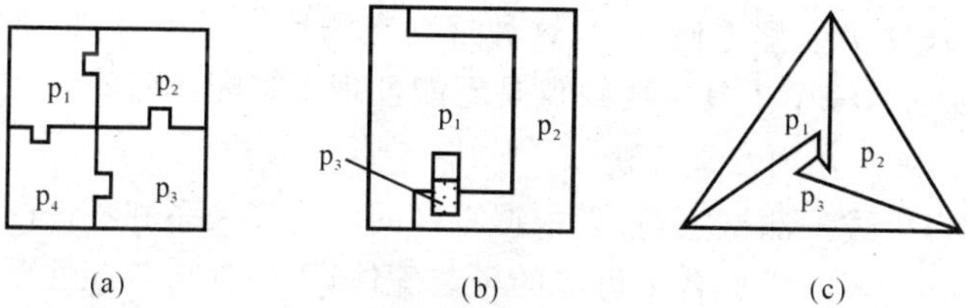

图 6-8 装配规划分类及举例

(a)单调非线性装配规划；(b)非单调线性装配规划；(c)非序列装配规划

(2)按装配的序列性分：

1)序列装配规划：若一个装配规划可以分解为若干步骤，每一步骤所有被移动的零件都沿同一轨迹运动。这等价于此规划是由一系列子装配(或零件)经过逐步合并操作，最后装配成产品。

2)非序列装配规划：装配时至少有两个零件同时从不同的方向上进行装配，这种规划的复杂性大，在一般情况下单手机器人或手工都不易完成。如图 6-8(c)中的 p_2，p_3 同时从不同方向上进行装配。

(3)按装配的线性或非线性分：

1)线性装配规划：若一序列装配规划中，每次只完成一个零件的装配，这等价于能给零件安排一个时间序列，零件按序列逐个装配。

2)非线性装配规划：在序列装配规划中，每次至少有两个以上的零件进行装配，如图 6-8(a)所示，(p_1 p_2)、(p_3 p_4)先分别装配成两个子装配体，再装配到一起。如果采用线性装配规划方法将得不到可行的装配序列。

单调装配规划还可以再分为单调线性装配规划和单调非线性装配规划。

单调线性装配规划：每次只完成一个零件的装配且已装配的零件都是一次到位的。所以规划的实质是给所有零件安排一个前、后时间序列。在不考虑装配约束的前提下,可能的规划方案数为 $N!$(N 为装配零件数)。这种规划方法比较简单,但也常用于一些规划系统中。其主要缺点是不能处理子装配体间的装配。

2. 装配序列生成方法

(1)生成一测试法:首先根据零件间的连接关系和零件间装配所必须的条件,生成各个可能的子装配体,再根据可装配性条件进行检测,得到所有满足要求的子装配体及相应的装配序列生成可能的子装配体。但零件间的连接关系生成可能的子装配体其计算复杂性是指数级的,而且生成大量无用的子装配体。

(2)优先约束满足法:根据装配必须满足的约束条件生成子装配体及装配序列。基于装配几何可行性的优先约束条件的分层压缩分解方法是:首先确定装配体中任意两个零件沿某拆卸方向的拆卸优先关系,生成拆卸有向图,压缩有向图中的环得到一个可分解的无环图,再在另一拆卸方向上对环分解。重复此分解过程,当所有环都分解后可得一条拆卸序列,其逆过程是一条满足约束条件的装配序列。这种方法的优点是能够快速得到一条装配序列,但不一定最优。

(3)装配关联图和用户交互法:装配关联图是比较常用的一种方法,它是 Boujault 在 1984 年提出。装配关联图是二维拓扑结构图,由节点和连接节点的边构成无向图。其中,各个节点代表装配体中的各个零件,节点之间的连接边代表各个零件之间的装配连接关系。

关联图用 $G(V,E)$ 表示,其中

节点集 $V=\{v_1,v_2,v_3,\cdots\}$ 表示零件集合;

边集 $E=\{e_1,e_2,e_3,\cdots\}$ 表示连接关系集合。

例如,图 6-9(a)为一个角轮的装配图,图 6-9(c)是它对应的关联图。其中

$$V=\{1,2,3,4,5\}$$

$$E=\{e_1,e_2,e_3,e_4,e_5,e_6\}$$

装配关联图还可以用装配关联矩阵表示。关联矩阵是装配关联图的数学抽象，用以表示节点与边的关系。设 $\boldsymbol{R}=(r_{i,j})$ 为装配关联图 G 的关联矩阵，其元素 $r_{i,j}$ 表示零部件 i 与关联边 j 是否相关，若相关则 $r_{i,j}$ 的值为 1，否则为 0 。关联矩阵的形式为

$$\boldsymbol{R}=\underbrace{\begin{bmatrix}1&0&1&0&0&0\\1&1&0&0&0&0\\0&1&1&1&1&0\\0&0&0&0&1&1\\0&0&0&1&0&1\end{bmatrix}}_{\text{边}\quad e_1\ e_2\ e_3\ e_4\ e_5\ e_6}\left.\begin{matrix}\\ \\ \\ \\ \\ \end{matrix}\right\}\text{节点}\begin{matrix}1\\2\\3\\4\\5\end{matrix} \qquad (6-4)$$

矩阵中的行代表图中的每个节点，列代表图中的每一条边。每行元素值表示与该节点有联系的边，每列元素值表示该边对应的两个节点。元素值为 0 或 1 。0 表示节点与边不相关，1 表示节点与边相关。例如式(6－4)的矩阵对应图 6－9(c)所示的连接图，$\boldsymbol{R}$ 中 e_3 连接零件 1 和 3。

Bourjault 利用他提出的装配关联图设计了一种算法，该算法以装配关联图为输入信息，通过对关联图的分析处理，针对装配操作的几何可行性，产生一系列的 Yes－No 形式的问题，由用户根据装配体的几何结构设计信息进行人机交互式回答。这些回答的答案一旦明确之后，便可以根据这些信息，利用算法自动搜索出所有的几何可行装配序列。

这种方法的步骤如下：

STEP 1：由计算机向用户提问：

问题 1：Is it true that I_1 cannot be done after J_1 and K_1 have been done?

问题 2：Is it true that I_1 cannot be done after J_1 and K_1 are still undone?

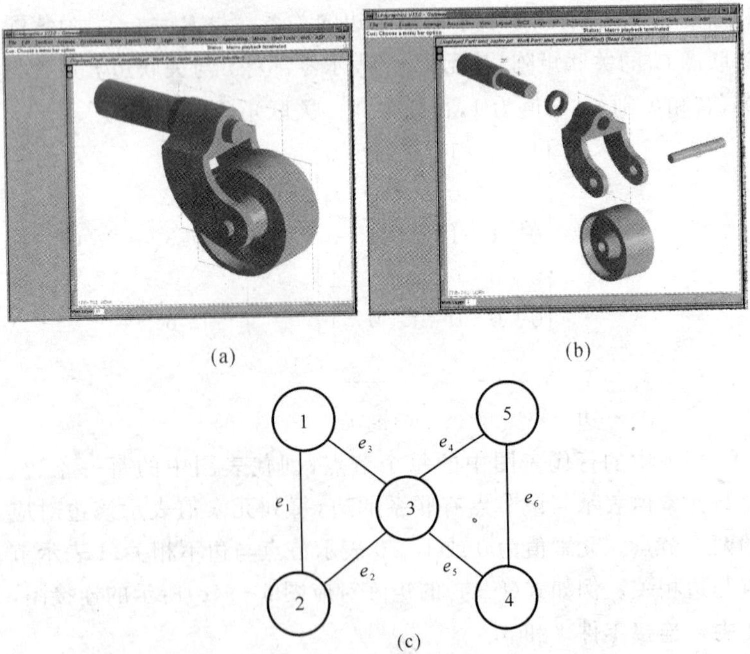

图 6－9　角轮及装配关联图

(a)角轮装配图；(b)角轮拆卸图；(c)连接关系图

其中，I_1表示装配关联图中的节点(零件)。

STEP 2：用户对上述问题做 YES 或 NO 的回答。

STEP 3：机器将从用户的全部的答案中提取产品的全部装配优先关系。

STEP 4：由算法得出满足所有装配优先关系的几何可行装配序列。

这里，装配优先关系指的是装配体中某组零件间的装配先后顺序，这种装配先后顺序是随装配结构设计而确定的内在的、隐含的几何约束关系，一旦违背，则无法完成最终装配。

(4)装配割集法：

1)基本过程：装配割集法是解决装配序列生成问题的著名算法，它利用数学图论中图的割集的思想，将装配体的拆卸过程与装配体的关联图的分割过程相对应，巧妙地解决了装配序列生成问题，是一种严谨的数学方法。如图 6-10 是其工作流程图。割集法虽然从理论上解决了装配序列的优先级问题，但其最大的弊端是当图中节点个数较多时，图的分割方法呈指数倍增加。例如一个由 11 个零件组成的装配体，其装配割集数目竟达 8 221 种。

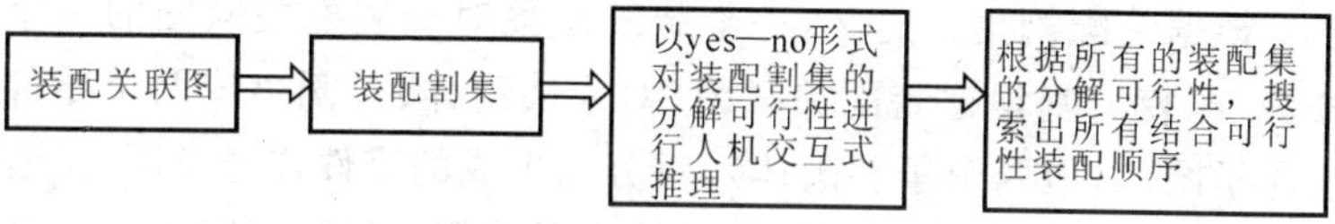

图 6-10　装配割集的工作流程

在该方法中，输入信息为装配关联图，分析处理中采用了装配割集分析理论，首先，利用割集生成算法对装配关联图进行处理，产生所有的装配割集，并按照一定的方式存储在数据库中；其次，针对每一个装配割集的分解可行性进行人机交互式推理，仍以简单的 Yes-No 形式提问用户，并根据用户的回答进行一定的自动推理，得到所有装配割集的分解可能性；最后，根据所有的装配割集的分解可能性，搜索出所有的几何可行装配顺序。

在提问中，应用了 3 条简化原则：

a. 对于无效的分解(或连接)方式不提问；

b. 在当前装配状态下，如果两个子装配体可以拆开，那么分别属于它们的下一级子装配体肯定可以拆开；

c. 在当前装配状态下，如果两个零件不能拆开，则分别包含它们的上一级装配体必定不能拆开。

2)装配割集算法的基本原理：图论中图的割集的概念如下：

设 S 是图 G 的一个边集，在 G 中去掉 S 的所有边后，G 变成有两个支的分离图，但是去掉 S 的任一真子集，图仍连通，则称边集 S 是 G 的一个割集。

对应于装配体的装配关联图的割集称为装配割集。装配割集的定义如下：

设 E 是装配关联图 G 的一个边集，如果在装配关联图 G 中去掉 E 中的全部边以后，使装配关联图 G 分离为两个部分，且 E 的任一真子集无此性质，则边集 E 为装配关联图 G 的一个装配割集。

根据装配割集的定义，一个装配割集对应装配关联图的一个分割，即装配割集把装配关联图(对应装配体)分割生成两个零件连通子图(对应两个子装配体)，对分割生成的零件连通子图(子装配体)进行可行性判别，可行的零件连通子图(子装配体)进一步分割，直至分割为单个零件。一个装配割集对应一个拆卸(装配)操作，分割过程的逆序列对应产品的装配序列。

由于装配体的拆卸过程刚好对应于连接关系图的分割过程，所以采用图论中的割集法能够准确地解决装配体的拆卸过程(装配过程)求解问题。

图 6－11(a)是由零件 A～H 组成的在平面 yOz 内的装配示意图，装配方向沿 y，z 坐标轴(即 $+y$，$+z$，$-y$，$-z$)，图 6－1(b)是相应的零件关联图。

由图 6－11(a)的示意图可知，只有先拆卸零件 A，B 后，才能再拆卸零件 C～H，，即零件 A，B 必须最后装配。直接对零件连接图 6－11(b)采用割集法可得 83 个分割，经几何可行性判别后，只有两个分割是可行的，可行分割的子装配体用零件集表示为

{A}，{B，C，D，E，F，G，H}

{B}，{A，C，D，E，F，G，H}

导致分割不可行的原因是分割生成的两个子装配体再所有的装配方向(即 $+y$，$+z$，$-y$，$-z$)上都不存在可行路径。

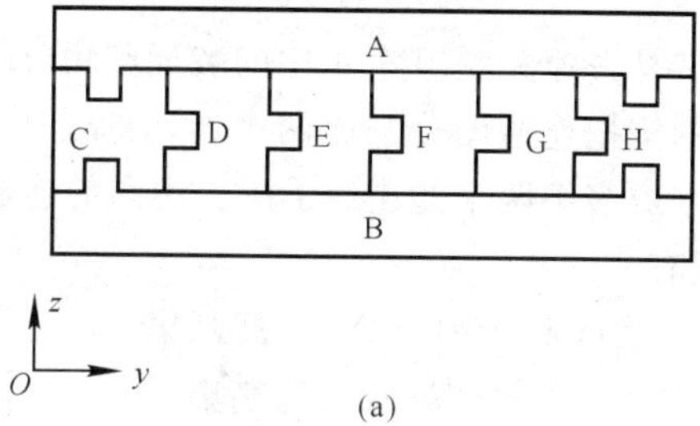

(a)

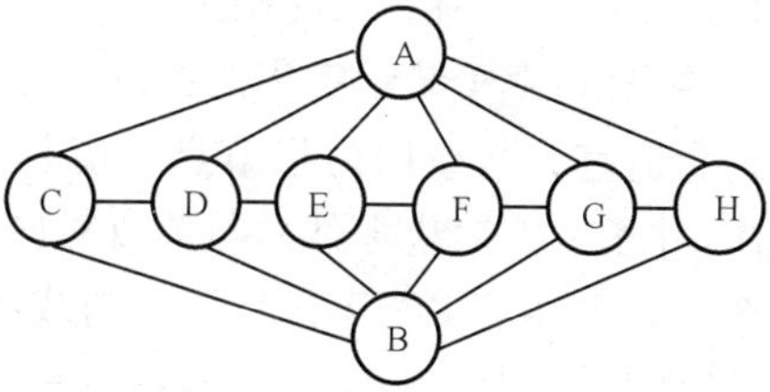

(b)

图 6-11　平面零件装配及关联图

(a)零件装配示意图；(b)零件关联图

3)装配割集求解：由装配关联图的一棵生成树出发得到G的基本割集矩阵，对基本割集矩阵的任意行做模2加运算得到割集矩阵 $\boldsymbol{B}$[18]。割集矩阵 $\boldsymbol{B}$ 中每一行可能是 G 的装配割集或是多个装配割集的并，即伪割集。对割集矩阵 $\boldsymbol{B}$ 的每一行做出相应的新图进行连通性分析，可得全部装配割集。

图的连通性判别方法如下：

设图的关联矩阵为 $\mathbf{A}$，则其秩 $r(\mathbf{A})$ 与连通性的关系为

$$\left.\begin{array}{ll} r(\mathbf{A})=n-1 & \text{图连通} \\ r(\mathbf{A})<n-1 & \text{图不连通} \end{array}\right\} \qquad (6-5)$$

式中，n 表示图的顶点数。

割集矩阵 $\boldsymbol{B}$ 的任意一行 b 对应图的一个分割，假设分割后得到的新图为 G^*，相应的关联矩阵为 $\boldsymbol{A}^*$，则

$$A^{*}=A\times\bar{b}$$

上式的含义是去掉关联矩阵 **A** 中的装配割集(或伪割集)边。

一个装配割集把连通图分割成两个连通的子图,一个伪割集把连通子图分割成多于两个的连通子图。用图的连通性判断是否伪装配割集,则有

$$\left.\begin{array}{ll} r(\boldsymbol{A}^{*})=n-2 & \text{装配割集} \\ r(\boldsymbol{A}^{*})<n-2 & \text{伪割集} \end{array}\right\} \tag{6-6}$$

由此得到装配关联图的所有装配割集。

4)装配序列的表示:由于装配割集的特点,采用与或图表示生成的装配序列较为适宜。与或图的根节点对应装配产品,中间节点对应子装配体,叶子节点对应零件。与节点对应一个装配操作,或节点对应一个子装配体的多个不同装配。与或图中一条与节点的路径对应一条装配(拆卸)序列。例如图 6-12(b)表示了图 6-12(a)的装配序列与或图,它与装配割集是对应的。共有两条装配(拆卸)路径①、②,其中的一条装配序列沿路径②。

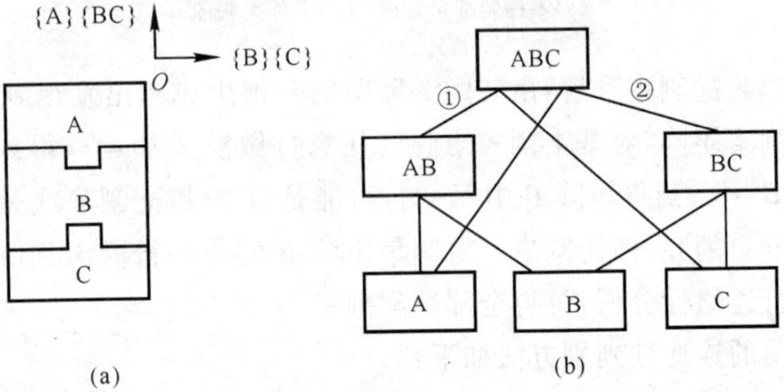

图 6-12 装配割集和与或图

(a)零件装配示意图;(b)装配序列与或图

采用装配割集法和前面提到的三条简化准则,相对于最初的关联图法,其提问次数平均可以减少 95%。但是即使如此,系统在分析过程中向用户提出的问题还是太多。因此,在工程应用上

还存在着太多的困难。已有不少研究者改进了基本装配割集法，希望减少提问的次数，使得装配序列规划方法能够实用化。

四、其他装配序列生成法

1. 人工干预的装配序列生成方法

装配序列规划的设计很大程度上依赖于人的知识和经验。虽然 CAD 设计工具的使用带动了自动装配序列规划技术的发展，但是装配序列规划的算法本身还是不能满足要求。例如使用设计数据及约束条件产生装配序列。而在实际应用中，自动装配规划中很难捕捉所有的约束。因此，基于询问方式的交互技术被提出，即用户通过交互操作判断某种装配序列的可行性。一种装配序列规划器是利用用户提供的信息来选择最好的装配序列。另外一种规划器是将自动计算和用户回答询问的方式混合起来，以确认最合理的装配序列。在虚拟装配系统中，工程师将由自动装配序列生成器产生的可行的装配序列反复进行验证，判断是否发生干涉，以便进行设计更改。

图 6-13 是装配序列规划的过程图，产品设计信息是系统的初始化输入，对于实际的产品装配设计工作，来自于设计阶段的 CAD 模型包含了各零部件间的层次、结构信息，完整的零部件装配约束信息等。产品结构模型利用装配结构树将这些信息有效地组织起来。装配结构树从结构和层次上把装配体划分开，同时附加有关的装配信息，并且把子装配体间的装配约束关系和内部的装配约束关系区分开来。这些信息对装配序列生成过程的推理是非常有用的。

在对装配结构模型进行自动分割和拆解时，要利用推理规则进行推理，以便确定装配的优先序列。

在对装配约束进行推理时，要遵循下面的推理规则：

(1)层次性规则：在装配体的结构模型中，属于某一级子装配体内部的次一级子装配体之间的装配约束关系的装配优先级要低于该子装配体与外部的子装配体之间的装配约束关系的优先级。优先级高的装配连接关系在装配体拆卸设计中应当先拆卸。

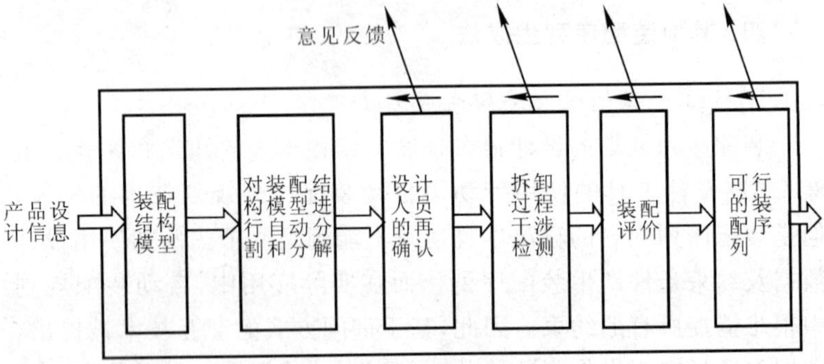

图 6－13　装配序列过程

(2)关联性规则:由于只涉及零部件间的装配拆卸顺序,因此相同两个零件间的多个装配连接关系的优先关系可以不进行区分。

(3)独立性规则:当某个子装配体与另一个子装配体的装配连接关系完全拆掉了之后,两个子装配体各自的拆卸过程就不再发生关联,即相互独立。

(4)基准件规则:在装配体或子装配体中用作定位基准的零部件只能位于装配分拆操作过程的最后位置。

(5)等概率规则:对于系统不能依据其他规则明确判断出的几个装配连接关系之间的优先关系,应按照等概率计算它们之间的优先关系,即任一装配关系 A 优先于另一装配关系 B 的概率与 B 优先于 A 的概率相等。

(6)规则集的扩展:对于特定类型的装配体,它们的装配工艺会有一些经验性的或者专门的规则,如对于齿轮轴必须按照轴线方向依次拆除等。此时将这些规则预先加入,会大大减少自动推理机输出的不可行装配序列数目。

对装配结构模型的自动分割和拆解，目的是确定所有装配优先关系和搜索出在装配优先关系下的装配（拆卸）顺序。因为装配规划问题实质上是对装配体结构设计内在的几何约束的分析、提取和满足过程，当这种约束条件都被明确描述和表达之后，规划问题就转变成一个特定的条件下的路径搜索问题了。

系统对装配优先关系的自动识别是按照一定的规则来进行的。这些规则已在规则集中设计好了。系统按照确定的算法来搜索整个装配结构树，进而获得所有装配优先关系。在推理过程中，层次性规则是最基本的。实际的工作中，对大多数装配连接关系的装配优先级的确认，都依据这条规则，通过遍历装配体的装配树就可以实现。而由于系统对少数的装配连接关系误判而产生的装配序列可以在后面通过设计人员对优先关系树的再确认而消除。

在全部的装配连接优先关系获得以后，装配体拆卸过程就是一个对所有的装配连接关系按照由高级到低级的顺序，依次移出的过程。

这时的独立性规则发挥着重要作用，在某个子装配体与其他子装配体的装配连接关系完全拆除之后，该子装配体的拆卸顺序只需操作自己包含的零部件即可。很明显这里体现了装配并行度的思想。基准件准则也发挥着重要作用。在一系列的装配顺序通过上述规则获得以后，由于在本装配体或子装配体中只能处于这一系列拆卸顺序的最后，因此，使用该规则对产生的所有装配序列进行一次搜索，排除所有违反规则的序列，可以大大减少其中不可能的装配序列。

装配设计工作是一个基于知识和经验的过程，在目前的技术水平下，设计人员对系统自动推理结果的再确认是必不可少的，因为需要排除自动推理结果的错误。通过设计人员的介入，选出有限的装配序列进行装配过程的干涉检查，即可获得几何上可行的产品装配序列。

2. 虚拟环境下的装配序列生成方法

在虚拟环境中，用户模拟人工方式进行装配，通过用"手"抓取某个零件进行装配。在装配过程中，通过约束等操作，完成这个零件的装配，如果这个装配是可行的，那么这个零件在装配过程中的序号就被记录下来，那么以这种记录零件序号的方法就可以作为真实环境下的装配序列规划。

6.3 装配路径规划

装配序列规划确定了零件装配的顺序，但没有确定零件按照什么方向或路径装配，以及装配是否发生干涉。装配路径规划是DFA中的关键技术之一。它在装配建模和装配序列规划的基础上，充分利用装配信息（包括一定的装配环境和装配零部件的空间姿态等）进行路径分析、求解和判断，并生成一条无碰撞的从装配起点到装配终点的装配路径——这就是无碰撞干涉的路径规划，从而达到优化设计的效果。装配路径规划的内容主要包括装配体及其相关的数据结构模型的前置处理、分离方向的确定、分离平移量的确定、拆分方向的确定和干涉检查。

一般地，数字化预装配中的装配路径规划方法主要有两种：可视图法（VMap，Visible Map）和移动边界法（T－Line，Transformation Line）。VMap是从Spherical Maps方法中总结出的一种空间方位求解的方法，利用三维空间中的工件投影到单位球上确定可视性。Michigan 大学的 Tony Woo，James Oliber 和 H. Huang对该方法进行了深入的研究。T－Line方法是由Zvi Shiller和Yu Rweigwo等人提出，它是基于零件实体的B－rep模型的。它利用表面阻挡状态的边界来确定移动边界线，并用其划分平面区域来寻找可行的不干涉路径。

在虚拟装配环境下，操作者按照装配顺序用手移动零件的过程中，系统不断进行动态干涉检查，只有未发生干涉的装配才是有效的，系统自动记录零件移动过程和路径。

这里介绍一种基于 VMap 原理的装配路径规划方法。

一、基于 VMap 的装配路径规划方法

装配路径规划流程图如图 6－14 所示。

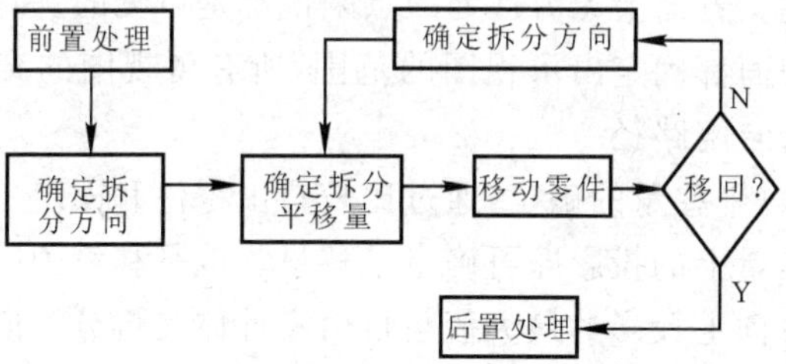

图 6－14　装配路径规划流程图

这里将静止的零件或子装配体称为固定零件，装配（拆卸）的零件称为自由零件。前置处理部分对输入数据进行处理，包括固定零件和自由零件模型、零件的配合条件及相关的全局变换矩阵。该算法通过将零件从装配体上依次拆去得到装配路径。首先将零件从装配体中分离出来，其分离方向依据自由零件配合面的单位法矢来计算。根据装配体假设，零件在初始位置处任意旋转而不与已装配体发生干涉，可得出零件与装配体分离的条件是：零件沿某个方向做无限平移而不与装配体发生干涉。为了有效分离，必须确定分离的平移量，将当前的变换矩阵应用于自由零件，即单步分解。然后进行干涉检查，以确定零件是否可以由当前位置直接变换到目标位置（即实际装配中的初始位置）。当检测到有干涉时，必须将分离过程进一步细化，重新计算拆分方向，得到新的变换矩阵，再计算平移距离，重复上述过程，直到自由零件可以无干涉地变换到装配初始位置。此时表明该零件可以按照分解序列依次由装配体上拆下至初始位置。最后，将拆分序列逆转，即为该零件的装配路径序列。

VMap 方法的主要关键点如下：

(1)分离方向的确定：为了将零件从固定子装配体中分离，必须确定分离的方向。采用可视图的方法，通过零件配合面的配合关系和几何数据直接计算得到分离方向。对于某一方向 $\boldsymbol{x}$，如果一个平面的法向矢量 $\boldsymbol{n}$ 满足不等式 $\boldsymbol{n} \cdot \boldsymbol{x} \geqslant 0$，那么我们称该平面对于一个在 $\boldsymbol{x}$ 方向上无穷远处的点来说都是可见的。对于零件的每一配合表面都确定出可视图的范围，所有可视图的交集即为该零件的可行装配路径。

(2)分离平移量的确定：通过比较自由零件和固定子装配体在拆分方向矢量上的投影即可确定平移量。该平移量为固定子装配体在拆分方向上投影的最大值与自由零件体在拆分方向上的最小值的差。

(3)干涉检查：干涉检查是确定无干涉装配路径的一种重要的步骤，具体内容参见下面“几何可行性判别”的内容部分。

(4)拆分方向的确定：如果前述步骤中发现干涉碰撞问题，那么应当进一步计算拆分方向，将目前位置与目标位置进行比较以得到进一步的拆分方向。考虑上一步分解后得到的拆卸状态，不难得出，最有效的拆分方向是在与拆分方向单位矢量垂直的平面内指向初始位置的方向。

二、几何可行性判别

装配割集法给出了可能的装配序列，但虚拟装配更重要的是在可能的装配序列中存在无冲突的装配路径。无冲突装配路径的判别也称为装配的几何可行性判别。有多种方法可以进行这种判别。

装配干涉检查是检验产品装配过程中零件在空间位置是否发生冲突，即是否在相同的时间、占有共同的空间。装配干涉检查是制定装配规划中的一项关键技术。装配干涉检查分为静态干涉检查和动态干涉检查。

静态干涉检查主要检查零件在装配最终位置时是否发生干涉，由于静态干涉仅与产品的空间位置有关，因而静态干涉可以直接使用几何空间上的求交计算方法来确定。

动态干涉检查属于碰撞检查。装配过程中装配零件在不同的时间处于不同的位置，最终位置不发生干涉并不能保证中间过程不发生干涉或碰撞。动态干涉检查为产品的可装配性提供了依据。

1. 几何分析法

分析装配中任意两个零件之间各个面之间的关系，从而得到零件间的连接关系及运动自由度，基于运动自由度判别无冲突装配路径。

2. 扫描法

扫描法可用于两个零件间无冲突装配路径的检测，根据两个零件在一个装配方向上的投影以及投影区域间的距离，判断是否存在无冲突装配路径。

所谓扫描法是零件沿着某一轨迹(装配方向矢量)运动所扫出(包容)的空间区域。最简单的方法是投影方法，如图 6－15 所示。在装配方向 d 上，假设零件 p_1 在 d 上的投影区域为(R_{11}，R_{12})，且 R_{11} 是 p_1 投影区域的起始点，R_{12} 是投影区域的终止点。用同样的方法，投影零件 p_2 到方向 d 上，得到投影区域(R_{21}，R_{22})。判断(R_{11}，R_{12})与(R_{21}，R_{22})是否有相交区域。

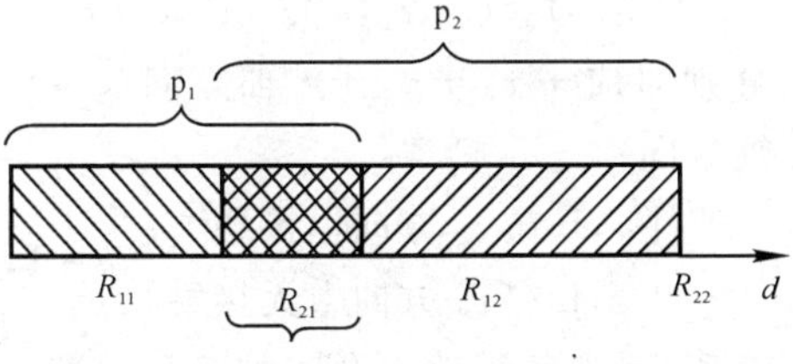

图 6－15　扫描体判别装配路径示意图

3. 实体求交法

对于三维实体干涉检查,可以采用实体求交的方法,即求两个物体的交。

4. 包容盒法

包容盒法是一种快速检查零件是否干涉的方法,基本方法是为每一个零件建立一个形状简单的矩形包容盒,然后直接判断包容盒之间是否分离。如果包容盒分离,零件肯定不干涉,如果不分离,则不能确定。包容盒分离方法只能粗略判断是否发生干涉,它一般用于初判断,可以去除大量的不相干零件,进一步的精确判断还要结合具体的零件进行检查。

5. 移动增量干涉检查法

移动增量干涉检查方法[8]是将扫描方法的空间进行分解,得到多段扫描区间。对每一步进行判断,如果在整个过程中所有的段都无干涉,则认为装配路径上无干涉。

移动增量干涉检查法的基本原理:

(1)装配基坐标系:这里限定沿坐标轴的直线装配路径。假定装配零件正放于三维坐标系中(装配方向平行于坐标轴)。把空间三维坐标系按 x,y,z 轴的正、负方向分成6个自由度。在6个自由度上分别考虑接触函数和移动函数。

(2)接触函数:接触函数用于描述零件之间在约束方向上是否存在接触。定义两零件 a,b 间的接触函数为

$$C(\mathrm{a},\mathrm{b})=(c_1,c_2,c_3,c_4,c_5,c_6) \qquad (6-7)$$

式中,c_1,c_2,c_3 分别对应 $+x,+y,+z$ 轴方向;c_4,c_5,c_6 分别对应 $-x,-y,-z$ 轴方向;

$$c_k=\begin{cases}1, & \text{零件 a,b 在 } c_k \text{ 方向上接触}\\ 0, & \text{零件 a,b 在 } c_k \text{ 方向上无接触}\end{cases} \qquad k=1,2,\cdots,6$$

如图6-16所示,考察零件 a,b 间的接触函数。固定零件 a,若零件 b 沿 $+y$ 方向移动一个增量 Δ 没有干涉出现,则在 $+y$ 上 a,b 没有接触。$c_2=0$;类似地,零件 b 沿 $-z$ 方向移动一个增量 Δ

出现一个干涉，则在 $-z$ 方向上 a，b 接触，$c_6=1$；另外，沿 $-y$ 方向，a，b 有一个间隙，采用移动增量干涉法判别时出现干涉，此时叫做虚接触。在此当作接触处理，$c_5=1$。图 6－16 中的接触函数 $C(\mathrm{a},\mathrm{b})=(0,0,0,0,1,1)$。增量值应小于零件厚度且大于零件间的间隙距离。

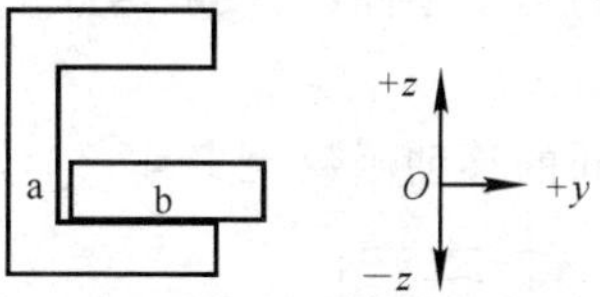

图 6－16　零件间接触检测

（3）移动函数：移动函数表示两个零件在可能的运动方向上是否存在无冲突路径。定义两零件的移动函数为

$$M(\mathrm{a},\mathrm{b})=(m_1,m_2,m_3,m_4,m_5,m_6) \tag{6-8}$$

式中，m_1,m_2,m_3 分别对应 $+x,+y,+z$ 轴方向；m_4,m_5,m_6 分别对应 $-x,-y,-z$ 轴方向

$$m_k=\begin{cases}1, \text{零件 a,b 在 } m_k \text{ 方向上存在一条无冲突路径} \\ 0, \text{零件 a,b 在 } m_k \text{ 方向上不存在无冲突路径}\end{cases} \quad k=1,2,\cdots,6$$

移动函数的求解类似于接触函数的求解过程。但是，用移动增量干涉检测法求移动函数时需要进行多次移动，直至零件完全移开。若都没有干涉出现，则存在无冲突路径；否则，不存在无冲突路径。

如图 6－17 所示，固定零件 a，若零件 b 沿 $+y$ 方向每次作增量 Δ 移动，直至完全移开，都不会出现干涉，则存在无冲突路径，$m_2=1$，同样，在 $+z$ 方向上作连续增量 Δ 移动，零件 b 与零件 a 将发生干涉，即不存在无冲突路径，$m_3=0$。图 6－17 中的移动函数 $M(\mathrm{a},\mathrm{b})=(1,1,0,1,0,0)$。

由接触函数和移动函数的求解过程发现，接触函数的求解是移动函数求解的一个特殊情况，即只移动一个增量值。这两个函数间具有如下关系：

1）若 $c_k(a,b) = 1$， 则 $m_k(a,b) = 0$

2）若 $c_k(a,b) = 0$， 则 $m_k(a,b) = 1$ 或 $m_k(a,b)=0$；

3）$c_k(b,a) = c_j(a,b)$， $j = k-3, k > 3$ 或 $j = k+3, k \leqslant 3$，$m_k(b,a) = m_k - 3(a,b)$， $k=4,5,6$；

4）对于相接触的两个零件，其接触函数中至少存在一个分量值为 1；

5）任两个零件间的移动函数至少有一个分量值为 1。

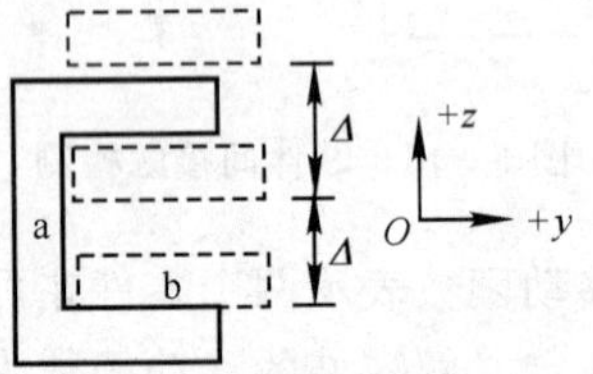

图 6-17　零件间无冲突路径检测

在求接触函数时，增量值大小的适当选择是非常关键的。增量值选择过大，可能会得出错误的结论，如图 6-18 所示检查无干涉。增量值选择过小，影响函数生成效率。

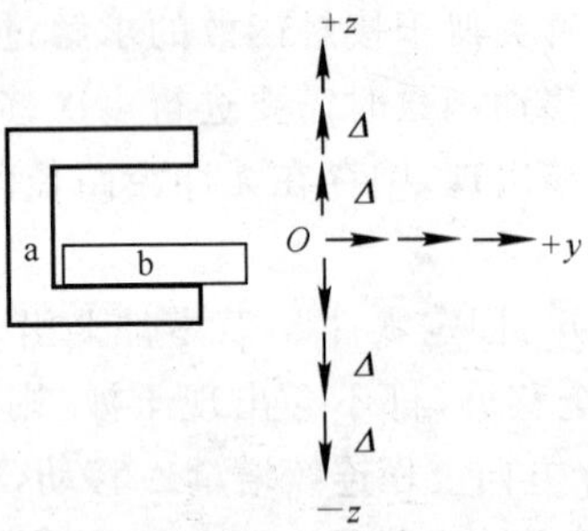

图 6-18　增量值过大检测结构错误

6.4　装配序列的评价

一、装配序列的评价标准

在目前的产品生产过程中，设计者一般是凭借经验和产品的功能，在完成产品设计的同时给出产品的装配序列。这些装配序列往往是基于人的经验以模糊判断的形式而生成的。人的直觉理解很难确保问题的正确性和一致性，而且设计者在设计时又难以顾及完成产品装配的各种资源（工人、装配设备等）的性能指标。装配序列一经确定之后很少改变，固定不变的装配序列很难保证在不同的装配环境中都是最优的。尤其对于结构复杂的产品，当零件数量增加时，装配序列数随之剧增，依靠人工生成装配序列十分繁琐，易于出错，最优的装配序列可能被忽略。同时适于手工装配的操作序列一般不能用于自动装配机器，不同的装配序列会直接影响到产品装配时的可行性及最优性。

虽然在装配序列生成中考虑了很多约束条件，产品仍然可能有许多可行的装配序列，而实际装配过程中只采用有限的几种符合实际装配条件的优化的装配序列。因此必须应用质量因素和数量因素，进行装配序列的评价，在可利用资源内最大限度地满足装配需求。

通常影响装配序列和装配生产工艺过程的各种数值的和非数值的因素包括装配件设计水平、装配件制造工艺水平、装配件对装配夹具的要求、装配件对装配机床的要求、装配对工人素质的要求、装配序列的并行度、装配件的稳定性、可装配性、装配方向的数量、装配工艺过程总的生产时间、装配序列实现的经济成本及装配工艺过程生产效率等。

在一个特定装配条件和要求下，需要选择一条最合适的装配序列进行装配，如基于最短时间的装配序列、基于最低成本的装配序列、基于装配设备利用率最高的装配序列。因此，需要对可能的装配序列进行评价，依据一定的标准进行选择。

1. 装配并行度

装配并行度体现了装配操作之间并行执行的能力，并行度越高，越容易充分利用设备资源，提高装配效率，所以应尽可能选择并行度高的装配序列。对并行度衡量的标准可以采用装配结构树的深度作为量值，深度越小，并行度越高，也可以采用两个子装配体中的零件数量之差进行衡量，差值越小，潜在的并行度越高。如图 6－19 所示。

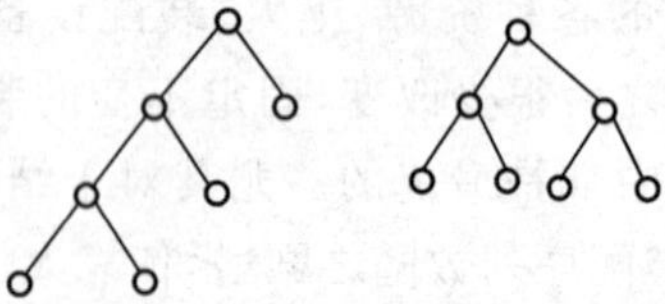

图 6－19 装配并行度

2. 子装配体稳定性

子装配体稳定性描述装配体的稳定程度。一个稳定性好的子装配体在重力作用下不会因破坏相互间的接触关系而解体。稳定性差的子装配体，装配中需要使用夹具，因而增加了成本。评价稳定性是一个复杂的计算问题，相对简单的方法是根据装配体内的零件局部自由度进行评价。

3. 装配时间、成本

每个子装配的时间、成本确定后，最终的产品装配成本、时间就被确定了。

4. 装配重定向数

装配过程中，装配方向的改变次数称为装配重定向数。减少装配重定向数，可减少重定向操作、缩短装配时间，同时可避免为重定向设计复杂的夹具和装配工具。如图 6－20 所示。在一个平板上装配 3 个螺钉，初始位置为箭头方向。执行 3 个装配操作时，可有 6 条装配序列可供选择：

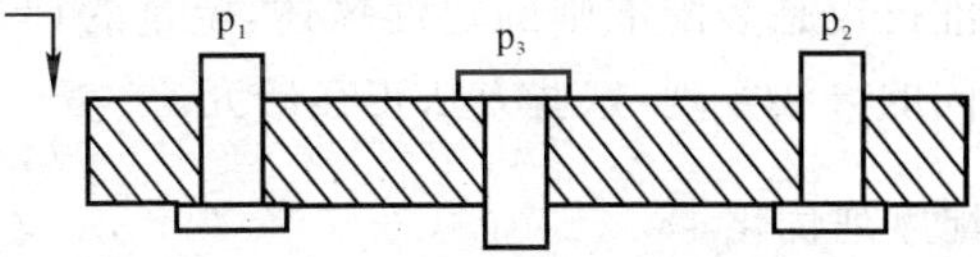

图 6-20 装配重定向例子

①（p_1，p_2，p_3） ②（p_1，p_3，p_2） ③（p_2，p_1，p_3）

④（p_2，p_3，p_1） ⑤（p_3，p_2，p_1） ⑥（p_3，p_2，p_1）

在以上的 6 条装配序列中，⑤、⑥只需一次重定向；①、③需 2 次重定向（注意初始位置）；②、④ 需 3 次重定向。

5. 操作复杂性

操作复杂性表示了装配操作的复杂程度。基本思想是需重定向或移动的子装配体应该易操作，如重定向的子装配体尺寸要小，质量要轻，以及形状易抓取。

6. 聚合性

聚合性是指在装配过程中相似的装配操作应集中完成，以减少装夹次数和更换装配工具的次数，节省装配时间。例如图6-21所示，在一个平板上装 2 个螺钉和一个块，可能的装配序列有 6 个：

①（p_1，p_2，p_3） ②（p_1，p_3，p_2）

③（p_2，p_1，p_3） ④（p_2，p_3，p_1）

⑤（p_3，p_2，p_1） ⑥（p_3，p_2，p_1）

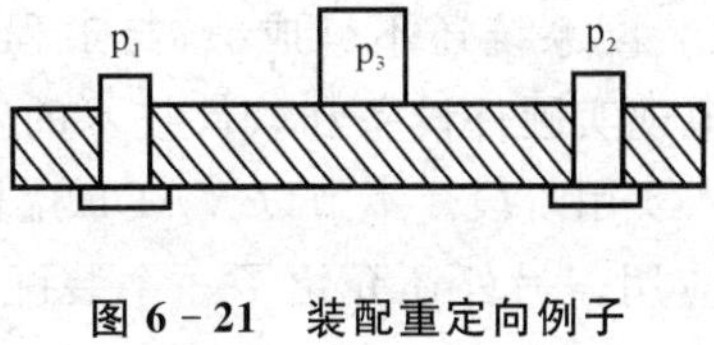

图 6-21 装配重定向例子

安装螺钉和安装块使用的工具不同，①、③、⑤、⑥只需改变一次安装工具,其他的需改变2次安装工具。

上述标准仅仅是装配准则的定性描述,定量的计算和判断工作需要用不同的方法实现,这些方法正在研究。

二、装配序列优化

装配序列优化的主要任务是在生成的装配序列基础上,选择最优的装配序列。从处理方法上主要为两大类:数学方法和人工智能方法。

数学方法是指采用优化方法或线性规划中的各种方法。这种方法要与前面的序列规划的判断标准相结合,从上述的评价标准中选定要优化的装配序列,根据需要建立相应标准的目标函数,利用数学中的优化方法求目标函数的最小值或最大值。这种方法的难点在于有些标准的数学模型很难建立,因而无法用目标函数法解决问题。

另一种方法是利用装配优化专家系统的知识库和推理机,将装配序列按照一定的规则与知识库中的事例进行推理匹配,对装配序列的并行性、可装配性进行优化,对装配序列进行局部和整体的调整与优化,并根据专家系统向设计者提出修改的意见,反馈设计阶段。

6.5 虚拟装配系统简介

目前,虚拟装配系统的研究与开发还处于样机原型和实验室阶段,现有的虚拟装配系统还不够成熟,与工程应用还有一段距离。但是随着虚拟现实硬件设备和软件技术的发展,越来越多的研究成果正在进入实用阶段。本节以VADE虚拟装配系统为例,说明它的构成和应用。另外还介绍了一个装配顺序规划的系统Archimedes。

一、VADE 系统和应用

VADE(Virtual Assembly Design Environment 虚拟装配环境)是美国华盛顿州立大学开发的一个虚拟装配设计系统。该系统由虚拟现实的硬件设备和软件系统组成。VADE 样机系统配置如图 6－22 所示。主要硬件配置如下：

由 Crimson™工作站、Reality Engine™图形加速卡和多通道控制板组成,可以支持两个头盔显示器:一个是 Virtual Research 公司的 VR4™头盔显示器,头盔显示器提供高质量的三维图形。另一个是自制的,采用了两个 Tektronix 的 EX100HD 型彩色 CRT 显示器,该类显示器具有 800×600 的分辨率。

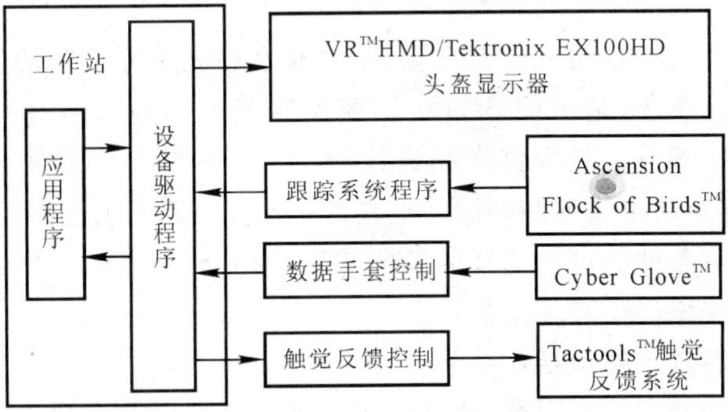

图 6－22 VADE 样机系统配置

位置和方位跟踪由 Ascension 的 Flock of Birds™跟踪系统完成,系统的大范围发射器可发出脉冲磁场,通过 29 个接收器获得 6 个自由度的活动信息,系统的采样频率在 10～144 Hz 之间。电磁跟踪装置跟踪探测用户的头部运动,头盔的显示可根据用户的头部运动自动更新。

系统还配置了 CyberGlove™数据手套和 Tactools™触觉反馈系统,它使用了形状记忆合金对指端提供接触反馈。数据手套随时监视手指和手腕的动作,其信息用于创建和操纵虚拟环境中手的模型。

VADE软件环境:VADE的软件开发工具在不同的版本中使用了不同的工具。第一代样机使用的是Silicon Graphics™的OpenGL软件,第二代使用了Silicon Graphics™的高性能IRIS Performer™。CAD系统采用Pro/Engineer系统。

该系统旨在提供一个用于模拟真实装配环境的虚拟现实环境,使得设计人员在设计初期就考虑有关装配的可装配性问题,以尽早发现装配设计方面的缺陷。在装配时,设计人员可以从中获得许多有关产品设计和制造工艺信息。

二、Archidemes系统

Archimedes是一个用于生成、优化和检查装配工艺的交互式装配设计系统,是美国Sandia国家实验室的Archimedes研究计划中的一部分。它允许产品设计和工艺工程师定义装配约束关系,能够自动生成并判断满足这些约束条件的装配工艺、自动优化满足约束条件的可供选择的装配顺序,同时还可以按照用户提供的品质规格优化装配工艺。

该系统主要包括:

装配顺序搜索引擎:通过使用一种反复迭代的采样算法来搜索用AND/OR图表示的装配体所有零件的连接关系。这一算法对复杂的装配工艺规划有一定的效果。

几何模块:使用产品的CAD数据和其他辅助数据进行装配顺序规划,可以通过CAD数据自动判断零件间的接触关系,并使用装配无向图来发现重要的运动方向和这些方向上零件的调度关系。其中包括了Sandia实验室开发的一种用来检查操作干涉的方法。

工具模块:具有分析装配体并提供装配工具的功能。该模块可以自动提供多种装配工具,包括手工工具、专用工具以及各种检测工具等。

交互式模块：通过交互界面说明装配顺序（过程）中一些特别的约束。工程师可以通过交互界面在一些几何有效的装配顺序中加入特定的约束条件；也可以通过该模块定义一些优化的准则等。图 6－23 所示为 Archimedes 系统工作时的交互界面。

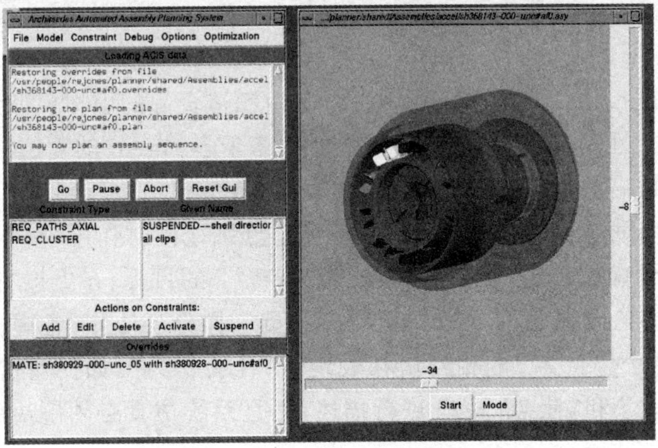

图 6－23　Archimedes 系统的交互界面

Archimedes 系统可以读入当前流行的各种 CAD 数据，并能够以多种形式输出装配工艺规划结果。

在工程中，Archimedes 已被应用于休斯飞机公司的一些重要的产品生产中，包括一个含有 474 个零件的导弹项目。

第7章 基于Agent的虚拟柔性制造系统及实现

虚拟柔性制造系统(VFMS)是由制造资源的虚拟模型组成的模拟柔性制造系统运行的虚拟环境。基于多Agent的VFMS可以视为由各种设备和产品的虚拟模型组成的虚拟“社会环境”,用来运行各种制造方案。各虚拟设备模型分别或同时作用于一个或多个工件虚拟模型,实现“物料转变为产品”的目标。在虚拟“社会环境”中各虚拟模型之间好像社会成员一样分工协作,各虚拟模型通过“个体行为”的相互协作表现出“社会行为”。如何对这种“个体行为”和“社会行为”进行描述,则是系统仿真必须解决的首要问题。

本章主要介绍基于多Agent的虚拟柔性制造系统的系统结构、几何建模、系统行为表达及其实现。

7.1 基于多Agent的虚拟柔性制造系统

一、VFMS的基本框架

虚拟柔性制造系统VFMS从功能上需要能动态地运行各种操作,灵活地实施对产品的虚拟加工方案。VFMS的基本框架可包括虚拟环境管理、系统建模、物流系统分析、虚拟加工、虚拟检测、模型数据库、虚拟行为仿真、虚拟现实用户接口等模块,如图7-1所示。

虚拟环境管理模块是保障VFMS有效运行的支持平台，用于虚拟环境的管理与维护，进行控制指令、状态、公共数据的正确传输与调度，接收虚拟现实接口的指令数据为功能模块任务的执行提供环境和协调机制，处理各模块间的相互作用与交互。

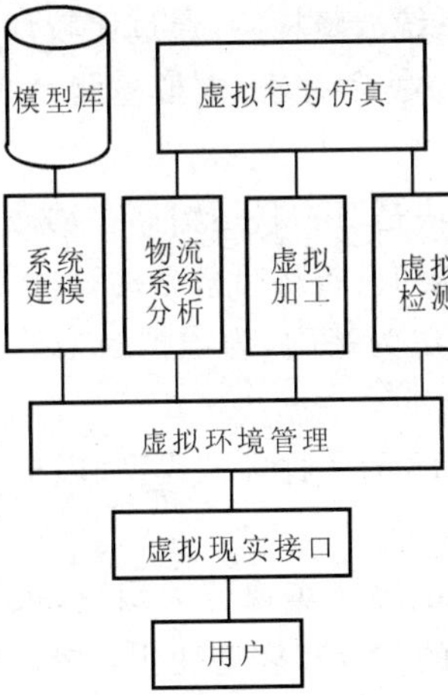

图7-1　VFMS基本框架

系统建模模块提供构造各种虚拟模型的工具，支持模型的各种通用表示方法，并可从其他建模软件导入模型。

在一个物理FMS中，设备资源包括物料搬运设备、加工设备、测量设备如机器人、CNC、三坐标测量机等，这些设备以一定方式布置与关联，完成对工件的运输、加工和测量，实现从物料到产品的转换。VFMS则是对这些物理模型及它们之间相互关系的数字化描述。

虚拟加工模块基于对加工过程物理特性的描述，以几何模型及各种物理现象的CAE分析为基础，生成表达加工过程的数据。其输出数据主要有刀具运动数据、材料去除过程数据和各种机械物理过程数据，如尺寸形状误差、温度、应力、应变等特征数据。在虚拟环境中这些数据的可视化使加工过程的描述更加准确直观。

虚拟检测模块用于检测设备及工件的工作状态和系统状态。虚拟检测模块有两个主要任务：一是提供设备行为的触发条件。检测被测对象的状态，作为其他对象是否进行某种运动及操作的动作判别条件。第二是系统故障检测。通过比较计算控制变量与传感器数据，确定误差值和故障对象。虚拟检测是 VFMS 正常运行的重要保证。

物流系统分析模块是对物料运输储存动态过程的各种统计性能进行分析，生成系统和设备运行效率的特性数据。物流系统分析是以离散事件仿真方法为基础，为虚拟模型的行为仿真提供行为模式分析和运行数据。

模型库管理 VFMS 的各种虚拟模型。虚拟模型包括虚拟设备模型、虚拟工件模型等。

虚拟行为仿真模块用来实现行为函数（或工程数据）驱动下虚拟设备和虚拟工件的位置和姿态变化，并以动画显示，直观地展现 VFMS 的工作过程，形成对 FMS 特征的准确理解与直观评价。

利用虚拟现实技术构建人与虚拟系统的接口是 VFMS 的重要特征。虚拟现实接口用于提供人与系统间的交互接口，提供虚拟现实设备的驱动程序和数据转换接口，

VFMS的生产过程仿真应以更直觉、更生动、更精确的方式给出仿真结果，这就需要更完善的人机接口系统。虚拟环境系统应当是多传感器构成的人机交互的综合集成系统，系统硬件应根据具体要求而定，应能实时地表现虚拟物体本身的运动和虚拟物体与操作者之间的交互作用。

二、VFMS 的多 Agent 系统结构

采用基于 Agent 的方法进行虚拟柔性制造系统的建模，其主要优点如下：

(1) 通过 Agent 之间的通信，开发新的规划或求解方法，以处理不完全的、不确定的知识。

(2) 通过多 Agent 系统中各子 Agent 间的合作，可以改善每个 Agent 的基本功能，并且从子 Agent 的交互中进一步表达各 Agent 的相互作用。

(3) 系统的程序空间与它所描述的现实空间有一致的对应关系，符合人的认知习惯，对系统代码的理解、修改、维护和移植都带来了方便。

(4) 在 VFMS 仿真中，需要进行大量的计算，并行计算是快速有效的实现方法。多 Agent 系统在执行仿真任务分解时，利用 Agent 的自我生存、自我表现能力，可将 Agent 作为计算单元，使仿真的执行控制和处理机分配简单化。将一个 Agent 的计算任务分配给一台单独计算机执行，使系统开发更为方便。

从可扩展的角度看，子 Agent 可以作为一些远程仿真单元的智能代理，以利于 VFMS 系统与分布式虚拟制造系统的衔接。

在作者研制开发的 VFMS 系统中，我们根据多 Agent 的思想，从实际系统的物理配置角度出发，将系统划分为一个主控 Agent、7 个子 Agent 和一个数据库。子 Agent 包括机床 Agent、机器人 Agent、AGV Agent、装卸站 Agent、缓冲站 Agent、工件 Agent、刀具 Agent，图 7-2 为 VFMS 的多 Agent 系统结构图。

主控 Agent 监测系统的全局状态，生成制造环境模板，管理与组织整个 VFMS 系统的活动。它的主要功能是根据加工计划和系统中对象的当前状态以及调度规则决定系统的活动；记录系统初始环境、中间环境、结束环境；确定加工任务的等待、设定和执行，以及过程中所需设备模型的时间序列，对 VFMS 虚拟环境实施宏观控制。主控 Agent 仅仅掌握子 Agent 的外部视图，而无须了解其决策细节。

设备 Agent(包括机床 Agent、机器人 Agent、AGV Agent、装卸站 Agent、缓冲站 Agent) 表示虚拟环境中执行任务的设备对象。设备有控制属性和几何属性，可以用虚拟控制器和几何模型作为设备 Agent 的基本组成。虚拟控制器表达设备控制器的控制参数和输出控制数据；几何模型表示虚拟设备形状、位置、方位等属性。对于设备 Agent 可以通过用户接口输入属性数据，并通过行为推理与行为计算表现运动、操作等行为。

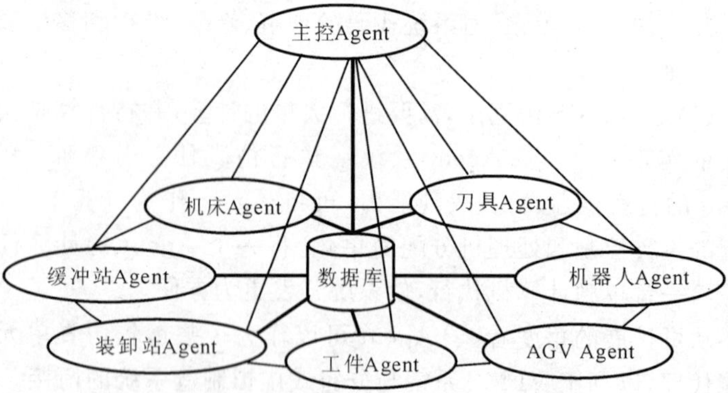

图 7-2　VFMS 的多 Agent 系统结构

工件 Agent 定义了 VFMS 上被加工工件的所有属性与行为。物料、工件及最终产品都被定义为工 件 Agent。工件 Agent 可以通过用户接口交互输入属性数据，根据不同的材料属性和工艺参数确定工件的行为，展现由物料转变为产品的过程。

刀具 Agent 定义了 VFMS 中刀具模型的特征，如刀具类型、几何属性、当前位置、使用状态等。

数据库：在 VFMS 的多 Agent 系统结构中，数据管理是十分重要的组成部分。它所包括的数据有设备数据（包括设备编号、设备技术规格、设备物理位置信息、设备使能状态等）、托盘数据、工件数据、毛坯数据、小车数据、刀具数据、作业定义数据、作业工艺数据、NC 程序库、NC 程序所需刀具数据十大类。这些数据有些是全局数据，有些是局部数据，它们彼此透明，在保证数据完整性的条件下可以相互存取，以满足系统管理和控制的需要。

三、系统几何建模

制造环境(如 FMS) 由相互独立的多种物理对象组成。在进行几何建模时，对各个对象还必须进行必要的分解。对于 VFMS 系统可进行 4 个层次的分解。

(1) 系统级分解：VFMS 包括静止对象和运动对象。运动对象又可分为主动操作对象和被动操作对象。主动操作对象具有主动行为，而被动操作对象只能在主动操作对象作用下动作，改变其几何属性。主动操作对象又可以由多个具有固定自由度的部件组成。

通常可以将 VFMS 系统分解成静态场景、工件和设备。静态场景是 FMS 系统存在的外在环境，对静态场景的建模一般比较简单，精度要求不高，可以用贴图的办法生成其几何模型，并将多个对象当做一个对象处理。工件建模可以采用 CAD 模型，但对其属性变化(变形) 的建模则较为复杂。设备建模是 VFMS 几何建模的主要内容。

(2) 设备级分解：设备是由若干可以相对运动的部件，通过某种运动关联而联系在一起的整体。各组成部件在物理上相连接，但其空间位置关系随设备行为变化，对这些有相互运动关系的部件必须逐层分解、分别建模 。

(3) 部件级分解：若部件仍由若干具有相互运动关系的零件(或子部件) 组成，则需要对其进一步分解，分别对各运动件进行建模。有些零件在物理上相互固定，如用螺钉铆钉等紧固在一起，相互间没有运动关系，则可将它们作为一个几何体进行建模。

(4) 零件级分解：对于形状复杂的零件，用几何建模器难以一次构造成形时，可对其进行分割和简化处理，把复杂几何形体分割成简单的基本体，采用多个规则的多面体逼近真实零件，各多面体之间的关系为固定装配关系。

为了构造标准模型库，可以根据分解原则对各种设备进行分解，提取共性，以构造各种设备系列。通过对各种机床主要部件的组成及几何特征进行分析，建立机床形体分类及基本构成形体特征树形图，并给出了组成各部件的基本模型类型，使机床的几何建模具有条理与层次，以利于模型的重用。

图 7－3 以 MAHO 系列机床为例给出机床几何建模流程。首先以 MAHOV600S, MAHOV700S, MAHOV1000S,MAHOV1200S 为参考原型，进行模块分析，进行共性提取，形成工作台、刀具夹头、刀库模型库，用各种模型实例进行组合，形成各种机床模型。

机床上工作台模型组件、刀具夹头模型组件及床身等按一定规律构成运动链，形成一定的层次关系，可以用结构树表示。各模型组件的运动特点是联动，可以用关系“属于”来表示，“属于”关系具有传递性。例如，若模型 B 属于模型 A，则 A 运动时，B 作相应形式和运动量的运动，但 B 运动时，A 则不会随之运动。模型间的“属于”关系可以用 WTK 提供的 WTobject－attach 函数进行定义。

设备行为由各运动部件的平动、转动及相互间的联动来表现。多个运动部件的联动采用类似实际数控机床的插补算法，可转化为单运动部件的平动或转动。

设备模型中各部件有其相应的配置变量，配置变量记录了该部件的位置和方向。配置变量、运动约束编码等装配参数都存储于模型的数据结构中。在模型运动仿真过程中，随着设备模型各组件位置和姿态的不同，不断计算配置变量等参数，并修改相应的数据记录。

图 7－4 给出了用虚拟现实软件 WalkThrough 构造的 MAHO 600S 机床。

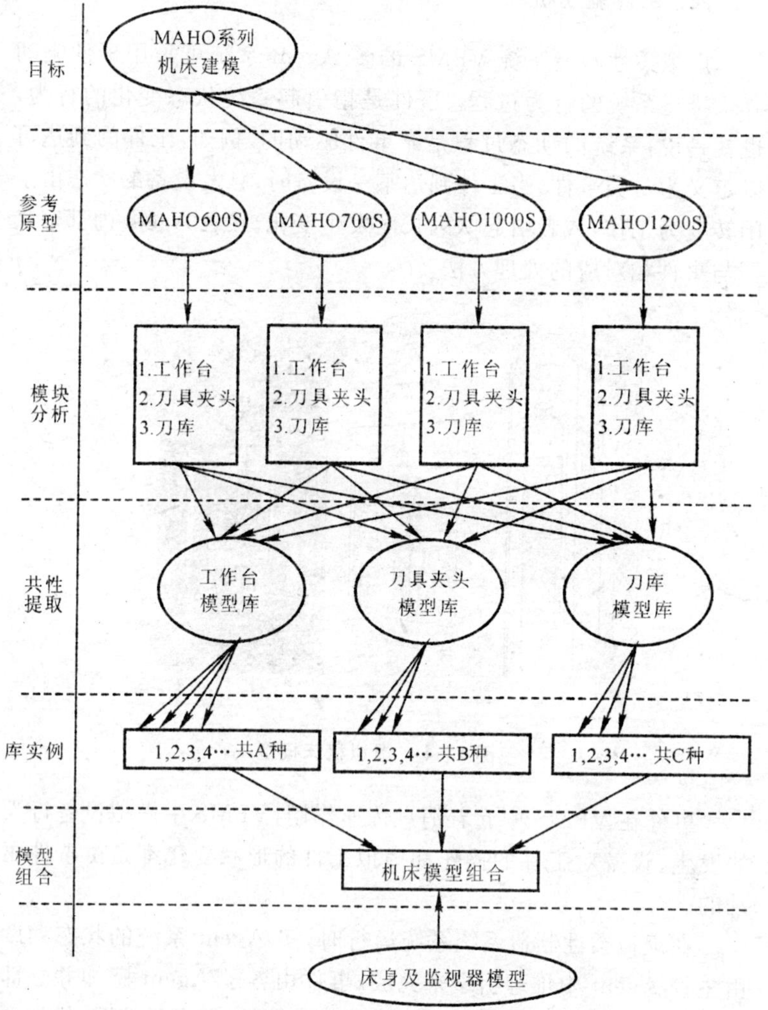

图7-3　机床几何建模流程

四、事件驱动机制

虚拟柔性制造系统 VFMS 的多 Agent 系统可采用事件驱动方式描述系统的行为过程。事件是指引起系统状态变化的行为，也就是说，系统的动态过程是靠事件驱动的。例如，工件的到达可以定义为一类事件，当工件到达某一设备时，触发设备的状态由空闲转变为工作，或者引起队列长度发生变化。在各 Agent 内部定义了与事件相对应的处理方法。

图 7-4　虚拟机床模型

事件在 VFMS 中起着消息传递作用，VFMS 中虚拟设备行为的发生、设备对工件的操作和虚拟工件的形状变化都是由事件驱动的。

在虚拟柔性制造系统系统运行时，多 Agent 系统的状态调度由主控 Agent 中推理引擎来完成。事件由各子 Agent 感知并立即报告给主控 Agent，主控 Agent 的推理引擎根据全局情况、触发事件和资源现状决定新的状态，并通知各子 Agent 在新的状态下工作，从而建立多 Agent 系统离散事件协调模型。例如，Agent 甲向 Agent 乙发出服务请求，Agent 乙收到消息后，向主控 Agent 发出相应的"事件"汇报，主控 Agent 经决策推理通知相关 Agent 改变行为状态，系统状态也随之改变。

触发事件可分为以下三类。

第一类是外部消息，包括外部的请求以及通知、消息。

第二类是时间事件，即某个预期时间点的到达，如时钟的唤醒等。

第三类是状态事件，包括状态的达到或状态转换的完成。

FMS 中的典型事件包括：

(1) 物流事件：

1) 工件引入或离开系统。

2) 工件从一个加工设备(或测量设备) 运达另一个加工设备(或测量设备)。

3) 工件从一个缓冲站运达一个加工设备(或测量设备)。

4) 工件从一个加工设备(或测量设备) 运达缓冲站。

5) 工件开始或结束加工处理。

(2) 刀具流事件：

1) 刀具引入或离开系统。

2) 刀具从进出站运达机床刀库。

3) 刀具从机床刀库运达进出站。

4) 刀具从刀具缓冲站运达机床刀库。

5) 刀具从机床刀库运达刀具缓冲站。

6) 刀具从刀具缓冲站运达进出站。

7) 刀具从进出站运达刀具缓冲站。

8) 刀具在机床刀库之间的运输。

五、Agent 的决策策略

1. 机床 Agent

(1) 机床选择工件的决策策略：该策略是根据加工负荷，确定从工件队列中选择工件的规则，用以决定各工件的加工顺序。可采用的决策策略包括先到先加工、后到先加工、最短加工时间、最长加工时间、剩余工序数最多、剩余工序数最少、最早交货期、最高优先级等。

(2) 机床选择刀具的决策策略：在能够完成工序的某工步加工要求的刀具中，选择合适的刀具的规则。它包括优先选用使用寿命最短、使用寿命最长或利用率最低的刀具等策略。

2. 机器人 Agent

机器人 Agent 选择 AGV 的决策策略：存在多辆 AGV 可供选择时选择哪一辆 AGV 的规则，包括固定 AGV 的运输范围的规则、最早空闲的 AGV、最低利用率、最短到达时间、最高优先级等。

3. AGV Agent

AGV Agent 选择缓冲站中的工件或托盘的决策策略，即当缓冲站中有多个同类零件时，选择队列中哪一个零件的规则。它包括随机选择、先到缓冲站的先送及就近位置选择等。

4. 工件 Agent

(1) 工件选择机床的决策策略：在能够完成工序的机床中选择一台合适的机床的规则。它包括最小加工成本、最短加工时间、最短队列、最短开始时间、加工设备优先级等决策策略。

(2) 工件选择缓冲站的策略：确定装夹在托盘上的工件选择缓冲站位置的规则。它包括固定存放位置规则、就近存放、先空先放等策略。

5. 刀具 Agent

(1) 刀具选择机床的策略：有多个机床争用同一把刀具时，刀具向哪台机床运送的规则。它包括最早申请的机床优先、利用率最低的机床优先、机床上加工工序时间最短或加工工序时间最长的机床优先等。

(2) 刀具选择中央刀库中位置的决策策略：确定刀具在中央刀库中存放刀位的规则。它包括固定位置规则、随机存放、就近存放等。

6. 缓冲站 Agent

缓冲站选择工件策略:当有多个工件需进站时选择哪一个的规则。它包括先到先进、最高优先级等。

7. 装卸站 Agent

(1) 工件进入系统的决策策略:根据系统已完成的工件及作业计划,确定向系统输入哪类工件的规则。该规则包括工件优先级、工件交货期、各托盘适合哪一种工件、先来先服务等。

(2) 工件出系统的决策策略:在有多个已完成加工的工件需要出系统时,选择哪一个的规则。包括最早完成加工、工件优先级、工件交货期等。

7.2 VFMS 的多 Agent 系统实现方法

一、Agent 形式化定义

在 FMS 物理环境中,所涉及的主体是各种设备,它们是各种行为的发出者,是形体信息、物理信息、运动信息的载体,VFMS环境中的行为都依靠虚拟模型这个基本要素来体现。

Agent 是对 VFMS 环境中各虚拟模型的抽象,它不仅需要表达模型所表达的实体的静态信息,还必须表达其行为。VFMS 中的 Agent 结构可以用一个七元组模型来描述:

$$\text{Agent} = (A, M, K, I, S, R, G)$$

式中　A —— 属性;

M —— 方法;

K —— 私有知识库知识;

I —— 推理引擎;

S —— 消息传送协议;

R —— 消息接受协议;

G —— 全局知识库知识(相对组元 K 所表示的私有知识

而言)。

例如,对机器人的描述:属性 A 定义机器人的大小、形状、材质、颜色、质量等;方法 M 定义机器人可运行的各种行为方式;私有知识库知识 K 中则定义了机器人运动应满足的各种物理定律及规则等;全局知识库知识 G 则包含了整个场景中所有的 Agent 应遵守的知识规则等;推理引擎 I 通过对 K,G 的运用来决定 M 的状态,M 的每一种状态代表了一种行为;R,S 是该机器人 Agent 与其他 Agent 通信的协议。

其中,属性 A 应当作为私有数据封装在 Agent 内部,只能通过 Agent 的处理过程存取,它与对象的私有数据类似,对外界透明,用户可以通过申请相应的服务来使用这部分资源。推理引擎 I 和方法 M 是 Agent 的核心部分。Agent 所提供的服务都是通过推理 I 对方法 M 的调用实现的。它们定义了 Agent 的行为模式。

对于 VFMS 环境的虚拟模型来说,其形体信息包含几何形状、空间位置、色彩纹理等;物理信息包含质量、惯性系数、刚度、弹性系数等;运动信息包含平动、旋转、变形等。物理信息和形状信息属于属性 A,而运动信息则属于方法 M。方法 M 可以表达为处理过程,M 的执行取决于推理 I。推理需要检测前提条件(触发事件的发生),同时,还需要对处理过程的优先级进行定义。

给出 Agent 的形式化定义如下:

```
Agent < Agent - Name >
  Private:
    Shape:                                  / 形体信息
        Geometry;
        Location;
        Color;
        ……
    Physical:                               / 物理信息
        ……
```

```
Public:
    Inference < Inference - Process >                /推理过程
        On < Event >                        /验证事件触发条件
            Process < Process - Name >                /处理过程
                Do < Action >
                At - Priority < Prior >          /优先级判别
    ……
                Action < Action >                 /具体动作
    ……
End
```

其中 < Agent - Name > 标识了 Agent 名;Private 域定义了 Agent 的私有数据;Inference 定义了推理过程;Process 域定义了 Agent 的处理过程;Action 域定义每个处理过程的具体流程;Event 定义了触发处理过程的事件;Prior 则定义了相关的优先级。

二、Agent 的通信机制

在多 Agent 系统中各子 Agent 不是孤立的,而是相互协作以完成分派给它们的任务。各 Agent 完成的任务集成起来,在整体上就成为系统完成的总任务。为此 Agent 必须具有通信机制,使各 Agent 之间能自由交换信息、相互协调,高效地完成任务。

Agent 模型由通信控制器和问题求解器两部分组成,通信控制器负责该 Agent 和其他 Agent 的通信;问题求解器负责执行具体的任务。如图 7 - 5 所示,通信控制器接收来自其他 Agent 的消息,并把它们传递给问题求解器,问题求解器把处理结果返回给通信控制器。

通常采用基于消息的通信机制作为的各 Agent 间的通信方式。通信机制包括消息描述格式和消息处理协议。处理协议主要用于控制通信过程,是 Agent 之间关于通信方式的约定;消息内容用于描述 Agent 之间实际要交换的信息，包括数据、程序和调用等，主要用于传递 Agent 之间的服务请求和协调 Agent 之间的行为。

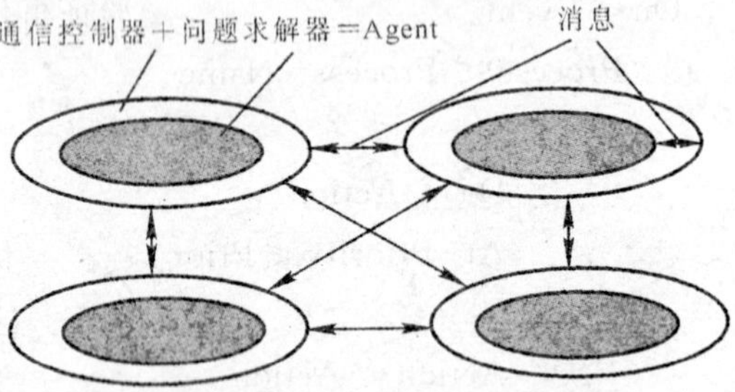

图 7－5　Agent 的通信机制

消息由消息名＜Msg Name＞和消息参数(p0，p1，…，pn)组成。消息名描述消息的类型；消息参数具体说明消息的内容和含义，其语法为

＜Msg Name＞[(p0，p1，…，pn)]

例如：＜ServiceRequest＞(Parameter1，Parameter2，…，Parametern)＜Wait＞(Information)

消息发送的原语为 Send＜Receiver＞＜MsgName＞(p0，p1，…，pn)[Wait＜MsgName＞(q1，q2，…，qm)]

其中，＜Receiver＞标识是接收 Agent；＜MsgName＞(p0，p1，…，pn)为所发送的消息内容；Wait＜MsgName＞(q1，q2，…，qm)为可选项，表示所等待的应答消息。

发送消息的处理流程：

(1) 向接收方发送消息。

(2) 如果存在 Wait＜MsgName＞(q1，q2，…，qm)项，则执行第 3 步，否则处理结束。

(3) 阻塞发送消息的进程，等待＜MsgName＞(q1，q2，…，qm)事件的唤醒。

接收方将消息作为事件来处理，具体的处理流程：

（1）接收消息。

（2）对此消息进行所需要的处理。

（3）如果存在 Wait 项，则发送消息 < MsgName >（q1，q2，…，qm）给消息的发送者。

对基于 Agent 系统的应用程序可以有许多语言进行原型构造，但是目前还没有公认的 Agent 语言。Wooldrige 和 Jennings 认为，Agent 语言是一个可以用来编制符合 Agent 概念的硬件和软件的计算机系统语言，它应该包括与 Agent 一致的一些结构。目前，人们通常根据 Agent 应用和定义类型的需要选择合适的语言。相比较而言，用面向对象语言（如 Smalltalk，Java，或 C＋＋）更容易构造 Agent。因为 Agent 的概念与对象的概念较为相近，Agent 与对象都可以共享某些属性，如封装、继承、消息传递等。但 Agent 不具有对象的多态性，对象需要通过激发其内部特定的功能来处理消息的多态性，同时 Agent 对消息的处理也相对简单。我们在 VFMS 系统开发中，选用 Visual C＋＋作为开发语言。

三、VFMS 的多 Agent 系统运行方式

对整个虚拟柔性制造系统 VFMS 来说，系统运行需要首先对任务进行分解，形成一组服务请求，然后通过主控 Agent 将这些请求分别传递给子 Agent 进行解释执行。任务分解与分配的原则应当是使各 Agent 之间的连接关系尽量简单，而对于逻辑关系复杂的任务则尽可能安排在一个 Agent 内进行，以追求松耦合、高内聚的结构，减少 Agent 之间的交互，提高系统并行处理能力。

Agent 的行为合作模式可以分为以下几类：

（1）服务型：这类处理过程用于满足外部请求，提供特定的服务。它们的触发条件一般是外部请求或通知。

（2）协调型：这类处理过程用于多个 Agent 合作完成任务时保持同步。它的触发条件一般是时间事件或状态事件。

（3）进化型：这类处理过程用于 Agent 自身地完善和发展。它

的触发条件一般是自身状态事件。

VFMS系统仿真的类型很多,既包括宏观仿真,也包括微观仿真;既包括离散事件仿真,又包括连续系统仿真,因此,VFMS是一种综合仿真系统。基于多 Agent 的 VFMS 系统结构,在建模与仿真时,多 Agent 方法有许多优势,在物理意义上它更接近于实际系统,以事件驱动作为控制 VFMS 系统运行的方法,为 VFMS 的多 Agent 系统实现提供了可操作的方法。

7.3 系统行为及其表达方法

系统行为是对整个系统状态变化规律和变化过程的描述,其内容依赖于系统实现和行为表达方法。在 CIMS 研究中,国外一些机构及学者对制造系统建模进行了研究,提出了 PERA, CIM—OSA 等体系结构,给出了制造系统全生命周期的各种视图。国内部分学者使用事件、功能操作、作业、领域过程、事务过程和程序规则等对制造系统的动态行为及控制流进行了很多研究。这些研究从系统功能分解的角度出发,对包括人员、设备、信息在内的与制造系统相关的活动,进行了抽象描述,但很少涉及系统的物理结构及物理过程模型。对制造环境中资源建模的研究,主要集中在资源的功能信息映象方面,而缺乏对资源物理行为的研究,更没有将资源行为放在系统行为中进行研究。

在 VFMS 中,可以将系统行为模型分为两部分,其一为系统物理结构及物理过程模型,其二为系统功能结构模型。过去提出的系统模型多属于后者,而对于 VFMS 来说,还必须具有能够表达物理结构及物理过程的虚拟模型。

VFMS 是通过建立虚拟物理模型,使基于数学模型的仿真数据驱动虚拟物理模型发生行为,才能以直觉、逼真的形式展示仿真结果,实现人与系统互动和"数据" 驱动下的制造过程"动画"。只有当虚拟模型可以按物理系统所固有的方式发生行为时,VFMS

系统才有意义可言，因此，对 VFMS 的系统及 Agent 行为建模是 VFMS 研究的重要内容。

行为建模是首先在计算机动画技术中提出的重要概念，近年来已成为研究的热点之一。在计算机动画中，“行为”通常表现为编剧事先编排的情节。近年来虽有基于物理模型的行为建模研究，但主要集中在物理状态细节计算方面，如风吹柳絮、水波、纺织品皱折等。而对于 VFMS 来说，系统行为是各制造环境中资源的相互作用的结果，由表达系统内在规律的分析模型所决定的，而且对象行为多为复合型的受控行为，需要描述多个对象完整的操作行为，以及这种行为的控制方式。

VFMS 的行为分析可分为三个层次：系统层、资源层(系统行为表现层)、构件层。

系统层：采用离散系统分析工具对 FMS 进行分析仿真，可以得到有关系统死锁、活性、可达性和有界性等系统性能的分析数据。过去对于 FMS 系统的运行、调度及优化进行了大量的研究，但那种仿真只刻画了系统的逻辑特性，而缺乏对过程和对象物理行为的几何描述研究，尤其缺乏对逻辑过程和物理过程仿真的结合。

资源层：FMS的设备资源一般有机床、AGV、机器人、缓冲站、测量机等。资源在控制系统驱动下，完成某种功能，表现出特定的行为，系统行为及性能也是通过资源的行为及其交互来体现的。

资源构件层：资源行为是由组成资源的各构件状态的变化来体现的，具体表现为构件的运动及位置的变迁，构件运动必须满足相应的约束条件。

对于基于多 Agent 的 VFMS 系统来说，系统行为可以用各 Agent 和它们之间的关系来描述。子 Agent 代表系统中的各种物理对象如设备等，关系是各个子 Agent 间动态联系的描述。子 Agent 之间相互联系和相互作用表现为资源间的相互作用。因此，VFMS 行为建模需要包含以下两个方面：

(1) Agent 的行为推理与计算。

(2) Agent 之间相互关系的描述。

一、系统行为描述

在 VFMS 系统中，将系统行为定义为对系统状态迁移演化过程的描述。它可以用系统各对象的时间—逻辑动作序列表达，称之为系统状态序列。

系统行为由过程、活动和事件组成。它描述了各事件、活动发生的逻辑关系及时序。借助过程模型，可以表示产品及设备行为的交互与集合。过程模型应包括金属切削与成形过程等复杂的工艺过程。

定义：过程 P_i 表示为各子 Agent 的活动集

$$P_i = \{A_1, A_2, A_3, \cdots, A_m\} \tag{7-1}$$

相应的系统状态用 T 表示，称为过程截面

$$T_i = \{a_1, a_2, a_3, \cdots, a_m\} \tag{7-2}$$

每一状态变量均隶属于相应的活动集，$a_1 \in A_1, a_2 \in A_2, a_3 \in A_3, \cdots, a_n \in A_m$。

系统中各 Agent 之间的关系总和用 R 表示，称为系统关系。R 从另一侧面也代表了状态变量间关系，即

$$R = R(a_1, a_2, a_3, \cdots, a_m) \tag{7-3}$$

若某两个 Agent 之间的关系用 r 表示，$r \in R$，则 r 可以用三元组表示为

$$r = \{S, D, M\} \tag{7-4}$$

式中，S 是源 Agent，D 是目标 Agent，M 是由源 S 到目标 D 的消息。

系统行为可以用系统状态迁移序列来表示，即 $T_0 \to T_1 \to T_2 \to \cdots \to T_g$。其中 T_0 为系统初始状态；T_g 为系统目标状态。

VFMS 的系统行为模型可以用由图 7-6 所示的层次结构来表示，每一活动由许多 Agent 的行为来体现，若干活动组成一个制造过程。

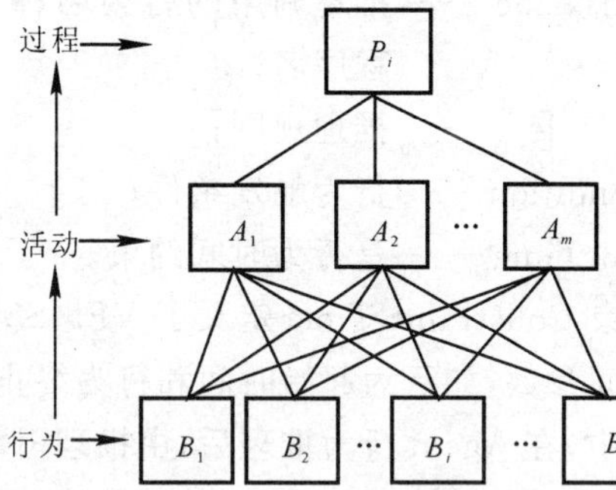

图7-6　系统行为层次化结构

二、Agent 行为建模

Agent 行为建模是 VFMS 环境中的重要组成部分。VFMS 的系统行为都是通过组成系统的所有 Agent 的行为来表现的。行为是 Agent 操作的体现，是 Agent 功能的执行体。

在 VFMS 环境中，Agent 行为是 Agent 在物理规则作用下的状态迁移。物理规则代表 Agent 的内在规律和制造系统逻辑的数学表达。Agent 行为模型包含行为推理和行为计算两部分，行为推理是由推理引擎利用知识库和数据库完成的；行为计算则需要算法系统依赖方法库和数据库实现。

在 Agent 七元组表达中，方法 M 定义了 Agent 的各种行为方式，私有知识库 K 则定义了模型构件运动应满足的各种机械物理定律、规则等；Agent 的各种行为都是通过推理 I 对方法 M 的调用实现的。它们定义了 Agent 的行为模式。

行为推理可以用如下五元组进行定义：

$I=\{$EntityName，BehaviourName，InferenceRule，
TrigerCondition，ConstraintTime$\}$

式中　EntityName—— 行为实体几何名；

BehaviourName —— 推理调用的行为名称，即行为计算程序名；

InferenceRule —— 推理规则；

TrigerCondition—— 行为触发条件；

ConstraintTime —— 是行为时间约束。

行为时间约束 Constraint Time 定义了 VFMS 环境中实体执行行为的相关时间参数，如行为起始时间和行为终止时间等。

VFMS 环境中，在 Agent 行为推理后，由推理引擎发消息给核心算法系统，调用相应的行为计算模型，并赋予该计算模型所需的各种参量。计算模型计算出各种机械物理及几何参量后，再发送消息修改 Agent 中决定其行为表达属性的数据成员，如实体几何的位置、方向、颜色等参量。每一行为仿真循环可看成是由三步操作组成。

第一步：进行行为推理。

第二步：调用行为计算模型，计算相关的实体行为，修改相应对象的属性。

第三步：绘制行为。

行为计算是对构件层实体的几何状态、物理状态及运动状态等属性变迁的计算。行为计算的根据是机床运动学、切削力学、塑性力学等相关的力学运动学定律。构件的各种运动状态参量都可表示为工艺参数、对象机械物理参数以及初始运动状态的函数。

例如，当虚拟对象（机床、刀具、工件）受到外界作用时，其运动状态相应地发生变化。在检测到按动机床启动按钮后，机床就以设定的速度和方向运动；在刀具与工件接触后，相应的切削力和力矩可由工艺参数根据切削力学确定，并由对象的机械物理性能参数计算出刀具、工件的相应变形（位移）及热现象；也就是用力、力矩等表示外界的作用，以运动参量表示对象的运动行为，而将运动状态参量表示成外界作用及对象初始运动参量的函数。

三、Agent 行为计算模型

1. 行为模型

行为计算模型是可以计算的数学表达式，它近似地表达了在特定条件下对象承受的外界作用与对象产生的属性变迁之间的数学关系。在 VFMS 动态环境中，行为模型表示属性状态的迁移。

状态空间：对于任何实体的任意一个状态都可以用一组属性值来精确描述，称为状态空间。

假设实体 En，其属性变元（形体属性、物理属性及运动属性）组成的集合为 V。在任何一个时刻，变元集 V 的一组赋值，称为该对象的一个状态。实体所有状态的集合就是状态空间。En 的状态空间记为 S，则有

$$S = \{GA, PA, MA\} \tag{7-5}$$

式中 GA—— 形体属性，包括实体的几何外形、色彩纹理、空间位置等；

PA—— 机械物理属性，包括实体质量、刚度、惯性系数、弹性系数等；

MA—— 运动属性，包括实体的速度、角速度、加速度、角加速度、位移、转角等。

行为模型：行为模型是随着时间的推移，实体状态迁移过程的数学表达 B，可记为

$$B = \{IS, ST, FS\} \tag{7-6}$$

式中 IS—— 实体初始状态，有 $IS \in S$；

ST—— 对象的状态迁移过程。在四维空间(x,y,z,t)中，ST 为状态随时间变化的过程，可以用行为计算模型产生的状态序列表示；

FS—— 对象目标状态，有 $FS \in S$。

行为模型提供了对 Agent 行为进行描述与控制的可操作工

具。利用行为模型可以表现 VFMS 中对象的运行，并对物理对象及功能进行完整的表达，得到 FMS 物理对象行为的信息镜像。行为的最终实现是当满足触发条件时，激活相应的处理程序，进行具体行为的计算。

2. 行为计算模型

行为计算模型又称行为函数，它是构造虚拟对象具体行为的框架，用以描述虚拟对象的某种行为规律，表示对象的行为方式。行为计算模型是根据物理学、工程力学、切削力学或工程实践中建立的经验数学模型构建的，是反映虚拟对象在外界作用下各种属性参量变化的计算公式。

行为计算模型可以用 OA 表示：

$$OA = F(IA, OA, P) \tag{7-7}$$

式中 IA —— 输入属性集，表示行为计算所需输入的实体属性集合；

OA —— 输出属性集，表示实体在外界作用下需要修改的实体属性集合；

P —— 机械物理参数集，表示行为计算所需要的特性参数集；

F —— 机械物理规则。

为了表达虚拟对象的运动轨迹，通常需要定义六种基本运动方式：x，y，z 方向平动和绕 x，y，z 轴旋转。各种曲线运动、旋转运动等复杂运动都可以由这些基本运动组合而成。

四、系统行为发生机制

VFMS 系统运行时各子 Agent 的行为用一组行为函数来表达，例如 Load( )，Unload( )，Processing( ) 等等。假设第 i 个 Agent 用 A_i 表示，则 A_i 在某一时刻所执行的行为可以用下列参数集 B_i 来描述：

$$B_i = \{b_{ij},\ j = 1,2,\cdots,m\} \tag{7-8}$$

式中，这里 b_{ij} 是 Agent A_i 的第 j 个行为函数，m 为该 Agent 的行为函数总数。

系统行为可以用系统所有 Agent 的行为集合 B 来表达，即

$$B = \{B_i,\ i = 1,2,\cdots,n(t)\} \tag{7-9}$$

式中，$n(t)$ 为在时刻 t 时 VFMS 中参与系统行为的 Agent 总数。

在 VFMS 环境中各种事件的发生必然有多个 Agent 参与。事件发生意味着系统行为的瞬时改变，表现为 Agent 所执行的行为函数的切换。

事件 e 可以表达为系统行为的变化，可以用下列形式描述：

$$e = \{t_e, B_e^-, B_e^+\} \tag{7-10}$$

式中，t_e 为事件e 发生的时间；B_e^- 和B_e^+ 分别为事件e 发生前和发生后的系统行为。

为了描述事件发生后哪些 Agent 的行为发生了变化，我们引如相关 Agent 的概念。

定义：如果事件 e 发生时，某 Agent 的行为发生变化，则称该 Agent 是事件 e 的相关 Agent，记为 A^e

$$A^e = \{A_i : B_e^-, \neq B_e^+\},\quad A^e \in A \tag{7-11}$$

这样，就可以通过事件驱动机制实现对 VFMS 系统及 Agent 的行为进行表达与控制。

7.4　Agent 行为推理的 Petri 网模型

柔性制造系统 FMS 的运行可以看做是以事件的发生和消灭为特征，并由事件支持的整个系统的活动，是一个典型的离散事件动态系统（DEDS，Discrete Event Dynamic System）。已有许多研究将离散动态系统的建模理论用于 FMS 系统行为建模，其中排队网络法、极大代数法、扰动分析法等都是采用数学工具对系统进行描述与分析的，这些方法的共同特点是对系统的动态过程建立严

格的状态方程。但是,实际的 FMS 系统常常无法用严格的数学方程来描述,因此在应用中遇到很多困难。相比较而言,Petri 网模型则可以对系统的动态特性进行较好的描述,其图形表示法也易于理解和接受,又具有严格的数学基础。因此,Petri 网已成为 FMS 动态系统建模中最活跃的建模技术之一,它可以清晰地描述系统及设备的行为变化,包括设备具有那些状态、状态间的相互转换及转换发生的条件。

对于虚拟柔性制造系统来说,采用面向对象 Petri 网思想对 Agent 的行为推理逻辑进行表达也是理想的方法。下面以机器人、机床、缓冲器组成的系统为例,说明 Agent 的 Petri 网模型及它们之间的关系。

一、机器人 Agent 的 Petri 网模型

机器人 Agent 的 Petri 网模型可以由 4 个变迁(开始装载、开始卸载、完成装载、完成卸载)、3 个状态库所(空闲、正在装载零件、正在卸载零件)和 5 个信息库所(装载请求信息、零件准备装载请求信息、完成装载信息、机器卸载请求信息、机器卸载请求信息)组成。变迁用 T 表示,库所用 P 表示,信息库所用 MP 表示,如图 7-7 所示。

如果 MP_{11} 有机器"要求装载信息"以及 MP_{12} 有零件"准备装载信息",而且,P_{11} 表示机器人处于空闲状态时,则机器人开始装载(T_{11})。变迁发生后,机器人状态转换为 P_{12}(正在装载)。机器人完成装载(T_{13})后,又回到空闲状态(P_{11}),同时 MP_{13} 中的"完成装载信息"就会发往其他相关的对象 Agent。

如果 MP_{14} 中接受到"要求卸载信息",且机器人处于空闲状态(P_{11}),机器人状态就会转为卸载(P_{13}),当机器人完成卸载(T_{14}),又会处于空闲状态(P_{11}),同时 MP_{15} 中的"完成卸载"信息就会发往其他相关对象。显然,转换 T_{11} 和 T_{12} 不可能同时触发。

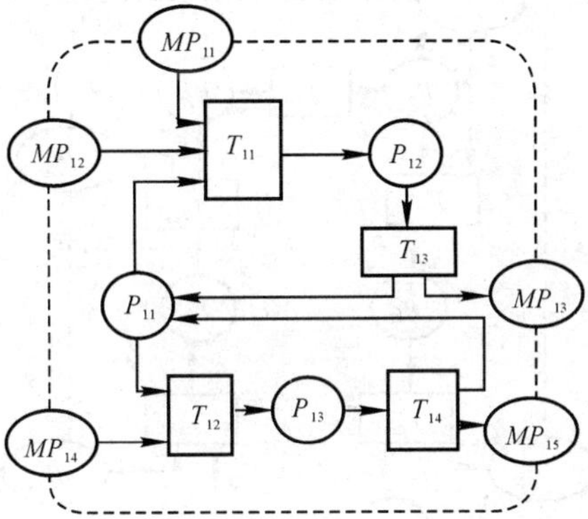

图 7－7　机器人 Agent 行为推理的 Petri 网模型

T_{11}— 开始装载；T_{12}— 开始卸载；T_{13}— 完成装载；T_{14}— 完成卸载；P_{11}— 空闲；

P_{12}— 正在装载零件；P_{13}— 正在卸载零件；MP_{11}— 机器装载请求信息；

MP_{12}— 零件准备装载请求信息；MP_{13}— 完成装载信息；

MP_{14}— 机器卸载请求信息；MP_{15}— 零件卸载完成信息

二、机床 Agent 的 Petri 网模型

机床 Agent 的 Petri 网模型有 5 个变迁，5 个状态库所和 4 个信息库所，如图 7－8 所示。

如果 MP_{21} 有要求设备启动消息，且设备处于空闲状态（P_{21}），则设备开始启动（T_{21}），设备的状态变为“正在启动”（P_{22}），然后设备完成启动（T_{22}），向外部发出完成启动消息（MP_{22}），同时，设备转入等待装载状态（P_{23}）。设备在收到机器人发来的“零件装载完毕”消息（MP_{23}）后，则零件开始加工（T_{23}），设备状态变为“正在加工”（P_{24}），加工完成（T_{24}）后，向其他设备如机器人发出零件等待卸载消息（MP_{24}），随后设备状态转为“正在拆卸”（P_{25}），然后，完成拆卸（T_{25}），设备又转为空闲状态（P_{21}）。

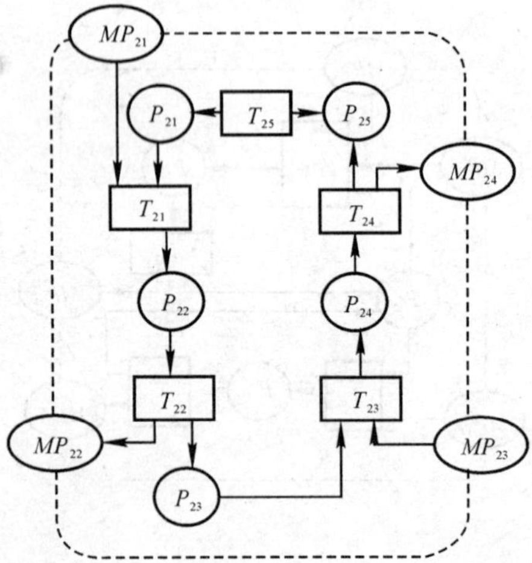

图 7-8　机床 Agent 行为推理的 Petri 网模型

T_{21}— 设备开始启动；T_{22}— 完成启动；T_{23}— 开始加工零件；

T_{24}— 完成加工；T_{25}— 完成拆卸；

P_{21}— 设备空闲状态；P_{22}— 正在启动状态；P_{23}— 等待装载状态；

P_{24}— 正在加工状态；P_{25}— 正在拆卸状态；

P_{21}— 要求设备启动消息；MP_{22}— 完成启动，等待装载零件消息；

MP_{23}— 零件装载完毕消息；MP_{24}— 零件等待卸载消息

三、缓冲器 Agent 的 Petri 网模型

缓冲器 Agent 有 2 个变迁，2 个状态库所和 2 个信息库所，如图 7-9 所示。

当缓冲器处于空闲状态（P_{31}），有工件等待进缓冲器消息时（MP_{31}），工件进缓冲器（T_{31}），缓冲器变为有工件状态（P_{32}），在工件出缓冲器（T_{32}）后，对外发工件出站消息（MP_{32}），同时，缓冲器又转换为空闲状态（P_{31}）。

综上所述可以看出，Agent 的 Petri 网模型可以很好地描述物理设备的行为和变迁逻辑。这样，根据每个 Agent 的 Petri 网模型

可以产生各自相应的规则集，再由规则集确定“事件—状态”之间的因果关系，将 Agent 的行为表现为事件驱动的状态变化。Petri 网模型决定了规则的前提条件、规则的排序及行为方法。Agent 根据这些规则进行推理，转入不同的状态，表现出特定的行为。

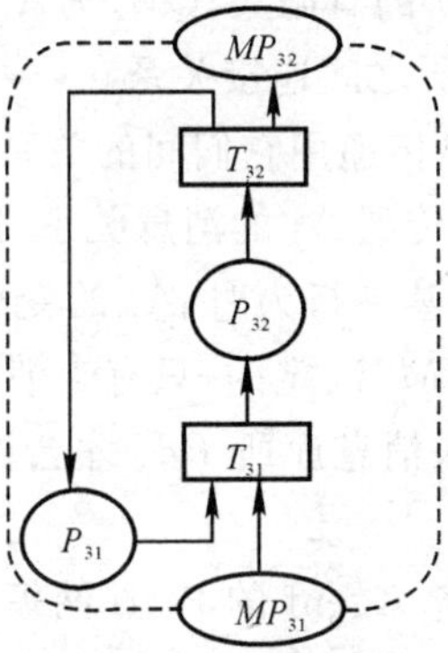

图 7-9　缓冲器 Agent 行为推理的 Petri 网模型

T_{31}— 工件进缓冲器；T_{32}— 工件出缓冲器；

P_{31}— 缓冲器空闲；P_{32}— 缓冲器中有工件；

MP_{31}— 有工件等待进缓冲器消息；

MP_{32}— 有工件等待出缓冲器消息

四、系统行为的 Pretri 网模型

虚拟柔性制造系统的 Petri 网模型可以用各子 Agent 的 Petri 网模型及其相互间消息传递关系进行描述。将 VFMS 系统定义为

$$S = \{A, R\} \tag{7-12}$$

在这里，A 为 VFMS 系统中所有 Agent 的 Petri 网模型集合，可以表达为

$$A = \{ A_i,\ i = 1, 2, \cdots, n\} \tag{7-13}$$

式中，A_i 为 VFMS 中第 i 个 Agent 的 Pctri 网模型；R 为各子 Agent 的 Petri 网模型之间消息传递关系 R_{ij} 的集合，可以表达为

$$R = \{R_{ij}\ ,\ i,j = 1,2,\cdots,n;\quad i \neq j\} \tag{7-14}$$

Agent A_i 的 Petri 网模型用以下数学式进行定义：

$$A_i = \{SP_i, AT_i, IM_i, OM_i, F_i\} \tag{7-15}$$

式中，SP_i 为 A_i 的状态库所的有限集；AT_i 为 A_i 变迁的有限集；IM_i 为 A_i 输入消息库所的有限集；OM_i 为 A_i 输出消息库所的有限集；F_i 为各 A_i 消息库所之间连接关系。

Agent 之间的消息传递用它们间的关系来表示，如 $R_{ij}(i \neq j)$ 表示消息由 Agent A_i 传到 A_j 的消息关系。这样，在 VFMS 中，当需要子 Agent A_j 执行某一行为时，A_j 的变迁 AT_j 的发生是由其相关的输入消息库所 IM_j 决定的，只有当消息发送方 OM_i 的消息库所中有 Token，输入消息库所 IM_j 才会被触发，而具体行为顺序由 F_j 决定。

系统行为可以用各 Agent 的 Petri 网模型通过相应的消息传递连接实现，如图 7-10 所示。各子 Agent 模型相互连接时，不必考虑 Agent 的内部视图。

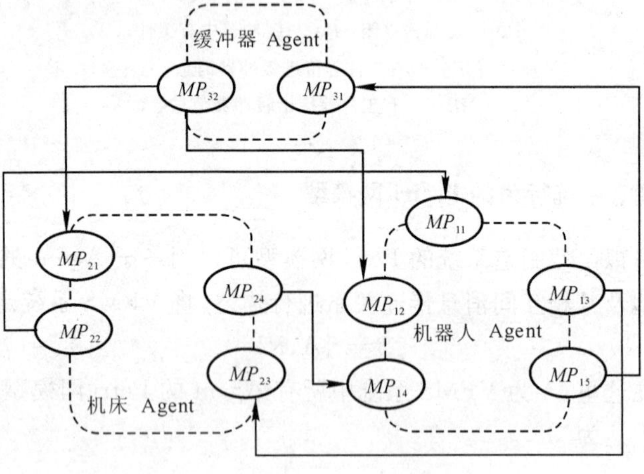

图 7-10 Agent 间的消息传递关系

例如，机床 Agent 的 MP_{22}（等待装载零件消息）和机器人 Agent 的 MP_{11}（机器装载请求信息）相连，当 MP_{22} 中有 Token 时，就将机床等待装载零件消息通知机器人，MP_{11} 获得“机器装载请求信息”。同样，缓冲器 Agent 消息库所 MP_{32}（缓冲器中有工件）与机器人 Agent 的消息库所 MP_{12}（零件准备装载）和机床 Agent 的消息库所 MP_{21}（要求设备启动）相连，当缓冲器中有工件时，通知机器人和机床准备装载。

以机器人从机床上卸载零件为例说明行为的发生方法：

若机床完成对零件的加工（T_{24}）后，发出卸载请求，使消息库所 MP_{24} 中有 Token，表示零件等待卸载。M_{24} 与机器人的消息库所 M_{14} 连接，MP_{14} 中有 Token 后，机器人收到卸载请求消息，开始行为推理：

第一步：机器人 Agent 依据其 Petri 网模型生成的规则，检测其状态是否空闲（判断 P_{11} 是否有 Token），若有，则开始卸载零件（T_{12}），即调用卸载行为函数 Unload( )，进行行为计算。

第二步：在 Unload( ) 函数中，由多个实体运动计算子程序组成。在子程序中，根据机床及工件的位置，计算出机器人相关几何组件的运动（或转动）和相应运动参数（距离，方向，速度等），并修改 Agent 中几何组件形状、位置、方向等属性值 。

第三步：根据虚拟环境各 Agent 属性值进行画面刷新。

7.5　系统实现与运行

一、Agent 模型的实现

Agent 模型的实现可以采用类结构方法。下面以机器人 Agent 为例说明用 WTK 构造 Agent 的方法及过程。

首先定义机器人的属性类 Robot－Attributes，它主要包含几何属性、位置属性、物理属性等属性成员以及一些基本的模型运动函数。

```
Class Robot_Attributes {
  Private:
    Shape:                          / 模型几何定义
        WTobject Base;              / 底座几何模型
        WTobject Arm1;              / 大臂几何模型
        WTobject Arm2;              / 中臂几何模型
        WTobject Arm3;              / 小臂几何模型
        WTobject Claw1;             / 爪子 1 几何模型
        WTobject Claw2;             / 爪子 2 几何模型
        ……
        Location;                   / 模型位置参数
        Color;                      / 模型色彩、纹理数据
        ……
  Physical:                         / 模型物理数据
        ……
  Public:
      Function:                     / 模型运动函数
        RotateArm1();               / 转动大臂
        RotateArm2();               / 转动中臂
        RotateArm3();               / 转动小臂
         OpenClaw();                / 张开爪
         CloseClaw();               / 闭合爪
  ……
};
```

类 Robot_Agent 是类 Robot_Attributes 的子类，除了继承父类的数据和方法外，还包含特定应用需要的数据。并支持增加 Agent 的方法、调用 Agent 的方法和改变自身状态的函数等。

类 Environment 是类 Robot_Agent 的容器类，它的实例包含

了有关虚拟环境的基本参数，如其他 Agent 的有关数据。

类 Inference 用以实施 Agent 的推理。利用前面介绍的 Agent 的行为推理 Petri 网模型，建立一系列 if then 规则，根据这些规则实施推理，也可以采用神经网络、遗传算法等各种推理知识。这种分离的推理机在运行时解释执行规则，它使用当前状态数据确定哪些规则的 if 部分（前提条件）满足，然后执行满足条件的规则的 then 部分。类 Inference 需要类 Environment 和类 Robot_Agent 的知识，但它不会因类 Environment 和类 Robot_Agent 的变化而改变。这就是说，Inference 类可以适用于机器人 Agent、机床 Agent 等多种设备 Agent，所不同的只是推理所依据的规则库不一样，即不同的 Agent 采用各自的行为推理 Petri 网模型建立规则库。规则库与推理类 Inference 相分离，实际运行时，用 Inference 类中定义的成员函数添加规则。

类 Inference 的描述如下所示：

```
typedef int ( rule_function) (Environment,Robot_Agent);
Class Inference {
    Public:
        Inference();
        Void add_rule(const char title,rule_function rf,int
Priority);
        Void    execute_highest_priority_rule(Environment,
Robot_Agent);
    Private:
        Const char rule_name[MAX_Rule_Num];
        int num_rules;
        rule_function rules[MAX_Rule_Num];
        int priorities[MAX_Rule_Num];
        const char titles[MAX_Rule_Num];
};
```

函数 add_rule 向类 Inference 的实例添加规则，这些规则应匹配函数原型：

typedef int (rule_function) (Environment，Robot_Agent)；

一条规则函数应该提供两方面的功能：

(1) 判断当前的状态是否满足前提条件，如果不满足，马上返回 False 信息；

(2) 如果前提条件满足，该函数将改变 Environment 和 Robot_Agent 所表示的实例的状态。

做了上述定义后，还需要定义一个虚基类 Agent，它主要为继承类提供接口规范，主要包括执行 Agent 的函数 Run_Agent，支持模拟环境系统的动态和实时行为。这样，就可以进一步根据这些类模型对虚拟环境运行的过程类进行定义，实现系统及对象的行为。

二、VFMS 行为实现方法

VFMS 运行可以比做“演戏”，系统的分析模型 ——Petri 网 —— 相当于“剧本”，虚拟环境相当于“剧场”，各子 Agent(如虚拟设备) 就是“演员”，主控 Agent 则是协调系统各部分运行的“导演”。系统运行时，事件信号汇集到主控 Agent 中，通过事件的收集和翻译，将 Petri 网模型中的数学形式的状态变迁映射为虚拟环境中对象的行为，产生 Agent 的行为改变。如图 7 - 11 所示为 VFMS 的事件处理与行为控制。

多 Agent 系统的状态调度由主控 Agent 中推理引擎来完成。主控 Agent 控制系统总体运行，各子 Agent 表现具体行为的方法。主控 Agent 用来管理仿真环境中的任务，根据收到的事件消息，产生事件列表、初始化事件执行和协调事件的执行。子 Agent 执行由主控 Agent 指定的具体任务。事件驱动机制在 VFMS 环境中提供系统运行控制的逻辑(或算法) 和该逻辑算法的具体实现之间的标准接口。每一子 Agent 根据指定执行相应的虚拟设备的活动(行为)。

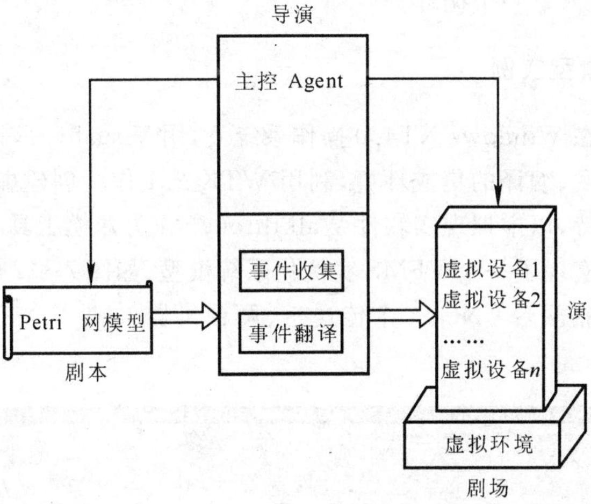

图 7-11　VFMS 的事件处理与行为控制

仿真时钟提供时间基，用于表示仿真时间的变化。值得注意的是，在离散事件系统仿真中，由于系统状态变化是不连续的，在相邻两个事件发生之间，系统状态（逻辑状态）不发生变化，因而，仿真时钟可以跨过这些“不活动”的区间。但是对 VFMS 系统来说，其系统行为是通过各虚拟对象的行为来体现的，虚拟对象的行为应当是连续的，即使没有“事件”发生，各虚拟对象仍具有一定的行为。

在每一次仿真循环开始时，主控 Agent 检查各子 Agent 的状态，如果该状态是 Active（激活状态），则说明该 Agent 仍基于以前的状态，继续执行以前的行为；如果该 Agent 处于 Waiting（等待）状态，则说明该 Agent 已执行完所指定的任务，可以为其指定新的任务。主控 Agent 按照事件列表中该 Agent 的后继事件，产生另一个新的任务指定。若该子 Agent 接收命令，则它的状态被激活，变为 Active。在仿真循环中所有事件都被处理完成以后，系统将与该动态事件相关的 Agent 状态置为 Idle（空闲）。在计算循环结束以后，仿真进入下一个循环。

三、模型实例

作者在 Windows NT4.0 操作系统下，用 Visual C++5.0 作为程序开发、编译的集成环境，利用 WTK 2.1 作为创建虚拟环境的函数支持，以虚拟现实软件 Walkthrough 作为建模工具，在高性能微机上实现了一个 VFMS 实例化系统模型，如图 7-12 所示。该 VFMS 包括两台 CNC、一个传送带、两台机器人和一台三坐标测量机。

图 7-12　虚拟制造实例化系统模型

VFMS 的功能实现依赖虚拟设备的行为。在用 WALKTHROUGH 软件几何建模器进行对象和场景建模后，通过编程，调用 WTK 提供的相应的函数，控制仿真中的活动和对象的行为，实现对象行为函数驱动下的对象运动。

在 VC++环境下，用设备类中表达行为的成员函数调用 WTK 提供的 WTuniverse_setaction(action) 和 WTobject_settask(object, task）函数，设定行为函数和任务，实现虚拟设备的行为控制。例如，在对机器人各个部件进行几何建模后，用 WTobject_attach(object,object) 确定设备零部件之间的隶属关系，得到完整的机器人几何模型。

机器人的行为主要表现为大臂、中臂、小臂的转动和爪子的张合。可以先指定转动中心，量化运动约束如转角范围，定义其行为控制函数 RotateArm1( )，RotateArm2( )，RotateArm3( )，OpenClaw( )，CloseClaw( ) 等。在"机器人"类定义中，部件的几何模型及其约束是成员变量，行为控制函数作为类的成员函数来实现。如机器人抓取某一工件，工件位置在 $P(x,y,z)$（世界坐标系），根据规划算法，计算出机械手的运动路径，进一步计算出大臂、小臂、工作头绕相应转轴的转角，用机器人的行为控制函数确定任务：

WTobject_settask(Arm1,RotateArm1)

WTobject_settask(Arm2,RotateArm2)

WTobject_settask(Arm3,RotateArm3)

WTobject_settask(Claw,OpenClaw)

或 WTobject_settask(Claw,CloseClaw)

实现对机器人行为的控制，完成抓取工件的任务。

在 VFMS 系统仿真中，各 Agent 是相互独立的，各自具有不同的行为，在同一时刻它们是并行活动、相互协调完成系统任务的。Agent 之间通过 Windows 的动态数据交换 DDE(Dynamic Data Exchange) 完成数据交换。Windows 的 DDE 机制基于 Windows 的消息机制，提供了两个应用程序之间的会话工具，从而使 Agent 之间消息的请求、应答和传输便于执行，完成系统任务。

第8章　NC加工过程仿真

仿真技术已广泛应用于航空、航天、机械制造等许多领域。企业为了在竞争日趋激烈的市场上占有一席之地，在产品开发过程中，利用计算机仿真技术对产品整个生命周期进行仿真和评估，从而以最优的质量、最低的成本和最快的速度将产品推向市场。加工过程仿真便是其中一个重要方面。本章主要介绍NC切削过程仿真。

8.1　虚拟加工系统

一、加工过程仿真与虚拟加工

加工过程仿真包括NC切削过程仿真、焊接过程仿真、冲压过程仿真和浇注过程仿真等。

加工过程是制造设备对象与产品对象相互作用的过程，表现为对象微观状态的变化，既包括对象几何形状和尺寸的变化，又包括位置参量、方向参量和物理参量（力、变形、温度等）的变化，是一种复合型受控行为。

对于切削加工而言，早在20世纪初就引起了研究者的关注，但直到20世纪40～60年代，切削机理的几项突破才使切削仿真研究有可能建立在材料的物理层面上。20世纪70年代问世的CAD/CAM技术极大地推动了加工过程仿真研究的发展。经CAD/CAM处理后的数控加工程序，在正式加工之前，一般要经过刀具轨迹干涉检验和试切。试切过程即是对NC程序的检验过程。由于NC编程的复杂性，NC代码的错误率也随零件复杂程度的增加而增高。如果NC程序生成不正确，就会造成过切、少切或加工出废品，也可能发生零件与刀具、刀具与夹具、刀具与工作台的干涉和碰撞，造成危险的后果。传统的试切是采用塑模、蜡模或木模在专用设备上进行的，不但浪费人力、物力，而且延长了生产周期，增加了产品开发成本，极大地影响了系统性能。因此，加工仿真技术的研究和应用就显得非常必要。

对切削加工过程仿真的研究主要集中在切削加工过程的分析、建模与仿真上，对不同的工艺过程（车、铣、钻等）的不同方面（力模型、热模型、误差模型、材料变形模型等）及不同的加工材料（金属、复合材料）做了很多工作，取得了一些成果，并应用于工业界，获得了满意的效果。

切削加工过程动态仿真主要由几何仿真和物理仿真组成。几何仿真从纯几何角度出发，仿真刀具切削工件的过程。在仿真过程中将刀具和工件看做刚体，而不考虑切削力、刀具变形和工件变形等物理因素的影响。为便于分析，可认为工件不动，刀具同时作旋转运动和进给运动，则刀具切削工件的过程可以看做是工件模型和刀具运动扫描体模型之间的布尔操作。通过几何仿真，可以获得加工过程中的瞬间加工工件模型、每一条运动指令的材料去除体积模型、刀具运动扫描模型和刀具—工件接触曲面模型，这些模型为检验加工结果和计算切削力提供了重要的基础。物理仿真主要包括力学仿真、切削温度仿真、加工振动仿真、切削形成过程仿真等，如力学仿真是从力学角度出发，对数控加工过程中的动态力学行为（包括切削力的变化，刀具变形和工件变形）进行仿真。由于切削力决定刀具和工件的变形，并对加工过程中的过载和加工误差有着直接影响，因此，计算切削力是力学仿真的基础。

目前的切削过程仿真研究基本包含两方面内容：一是刀具路径仿真，即建立工件、工具、机床的实体模型，刀具沿着由工艺确定的轨迹切削，以发现一些不适当的刀具轨迹。二是评估加工工艺中规定的工艺参数是否合适，过大的切深会产生颤振，毁坏刀具、工件，高的进给率会导致较大的表面粗糙度等。

尽管在切削加工过程仿真方面的研究取得了一些成果，但这些成果尚未得到广泛的推广应用，其主要原因是仿真所采用的系统模型的局限性和建模方法的复杂性。

虚拟现实技术的发展促成了虚拟加工过程仿真的出现。在虚拟环境下对产品对象实现几何及物理性能变化的过程称为虚拟加工（或数字化加工）。虚拟加工是真实加工过程在虚拟环境下的映射，是对象行为的“微观”描述。虚拟加工环境及系统应具有如下功能：

全面逼真地反映现实加工环境和加工过程。在仿真中，人们可以直观“观察”全部加工过程，包括工件的装夹定位、机床调整、切削、检验等。

可以真实地描述加工过程中的物理效应，例如：工件的切削温度与应力分布，工件及工夹具的变形，甚至在磨削过程中单个磨粒的微观表现。

能对加工过程中出现的碰撞、干涉进行检测，并提供报警信息。

虚拟加工过程仿真可以对工夹具的实用性给予评价，并对产品的可加工性和工艺规程的合理性进行评估。

虚拟加工过程仿真还应当能够对加工精度、加工表面粗糙度、加工时间等进行精确地估计，为宏观仿真提供数据支持。

二、虚拟数控加工过程的构成

虚拟数控加工过程如图 8-1 所示。虚拟加工过程是在 NC 指令驱动下，由机床刀具模型的运动过程和工件模型的变形过程构成。在执行每段 NC 指令过程中，刀具由机床模型拖动，从起始位置运动到终点位置。刀具在虚拟空间扫过一定的体积，可以把刀具运动过程中包络的空间形状称为“虚形体”。工件模型与虚形体经布尔运算可得到加工过程中工件形体的变化，仿真材料的去除过程。虚形体与机床、夹具模型的求交运算，可检查加工过程中的碰撞和干涉。

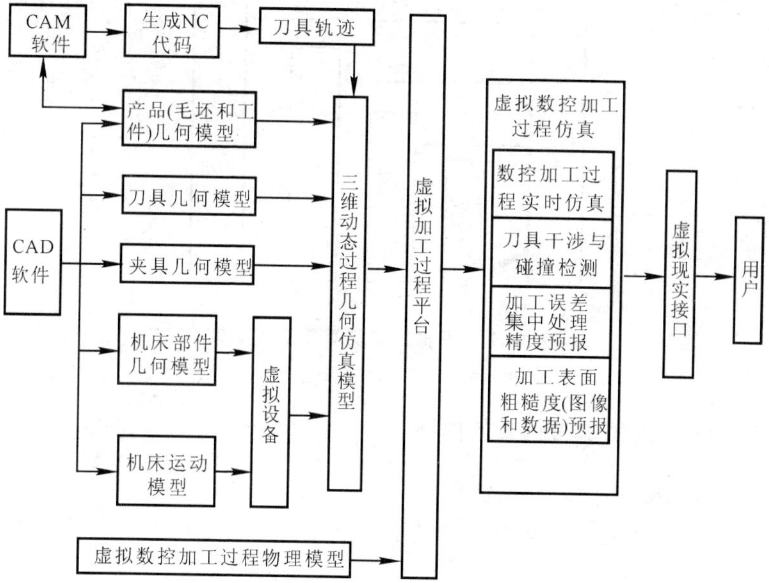

图 8-1　虚拟数控加工过程

为了真实反映虚拟工件的加工精度和表面质量状况，需要建立加工过程的物理效应模型。

虚拟加工仿真系统的结构如图 8-2 所示。系统由四层组成。

第一层为几何模型层，建立与加工工艺过程相关的物理实体的三维实体模型。

第二层为运动学模型层，基于第一层的几何模型和运动轨迹信息（NC 代码），确定几何实体之间相互运动的关系。

第三层为物理效应模型层，根据第一、二层中几何实体之间相互关系（时间轴上和位置轴上的）和加工工艺信息（材料及加工条件），确定物理效应模型，例如切削力模型、切削形状模型，工件已加工表面形状模型，以及工件、机床、刀具、夹具的动力学模型。

第四层为输出层，获得完整的加工工艺特性分析结果。

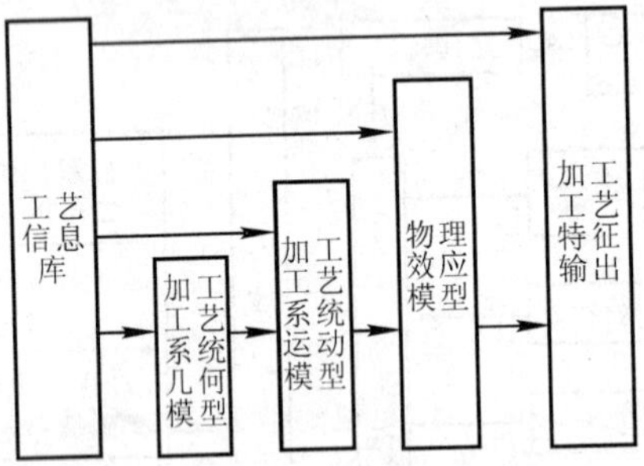

图 8-2　虚拟加工仿真系统的结构

三、虚拟加工仿真的内涵

1. 仿真环境的建立

一个完整的虚拟加工仿真环境的建立，需要首先定义或配置以下内容：

(1) 定义虚拟机床：包括确定机床类型、坐标数、控制系统、机床坐标原点、图形坐标原点、编程原点等。

(2) 定义刀具或刀库：选定刀具、定义刀具参数，如铣刀直径、长度；定义切削参数，如转速，进给量等。

(3) 定义工件或夹具在托盘、机床上的装夹方案。

(4) 安装夹具、毛坯和刀具。

2. 加工过程仿真

(1) 刀具运动轨迹仿真：读入 NC 代码，检查代码语法、语意的正确性，生成刀具刀位数据，并驱动虚拟机床运动。刀具沿运动轨迹运动，以便直观检查刀具运动轨迹的合理性。

(2) 夹具安装使用过程仿真：将毛坯安装在夹具上，对夹具的定位、安装方法及结构设计方案进行评价，检查毛坯、夹具零件的碰撞或运动约束。

(3) 机床运动过程仿真：此时将毛坯安装在机床工作台上(或夹具上)，刀具运动轨迹分解成机床各部件运动，以检验刀具与机床、夹具的干涉与碰撞。

(4) 材料去除过程仿真：刀具按运动轨迹对毛坯进行材料切除，以模拟实际切削过程，生成产品加工结果模型，对可加工性和加工精度及表面状况进行评估。在仿真过程中通过估算切削力、夹紧力和切削热，将加工工艺系统因热变形和受力变形而造成的刀具与工件间的相对位移与刀具理论运动轨迹叠加，以反映动态因素对加工质量的影响。

8.2　NC加工过程几何建模与仿真

在虚拟环境中，加工过程表现为包括时间在内的四维过程，建模时，需要将表达加工环境的实体几何模型、运动模型和表达加工过程的物理模型结合起来。

一、工件、夹具、刀具的几何建模

在NC加工过程仿真中，建立工件、夹具、刀具几何模型的方法有两种：① 用CAD实体造型软件(UG,Pro/ENGINEER,SolidWorks等)建立实体模型；② 用编程语言(C++,VC++等)建立实体模型。

在虚拟加工环境创建时，除了定义虚拟机床、刀库和刀具外，还要安装夹具、毛坯或工件，其实现方法主要有两种。

1. 坐标变换法

夹具、毛坯或工件在工作台上的安装定位可通过将夹具或产品坐标系原点与图形坐标系原点重合。实际安装位置可通过对安装件坐标系的平移与旋转变换来实现。

设被安装毛坯坐标系中安装基准点的齐次坐标为(x_1，y_1，z_1，

1)，其在图形坐标系中的齐次坐标$(x,y,z,1)$可由如下坐标变换来确定：

$$(x,y,z,1)=(x_1,y_1,z_1,1)T_1T_2 \tag{8-1}$$

$$\boldsymbol{T}_1\begin{bmatrix}1&0&0&0\\0&1&0&0\\0&0&1&0\\x_0&y_0&z_0&1\end{bmatrix},\quad \boldsymbol{T}_2=\begin{bmatrix}a_{11}&a_{12}&a_{13}&0\\a_{21}&a_{22}&a_{23}&0\\a_{31}&a_{32}&a_{33}&0\\0&0&0&1\end{bmatrix} \tag{8-2}$$

式中，$(x_0,y_0,z_0,1)$为工作台安装中心在机床坐标系中的坐标值，$\boldsymbol{T}_2$为组合变换矩阵，使毛坯坐标的某一坐标面与机床坐标系中某一坐标面重合。

若两个安装面的单位法矢分别为$\boldsymbol{n}_1,\boldsymbol{n}_2$；两个平面上的基点分别为$P_1,P_2$，则两安装面的重合条件为

$$\left.\begin{aligned}\boldsymbol{n}_1&=-\boldsymbol{n}_2\\ \boldsymbol{n}_1\cdot\overrightarrow{P_1P_2}&=0\end{aligned}\right\} \tag{8-3}$$

2. 部件链接法

在构建有装配关系的部件时，在部件上设定原点和安装点。原点是部件的安装基准点，安装点是部件上安装其他零部件时的安装点。在装配过程中，例如安装夹具时，只需使夹具的原点与工作台上的安装点重合即可。

合肥工业大学开发的双刀架数控车床加工过程模拟系统就是用部件链接法构建的。系统以图形单元表示各组成部件，单元用单元名和单元原点定义。安装有其他部件的单元（父部件）定义有安装点。

在建立加工系统模型时，从部件库中提取部件单元，按装配关系以单元原点和安装点为基准进行连接，构造刀架、夹具，形成加工系统。图 8-3 为德国 VF120-RW 加工系统模型。构建加工系统时，首先根据加工匹配数据中的有关刀具信息，在图形系统中按单元名查找两个刀架上的加工刀具，并按连接查找其他部件。例如 LF 为左刀架体，与它连接的左刀座为 LS1 ~ LS4，将原点与安装

点重合实现安装定位。

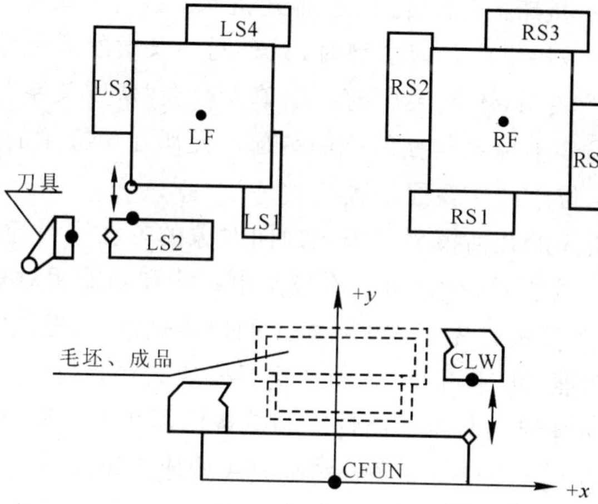

图 8-3 VF120-RW 加工系统模型

●— 原点；○— 安装点；LF— 左刀架体；RF— 右刀架体；
LS1 ~ LS4— 左刀座 1 ~ 4；RS1 ~ RS4— 右刀座 1 ~ 4；CFUN— 卡盘

二、机床几何与运动建模

数控机床加工系统由数控机床、刀具、工件和夹具组成。数控加工的过程是数控机床在 NC 代码的驱动下带动刀具对被夹具固定在工作台上的工件进行切削加工的过程。要实现对数控加工过程的仿真，首先要建立数控机床、刀具、工件和夹具的几何模型，然后在数控机床几何模型的基础上建立起其运动模型，最后实现对数控加工过程的仿真。

1. 数控机床几何模型

数控机床的几何模型实际上是一个装配模型，是多个装配单元按一定约束条件组合在一起的装配体模型，装配单元为零件或部件。装配模型的基本形式是层次树，可用三个层次的结构树描述相应的数控机床组成对象：机床树、部件树和零件树。零件树处于最底层，描述零件对基本体素的聚集关系。部件树描述部件对零件的聚集关系。机床树处于最上层，描述机床对部件的聚集关系。

在建立数控机床几何模型时，只有同一层次的装配单元存在“位置约束”关系，不同层次的装配单元存在“从属关系”。通过装配单元的局部坐标系与被装配的装配单元所在坐标系的变换，使装配单元定位于理论装配位置。

数控机床的几何模型可采用面向对象的方法进行建模。数控机床的结构虽然复杂，但可以看成是由结构和功能相对独立的多个模块组成。建模首先应该进行机床的模块化建模，把机床分解成具有独立功能的结构单元，对机床进行模块的划分与设计，可以在已有的产品基础上增减不同性能和结构的模块来实现；也可以利用已设计的公共模块组成多种装配方案构成机床。

数控机床的几何模型是以模块为基础的对象类形成的组装结构。建立虚拟机床几何模型的关键是采用什么样的数据结构来描述数控机床的装配结构。可以采用两层的数据结构：第一层用于存储机床零部件几何模型之间的装配关系，第二层用于存储机床零部件几何模型的几何模型信息和拓扑信息。

数控机床零部件几何模型之间的装配约束关系主要包括三类；几何约束、运动约束和排斥约束。几何约束主要描述零部件以及部件间的几何元素（点、线、面）之间的相互关系，可分为配合、对齐、偏置和接触四类。运动约束是描述零部件之间存在的相对运动约束，如直线运动、旋转运动等。排斥约束表示数控机床部件之间存在的相容和排斥关系，即某些部件允许在同一台机床中多处同时存在，而另一些部件不允许在同一台机床中同时出现，如基座固定的分度工作台只能与回转式托盘装置搭配选用。在建立数控机床模型时，部件对象类的属性要对排斥关系进行描述。

2. 数控机床的运动模型

数控机床实质上是一种通过数控系统控制机床各运动轴的运动来实现工件与刀具之间的相对运动，从而完成切削加工的空间机构。数控机床机构运动学建模与求解是实现机床运动控制的基础。目前大多数控机床机构运动学模型及其求解都是基于机床的理想运动结构进行的，即机床各平动轴运动方向及旋转轴轴线方向与机床标准坐标系的坐标轴方向完全一致，并相互严格垂直，都采用针对机床运动结构的分类处理方法，即一种模型的求解方法对应于一种机床运动结构。为了适应多种机床运动结构形式，何耀雄等提出了一种数控机床的机构运动学模型及其求解方法。该模型不仅适合于任意运动结构的机床，而且只要输入模型相应的结构参数及运动参数，即可进行机床运动的求解，实现了求解方法的通用化。

3. 虚拟数控机床建模实例

武小鹏等研究开发了基于 WTK(World Tool Kit) 的虚拟数控机床，该虚拟数控机床可由用户自由设定，并能够进行三维切削加工仿真。该虚拟数控机床的体系结构如图 8-4 所示。

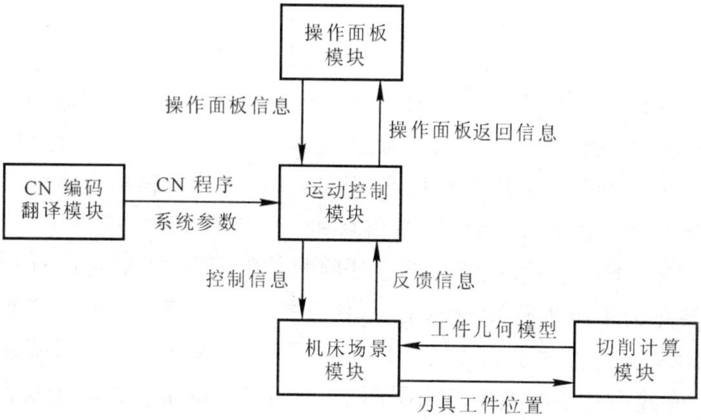

图 8-4　虚拟数控机床的体系结构

(1)NC 编码翻译模块：为了使虚拟数控机床能够识别 NC 程序，开发了 NC 解释模块，它的功能是接受数控代码并将其翻译为机床部件、刀具等运动的信息。

(2) 运动控制模块:运动控制模块根据NC程序决定机床刀具和各个轴的运动状态,向各个运动部件发送运动指令并采集各轴的反馈信息。

(3) 操作面板模块:操作面板模块包括真实数控机床的操作面板按钮功能和虚拟数控机床的菜单。

(4) 切削计算模块:根据工件与刀具的相对位置,进行干涉判断,对发生干涉的工件进行切削计算并重新生成工件模型。

(5) 机床场景模块:建立虚拟机床的工作环境。

三、NC加工过程几何建模与仿真

1. 数控加工过程几何建模方法

数控加工过程几何仿真技术包括定性图形显示和定量检验两个方面。根据建模方法的特点,可将数控加工过程几何仿真技术归纳为四类方法:直接实体建模法、光线表达法、离散矢量法和空间分割法。

(1) 直接实体建模法:典型的直接实体建模法是利用构造实体几何模型(CSG)或边界表达(B-rep)实体建模系统实现的。实体建模系统具有良好的布尔集合运算的能力,从理论上讲可以完成精确的NC加工仿真和验证。但是,直接实体建模法在验证过程中涉及大量的布尔减运算,其仿真和检验效率较低。

(2) 光线表达法:光线表达法将物体的CSG模型或B-rep模型转化为一组平行线段的集合,使直接实体建模法中的实体布尔减运算简化为关于光线的一维布尔减运算,显著地提高了验证效率。光线表达法的发展经历了两个过程:基于屏幕像素的光线表达法和任意方向的光线表达法。基于屏幕像素的光线表达法又可根据其采用的数据结构分为z-buffer法和扩展z-buffer法。采用z-buffer数据结构的像素光线表达法受z-buffer数据结构和像素物理特性的影响,存在以下不足:① 无法实现五轴数控加工的验证;② 不易实现NC加工仿真与验证过程的全方位观察;③ 检验精度局限于光线方向;④ 对仿真与验证环境中的物体进行放大或缩小时,会产生令人误解的结果。采用扩展的z-buffer像素光线法虽然可实现了五轴数控加工的仿真和验证,但仍然无法克服 ①、②、③ 三个问题。

(3) 任意方向光线法(rap-rep):在美国国家自然科学基金和IBM等大公司的资助下,已进行了长达10余年的研究。该方法使物体的表达摆脱了屏幕像素的束缚,可以方便的实现三维物体的任意角度观察。而且开发了专用的处理芯片以支持该方法的并行计算。但实体的rap-rep表达受光线密度和方向的影响较大,会直接影响到NC图形仿真和验证的精度。

(4) 离散矢量求交法:为提高复杂曲面NC加工仿真与验证精度,Jerard课题组和Oliver课题组分别提出了离散矢量求交法。在离散矢量求交法中,设计曲面是用离散点集近似表达的,并且每个离散点都有相应的矢量与之对应。NC验证通过矢量与刀具运动形成的包络面之间的求交计算实现。但在具体的离散策略上,两个课题组存在较大差异。Oliver离散法是基于图像的像素级离散,与离散点对应的矢量是设计曲面的法矢量,因此,该方法与z-buffer像素光线表达法相比,只是在检验精度上有了较大的提高。Jerard离散法是基于物体的离散,不受屏幕像素的影响,但由于采用了z-buffer数据结构,各矢量彼此平行,NC加工仿真与验证精度并没有得到大的改善,经过改进采用曲面法矢量与离散点相对应后,才真正满足了复杂曲面NC加工仿真与验证对精度的要求。另外,Minyang Yang针对数控线切割加工的具体特点提出了一种独特的离散矢量法——RMAP法,并在计算机上开发了四轴线切割NC加工仿真与验证,但该方法的针对性较强,不适于其他数控加工图形仿真与验证。离散矢量求交法的主要不足是随着设计曲面复杂性的增加,离散点集也会相应膨胀,从而加重了NC加工图形仿真的负担,降低了检验的效率。因此,如何提高验证效率是离散矢量法面临的主要问题。

(5) 空间分割法：空间分割法通过将实体几何模型分解为若干三维形体的集合来实现 NC 加工仿真与验证。根据具体的分解方法和分解后三维形体数据的组织形式，该类方法又可详细化分为：①Dexel 表达法。该方法的基本三维形体(Dexel) 为长方体，是由 Yunching Huan 在 Dexel 数据结构的基础上提出的。这种方法与原 Dexel 数据结构的主要区别是 Dexel 的构造不再受观察方向的限制。通过建立一个独立的 Dexel 坐标系来支持动态视觉转换。类似方法还有 Chun Fong You 的栅格高度法和 Takafumi Saito 等人的 G－buffer 法。② 四叉树表达法。层次化的四叉树具有布尔运算简单的特点，有利于 NC 加工过程仿真。但标准的四叉树建模方法对内存需求较大，不能直接应用于 NC 仿真与验证。虽然经过改进后，已用于三轴轮廓铣削和电火花线切割的 NC 仿真，但在复杂曲面五轴数控加工验证中仍存在内存严重不足的问题。③Voxel 建模法。Voxel 建模法的基本三维形体为立方体，我们熟悉的八叉树表达实际是 Voxel 建模法的一种特殊形式。Voxel 建模法使布尔运算量降到了极限，甚至在立方体尺寸非常小的情况下，可以完全避免布尔运算，因此这种方法广泛应用于需要材料去除仿真的领域，如雕刻、数控加工等等。但是，由于该方法对内存的需求量比四叉树表达法还要多，往往需要高档图形工作站作为硬件支持。除此之外，NC 加工仿真与验证的精度受 Voxel 尺寸的影响较大。

2. 工件动态模型生成方法

为了真实地描述虚拟加工过程，准确地显示工件形状和尺寸在加工过程中的变化是十分重要的。

工件成形过程的描述方法有四种：

(1) 动画描述法：以加工工序(或工步) 在开始、结束及中间的几个典型位置时的工件形状为关键帧，通过线性插值法，生成与刀具位置相适应的动画，在仿真循环中随着机床的运动，显示相应的加工过程。

(2) 离散单元表达法：将工件用很小的立方体或薄片构造。在虚拟加工过程中，检测虚拟刀具与工件之间的碰撞。若检测到碰撞，则该微单元被切除。但是，由于工件形状的复杂和刀具的不同，工件上的微单元数量很多，从而增加了碰撞检测的工作量，也为材料切除显示增加了难度。微单元越小，离散越精细，图像越逼真，但需存储数据量越大，显示速度越慢。

为了提高碰撞检测的速度，可根据加工过程的特点选择适当的检测方法，例如在立铣加工中，可首先检测工件最上面一层单元中离刀具最近的单位，在检测到该单元接触刀具后，再检测其相邻的单元，而不必检测工件上的全部单元，从而减少检测工作量，减少检测时间。

(3) 虚形体法：虚拟机床加工过程中，刀具运动所扫过的空间称为虚形体。图 8-5(a) 表示立铣刀，当铣刀沿 *AB* 方向移动时，形成如图 8-5(b) 所示的虚形体。虚形体与刀具本身的几何形状、刀具运动轨迹和刀具运动的起始位置有关。由于虚形体是静态物体在运动过程中形成的，可采用静态物体（刀具）边界曲面在运动中形成包络面的方法生成虚拟体。将毛坯与虚拟体求差，可得到瞬时工件外形，实现加工过程仿真。

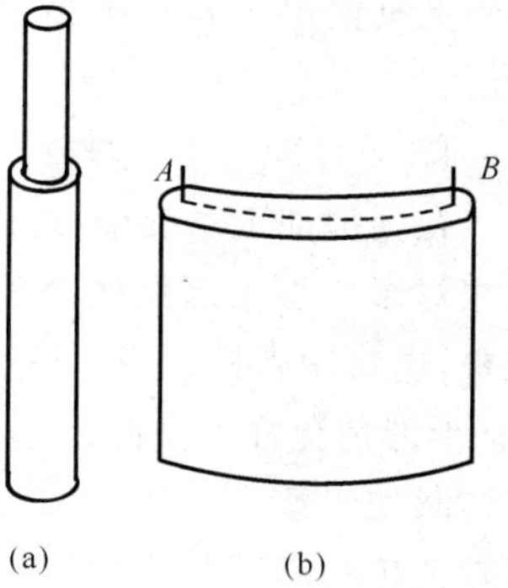

图 8-5　虚形体建模

行为函数法：把虚拟加工过程中毛坯形状的变化和刀具的运动分别用不同的行为函数定义，并指定给毛坯和刀具，它们就能在虚拟加工中按照真实世界中的行为特征发生运动。当触发事件发生时，例如刀具进给开始，并且刀具与工件接触后，工件外形变化，以模拟刀具切削的过程。

四、碰撞与干涉检测

碰撞与干涉检测是加工过程仿真的重要内容。在实际加工过程中，碰撞会造成工件报废和设备损坏，甚至威胁到操作者的人身安全。为避免发生碰撞，在无干涉刀位路经生成方面进行了大量的研究，提出了离散三角面法、离散加工曲面法矢法、离散刀具曲面法矢法等方法，这些研究主要是从刀具和加工表面方面考虑，而很少考虑到整个加工环境，因此，不能避免刀具与夹具、机床等之间的碰撞。在虚拟加工环境下，碰撞与干涉，如离散三角面法、离散加工曲面法矢法、离散刀具曲面法矢法检测不仅检测刀具与已加工面的干涉现象，还应检测刀具与工具、夹具、机床的碰撞现象，还要检测夹具使用过程中的碰撞与干涉现象，以消除夹具设计中的错误。

1. 虚拟加工中的碰撞与干涉

在虚拟加工系统中，碰撞与干涉检验主要包括检验刀具和主轴相对于非加工部位如夹具、工件的非加工部位和工作台的干涉现象，也可用来检验用户指定的物体之间的干涉现象。通常把以下4种干涉情况称为碰撞：① 刀具非切削部位与物体的干涉；② 主轴不转时的干涉或切削；③ 快速趋近时的切削；④ 夹具可动零件在运动范围内与其他固定零件的干涉。将刀具切削部位与刚加工过的表面的干涉称为过切。

在虚拟加工过程中，一边显示加工过程，一边进行碰撞、干涉检验，因此对检测速度要求较高，而通常的碰撞检测方法是对三维物体进行的，计算量大，检测效率低，难以满足虚拟加工过程的要求。

2. 碰撞与干涉检测的基本方法

(1) 包容盒检测法：对待检测的物体分别作包容盒，对包容盒进行求交运算。若不相交，则继续检测其他形体；若相交，则进一步对相交部位的形体进行棱边和面的求交计算。若交点在面内，则判定为形体相交，否则，检测其他形体。

包容盒检测法是常用的粗判方法。大多数情况下，在刀具还没有切入工件的情况下，仅进行包容盒检查就可排除大多数的相交情况。由于包容盒形体简单（通常取立方体），使求交运算大为简化。

包容盒检查法的缺点是在用多面体逼近实际形体时，会产生较大的误差，特别在描述孔和曲面时误差更大，而增加多面体的面数，又会使求交计算效率大大降低。因此该方法在用于孔加工（钻、铰、镗、攻丝）检测时，会发生误报。

（2）分层检测法：

1）分层检测模型：将机床最大加工范围用立方体表示（见图8-6）。将立方体沿刀轴方向，用垂直于刀轴的平面分隔为高度为 Δh 的薄层，每层都有自己的标识号ID。碰撞检测时，只检测被检形体所在的层面，即只检测可能发生碰撞的IDmax和IDmin范围内的空间。同时，在每层检测时，可将各层当做平面，从而将三维检测转化为平面内的碰撞检测，降低了检测的复杂程度。

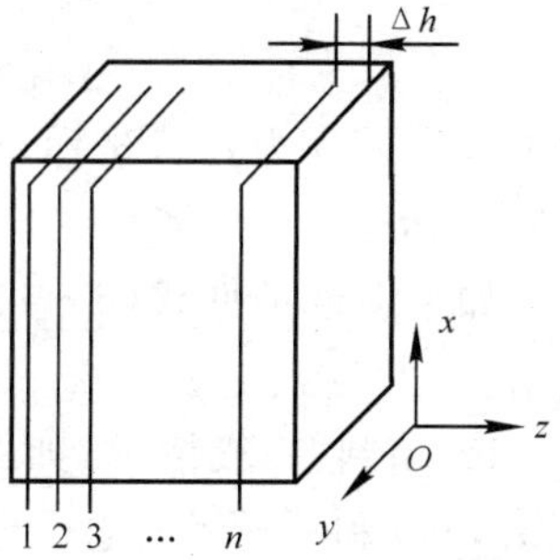

图8-6　机床最大加工范围空间分层模型

在各层的检测中，将机床旋转部件的最大轮廓用圆O表示（见图8-7(a)），它包括刀具、刀柄，甚至主轴前端等所有运动部件，其直径大于实际刀具。静止的工件和夹具或工作台的轮廓用曲线 C_1 表示。为了简化计算，可将 C_1 向外放大一个圆O的半径，形成包络线 C_2。这样就将圆O与 C_1 的碰撞问题转化成点 A 与轮廓 C_2 的求交问题（见图8-7(b)）。

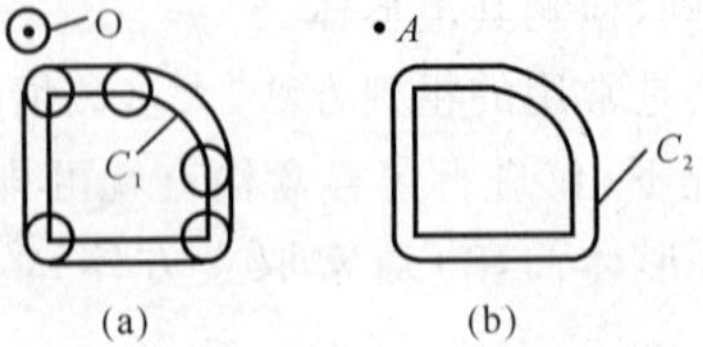

图 8-7 碰撞检测示意图

2）碰撞检测计算：碰撞检测的过程分为粗判和精判两步：

a. 粗判：该步的目的是为了减少不必要的精确计算。判据如下：

$$\left.\begin{aligned}x_{\min} \leqslant x_0 \leqslant x_{\max}\\ y_{\min} \leqslant y_0 \leqslant y_{\max}\end{aligned}\right\} \tag{8-4}$$

式中，(x_0, y_0) 为点 A 坐标；$x_{\min}, x_{\max}, y_{\min}, y_{\max}$ 为轮廓曲线 C 在层内的极值。

如果满足条件式(8-4)，则进行精判；否则，该层内无碰撞发生。

b. 精判：一般情况：如图 8-8 所示，在 xOy 平面内有一点 $A(x_0, y_0)$ 和一封闭曲线 C，P_0 到 P_k 为直线 $y = y_0$ 与曲线的交点，其中 P_i 和 P_{i+1} 为距离点 A 最近的两点，$\boldsymbol{n}_i$ 和 $\boldsymbol{n}_{i+1}$ 为相应的曲线外法矢。

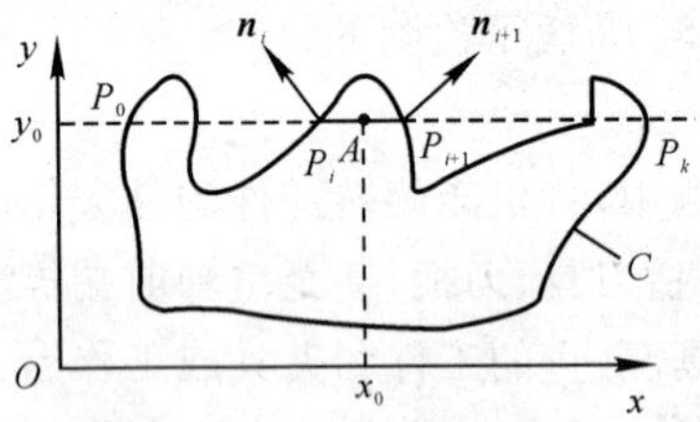

图 8-8 平面内点与曲线位置关系的确定

如果外法矢与向量 $\overrightarrow{P_iA}, \overrightarrow{P_{i+1}A}$ 的点积满足：

$$\boldsymbol{n}_i \cdot \overrightarrow{P_i A} \leqslant 0$$
$$\boldsymbol{n}_{i+1} \cdot \overrightarrow{P_{i+1} A} \leqslant 0 \tag{8-5}$$

则表明点 A 位于曲线 C 上或曲线的封闭范围内，即有碰撞发生；否则，无碰撞发生。

特殊情况：直线 $y = y_0$ 与曲线无交点，则没有碰撞发生；直线 $y = y_0$ 与曲线有且只有一个交点，即直线与曲线相切时，发生碰撞。

3）检测算法：在分层检测模型基础上，数控加工碰撞检测算法，如图 8-9 所示。其中，z_{max} 与 z_{min} 表示机床在 z 方向上的加工范围，T_z_{min} 为刀具在 Z 方向上的最小值，w_z_{max} 为工件在 Z 方向上的最小值，。具体算法描述如下：

```
int IDmax   // 可能发生碰撞的最大 ID 值
int IDmin   // 可能发生碰撞的最小 ID 值
int i;
if(T_Zmin > w_Zmax)
    无碰撞发生；
if(T_Zmin <= w_Zmax)
{
    IDmax = 整数部分((T_Zmin − Zmax)/Δh) + 1;
    IDmin = 整数部分((w_Zmax − Zmax)/Δh) + 1;
}
for(i = IDmin; i <= IDmax; i++)
{
    计算刀轴与第 i 层的交点 O;
    将工件在第 i 层内的截面放大为 C;
    if[A 与 C 满足条件式(8-5) 的第一个条件]
    {
        if[A 与 C 满足条件式(8-5) 的第二个条件]
            i 层内有碰撞发生;
```

else 第 i 层内无碰撞发生；

}

else 第 i 层内无碰撞发生；

}

至此，我们可以根据算法的计算结果判断加工过程中任意时刻是否有碰撞发生。

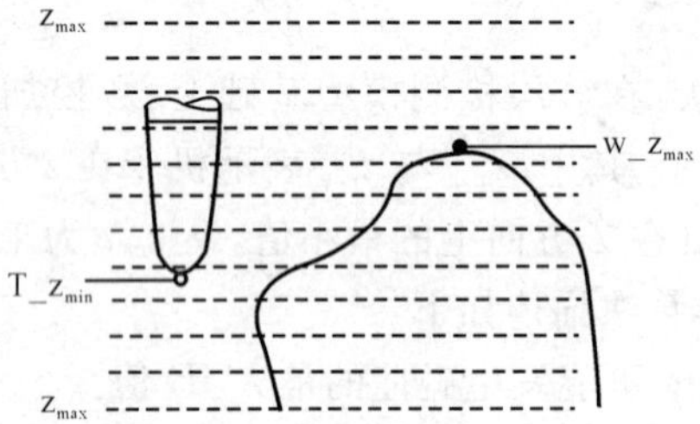

图 8－9　刀具和工件共享空间 ID 号的计算

(3) 法矢检测法：该检测方法是在刀具体上加表面法矢量，并按一定的密度布置到刀具的“经度”和“纬度”方向上，如图 8－10 所示。

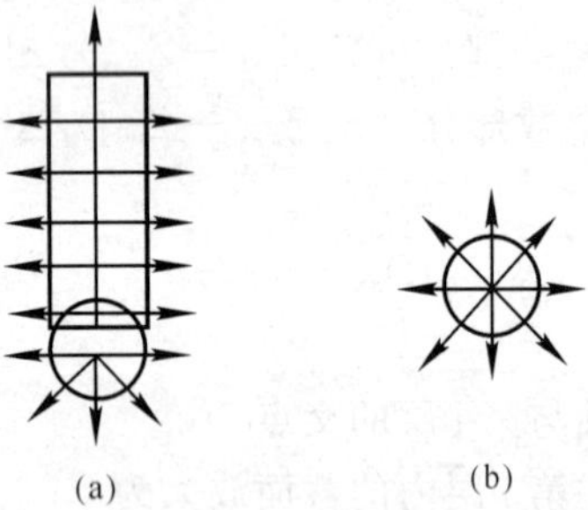

图 8－10　刀具法矢分布

(a) 球头刀；(b) 横截面

这样，计算两形体相交只需计算各法矢量与另一个形体的各面是否有交点。如交点存在，再计算法矢的残余长度。若长度值为负则表明该点嵌入到工件成形表面内部，表示过切；长度为零则表明加工合格；如长度为正则表明刀具与形体有间隙，可断定刀具不干涉。反之，若有一个法矢的残余长度为负，则刀具与工件形体相交，即发生碰撞干涉。给出检测结果并报警，记录法矢的残余长度，以便采取避免碰撞的策略。

设 E_S 和 E_I 分别为加工零件的上、下偏差，它们是理想表面的等距面，$C(R)$ 为法矢的残余长度，$V(R)$ 是 $C(R)$ 的映射变换，如图 8-11 所示。则法矢的残余长度的分类如下：

$$V(R)=\begin{cases}-1, & C(R)<-E_I\\ 0, & -E_I\leqslant C(R)\leqslant E_S\\ 1, & E_S<C(R)\end{cases} \tag{8-6}$$

由上式可知，当 $V(R)=-1$，表示发生碰撞或过切；$V(R)=1$，表示不碰撞或少切；而 $V(R)=0$，则表示加工合格。

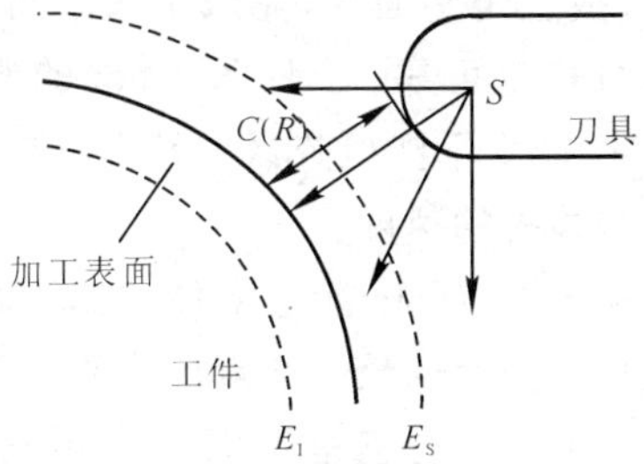

图 8-11 残余长度分类

检测中，首先采用最小外接立方包容盒方法进行粗判。当发现相交时，再进行详细计算，即计算刀具表面法矢 $\boldsymbol{R}$ 和被测面法矢 $\boldsymbol{n}$ 的点积。

若
$$\boldsymbol{R}\cdot\boldsymbol{n}<0$$
则进行相交计算，计算交点和法矢残余长度，进行干涉判断。

刀具法矢量的密度由检验精度确定。当检验精度要求较高时，应增加法矢量的密度，避免漏检。为了提高检验精度，但也不增加更多的检测要素，可采用局部插值法、外插法、不等距插值法等。

3. 碰撞与干涉检测算法

关于碰撞与干涉检测算法国内外学者进行了大量的研究，主要集中在三轴和五轴数控加工的碰撞与干涉检测上。三轴数控加工的碰撞与干涉检测算法比较成熟。虽然五轴数控加工的碰撞与干涉检测算法的研究刚刚开始，但也取得了一些进展。

（1）三轴碰撞与干涉检测算法：J. E. Bolrow 力图从 CSG（Constructive Solid Geometry）实体中来生成刀具轨迹，分析了切向不连续性问题，提出了采用 APT 法向间距来处理干涉问题，但无法避免法向间距法的大量数值运算和收敛无保障的缺点。

韩国学者 B. K. Choi 等人讨论了组合曲面加工的凹凸交界面问题，并提出了一种基于计算刀具中心与平面三角平面片间距离的“凸干涉”和“凹干涉”检查。由于在生成刀具轨迹和干涉检查之前将加工曲面离散成三角平面片，克服了法向间距法迭代运算不收敛问题，算法运行稳定可靠。在 B. K. Choi 的研究基础上，J. S. Hwang 提出了一种“减少干涉检查区间法”来减少不必要的检查三角片，加速了干涉检查的速度。

J. P. Duncan 和 S. G. Mair 首先将加工曲面离散成三角平面片，刀具与这些三角平面片的最高交点即为所求刀具轨迹，干涉检查也是通过计算刀具中心与三角平面片的距离来进行的，就和 B. K. Choi 的方法一样。该方法很有效，也很可靠，但当加工曲面需要高精度离散时，生成的数据量会快速增加，计算时间也会大大增长。

J. H. Oliver 应用偏置方法来生成刀具轨迹，并进行刀具干涉检查，当加工曲面的偏置表面产生相、重叠和间隙等现象时，刀具将在该区域产生干涉现象。通过对偏置表面进行裁剪和修补，用修正后的偏置表面来控制刀具的走刀运动，即可消除加工干涉现象。由于在控制和规范化刀具走刀方面具有明显的优点，偏置算法对于三轴球头刀数控加工的无干涉刀具轨迹生成，是一种很有诱惑力的方法。但对于非球面刀来说，由于其偏置表面存在非唯一性问题，需做进一步的研究。

Allan Hansen 和 Farhad Araba 在对加工曲面进行三角离散化的基础上，提出了将刀具向加工曲面投影来确定刀具与加工曲面的首次切触(cc)点，由 cc 点经偏置后计算刀具 cl 点，由此方法确定的 cl 点一定是无干涉。这种检查方法由于在检查之前将加工曲面进行三角离散化，计算中不存在传统的迭代不收敛。但求解刀具表面与曲面三角平面片之间的相交问题，仍是一个复杂的几何计算问题，存在着非线性方程的求解计算问题。另外，按这种方法生成的刀位轨迹进行切削加工时，虽然不会产生干涉现象，但却不知曲面何处产生欠切，不便于走刀后做必要的补充加工。

X. M. Ding 等在对曲面特性的分析基础上，对曲面的形状进行分类。然后通过凹曲面和鞍形曲面曲率的极值和刀具的曲率极值的比较进行局部干涉检测。从曲面边界和一个封闭区域检测全局干涉。这个封闭区域是已被证明无全局干涉的区域。通过这种方法，无须计算偏置曲面 / 线和产生刀具的路径就可以进行干涉检测。

D. C. H. Yang 等根据加工面的几何特征将全局干涉分为三种情况，如图 8－12 所示：图 8－12(a) 加工面上局部区域某些点处的表面法矢与刀具矢量的夹角超过 90°；图 8－12(b) 从刀具矢量方向观察，加工面的部分区域不可见；图 8－12(c) 刀具与加工面的边界线发生碰撞。以上三种情况分别称为凸干涉、重叠干涉和边界碰撞干涉。

凸干涉检查：① 关键等倾角线的确定：遍历曲面网格上的点，找出那些其曲率法矢与一参考矢量的夹角等于 90° 的点形成关键等倾角线，若关键等倾角线不封闭，则用关键等倾角线与曲面边界线的交线使其封闭。② 判断可见性：将关键等倾角线投影到 xOy 平面上，检查其上各点的法矢方向。若其法矢指向封闭曲线的外部，则该点可见，将可见点组成一个集合，即可得到关键等倾角线的可见部分。③ 识别边界线：可见的等倾角线是凸干涉区域边界线的一部分，另一部分是当刀具与可见的等倾角线接触而刀柄与加工面相接触时的轨迹线，这两部分组成凸干涉的区域边界线。④ 确定凸干涉点：凸干涉的边界线所包围的区域里的点即为所求。

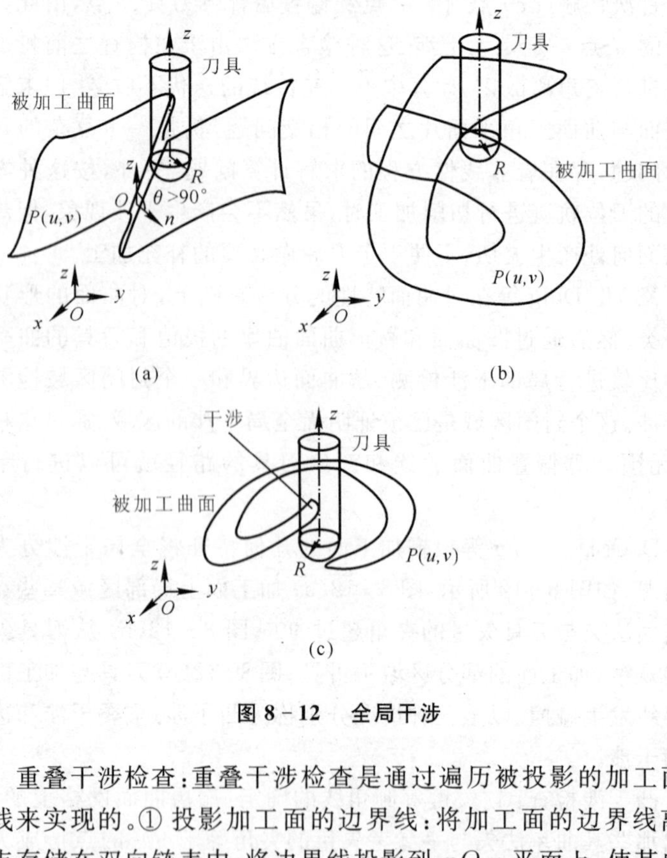

图 8-12　全局干涉

重叠干涉检查：重叠干涉检查是通过遍历被投影的加工面边界线来实现的。① 投影加工面的边界线：将加工面的边界线离散成点存储在双向链表中；将边界线投影到 xOy 平面上，使其成为二维的封闭曲线。② 可见性判断：求出封闭曲线的自交点，若自交点存在，则将其插入边界线链表中。这时，可通过遍历边界线的链表获得加工面的不可见部分。若不存在自交点，则整个加工面都可见。③ 确定边界线：获得了加工面的不可见部分后，即可确定重叠干涉区域的边界线。④ 获取重叠干涉点：重叠干涉的边界线所包围的区域里的点即为所求。

边界碰撞干涉检查：边界碰撞干涉检查是通过对加工面的边界线进行给定距离的偏移来实现的。① 加工面边界线的投影：将加工面边界线投影到 xOy 平面上得到投影边界曲线。② 确定交点：在 xOy 平面内将投影边界曲线偏离一给定的距离，得到另一偏置边界曲线；求出投影边界曲线与偏置曲线之间的交点，将这些交点插入链表中，并做出标记。③ 边界线识别：假定先遍历投影边界曲线，遍历到交点处，再遍历偏置边界曲线；反复遍历，直到两条曲线全部遍历完毕，其路径可形成另一条曲线；将该曲线反投影到加工面上，可确定无边界碰撞干涉区域的边界线。④ 确定无边界碰撞干涉点：无边界碰撞干涉的边界线所包围的区域里的点即为所求。

(2) 五轴干涉检测算法：日本 Y. Takeuchi 在基于实体模型的 P－CAPS 系统中首次提出离散刀具的思想，在刀具的径向和轴向设置许多检查点，干涉检查即为测试检查点是否存在于用 CSG 表示的加工曲面之内，然后根据曲面与检查点的干涉程度调整刀轴矢量来避免干涉。

L. X. Susan 等人对五轴平底刀数控加工中的干涉问题进行了研究，提出了一种基于曲面模型的无干涉刀具轨迹计算方法。基于前人的研究，首先将加工曲面进行三角离散化，在三角化网格基础上生成刀位轨迹，并进行干涉检查和刀位修正。

T. B. Jerand 等人提出了一种基于矢量求交长度的干涉检查方法。首先计算加工曲面的法矢量，用刀具运动包络面与刀位点的法矢量求交，裁剪法矢量进入包络面的部分，检查走刀后残余的法矢量长度即可判断是否发生干涉。当法矢残余长度出现负值，则说明发生干涉，其残余长度即为十涉量。借助于图形仿真技术模拟加工过程，显示加工误差及其干涉情况。

T. C. Chang 基于关键检查点的思想，提出了应用曲面凸包性来解决五轴复杂曲面加工中的碰撞干涉问题。首先应用 NURBS 曲面控制网格的凸包性对潜在干涉进行粗检，然后应用物体的约束方法对粗检失败的局部区域进行干涉细检，确定刀具切削的可接近性区域，从而避免了五轴数控加工中的碰撞干涉问题。

Yuan - Shin Lee 对于每一个刀触点，先计算出两个正交瞬时切削平面过切干涉的临界曲线、曲面干涉的临界曲线，同时考虑机床对刀具方向的约束，找出不发生干涉时刀具方向的可行区域。然后判断初始化刀具的方向是否在这个可行区域的内部，若不在，通过改变刀具的倾角使其在可行区域内，同时保证刀具的方向不会发生突然的变化。其算法过程如下：

1）通过局部曲面形状的分析找到可行的刀轴方向。两正交瞬时切削平面的有效切削轮廓拟合成局部曲面的形状，

2）通过圆弧逼近调整刀轴的方向。根据局部曲面形状进行圆弧逼近检查曲面干涉。

3）通过全局几何特性的分析控制刀轴的方向。曲面干涉点的定位算法，可行刀具方向角的求解，通过临界点的分析找到最小的刀具倾角。

4）搜索可行的刀具方向。

该算法可以根据复杂曲面的几何特性自动地找到避免过切的可行刀具方向。

李立杰与王珉在五坐标数控加工中，为了避免局部过切干涉，提出刀具有效切削形状应与被加工表面在 cc 点附近的局部形状相适应，即应使 $R_e < \rho_c$（ρ_c 为被加工表面 cc 点在垂直于进给方向平面的曲率半径，R_e 为刀具的有效切削半径），由此，可以计算出不发生局部过切干涉时，刀具所要求的倾角的范围。对于全局过切干涉，认为以 cc 点为圆心，以 $2r+\varepsilon$（r 为平端刀具的半径，ε 为一个较小的容差值）为半径的圆内的点是可能发生全局过切干涉的点，

然后以这些点进行坐标转换和距离运算来判断是否发生干涉，也可由此确定刀具倾角的范围。

清华大学张和明等在研究复杂曲面及运动到任意位置的刀身离散分割的基础上，用两组三角平面片集合近似代替被加工曲面和刀具；将复杂的干涉检查问题转化为两组三角片集合的求交判断问题，即通过两组三角面之间是否相交以及对相交三角片的几何求交计算来检验加工曲面是否和刀具发生干涉，同时为了避免繁琐的刀位转换和累积误差的影响，他们采用一个虚拟的刀状态作为原始分割的刀身数据，然后向各个状态的刀位进行转换。这种算法思想简单，易于编程实现。但计算量较大，且受到逼近精度的影响。他们还给出了刀位修正方法。

王清辉等在对复杂曲面三角化离散逼近的基础之上，建立了三角形之间的拓扑关系和对于一个给定邻域的快速搜索方法。其干涉检测算法如下：

1）输入一个刀位点 cl、刀轴矢量 $\overrightarrow{ax}$，点 cc 和所对应的三角片编号 N，从三角片 N 出发进行邻域搜索，对于每个三角形只要其到 ax 轴的最近距离小于 R，则其在干涉影响区内。输出一个链表，包括所有在干涉区内的三角片。

2）旋转坐标系，使刀轴 ax 平行 z 轴，且刀心位置于 $(-R,0,0)$。

3）经过以上转置，刀具在 xOy 平面上的投影是一个圆，和干涉影响区内的三角片重叠。对于链表中的每个三角形，统计其在刀底平面上顶点的个数。如果无顶点在刀底平面之上，则无啃切，否则可能存在干涉。

八叉树层次球状模型为基础的运动物体碰撞干涉检测算法：八叉树球状模型是用一个立方体序列包围一个形体占据的空间，然后，将立方体转化为一个球体序列的一种形体边界层次分割近似表示模型。其形体的分割过程如下：首先构造形体的最小外接立方体，并将其视为八叉树层次球状模型的根节点，然后将该立方体均匀分割为八个体积相等的子立方体，如果子立方体在形体内或形体外则记为“白体”，在形体的边界上则记为“黑体”。对于“黑体”做进一步分割测试，重复进行直到立方体的边长小于 $2/\sqrt{3}$ 倍检测精度为止。当立方体表示的层次八叉树形成后，只需将立方体的重心作为球体的中心，以 $2/\sqrt{3}L$ 为半径，L 为其上层根节点的尺寸，这样即可将节点转换为球体，球体的中心坐标和半径可通过层次关系计算出来。当对两个运动物体进行干涉检查时，可通过八叉树球状模型节点之间的距离检查来实现。如果两节点之间的距离大于两节点的球体半径和，则形体在两节点上无干涉，反之则可能有两种情况：当两节点均为黑时，一种情况是当两球体的半径均小于检测精度，则形体视为在此两节点上干涉，如果任一球体的半径大于检测精度，则继续细分；第二种情况是两节点为一白一黑，则视为形体在此节点上无干涉。

J. Ruiz de Miras 和 F. R. Feito 采用一种与八叉树层次球状模型类似的 voxel 方法。这些算法虽然具有较好的鲁棒性，但它们都是建立在形体的八叉树数据结构的基础之上，需要专门为干涉碰撞检测建立一套八叉树的数据模型，而且它所需要的存储量比较大。

蒋英兰等采用分层检测法进行碰撞检测，首先将机床最大加工范围用立方体表示，将立方体沿刀轴方向，用垂直于刀轴的平面分隔为一定间距的薄层，每层都有自己的标识 ID。碰撞检测时，只检测被检形体所在的层面，同时，在每层检测中，可将各层当做平面，从而将三维检测转化为平面内的碰撞检测，降低了检测的复杂程度。

华中理工大学喻道远等人提出了用“点涉法”对五轴非球面刀数控加工中的干涉进行处理。其基本思想是，首先在刀具接触点上构造一个与加工曲面相切的平面，在这个切平面上寻找一个可以容纳刀具的空间；若还存在干涉，则让这个平面绕切点旋转，直到没有干涉为止。应用这种方法可对非球面刀的曲率干涉和曲面干涉进行检查和消除。

西北工业大学张定华等人对五轴端铣、侧铣加工中的碰撞干涉进行了研究，提出了一种以临界约束和刀具与曲面最近距离为基础的干涉处理方法。这种方法由于没有将加工曲面三角离散化，误差较小，但在计算点到曲面的最近距离时，对算法的可靠性要求较高。

五、刀具路径生成算法

刀具轨迹生成是复杂形状零件数控加工中最重要的，同时也是研究最为广泛深入的内容，能否生成有效的刀具轨迹直接决定了零件的可加工性、加工质量与效率。刀具轨迹生成的首要目标是使所生成的刀具轨迹能满足无干涉、无碰撞、轨迹光滑、切削负荷平滑变化并满足加工要求。其次，刀具轨迹生成应满足通用性和稳定性好、编程效率高、代码量小等要求。复杂形状零件的加工一直是数控编程技术的主要研究内容。对于三坐标加工，目前的编程系统一般能较好地完成，具有较高的稳定性。但由于多轴加工在加工复杂形状零件的能力、质量和效率等诸多方面的显著优势，多轴编程显得越来越重要。但多轴加工编程较复杂，特别是由于零件形状的复杂多变，要实现较通用的多坐标自动编程有较大难度。因此，目前编程系统中对多坐标加工的处理一般采取面向典型零件方式。

自由曲面已广泛用于航空、汽车、模具制造业等领域，自由曲面加工的刀具轨迹生成是实现自由曲面数控加工的关键环节。由于曲面类零件的形状特征复杂多变，其加工要求包括粗加工与精加工，加工方式包括三坐标、四坐标或五坐标的端铣、侧铣，加工刀具可采用球头刀、平底刀、环形刀和鼓形刀等，而其加工走刀方式则更是多种多样。因此寻求有效的自由曲面加工方法一直是数控加工领域研究的重点。

实际加工时刀具不可能遍历整个偏置曲面，而只可能沿它上面的一些有限的曲线轨迹运动。因此，刀具轨迹的生成方法实际上也就是在刀具偏置面上确定刀具的运动路线或者是在零件曲面上确定刀具接触点的切削路线的方法。不同的走刀轨迹对加工质量和加工效率具有重要影响，因此对刀具轨迹的优化生成方法研究仍在进行之中。目前，比较常用的刀具轨迹生成方法有以下几种：

1. 参数线法

参数线法是以被加工曲面的参数线作为刀具接触点路径来生成刀具轨迹。一般设曲面参数方程为 $r=r(u,v)$，其刀具偏置面表达为 $r_m=r_m(u,v)$，沿参数线 u 向加工，$v=v(t_0)$，则其刀具轨迹为 $r_m(t)=r_m(u(t),v(t_0))=r_m(u(t))$，参数线法是曲面加工中生成刀具轨迹的最基本方法。其计算简单，计算量较小，但由于参数空间与笛卡尔空间的非线性关系，曲面上的参数线分布并不均匀，有时用参数线法生成的刀具轨迹的加工效率并不高。因此，参数线法适于曲面参数线分布较均匀的情况。

2. CC 路径截面线法

CC(Cutter Contact) 路径截面线法是在走刀过程中，将刀具与被加工曲面的接触点(cc 点) 始终约束在另外一组曲面内，即用一组约束曲面与被加工曲面的截交线作为刀具接触点路径来生成刀具轨迹。尽管原则上讲作为约束的曲面类型是任意的，但实用中约束面一般是平面与柱面(包括圆柱面或曲线沿 z 轴方向扫出的柱面)。在曲面区域加工、型腔加工及组合曲面加工时，常常在 xOy 坐标平面上规划出平行或环型(不一定适合于型腔加工) 等二维走刀路线，然后将其投影到待加工曲面上得到刀具接触点路径，再由此生成刀具轨迹，这种投影方法其实质也是 CC 路径截面线法。约束面一般均垂直于 xOy 坐标平面，但在用平面作为约束面时，约束面也可垂直于 z 坐标轴，这种加工方式即为等高线加工。设任意约束面的方程表达式为 $r_{st}=r_{st}(u_{st},v_{st})$，则 CC 路径截面线法生成的刀具轨迹可表示为

$$r_m(t)=r_m(u(t),v(t))\mid r(u,v)\in r_{st}(u_{st},v_{st})$$

在生成接触点路径时，为了便于求交，可先将参数曲面离散成

一系列满足逼近精度要求的三角片，即将曲面模型转化为多面体模型，从而将约束面与参数面的求交问题转化为平面片之间的求交问题，并便于刀具干涉检测处理。这种先将曲面模型转化为多面体模型再生成刀具轨迹的方法有时被称为多面体加工方法。

CC 路径截面线方法对走刀路线的控制比较灵活，所生成的刀具接触点轨迹分布均匀，从而具有较高的加工效率，适合于参数线分布不均匀的曲面加工、型腔加工及复杂组合曲面的加工。但由于需要求交运算，其算法较复杂，计算量较大。

上述两种刀具轨迹生成方法都是先生成刀具接触点路径，再转化为刀具轨迹，所生成的刀具轨迹一般还需要进行刀具干涉检测处理。

3. *CL* 路径截面线法

CL(Cutter Location) 截面线法在走刀过程中，直接将刀具运动轨迹(刀位点) 约束在另外一组曲面内，相当于用一组约束曲面与被加工曲面的刀具偏置面的截交线作为刀具轨迹。与 *CC* 路径截面线法一样，尽管原则上讲作为约束的曲面类型是任意的，但实用中约束面也一般是平面与柱面。在用平面作为约束面时，得到的刀具轨迹为平面曲线，且当约束平面平行于坐标平面时，只需两轴联动即可实现三维曲面加工。同样设任意约束面的方程表达为 $r_{st}=r_{st}(u_{st},v_{st})$，则 *CL* 路径截面线法生成的刀具轨迹可表示为

$$r_m(t)=r_m(u(t),v(t))\mid r(u,v)\in r_{st}(u_{st},v_{st})$$

CL 路径截面线法生成刀具轨迹的计算方法主要有两种：

第一种方法是直接构造零件曲面的刀具偏置面，由约束面与偏置面求交来得到刀具轨迹，这种方法有时也称为偏置面法。但由于偏置面的构造比较复杂，同时为便于求交，偏置面一般也用简化的多面体网格(由零件曲面的多面体模型转化得到) 表达，并检查偏置面可能产生的自交或裂缝，进行干涉处理，确保刀具轨迹不发生干涉过切。

第二种方法并不直接构造零件曲面的偏置面，而是通过迭代

计算直接在约束面上求取刀具与被加工面相切的一系列刀位点，由此构成刀具轨迹。同样，为了便于计算刀具到曲面的距离，一般也是先将曲面转化为多面体，从而将刀具与曲面的距离求解转化为对离散平面的距离求解。它也属于多面体加工方法的一种。

CL 截面线方法与 *CC* 截面线方法的特点基本类似：对走刀路线的控制灵活，生成的刀具轨迹分布均匀，具有较高的加工效率。该方法特别适合于具有边界约束的曲底型腔加工及复杂组合曲面的连续加工。

4. 导动面法

导动面法是通过引入导动面来对走刀过程进行约束，使走刀过程中刀具始终保持与零件表面(零件面）和导动面相切。这种方法的代表是 APT 的刀具轨迹算法，采用数字迭代搜索来确定刀具运动位置，使其到零件面与导动面底最小距离满足给定的编程精度要求，从而得到无干涉的刀具轨迹。该算法的主要缺点是迭代计算量较大，并存在计算稳定性问题，特别是对跨曲面连续加工的处理复杂。在三坐标加工时，导动面法一般只能用于球头刀计算，此时的刀具轨迹本质上是零件面的等距面的交线。由于导动面的计算处理较复杂，一般用于组合曲面交线的清根处理。

上述两种刀具轨迹生成方法(*CL* 路径截面线法和导动面法）都是直接生成刀位点的运动轨迹，并同时进行干涉检测和处理，直接得到无干涉的刀具轨迹。

5. 等距面法

等距面的基本思想来源于古典几何学，由于球面具有法矢自适应性(球面上任意点的法矢与球心共线）这一特点，因而一个球面体可以包络出任意一个小于自身曲率的曲面。在包络过程中，球心所走过的轨迹，就是该球面的等距面，将这一思想运用于空间自由曲面的数控编程中，称之为“等距面”法。

在被加工曲面上构造一法向距离等于球面刀半径的曲面，然后在该等距面上规划刀具路径，确定步长，计算步距点。等距面上的步距点就是球面刀的刀位点，这些步距点的有序集就构成了球面刀在被加工曲面上的刀位点轨迹，在 NC 加工中，球面刀的中心始终沿着这个等距面移动，就理想情况而言，只要球面刀的曲率大于被加工曲面的曲率，那么一把球面刀就可以加工(包络) 出任意一张曲面，因此，等距面法因其原理清晰明了，算法简单且易于实现而广泛应用于球面刀的数控编程中。对于一些曲率变化较大的曲面，寻找它们的等距面还是一项非确定性工作。被加工曲面的曲率大于球面刀曲率时，刀具切削加工的极限位于曲面曲率大于球面刀曲率的颈口上，它不能沿原等距面继续移动，否则将与被加工曲面发生干涉。因此，在数控编程中，采用等距面法尚需计算等距面在其曲率大于球面刀曲率部位处与相邻等距面的交线，以此作为沿刀具等距面移动的极限位置，从而防止刀具与被加工曲面之间发生干涉。

尽管等距面法在球面刀的数控编程中是有效的，但是对于形状各异的非球面刀而言，则显得无能为力。由于非球面刀不具备球面刀法矢自适应的特点，因此不能采用等距面法来确定非球面刀在空间自由曲面上的刀位轨迹。

6. *刀具接触点法*

刀具接触点法是空间自由曲面数控中应用最为普及的方法。其确定刀位轨迹的基本原理是：规划刀具路径，根据允差计算步长，求得每一步长上刀具接触点的坐标值和法矢量，然后按一定的方式预置刀具回转轴心线的方位，由刀具的几何形状和已知的刀具接触点来确定相应的刀位点，刀位点的有序集即构成了刀位轨迹。在实际的数控编程中，按照刀具轴心线的预置方式，刀具接触点法分为三种形式：

(1) 刀补法：刀补法是 APT 数控编程语言中，确定刀具刀位轨迹的常用算法。将被加工表面定义为零件面；沿刀具的纵向走刀方向做一与被加工表面相贯的面(平面或曲面)，定义为导动面；在纵向走刀的终点位置处，做一与导动面相贯的面(平面或曲面)，该面定义为检查面。在空间曲面的数控编程中采用行切法，让刀具骑在零件面上，刀具的回转中心线沿着或平行于导动面移动，与此同时刀具的底端沿着刀具接触点滑动至刀具外母线接触到检查面，并计算出刀具在每一接触点上的刀位点即完成一行切削的数控编程，如此反复至完成整张曲面底数控编程为止。

(2) 法向偏置法：在空间自由曲面上确定刀位点时，预先设置切削刀具回转轴心线的方位，使之与刀具接触点在被加工曲面密切平面内的法向量的夹角为 θ，然后计算对应刀具接触点的刀位点。法向偏置法的优点在于，避开了球面刀底部靠近轴心线附近切削速度为零的死区，改善了球面刀的切削性能，对于平头立铣刀而言，尽管不能完全消除刀具与曲面之间的干涉，但是可以减小刀具与曲面之间发生干涉的几率，同时便于计算它的刀点。

(3) 刀具偏置法：刀具偏置法在目前空间自由曲面数控编程技术的研究中显得最为活跃，从事这一研究的学者及发表的论文数也最多，特别是涉及非球面刀数控编程时，刀具偏置法体现出较大的优越性。已知刀具接触点的坐标矢量 $\overrightarrow{CC}$，刀具接触点的单位法矢量 $\boldsymbol{N}$，刀具回转轴心线方位的单位矢量 $\boldsymbol{L}$，设 $\overrightarrow{CL}$ 为刀具待求的刀位点矢量。分别以实际加工常用的球面刀、平头立铣刀、锥状刀为例，简述确定这三种刀具刀位点的偏置法。

1) 球面刀：如图 8-13 所示，$\overrightarrow{CL}=\overrightarrow{CC}+\boldsymbol{R}$，其中 $\boldsymbol{R}=r\boldsymbol{N}$，球面刀在 cc 点的刀位点为 (CL, L)，在三轴联动数控编程中，预置刀具回转中心线轴线 $\boldsymbol{L}=[0,0,1]$；在五轴数控编程中，为改善球面刀的切削性能，刀具接触点 cc 应避开球面刀底部切削“死区”(图 8-13 中角 θ 所对应的区域)，预置 $\boldsymbol{L}$ 使之与 cc 点的法矢 $\boldsymbol{N}$ 之间夹角大于 $\theta/2$，即

$$\arccos^{-1}((\boldsymbol{N}\cdot\boldsymbol{L})/(|\boldsymbol{N}||\boldsymbol{L}|))>\theta/2$$

2) 平头立铣刀：如图 8-14 所示，预置 $\boldsymbol{L}$ 与 $\boldsymbol{N}$ 共面，则平头立铣刀在 cc 点的刀位点为 (CL, L) 其中

$$\overrightarrow{CL}=\overrightarrow{CC}+\boldsymbol{R} \tag{8-7}$$

$$\boldsymbol{R} = a\boldsymbol{N} - b\boldsymbol{L} \tag{8-8}$$

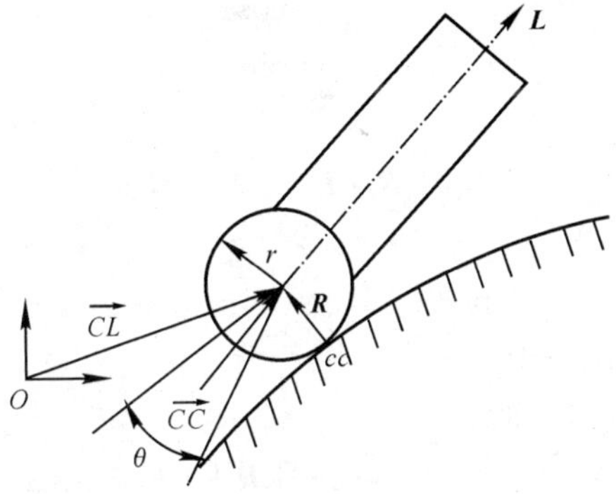

图 8－13　球面刀刀位点

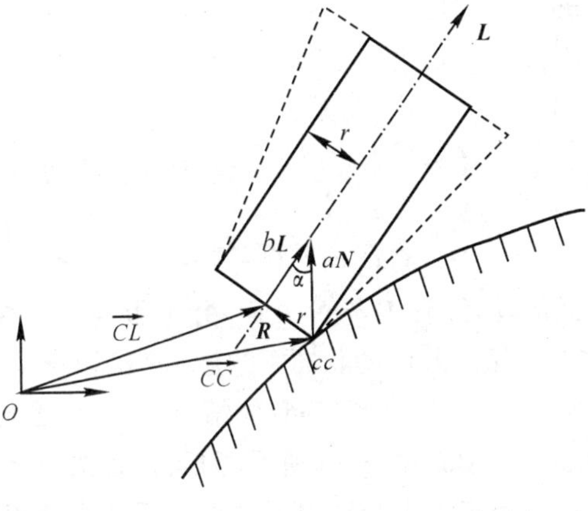

图 8－14　平头立铣刀刀位点

将 $\boldsymbol{R}$ 化为单位矢量，矢量方程式(8－8)的两边同除以常量 a 后，可写为

$$r/a\boldsymbol{R}/|\boldsymbol{R}| = \boldsymbol{N} - b/a\boldsymbol{L} \tag{8-9}$$

式中，$|\boldsymbol{R}| = r$，$\boldsymbol{R}/|\boldsymbol{R}|$ 为单位矢量，a，b，r 分别为直角三角形的

三条边，那么就有

$$b/a = \cos\alpha$$

$$r/a = \sin\alpha$$

而

$$\cos\alpha = \boldsymbol{N}\cdot\boldsymbol{L}/(|\boldsymbol{N}||\boldsymbol{L}|)$$

代入式(8－9)得

$$\sin\alpha\boldsymbol{R}/|\boldsymbol{R}| = \boldsymbol{N} - \boldsymbol{L}\cos\alpha$$

分两种情况讨论：

a. 当 $\sin\alpha \neq 0$ 时，

$$\boldsymbol{R} = |\boldsymbol{R}|\boldsymbol{N}/\sin\alpha - |\boldsymbol{R}|\boldsymbol{L}\cos\alpha/\sin\alpha$$

其中

$$\alpha = \cos^{-1}(\boldsymbol{N}\cdot\boldsymbol{L})$$

b. 当 $\sin\alpha = 0$ 时，$\boldsymbol{R} = r\boldsymbol{N}$

将上述两情况代入式(8－7)得

$$\alpha \neq 0$$

$$\overrightarrow{CL} = \overrightarrow{CC} + r\boldsymbol{N}/\sin\alpha - r\boldsymbol{L}\cos\alpha/\sin\alpha$$

$$\alpha = 0$$

$$\overrightarrow{CL} = \overrightarrow{CC} + r\boldsymbol{N}$$

需要强调的是，预置 **L** 与 **N** 共面，并不影响 **L** 绕 **N** 转动，沿着 **N**(或者说 **L** 与 **N** 保持共面的状态下)绕刀具接触点 cc 转动。因此，**L** 的方位可根据数控编程对象的具体情况，由编程者自己确定。

3) 平头锥状刀：如图 8－14 所示，刀具偏置法计算平头锥状刀刀位点的算法和确定平头立铣刀刀位点的算法完全相同。

$$\alpha \neq 0$$

$$\overrightarrow{CL} = \overrightarrow{CC} + r\boldsymbol{N}/\sin\alpha - r\boldsymbol{L}\cos\alpha/\sin\alpha$$

$$\alpha = 0$$

$$\overrightarrow{CL} = \overrightarrow{CC} + r\boldsymbol{N}$$

平头锥状刀在刀具接触点 cc 的刀位点为(CL，L)。

因此不难看出，刀具偏置法尽管可以用于确定不同几何形状的非球面刀刀位轨迹，但是在计算每一刀位点时，并没有考虑切削刀具的几何形状，而做出相应的修正。这也是刀具接触点法在空间自由曲面的数控编程中存在的局限性之一。

7. 多面体法

在CAD几何造型系统中，空间自由曲面可以定义在两种不同的参照系中，即参数坐标系和笛卡尔坐标系下，空间自由曲面是由一组离散的点来表示。出于CAD系统中某些应用模块的需要，常将这些离散点按相邻的三个或四个一组构成三角形平面和四边形面，由这些三角形平面（或四边形平面）组成的多面体来逼近或替代空间自由曲面。所谓多面体法，就是在这个由三角形平面组成的多面体上，计算出切削刀具的刀位点。首先用等距面法规化刀具轨迹，然后用刀具轨迹曲线所在的平面与多面体进行求交运算，交点作为刀触点，然后运用古典微分几何方法由刀触点计算刀位点。如图8-15所示。

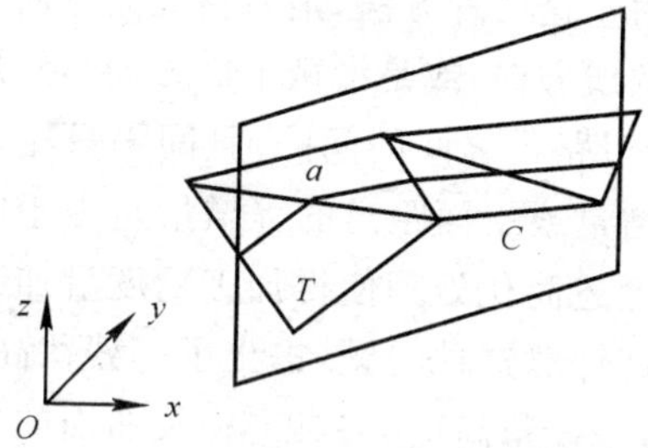

图8-15　多面体法刀位轨迹计算

由于曲面的三角化是在给定的精度下进行，因此两刀触点之间的长度自然满足切削步距的精度要求，解决了切削步距的计算问题，同时，由于刀具与三角形平面同属笛卡尔坐标系，因而在计算刀位点时，易于判断刀具与多面体之间是否存在干涉。在刀具的干涉检查中，只需判断刀具和三角形平面之间是否相交。对所计算的刀位点，可随时校核刀具处于该刀位点的干涉情况，以便修正刀具的位置，避免刀具与被加工曲面之间发生干涉。多面体法确定刀位点的原理与刀具接触点法相近，只是事先将空间自由曲面的精度模型（参数表达式）离散为近似模型（多面体），刀具接触点的计算源于多面体模型，余下的处理基本相同。这两种方法的最大区别在于，多面体法可以在数控加工之前对所计算出的刀位点是否会导致刀具在实际切削加工中干涉被加工曲面进行检查。

在多面体法的应用中，刀位点的具体算法（除“多面体”法外）会随着刀具的初始定位方式不同，有所差异，但其确定刀位点的原理法则不变，该方法的唯一不足是需要多面体能够精确逼近被加工表面才能保证刀位点的准确性。到目前为止，要获得一个精确逼近被加工曲面的多面体并不是一件容易的事，特别是对于形状较为复杂的曲面，还有许多工作要做。

8. 等残留高度法

目前，比较典型的刀位轨迹方法是等参数线加工方法和等截面线加工方法，对于这两种方法，走刀路径的方向一开始就已经确定（或是沿等参数线方向，或是沿截平面方向），然后再根据精度要求来确定两条走刀路径之间的间隔，且间隔只能为某域内的一个常数（参数的等增量或平面距离的等增量），由于曲面各处的形态是多种多样的，上述简化处理使得加工精度沿加工路径的分布呈现不均匀的特性。针对这种问题，提出了等残留高度加工的方法。一般情况下行距是残留高度、刀具半径及曲面的局部曲率半径的函数，在残留高度和刀具半径一定的情况下，行距由曲面的局部形态决定。曲面的局部形态可分为凸曲面、凹曲面和平面三种。

如图 8－16 所示，设行距为 l，两轨迹间的残留高度为 h，曲面垂至于走刀方向的曲率半径为 ρ，刀具垂直于走刀方向的有效切削半径为 R_e，则行距的计算公式为

$$l=\sqrt{\frac{8\rho R_e h}{\rho+R_e \operatorname{sign}(\boldsymbol{O}\cdot\boldsymbol{N})}} \tag{8-10}$$

式中　$\boldsymbol{O}$——刀具方向矢量；

N—— 单位法矢。

当凸曲面时，$\mathrm{sign}(\boldsymbol{O}\cdot\boldsymbol{N})=1$；当凹曲面时，$\mathrm{sign}(\boldsymbol{O}\cdot\boldsymbol{N})=-1$；对于平面，$\rho=\infty$，$l=\sqrt{8R_e h}$。

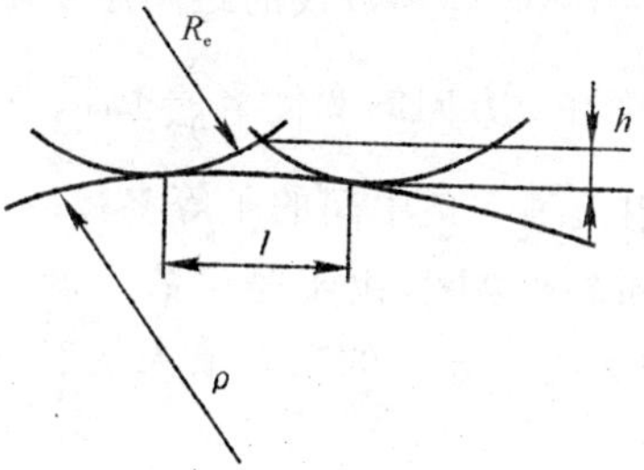

图 8-16

等残留高度法一般先选曲面的一条长边界线作为第一条轨迹线，把这条轨迹线离散成一系列的 cc 点。用行距计算公式，计算出在每一 cc 点处的行距大小，用搜索方法在当前轨迹线的正交面上找到与当前轨迹线上的刀触点相对应的下一条轨迹线上的刀触点。把找到的新轨迹线当成当前轨迹线再次搜索，直到遍及整个曲面。根据刀具几何形状，把刀触点坐标转化为刀位点坐标，通过曲线拟合就可以得到轨迹线。

等残留高度法考虑了曲面形态的各异性，使得在每一点的加工残留高度取得最大允许值，通过控制相邻轨迹间的距离使得轨迹间的残留高度不变，从而在已知一条加工轨迹、刀具半径和允许残留高度的前提下，下一条刀具轨迹便可以计算出来。显然这种方法是一种高效的加工方法。

9. 自适应等参数线法刀具轨迹生成

如前所述，目前在刀位轨迹线生成中常用的等参数线法和等间距法都不是最优的。等参数线法在映射到几何空间内时如不是等间距的就不是最优的。很显然，完全用等参数线法生成的刀位轨迹会增加加工时间，影响表面加工质量。等间距法是用等间距的平行平面与被加工曲面的交线作为刀位轨迹线的，这种方法所得到的刀位轨迹线只适用于三坐标“将爱国”，并不适用于五坐标加工。

自适应等参数线法从曲面的两个 u(或 v) 边界开始，包括等距离计算，并保证两相邻的等参数线的距离总是小于某一给定距离 δ，因为 δ 很小，曲面在 v 方向的变化率 $\frac{\partial s}{\partial v}$ 也很小，由于在两条曲线的距离大于 δ 时引入了一条中间的子等参数线，致使实际的子等参数线距离在 δ 和 $\delta/2$ 之间，由于等参数线覆盖了给定的整个表面，所以它可以作为给定表面的带有最大误差距离为 δ 的有效覆盖集。

这种算法通过引入了等参数线来获得一个优化的有效覆盖集，而且这种算法使用户不需要确定曲面的参数间距或平行平面的间距，而传统方法必须给定这些参数。只许定义两相邻等参数线的距离。自适应等参数法则可以应用在三坐标和五坐标数控加工中，这样产生的刀位轨迹不会在局部自相交，它所生成的刀位轨迹线是等参数曲线，计算简单。这种算法可以直接应用于自由曲面数控铣削无干涉刀位自动生成，而不需要引入导动面和检查面。

8.3 NC 加工过程物理建模与仿真

对于刚性零件的加工，几何仿真可以满足加工要求。但对于低刚性零件的加工，纯几何仿真很难真实反映实际加工过程。在进行低刚性零件的加工仿真时，既要进行几何仿真，又要进行切削力、加工误差等物理现象的仿真与预报。

一、切削力的建模与仿真

NC 物理仿真的核心是切削力模型的建立，在虚拟加工仿真中所使用的切削力模型分为理论模型和经验模型。

在切削力理论模型的研究中，国内外学者对铣削、车削、磨削等进行了大量的研究，所建立的切削力理论模型都是以 Kronenberg 切削力公式为基础推导出来的。大多切削力理论模型只能用于切削力分析，很少能用于切削力预测。

李立等从 Kronenberg 公式出发，推导出立铣加工过程的基本切削力数学模型；用 Gauss - Legendre 数值积分计算式和极值探索法，由一系列实验值确定出切削力模型中的系数与指数项常数；由 Stable 假设（切屑流出方向与刀具螺旋角之间的关系假设）计算 F_x 和 F_y 的合力与 F_z 所成的夹角 ψ；计算 F_x 和 F_y 的合力与切向力 F_τ 所成的夹角 θ 时，采用一次线性近似。

预测切削力的经验模型主要有最小二乘法、人工神经网络法和灰色理论建模法。最小二乘法是人工神经网络法和灰色理论建模法的基础。

1. 最小二乘法

最小二乘法是根据所选曲线与各试验数据点之间的偏差平方和为最小的原理求解方程常数的方法。它是一种根据变量与所求曲线的相关关系的数理统计方法。

设车削的切削力方程为

$$F_z = C_{F_z} a_p^{x_{F_z}} f^{y_{F_z}} \tag{8-11}$$

式中，F_z 为主切削力；C_{F_z} 为切削力系数；a_p 为切削深度；f 为进给量；x_{F_z} 为 a_p 的指数；y_{F_z} 为 f 的指数。

式(8-11)可改写为

$$y = b + m_1 x_1 + m_2 x_2 \tag{8-12}$$

式中，$y = \lg F_z$，$b = \lg C_{F_z}$，$x_1 = \lg a_p$，$x_2 = \lg f$，$m_1 = x_{F_z}$，$m_2 = y_{F_z}$。

令

$$\sum_1^n d_i^2 = \sum (y - b - m_1 x_1 - m_2 x_2)^2 = Q(b, m_1, m_2)$$

由最小二乘法原理 $\frac{\partial Q}{\partial m_1} = 0$，$\frac{\partial Q}{\partial m_2} = 0$，$\frac{\partial Q}{\partial b} = 0$，可得

$$\left.\begin{aligned} s_{11}m_1 + s_{12}m_2 &= s_{1y} \\ s_{21}m_1 + s_{22}m_2 &= s_{2y} \\ b &= \bar{y} - m_1\bar{x}_1 - m_2\bar{x}_2 \end{aligned}\right\} \quad (8-13)$$

式中，$\bar{x}_1 = \frac{1}{n}\sum x_1$，$\bar{x}_2 = \frac{1}{n}\sum x_2$，$\bar{y} = \frac{1}{n}\sum y$，$n$ 为全部试验次数；

$$s_{11} = \sum x_1^2 \frac{1}{n}(\sum x_1)^2;$$

$$s_{12} = s_{21} = \sum x_1 x_2 - \frac{1}{n}(\sum x_1)(\sum x_2);$$

$$s_{22} = \sum x_2^2 \frac{1}{n}(\sum x_2)^2;$$

$$s_{1y} = \sum x_1 y - \frac{1}{n}(\sum x_1)(\sum y);$$

$$s_{2y} = \sum x_2 y - \frac{1}{n}(\sum x_2)(\sum y)。$$

解式(8－13)，可得

$$\left.\begin{aligned} m_1 &= \frac{s_{1y}s_{22} - s_{2y}s_{12}}{s_{11}s_{22} - (s_{12})} \\ m_2 &= \frac{s_{2y}s_{11} - s_{1y}s_{21}}{s_{11}s_{22} - (s_{12})^2} \\ b &= \bar{y} - m_1\bar{x}_1 - m_2\bar{x}_2 \end{aligned}\right\} \quad (8-14)$$

将式(8－14)代入式(8－12)，并改写成幂函数方程，即为切削力最小二乘法回归模型。

2. 人工神经网络法

(1)B－P 神经网络：B－P 神经网络(也称反向传播神经网络)由输入层、隐层和输出层三层组成。每层包含若干神经元，每层神经元之间通过连接权重相连接。

B－P 神经网络用已知的试验数据作为学习样本，由输入层输入，用网络的实际输出值与期望输出值比较所得到的误差值来调节各神经元的连接权值，直到所有实际输出值的误差达到允许的范围之内，训练结束。

B－P 神经网络用于切削力预报的研究很多，图 8－17 所示是将 B－P 神经网络用于车削加工的切削力预报模型。将影响切削力的主要因素（包括工件材料强度、切削速度、切削深度、进给量、刀具前角、刀具主偏角）作为预报网络模型的输入，将切削力的三个分量（主切削力、吃刀抗力和走刀抗力）作为网络的输出，构成 B－P 神经网络切削力预报模型。

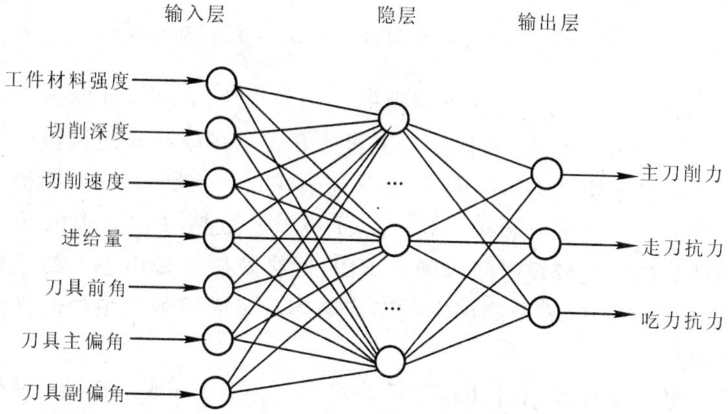

图 8－17　B－P 神经网络的切削力预报模型

(2) 径向基神经网络：径向基神经网络是由输入层、一个 RBF 隐层和输出层组成，径向基神经网络结构如图 8－18 所示。输入层的 $R\times Q$ 阶输入矢量阵 $\boldsymbol{P}$ 表示有 R 个输入节点，在每个节点处输入 Q 个样本（Q 等于试验组数 m）。每个输入节点代表切削力的一个影响因子，且切削力的所有可量化影响因子均可抽象为一个输入节点。若考虑切削深度、进给量、切削速度、工件材料的剪切屈服应力、刀具材料、刀具的负倒棱宽度、主偏角、刃倾角、刀尖圆弧半径、刀具磨损、切削液等各种影响因素，则可有多个输入节点。隐层包含 S_1 个 RBF 节点，RBF 节点采用径向基传递函数，其节点数不像

B-P神经网络那样须预先设定，而是在学习过程中不断增加直到满足误差指标为止。输出层包含一个用于输出预测切削力的线性节点。

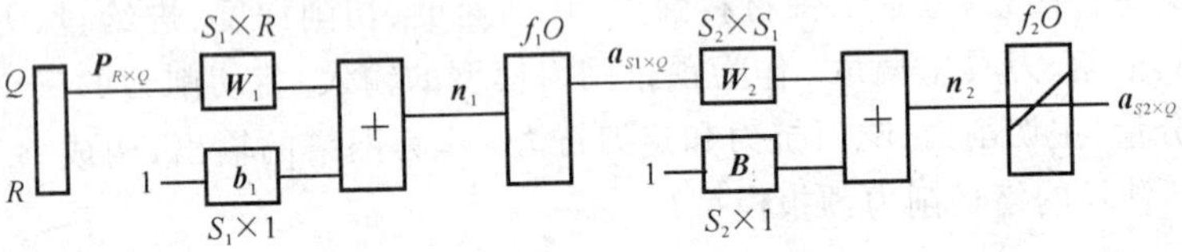

图 8-18　径向基神经网络结构($S_2=1$,S_1 动态确定)

设在 m 组切削条件下测得的试验数据为[$\boldsymbol{P}$,$\boldsymbol{T}$]，目标输出为 $\boldsymbol{T}=[F_{z1}\cdots F_{z2}]$，$R\times Q$ 阶输入矢量阵 $\boldsymbol{P}$ 表示在 $Q=m$ 组试验中每组考虑 R 个切削力影响因子。在选定有关设计控制参数(如期望的网络输出误差平方和指标等)后，根据试验数据[$\boldsymbol{P}$,$\boldsymbol{T}$]，采用 RBF 设计算法可在较短时间内确定 RBF 网络隐层及输出层上的权矩阵 $\boldsymbol{W}$、偏差矩阵 $\boldsymbol{b}$ 及隐层上的节点数 S_1，完成切削力预测的神经建模。

径向基神经网络(RBF) 精确拟合任意连续(或不连续) 目标函数的能力及学习速度均优于 B-P 网络。

(3) 遗传改良神经优化算法：采用人工神经网络支持低刚性零件加工中切削力的辨别与预测。采用 ANN 的加工过程输入被引入第一层，即输入层，切削力信号(F_x,F_y,F_z) 被连接到被称之为隐藏层的中间层的输出层。每层神经元相互连接。尽管该过程有了很大的进步，但它还依赖于结构和模拟参数的人工优化，将遗传算法(GAS) 引入优化过程。遗传神经优化算法检查所有适当的拓扑结构和训练功能。相关网络参数存储在矩阵中，输入数据通过网络传递。随着训练次数的增加，误差不断减小，一旦误差减小到可以接受的水平或预定水平，神经元的连接负荷被存入文件，以便将来使用(操作)。试验和验证数据通过网络传递，以确定它在精确建立过程数据模型的能力。如果此网络模拟数据到预先指定的水平，输出被用于下一步骤。如果此网络不能有效地模拟未预习的数据，开始再训练过程，以修改网络参数如要素(Momentum)和步长(Step Size)。直到获得预先指定的数据或获得希望的精度才停止循环。

3. 切削力预测的灰色建模

灰色集合理论擅长于处理具有“部分信息已知、部分信息未知的小样本、贫信息”特点的不确定性对象，它通过对“部分已知信息”的生成与开发，从中提取有用信息，最终实现对研究对象内在规律的有效描述。切削加工实践表明，由于各种因素的影响，切削力通常表现出不确定性特征。因此，非常适合采用灰色建模方法预测切削力。GM(1,1) 灰色建模原理如下：

设实测的原始数据序列为

$$Y_0 = \{Y_0(1), Y_0(2), \cdots, Y_0(j), \cdots, Y_0(n)\}$$

它的一次累加生成序列定义为

$$Y_1 = \{Y_1(1), Y_1(2), \cdots, Y_1(j), \cdots, Y_1(n)\}$$

式中

$$Y_1(j) = \sum_{i=1}^{j} Y_0(i) \tag{8-15}$$

对于序列 Y_1，其相邻平均生成定义为

$$Z_1 = \{Z_1(2), \cdots, Z_1(i), \cdots, Z_1(n)\}$$

式中

$$Z_1(i) = 0.5Y_1(i) + 0.5Y_1(i-1)$$

假设列向量 $\boldsymbol{Y} = [Y_0(2), Y_0(3), \cdots, Y_0(n)]^{\mathrm{T}}$，且矩阵 $\boldsymbol{B}$ 定义为

$$\boldsymbol{B} = [-Z_1(2), 1; -Z_1(3), 1; \cdots; -Z_1(n), 1]$$

在灰色微分方程 $\mathrm{d}Y_1/\mathrm{d}t + aY_1(t) = b$ 中，参数 a 和 b 的估计值确定为

$$[a, b]^{\mathrm{T}} = (\boldsymbol{B}^{\mathrm{T}}\boldsymbol{B})\boldsymbol{Z}^{-1}\boldsymbol{B}^{\mathrm{T}}\boldsymbol{Y}$$

根据式(8-15)，有 $Y_1(0) = Y_0(1)$。灰色微分方程的解为

$$\hat{Y}_1(1)=Y_0(1) \tag{8-16}$$

$$\hat{Y}_1(i)=[Y_0(1)-(b/a)]\exp[-a(i-1)]+(b/a) \tag{8-17}$$

式中，$i=2,3,\cdots,n$。式(8-16)、式(8-17)可用于求 Y_1 的模拟序列 Y_1。因此，Y_0 的模拟序列 Y_0 可确定为

$$\hat{Y}_0(1)=Y_0(1) \tag{8-18}$$

$$\hat{Y}_0(i)=\hat{Y}_1(i)-\hat{Y}_1(i-1) \tag{8-19}$$

式中，$i=2,3,\cdots,n$。利用式(8-18)、式(8-19)，$i\leqslant n$ 用于原始序列 Y_0 的模拟；$i>n$ 用于切削力不确定性预测。

二、切削温度的建模与仿真

切削温度是影响加工误差的重要因素，所以，切削温度的预报与仿真是虚拟切削加工中的重要内容。切削温度模型也分为理论模型和经验模型。但与切削力模型不同的是，理论切削温度模型在预报和仿真切削区平均温度时起着关键作用。根据加工方法的不同，切削温度模型主要有磨削温度模型、车削温度模型和铣削温度模型。

1. 磨削温度模型

理论磨削温度模型的基础是J. C. Jaeger提出的运动热源切削温度模型。Jaeger研究运动热源的方法如图8-19所示，其切削温度模型为

$$T(x,z)=\frac{2qa}{\pi\lambda v}\int_{X-L}^{X+L}\mathrm{e}^{-u}K_0[\sqrt{Z^2+u^2}]\mathrm{d}u \tag{8-20}$$

式中 q —— 单位时间内单位面积热源发出的热量；

a —— 工件材料的导温系数；

λ —— 工件材料的导热系数；

v —— 带状热源运动速度；

$T_{(x,z)}$ —— 点(x,z)处的温度；

$K_0[Z^2+u^2]$ —— 零阶二类贝赛尔函数；

$$u=\frac{(x-x')v}{2a},\quad X=\frac{vx}{2a},\quad Z=\frac{vz}{2a},\quad L=\frac{vl_s}{2a}。$$

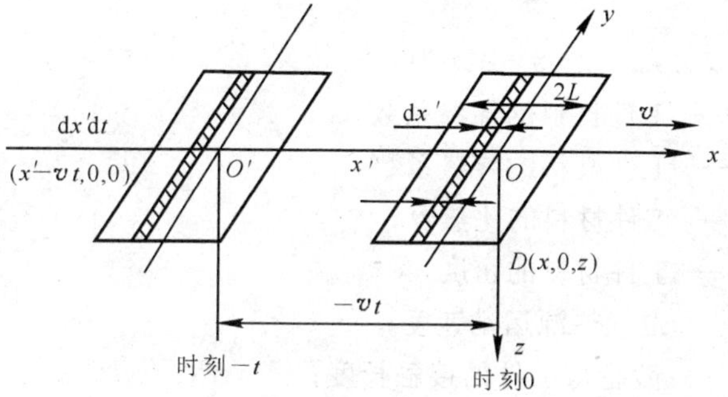

图 8－19　Jaeger 研究运动热源的方法

自 Jaeger 提出运动热源模型以来，国内外学者对磨削温度温度进行了大量的研究，取得了很大的进展，建立了很多磨削温度理论模型和仿真模型。其中最成熟的有四种，其磨削温度场坐标系如图 8－20 所示，磨削温度模型分别为

(1) 均匀分布热源一维导热模型：

$$T=\frac{q}{c\rho\sqrt{\pi av}}\int_0^{l_s}\frac{\mathrm{d}x_i}{\sqrt{x_i-x}}\exp\left[-\frac{vz^2}{4a(x_i-x)}\right]\mathrm{d}x_i \tag{8-21}$$

(2) 均匀分布热源二维导热模型：

$$T=\frac{q}{\pi\lambda}\int_0^{l_s}\exp\left[-\frac{(x_i-x)}{2a}\right]K_0\left[\frac{v}{2a}\sqrt{(x_i-x)^2+z^2}\right]\mathrm{d}x_i \tag{8-22}$$

(3) 三角分布热源一维导热模型：

$$T=\frac{q}{c\rho\sqrt{\pi av}}\int_0^{l_s}\frac{x_i}{l_s}\frac{\mathrm{d}x_i}{\sqrt{x_i-x}}\exp\left[-\frac{vz^2}{4a(x_i-x)}\right]\mathrm{d}x_i \tag{8-23}$$

(4) 三角分布热源二维导热模型：

$$T=\frac{2q}{\pi\lambda}\int_0^{l_s}\frac{x_i}{l_s}\exp\left[-\frac{(x_i-x)v}{2a}\right]K_0\left[\frac{v}{2a}\sqrt{(x_i-x)^2+z^2}\right]dx_i \tag{8-24}$$

在式(8-21)～式(8-24)中，

a—— 工件材料的导温系数；

λ—— 工件材料的导热系数；

c—— 工件材料的比热容；

ρ—— 工件材料的密度；

v—— 带状热源运动速度；

l_s—— 砂轮与工件的接触长度；

$K_0\left[\frac{v}{2a}\sqrt{(x_i-x)^2+z^2}\right]$—— 零阶二类贝赛尔函数；

q—— 单位时间内单位面积热源发出的热量。

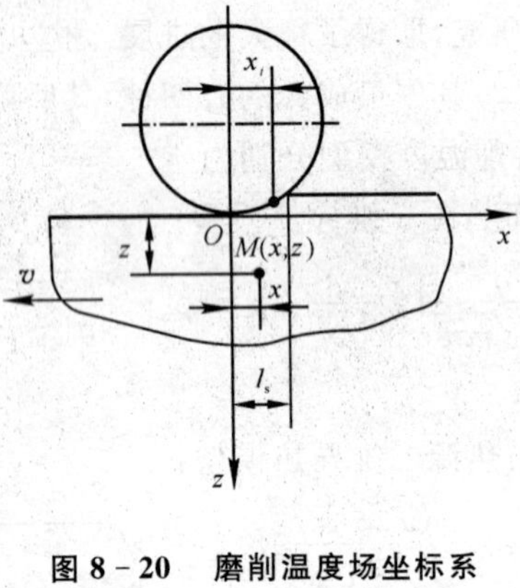

图 8-20 磨削温度场坐标系

2. 车削温度模型

Huaizhong Li 提出了适于车削的持续型的加工温度模型

$$T_{\text{atatic}}=T[1-v\lg(\varepsilon/\varepsilon_0)] \tag{8-25}$$

式中 T—— 切削点的温度；

v—— 材料参数常量；

ε—— 应变率；

ε_0—— 材料特性不受影响的临界应变率。

3. 铣削温度模型

王霄等根据持续型的加工温度模型提出了预热传递过程的铣削温度模型

$$T(t) = T_{\text{static}}\exp(\tau/t) + T_{\min} \tag{8-26}$$

式中 τ —— 常量；

t ——一个周期中每一铣齿的切削时间；

$T_{\min}$ 和 T_{p} —— 切削周期中的最低和最高温度。

$$T_{\min} = T_{\text{p}}\exp(-t_2/\tau)$$

$$T_{\text{p}} = T_{\text{static}}[\exp(-\tau/t_1)/(1-\exp(-t_2/\tau))] \tag{8-27}$$

式中，t_1，t_2 分别指一个周期中切削时间和非切削时间，即

$$\left.\begin{aligned} t_1 &= (60/n_{\text{R}})(\varphi_{\text{ex}} - \varphi_{\text{st}})/2\pi \\ t_2 &= (60/n_{\text{R}})[1-(\varphi_{\text{ex}} - \varphi_{\text{st}})/2\pi] \end{aligned}\right\} \tag{8-28}$$

式中，φ_{ex}，φ_{st} 分别指铣削时铣刀的切入角和离开角。在铣削中，切削区的温度首先使用式(8-25)计算持续切削温度，然后通过式(8-26)～式(8-28)进行修正。

三、加工振动模型

加工过程中剧烈的切削振动不但会影响工件表面的质量，还可能造成加工设备和刀具的损坏。因此，切削振动的仿真与预报也是 NC 物理验证的一项重要内容。

关于加工振动的预报与仿真的研究，目前已建立了主要的仿真理论。主要存在的问题是许多重要的变量参数难以测量，如依赖于机床、工件、刀具和随切削力向量的位置和方向变化的系统的动力学参数，与切削力相关的加工材料、刀具形状和材料、切削状况、刀具磨损类型和磨损量变化的动力学行为参数等；此外，测量精度也难以保证。

加工振动仿真可分为两类，一类是以加工过程和工艺系统的动态分析为基础，建立全面的加工过程仿真系统。振动模型是其中的一个重要环节和组成部分，其内容包括引起加工过程动态变化的原因、特点、表现形式、动态力与振动模型的建模等。另一类是针对自激振动中的特殊状态，即切削颤振，分析具体工况的稳定性条件，建立极限表征参数和颤振的预测模型。

M. D. Tsai 在 Sun4 工作站上，采用扩展 Z－buffer 几何建模方法，开发了平头圆柱铣刀切削预报系统，建立了加工振动模型，如图 8－20 所示，此模型中假设振动方向是沿相互垂直的 x_1 和 x_2 方向，且进给方向是沿 x_1 轴。铣刀系统的振动模型由下面微分方程给出，即

$$\left.\begin{array}{l} m\ddot{x}_1 + c_1\dot{x}_1 + k_1x_1 = F_1 \\ m\ddot{x}_2 + c_2\dot{x}_2 + k_2x_2 = F_2 \end{array}\right\} \tag{8-29}$$

式中　m —— 刀具质量；

F_1, F_2 —— 分别为 x_1, x_2 方向上的切削力；

c_1, c_2 —— 阻尼系数；

k_1, k_2 —— 弹性刚度。

Y. S. Tarng 和 S. Smith 采用二维刀具振动模型，实现了刀具振动的预报和仿真。

振动预报是通过式(8－29) 计算 x_1, x_2 方向上的位移变化量实现的。Y. S. Tarng 和 S. Smith 采用类似图 8－21 所示的二维刀具振动模型，实现了刀具振动的预报和仿真。

王霄等也建立了类似的加工振动模型。于方建等建立了切削系统动态数学模型，并分析了切削参数对切削稳定性的影响。刘习军、陈予恕建立了由刀架弹性子系统、工件弹性子系统在非线性动态切削力耦合下的多自由度非线性系统的速度型切削颤振理论模型，通过数值模拟显示，此系统存在内共振现象，从而解释了速度型切削颤振发生的振动机理。

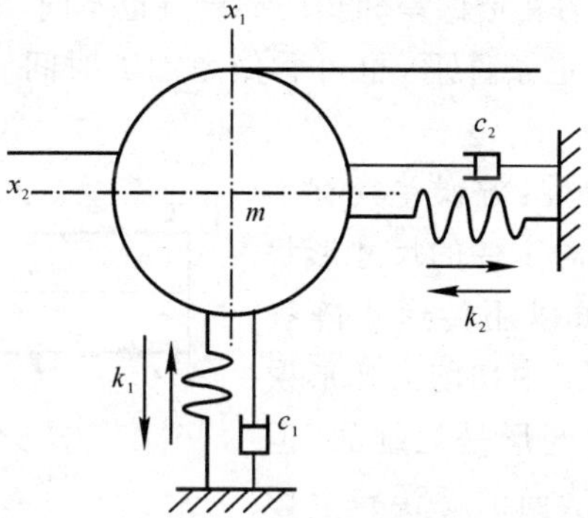

图 8－21　刀具振动模型

四、加工误差模型与评估

1. 加工误差模型

加工误差模型是评估零件加工质量的重要方面。加工过程中影响工件尺寸、形状及表面微观形貌的因素很多，主要有机床几何误差(或机床静态误差)、机床动态误差、刀具误差、切削力变形误差、热变形误差、振动误差。

机床几何误差主要包括机床导轨的直线度、平面度及导轨的不垂直度等；机床的运动误差主要指主轴的回转误差、进给误差等。刀具误差主要指刀具几何误差(对定尺寸刀具而言)及刀具磨损误差。切削力变形误差和热变形误差是由于切削力、夹紧力和切削热引起的工艺系统变形误差。

上述误差是引起加工误差，造成工件尺寸、形状误差的主要根源，称为源误差。源误差具有如下特征：

(1) 时变性：这些源误差在机床设备寿命周期内是变化的，是设备运行总时间 T 的函数。例如机床的几何误差随着设备的磨损而增加。

(2) 源误差与加工位置有关：在不同的加工位置，机床误差的大小不同，切削力变形误差和热变形误差也不同。源误差是刀具位置的函数，在一定条件下，也可看做是加工时间 t（基本时间）的函数。

(3) 传递特性：源误差具有不同的方向，它们对工件的尺寸形状影响也不同，可以用传递矩阵表示，例如车削加工中切削力变形误差，工艺系统的变形是三维的，但只有工件表面法向的源误差会影响工件尺寸。如当采用图 8-22 所示的工件坐标系时，工件 y 方向的变形会影响外圆切削尺寸，而工件 x 方向变形会影响端面尺寸。

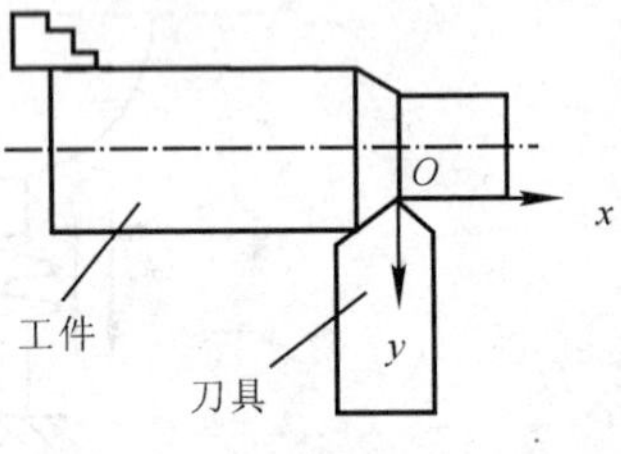

图 8-22　工艺系统坐标系

(4) 多坐标系：加工误差来源不同，采用的坐标系也各不相同，例如机床误差通常以机床坐标系表达，而切削力则习惯于采用以刀尖为原点，以切削速度反方向为 z 轴方向的坐标系描述。在加工过程中，由于切削力和切削热等因素引起工艺系统各环节实际坐标系相对于理想坐标系的平移和旋转。因此，在建立加工误差模型时，应首先对每项误差按其成因建立坐标系，分别进行处理，然后通过坐标变换将所有误差集中纳入工件坐标系。

设源误差用 $E_i(t,T)$ 表示，其中 t 表示切削过程的基本时间，T 表示设备运行总时间。$E_i(t,T)$ 表示了源误差 E_i 与切削时间和设备服役时间的关系。i 表示不同的误差源，则误差源集合用 A 表示，则有

$$A = \{ms, md, c, f, h, v\}$$

假设源误差 E_i 的坐标变换矩阵为 $\boldsymbol{T}_i$，则

$$E_i^*(t,T) = E_i(t,T)\boldsymbol{T}_i \tag{8-30}$$

式中，$E_i^*(t,T)$ 为坐标变换后的源误差。

相应的工件误差 EP_i 为

$$EP_i(t,T) = E_i^*(t,T)S_i = E_i(t,T)\boldsymbol{T}_iS_i \tag{8-31}$$

即

$$EP_{ms}(t,T)=E_{ms}(t,T)T_{ms}S_{ms}$$

$$EP_{md}(t,T)=E_{md}(t,T)T_{md}S_{md}$$

……

式中 $E_i(t,T)=\{E_i^x(t,T),E_i^y(t,T),E_i^z(t,T)\}$；

$S_i=\{S_i^x,S_i^y,S_i^z\}$；

$E_i^x(t,T),E_i^y(t,T),E_i^z(t,T)$ 分别为 x,y,z 方向的源误差分量；

S_i^x,S_i^y,S_i^z 分别表示 x,y,z 方向的传递矩阵元素。

工件上的加工总误差可看做是上述各误差的叠加，则有

$$\boldsymbol{E}_\Sigma(t,T)=\sum_i \boldsymbol{EP}_i(t,T)\,,\quad i\in A \tag{8-32}$$

各种源误差模型的建立可以采用测量法或有限元分析法。

2. 加工误差的评估

根据加工误差模型可以得到不同加工瞬时的误差向量，则误差向量的最大值就是加工误差 Δ_e

$$\Delta_e=|\max\{\boldsymbol{E}_\Sigma(t,T)\}| \tag{8-33}$$

将加工误差模型中的时间变量 t 转换成加工时的刀尖位置变量(x,y,z)，就可以得到工件的误差分布模型。

对于曲面加工，其最大加工误差应当在加工表面的法向检测。对于复杂曲面，仿真法向误差有时是十分困难和费时的事，这时仍可按上式估计最大加工误差。

将产品零件的理论模型与毛坯去除材料后得到的加工结果模型求差，可得到加工误差，也可直接由加工误差模型计算出加工误差分布模型。加工误差分布模型描述加工误差在零件上的分布，即给出不同坐标位置的误差值。

在加工误差分布模型中，加工表面按误差大小以不同的颜色表示。通过对加工误差分布模型进行直观检查和数据分析，可以对加工误差的大小及其产生原因进行行分析、划断，并对零件的可加

工性评估提供依据。

五、加工表面粗糙度预测与仿真

表面粗糙度是最重要的表面质量特征参数之一，工件表面质量的仿真与预测是加工过程物理仿真的又一组成部分。表面质量的仿真目前集中于动态切削表面的形成分析上，根据切削时刀具与工件之间的相对振动、刀尖几何形状和刀具与工件的相对运动即进给运动来分析工件的表面形貌，表征参数多采用表面粗糙度。

G. M. Zhang 就工件材质不均、微观硬度不等造成的切削随机振动对工件表面动态形成过程进行分析，建立了工件表面模型，并将之应用到断续车削动态过程，提供了三维表面形貌仿真结果。

姚英学等[5] 提出了面向加工质量预测的虚拟加工检测单元(VMMC，Virtual Machining and Measurement Cell)的概念，该虚拟加工单元综合了虚拟机床和虚拟测量机的内容，能实现虚拟加工及虚拟检测尺寸误差、形状误差、表面粗糙度等技术指标，可作为虚拟加工过程中的基本单位。

唐英等建立了基于神经网络的表面粗糙度智能预测系统，将非线性预测与多因素预测引入表面粗糙度预测模型中，即在预测表面粗糙度预测的同时进行刀具磨损的预测。

王洪祥等利用回归分析法来建立单点金刚石刀具超精车削表面粗糙度预测模型，研究了铝合金超精密车削过程中切削速度、进给量和切削深度等参数对表面粗糙度的影响。

第 9 章 材料成型过程仿真与优化

9.1 概 述

材料成型加工技术在航空宇航、汽车、电机电器、日用五金等部门都得到了广泛应用。以国防制造业为例，大型机翼壁板、复杂形状蒙皮及复合材料制件的成型问题在一定程度上制约着我国飞机制造业的整体发展水平。

鉴于产品零件大多需经塑性加工成型后才能在产品上使用，因此材料加工中存在的主要问题和困难，大多是关于成型方面的。尽管自动化技术已在各类零件制造中逐步采用，但这些工艺技术还是主要依赖于人的经验和判断。之所以如此是由于与材料加工相关的可变因素非常多，而且这些因素的相互作用极为复杂，所有这些因素（如材料的流动特性、延展性、模具几何尺寸、模具材料、润滑及加工速度等）都相互依存，以不同的等级决定零件的加工成败。因此，材料的成型性能不会决定于一个单一的参数，而是决定于所有因素的综合。针对这一复杂问题，以数值分析为基础的材料成型虚拟制造技术应运而生，从而为分析、解决上述问题开辟了一个有效途径。

20 世纪 90 年代以来，数值模拟仿真与优化技术在材料成型加工领域得到迅速发展并走向实用化阶段，成为材料成型行为研究和工艺过程优化设计的有力工具。传统的成型技术真正进入了理论分析阶段，并开始从经验走向科学化。

材料成型技术的发展涉及材料、能源、模具、设备等各方面。工艺方法的创新及成型过程的科学分析与控制是技术发展的核心；

模具技术是成型技术发展的体现。先进的材料成型技术是在传统成型技术的基础上,以计算机技术为支撑,综合利用信息、电子、材料、能源、环境工程等各项高新技术及现代管理技术,最终实现产品全生命期综合优化的成型技术,是能最大程度地达到"精、省、净"目标、获得高综合效益的成型技术。而发展先进成型技术的关键之一就在于大力发展材料成型过程的计算机分析仿真与优化技术。

计算机分析仿真与优化技术是20世纪后期对于材料成型最具重大意义的技术进步之一,其核心是有限元分析技术。以有限元法为基础的成型过程中计算机仿真技术或数值模拟技术,为成型模具设计、成型过程设计及工艺参数优化提供了科学依据,是解决成型过程设计和模具设计的最有效手段。

9.2 板料成型数值仿真技术

板料成型是材料加工技术的重要分支,在国防制造业中应用极其广泛。因此,深入研究成型过程的力学特性,分析成型过程应力、应变,预测成型载荷即可以对制造无缺陷、高质量的工件以及设计成型工具提供有价值的信息,也可以改进现有的成型工艺,发展新的成型技术。然而,板料成型过程十分复杂,这主要体现在塑性变形的物理非线形及大位移引起的几何非线形、复杂的接触和摩擦现象以及边界条件的不断变化。针对变形问题的复杂性以及数学处理上的困难,在20世纪60年代后期诞生了以数值分析为基础的成型过程计算机仿真技术。

一、板料成型数值仿真基本理论

典型的板料成型系统可用图9-1表示,其中包括凸模、压边圈、凹模和板料。而在板料成型过程中至少存在三种不同的接触摩擦界面:① 凸模与板料的接触,② 压边圈与板料的接触;③ 凹模与

板料的接触。板料成型过程的力学特性可通过虚功原理表达，即

$$\int_{\Omega}\sigma_{i}\varepsilon_{v}\,d\Omega-\int_{S}F_{e}u_{v}\,dS+\int_{C}F_{c,f}u_{r}\,dS_{c}+\int_{\Omega}\rho\dot{a}u_{v}\,d\Omega=0 \tag{9-1}$$

式中 Ω —— 接触系所占空间；

σ_i —— 内应力；

ε_v —— 虚应变；

S —— 除接触摩擦力以外的外力作用表面；

F_e —— 外力；

u_v —— 虚位移；

S_c —— 接触表面；

$F_{c,f}$ —— 接触摩擦力；

u_r —— 两接触点的相对虚位移；

ρ —— 质量密度；

$\dot{a}$ —— 接触系的加速度。

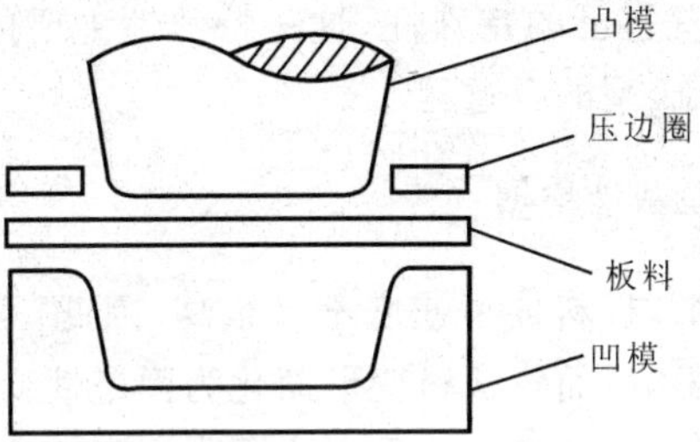

图 9-1 板料成型系统示意图

通过有限元法离散，式(9-1)转化为以下等效形式，即

$$\boldsymbol{ma}=\boldsymbol{F}_{e}-\boldsymbol{F}_{i}-\boldsymbol{F}_{c,f} \tag{9-2}$$

式中 $\boldsymbol{m}$ —— 系统质量矩阵；

$\boldsymbol{a}$ —— 加速度矢量；

$\boldsymbol{F}_e$ —— 外力矢量；

$\boldsymbol{F}_i$—— 内力矢量；

$\boldsymbol{F}_{c,f}$—— 接触摩擦力矢量。

在显式算法中，式(9-2)是一系列相互独立的方程，不涉及联立方程求解问题。通过式(9-2)求得当前时刻的加速度后，便可利用中心差分法求得下一时刻系统的变形状态。

从上述讨论可知，显式算法的一个关键步骤是求解方程式(9-2)，其中包括计算外力矢量 $\boldsymbol{F}_e$、内力矢量 $\boldsymbol{F}_i$ 和接触力矢量 $\boldsymbol{F}_{c,f}$，这三个矢量的计算是显式模拟技术的主要内容。对于板料成型过程，外力的计算相对简单，如作用在压边圈上的外力可根据加压方式用一个或多个解析式表达而获得满意的效果。这样一来，板料成型过程模拟的关键技术就集中在内力矢量 $\boldsymbol{F}_i$ 和接触摩擦力矢量 $\boldsymbol{F}_{c,f}$ 的计算上。内力矢量 $\boldsymbol{F}_i$ 的计算主要涉及两个问题：其一是有限单元理论和算法；其二为材料本构模型与算法。接触摩擦问题虽不是冲压过程所独有的，但在冲压过程中有特别重要的地位。因为零件成型的全部外力来自与模具的接触与摩擦。此外，冲压成型中的接触摩擦有自己的特殊性。这一特殊性主要体现在作用范围广、贯穿于冲压成型的全过程。

二、材料弹塑性模型

一般情况下，板料成型速度不是很高。因此，可以不计应变率对材料变形的影响，而将板料变形简化为弹塑性变形。对成型过程进行分析模拟时，通常将模具和压边圈作为刚体处理，而对板料的描述则需要根据材料的性能特点，采用不同的材料模型。

1. 线性强化弹塑性模型

线性强化弹塑性模型采用 Von Mises 屈服准则，后继屈服应力为

$$\sigma_s = \sigma_{so} + \beta E_p e_p \qquad (9-3)$$

式中，σ_{so} 为初始屈服应力；e_p 为等效塑性应变；E_p 为塑性硬化模量；β 为硬化参数，$\beta = 1$ 为等向强化，$\beta = 0$ 为随动强化，$0 < \beta < 1$

为等向强化和随动强化的组合。

2. 三参量模型

三参量模型采用 Von Mises 屈服准则。此模型可以考虑弹性变形,其应力-应变曲线可表示为

$$\sigma=\begin{cases}E\varepsilon, & \varepsilon\leqslant\varepsilon_s\\ A\varepsilon^n+B, & \varepsilon>\varepsilon_s\end{cases}\tag{9-4}$$

式中,常数 A 和 B 由 $\varepsilon=\varepsilon_s$ 处的 σ 值以及斜率 $d\sigma/d\varepsilon$ 的连续性要求决定,n 值由硬化曲线决定。

3. 兰伯 — 奥斯古模型

兰伯 — 奥斯古模型用得较多,它可以写成如下的形式,即

$$\varepsilon=\frac{\sigma}{E}\left[1+\left(\frac{\sigma}{\sigma_s}\right)^m\right],\quad m>1\tag{9-5}$$

式中,σ_s 为初始屈服应力;ε_s 为初始屈服应变;E 为弹性模量。当 σ 值较小时,等号右边括号内的第二项可以略去,这时式(9-5)就变为弹性应力-应变关系;当 σ 值较大时,则所描述的应力-应变关系接近幂次强化规律。由于兰伯 — 奥斯古模型采用统一表达式,因此使用方便。

4. 材料模型的选择

对于铝合金来讲,最常用的材料模型是兰伯 — 奥斯古模型。但此模型的缺陷是它不能够同时准确描述应力-应变曲线中的小应变和大应变部分。因此,应该根据所分析问题的主要应变范围对兰伯 — 奥斯古模型进行合理使用。但有些问题的分析需要兼顾上述两个应变区域。例如,在拉弯成型中,弦板受压处会产生局部皱折,因此应重点考虑应力-应变曲线的小应变区域;弦板受拉处可能会产生塑性失稳,因此需要准确描述大应变区应力-应变曲线的斜率。而兰伯 — 奥斯古模型不可能同时满足这两个要求,但是通过使用多分量应变强化模型就可以准确描述整个强化曲线。

三、壳体单元

在壳体理论及其有限元应用中,分析板料成型的常用壳体及

其单元模型有薄膜壳模型、弯曲薄壳模型、Mindlin壳模型、实体壳单元模型以及退化壳单元模型等。

1. 薄膜壳模型

薄膜壳模型是壳体结构最简单的近似，它只考虑中面的变形，不计弯曲效应。薄膜壳满足薄壳理论的两个 Kirchhoff 基本假定：变形前垂直于中面的直线在变形后仍与中面保持垂直，并且长度不变，仍为直线；垂直于中面方向的应力与其他方向的应力相比较，可以忽略不计。

研究表明：对于诸如圆形板料液压胀形、半球冲头胀形等成型过程中拉伸变形占主导地位的问题，薄膜壳模型是行之有效的。但对工件在成型中容易发生破裂的弯曲部位，薄膜壳模型的解与真实情况相差较大，不能给出准确的预测。另外，薄膜壳模型也不能用来计算工件的回弹。

2. 弯曲薄壳模型

在薄膜壳的基础上考虑弯曲效应，就得到弯曲薄壳。弯曲薄壳模型亦满足薄壳理论的两个基本假定。弯曲薄壳模型将工件中任一点的应变分为两个部分，即中面的薄膜应变和绕中面转动的弯曲应变。由于考虑了弯曲效应，弯曲薄壳模型克服了薄膜壳模型的不足，因而具有较高的计算精度，并能够较好地完成薄膜壳模型不能解决的工件弯曲变形分析以及回弹的模拟。运用本模型，考虑沿厚度方向的应力-应变分布，需将工件沿厚度方向分为若干层，由于本构关系的非线性，各层的应力要分别存储和计算，因而大大地增加了计算量和存储量。

3. Mindlin 壳模型

在实际问题中很难严格界定薄板和中厚板。因此，在板料成型模拟中，也常采用 Mindlin 壳模型。Mindlin 壳是中厚壳，目前理论上按三维物体处理。在 Mindlin 壳体理论中，假定变形前与壳体垂直的中面法线在变形后仍保持为直线，但可以不再与中面垂直；考虑壳体的横向剪切影响，忽略壳体的横向挤压应力。显然，Mindlin

壳模型更为精确，但计算量显著增加。

4．实体壳单元模型

Wifi，Anderson，Makinouchi 等人曾将三维实体单元应用于板料成型分析。由于板料厚度很小，为避免刚度矩阵的奇异性，在采用三维实体单元时，一般需要对板料进行很细的网格化分，这样使得系统方程很大，计算时间较长。因此，在用其他壳模型能够保证模拟板料成型的有效精度时，实体壳单元模型往往不被考虑。

5．退化壳单元模型

目前，被广泛采用的壳单元模型是 Ahmod 在 1970 年提出来的退化壳单元。该单元是弹塑性变形分析的基础。利用 Mindlin 假设，将三维实体单元退化为二维板壳单元。这种单元采用独立的转动和位移自由度，避开了复杂的一般壳理论，可以用来求解薄板和中厚板问题。但四节点退化壳单元在一点积分时会出现零能模式，为了补救这一不足，Belytschko 等学者发展了砂漏控制技术。

四、接触与摩擦处理

在板料成型过程中，作用于工件并使之产生所需塑性变形的外力来自模具对工件的接触与摩擦。模具与工件间接触界面的处理对板料成型仿真结果影响很大。

在实际问题中，模具与工件间的接触总是发生在一定的面积上，接触力也按一定规律分布在这个接触面上。由于在有限元方法中将接触与摩擦力离散处理，因此，求解时只需考虑每个节点上的接触力。这样一来接触边界的处理实际上就变成单个接触点的处理，因此在有限元方法中，接触边界处理中的基本问题可概括成如下几个方面：① 接触点的搜寻；② 接触力的计算；③ 接触应力的计算等。

1．接触点的搜寻

接触点的搜寻是指通过计算找出所有距被接触块足够近而应作为已接触点处理的节点。这里可以分为两种情况：一种是所谓的接触前搜寻;另一种是所谓的接触后搜寻。接触前搜寻是针对前一次计算中未处于接触状态的节点而言的,其目的是找出可能的新的接触节点。而接触后搜寻是针对前一次计算已处于接触状态的节点,其目在于找出已接触点新的接触位置,并检查是否有脱离接触的状态。这里讲的“前一次计算”又有两种情况。在显式算法中,“前一次计算”指前一个时间步长的计算。在隐式算法中,“前一次计算”指前一次迭代运算,它可能是同一个时间步长内的一次没有获得收敛的迭代,也可能是前一个时间步长内获得收敛的最后一次迭代。但从接触搜寻本身来讲,区分前一次计算的性质并不重要。因此,在讨论接触搜寻时可作如下假设:在进行接触搜寻时,有关节点的坐标都已更新,已接触点的接触力也已更新,接触搜寻就是要在这个给定条件下找出新状态下的所有已接触节点及相应的被接触点的位置。

理论上讲:只要给定一个节点的坐标和可能与这个节点接触的接触块的节点坐标,就能计算出这个节点与接触块的相对位置,从而判别这个节点是否应作为已接触点处理。但问题在于:我们不仅要准确地找出每一个已接触点及相应的接触块,还要尽量地减少计算工作量。实践表明,在复杂的接触问题中,接触搜寻可能占去求解的很大一部分工作量,最高可达40% ~ 50%。从工程应用的角度看:计算量的大小也是一个十分重要的问题。计算速度的提高意味着同样的时间内可做更多的工作,或者用更多的单元求解同样的问题从而提高计算精度。因此接触点搜寻中的一个十分重要的问题是如何减少计算工作量并尽量少占用内存空间。

2. 接触力的计算

在接触点找出后,就要根据物体的运动规律计算接触力。接触力的计算受接触约束条件的限制,即接触点不能穿透被接触边界并且接触力不能为拉力。常用来计算接触力的约束方法有罚函数法和拉格朗日乘子法。这两种方法的应用及其特点在显式算法和隐式算法中差别较大。实际上,拉格朗日乘子法不能直接用于显式算法，因为它涉及未知接触力的联立方程求解，而传统的显式算法并不求解任何联立方程组。正因如此，在显式算法中，大多采用罚函数法求接触力。罚函数法有引入人为误差和影响显式算法稳定性的缺点。要使罚函数法引入的误差足够小，并且能有效地控制显式算法的稳定性，就要合理地选择罚因子。因此，根据接触边界的特点选定合适的罚因子，是显式算法中采用罚函数法求接触力的一个最重要的问题。

对于隐式算法来说，无论采用罚函数法还是采用拉格朗日乘子法都涉及一个接触刚度矩阵的建立问题，而且不同的迭代算法对接触刚度矩阵有不同的要求。在隐式算法中，一个新的接触点不仅可能影响代数方程系数矩阵中零元素的数量，还可能影响系数矩阵的带宽。当采用拉格朗日乘子法时，未知数总数增加，从而导致系数矩阵的维数改变。所有这些都会影响求解过程中内存的分配和管理，也影响计算工作量。在隐式算法中，若采用罚函数法求接触力，罚因子同样不能过大，否则系数矩阵可能变成病态从而妨碍求解。

3. 接触应力的计算

采用离散方法处理接触边界后，求得的接触节点接触力只不过是分布在一定接触面上的接触应力的等效节点力，而不是该节点处的实际接触力。如果要得到接触面上的接触应力，必须采用适当的转换运算。由于有限元方法的特点，不同的换算方法会导致不同的结果。这就要求对不同的换算方法所带来的误差有一个正确的认识。

4. 接触力计算方法的分类与选用

接触力的计算有两种基本方法：① 罚函数法；② 拉格朗日乘子法。罚函数法为一种近似方法，它允许相互接触的边界产生穿透，并通过罚因子将接触力大小与边界穿透量大小联系起来。这种方法比较简单也适合于显式算法，但它影响显式算法中的临界时间步长。此外，罚因子的好坏还影响计算结果的可靠性。拉格朗日乘子法不允许接触边界的相互穿透，是一种精确的接触力算法，但它与显式算法不相容，要求特殊的数值处理。

摩擦力的准确计算对板料成型分析结果准确度十分重要。目前适用的摩擦定律仍是库仑摩擦定律。由经典库仑摩擦定律可知：当两接触物体间的切向摩擦力 f_t 小于临界值 f_{tc} 时，两接触面间的相对滑移 $u_t = 0$。当 $f_t = f_{tc}$ 时，相对滑移是不定的，需由外界载荷和约束条件确定。按经典摩擦定律计算的摩擦力有

临界摩擦力

$$f_{tc} = \mu_s f_N \tag{9-6}$$

滑动摩擦力

$$f_t = \mu_d f_N \tag{9-7}$$

式中，μ_s，μ_d 分别为静、动摩擦因数；f_N 为两接触物体间的法向接触力。

经典摩擦定律从最初适用于刚体到目前用于变形体，是遵循“只有当切向应力到达某一临界值时，接触表面才会在局部产生位移”这一假设的。尽管这一假设在一定的范围内有效，但严格地说：它是不成立的。实验发现：只要有切向力存在，两接触表面间就会产生相对滑移。因此，经典摩擦定律通常被修正为如图 9－2 所示的非线性摩擦定律，即

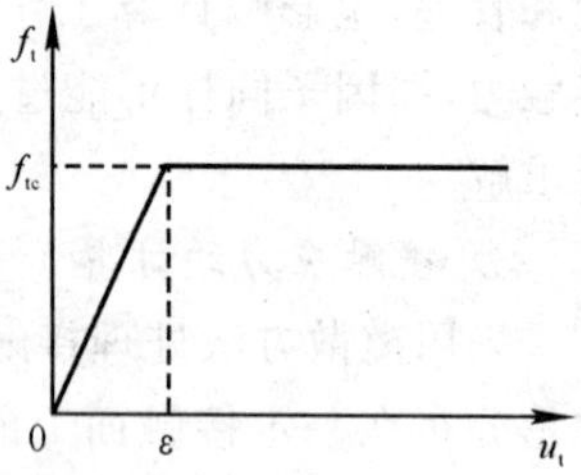

图 9－2　修正库仑摩擦定律

$$f_t = \begin{cases} E_f u_t, & u_t < \varepsilon \\ \mu f_N, & u_t \geqslant \varepsilon \end{cases}$$

式中，ε 和 E_f 与两接触面的物理、化学性能及表面粗糙度等有关，μ 是通常意义下的摩擦因数。

五、有限元求解方法及算例

在板料成型模拟中，采用壳体及有限变形理论来描述工件从平板结构成型为壳体结构的过程。在有限变形理论中，板料发生的大转动和大变形的描述通常采用欧拉描述或拉格朗日描述。在有限元分析中，拉格朗日描述又有"完全的拉格朗日描述"即T.L描述和"修正的拉格朗日描述"即U.L描述之分。T.L描述以初始构形为参考构形。由于它是基于一个固定的构形来描述运动，从而使运动学变量的处理和积分都比较简单。但是，因为参考构形建立在初始构形上，根据T.L描述所得到的应力是没有实际意义的"伪应力"，这对荷载和边界条件随变形而变化的问题造成了应用上的困难。U.L描述采用前一个增量步结束时的构形来定义当前增量步的各变量值，网格在不断刷新，参考构形也在不断变化，尤其适用于网格产生畸变时的情况。

在有限元求解方法中，一般采用以下两种算法：静力隐式算法和动力显式算法。板料成型过程是一个准静力过程，理应用静力隐式的有限元建模，但实际上大多数有限元程序都是使用动力显式算法。人们虽然投入了较大的精力去研究隐式算法，却没有获得很大成功。

静力学有限元分析的基本求解方程可以用以下算式描述：

$$\boldsymbol{K}\Delta\boldsymbol{\alpha} = \Delta\boldsymbol{Q} \tag{9-8}$$

式中，$\Delta\boldsymbol{\alpha}$ 是系统的节点位移矢量；$\boldsymbol{K}$，$\Delta\boldsymbol{Q}$ 分别是系统的刚度矩阵和载荷增量。

有限应变弹塑性有限元需要按增量方法求解，且在每个增量步要进行迭代计算。其中牛顿-拉夫森算法是一种比较经典的算法，如设 t 时刻的状态已知，求 $t+\Delta t$ 时刻的状态，作增量步计算。记这个增量步为第 $t+\Delta t$ 增量步，可按以下的迭代公式求解

$$\Delta\alpha_n = {}^{t+\Delta t}\boldsymbol{K}_n^{-1} \cdot \Delta\boldsymbol{Q}_n \tag{9-9}$$

$$\alpha_{n+1}^{t+\Delta t} = {}^{t+\Delta t}\alpha_n + \Delta\alpha_n \tag{9-10}$$

式中，${}^{t+\Delta t}\boldsymbol{K}_n$ 是此增量步内 n 状态时的切线刚度矩阵，$\Delta\boldsymbol{Q}_n$ 是载荷增量。

在动力学有限元分析中，系统的求解方程可以用下式描述：

$$\boldsymbol{M}\ddot{\alpha}(t)+\boldsymbol{C}\dot{\alpha}(t)+\boldsymbol{K}\alpha(t)=\boldsymbol{Q}(t) \tag{9-11}$$

式中，$\ddot{\alpha}(t)$，$\dot{\alpha}(t)$ 分别是系统的节点加速度和节点速度；$\boldsymbol{M}$，$\boldsymbol{C}$，$\boldsymbol{K}$ 和 $\boldsymbol{Q}(t)$ 分别是系统的质量矩阵、阻尼矩阵、刚度矩阵和节点载荷向量。和静力分析相比较，在动力分析中，由于惯性力和阻尼力出现在平衡方程中，因此引入了质量矩阵和阻尼矩阵，最后得到的求解方程不是代数方程组，而是常微分方程组。在 ANSYS/LS-DYNA 系统中，采用直接积分法中的中心差分格式对运动方程进行积分。在中心差分法中，加速度和速度可以用位移表示为

$$\ddot{\alpha}(t)=\frac{1}{\Delta t^2}(\alpha_{t-\Delta t}-2\alpha_t+\alpha_{t+\Delta t}) \tag{9-12}$$

$$\dot{\alpha}(t)=\frac{1}{2\Delta t}(-\alpha_{t-\Delta t}+\alpha_{t+\Delta t}) \tag{9-13}$$

将式(9-12)、式(9-13)代入式(9-11)可得求解各个离散时间点上解的递推公式为

$$\left(\frac{1}{\Delta t^2}\boldsymbol{M}+\frac{1}{2\Delta t}\boldsymbol{C}\right)\alpha_{t+\Delta t}=\boldsymbol{Q}-\left(\boldsymbol{K}-\frac{2}{\Delta t^2}\boldsymbol{M}\right)\alpha_t-\left(\frac{1}{\Delta t^2}\boldsymbol{M}-\frac{1}{2\Delta t}\boldsymbol{C}\right)\alpha_{t-\Delta t} \tag{9-14}$$

在给定初始条件和一定的起步计算方法后，就可以利用式(9-14)求解各个离散时间点的位移值。但中心差分法是条件稳定算法，用其求解具体问题时，时间步长 Δt 必须小于由该问题求解方程性质所决定的某个临界值 Δt_{cr}，否则算法将是不稳定的。

液压拉深技术已广泛应用于航空、航天、以及汽车板件的成型。为了正确预测成型中可能出现的破裂与起皱现象，对液压拉深成型过程进行有限元分析十分重要。液压反力是液压拉深成型的重要工艺参数。液压反力过大将导致板料破裂；反力过小将导致板料失稳起皱。由于阶梯型筒型件具有内凹特征，其液压拉深成型的

难度明显高于一般的仅具有外凸特征的拉深件。因此，正确确定阶梯型筒型件在液压拉深成型中的液压反力工作区域十分重要。

针对阶梯型内凹拉深件的上述问题以及零件的对称性，选取板料和模具的四分之一作为分析对象，图 9－3 所示是板料及模具的 ABAQUS/CAE 有限元模型，液压拉深过程的模拟由 ABAQUS/Explicit 完成。凸模、压料板以及拉深凹模使用刚性面单元 R3D4。板料使用 4 节点双线性壳体单元 S4R，这种单元允许一阶横向剪切变形，并可考虑有限薄膜应变和大的扭转变形。板料性能由弹塑性各向同性模型描述。拉深中的液压反力直接加于板料的表面，其加载模式由 ABAQUS/Explicit 中的“AMPLITUDE”命令控制。在接触分析中采用 Coulomb 摩擦模型，根据不同的界面条件，选择不同的摩擦因数。板料是厚度为0.5 mm、直径为 220 mm 的铝板。阶梯凸模的直径分别为 100 mm 和 84 mm，阶梯高度 h 分别采用 10 mm，20 mm 和 40 mm。材料硬化性能为 $\varepsilon=(\sigma/K)^{\bar{n}}$，其中，$K=531$ MPa，$n=0.223$，杨氏模量为 211 GPa，泊松比为 0.3，厚向异性参数 R 为 0.95。

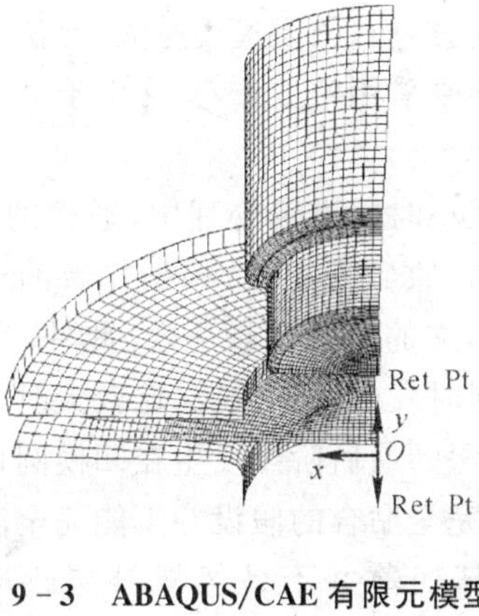

图 9－3　ABAQUS/CAE 有限元模型

为了得到液压反力的工作区域，设计出不同的液压反力加载路径，如图 9-4(b) 中 c，d 所示，板料的破裂判据由板料厚度减薄大于20% 确定。图 9-4 所示为根据有限元模拟所得的不同凸模阶梯高度下液压反力的上下极限，上下极限之间的区域为液压反力的工作区域。比较三种不同 h 值所对应的液压反力工作区域可知：阶梯高度越大，液压反力的工作区域越小，这意味成型的难度越大。图 9-5 所示是对应于图 9-4 中加载路径 a，b 和 c 的有限元仿真结果，由于加载路径 a 同时远离起皱和破裂极限，所得拉深件的壁厚分布均匀。此外，模拟结果表明：在液压拉深的初始阶段应使液压反力较低，而在拉深的最后阶段应保持较高的液压反力。

模拟结果表明：阶梯凸模的阶梯高度 h 值不同，板料的破裂模式也不同。当阶梯高度 h 值较大时，在拉深的初始阶段，既拉深件的高度未达到 h 值，板料的破裂模式与筒型件相似。当拉深高度超过 h 值时，破裂位置主要发生在阶梯型筒型件的内凹部位。对于阶梯高度 h 值较小的拉深件，破裂部位主要发生在阶梯型筒型件的内凹部位，在拉深高度大于 h 值之后，破裂模式与筒型件相似。当采用间隙固定的压料板时，板料起皱主要发生在凹模圆角区域。

在 ABAQUS/Explicit 中，处理小时间增量的通常方法是增加凸模的拉深速度。然而，凸模速度越大，算法收敛性越差。根据试算经验，在本算例拟采用 0.5 m/s 或小于 0.5 m/s 的凸模拉深速度。

在隐式有限元小时间增量处理中，通常的做法是增加凸模速度，然而，速度越高，收敛性越差。根据作者的经验，选择 0.5 m/s 或较低的值对于本文的问题比较适合。此外，当液压反力很小时，破裂和起皱有时同时发生。而当拉深比较大时，即使有较大液压反力，起皱有时在拉深的最后阶段发生在凹模圆角处。在实际拉深过程中，板料与凸模完全贴合的假设并不能完全满足，这就意味在靠近凸模的材料局部变薄并不是像板料与凸模完全贴合时那么严重。

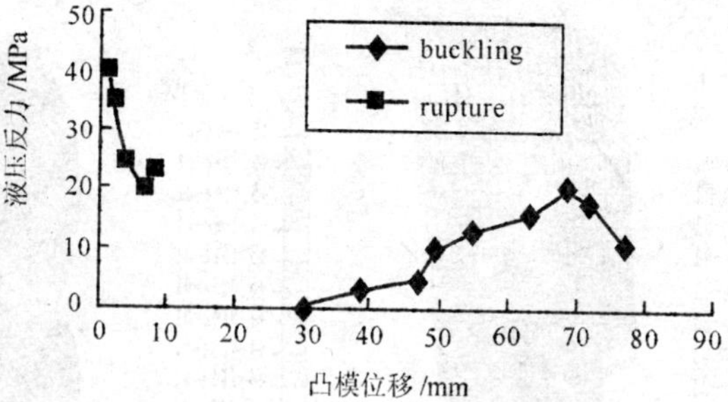

(a)

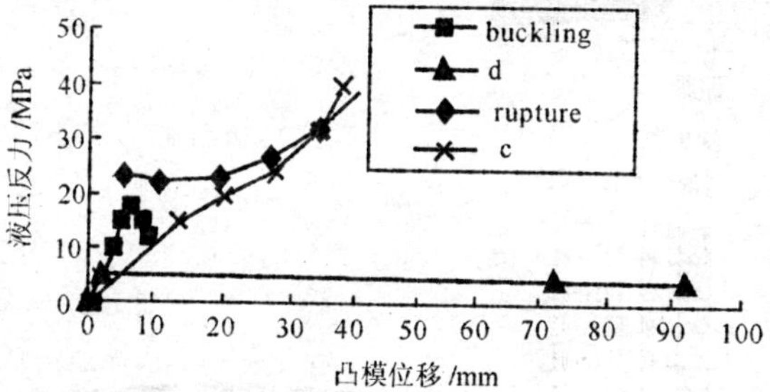

(b)

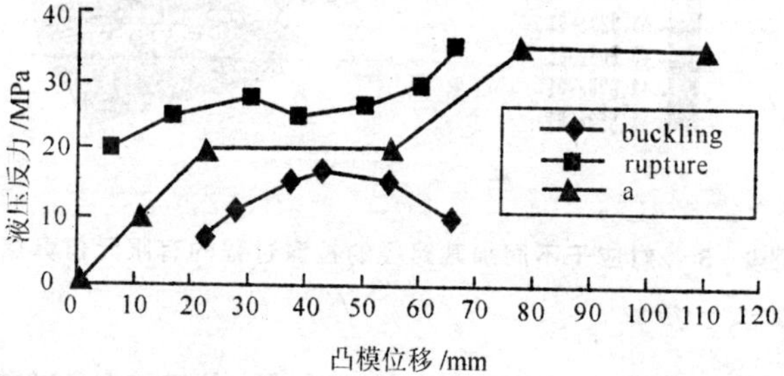

(c)

图 9-4　凸模阶梯高度对液压反力工作区域的影响

(a) $h = 10$ mm；(b) $h = 20$ mm；(c) $h = 40$ mm

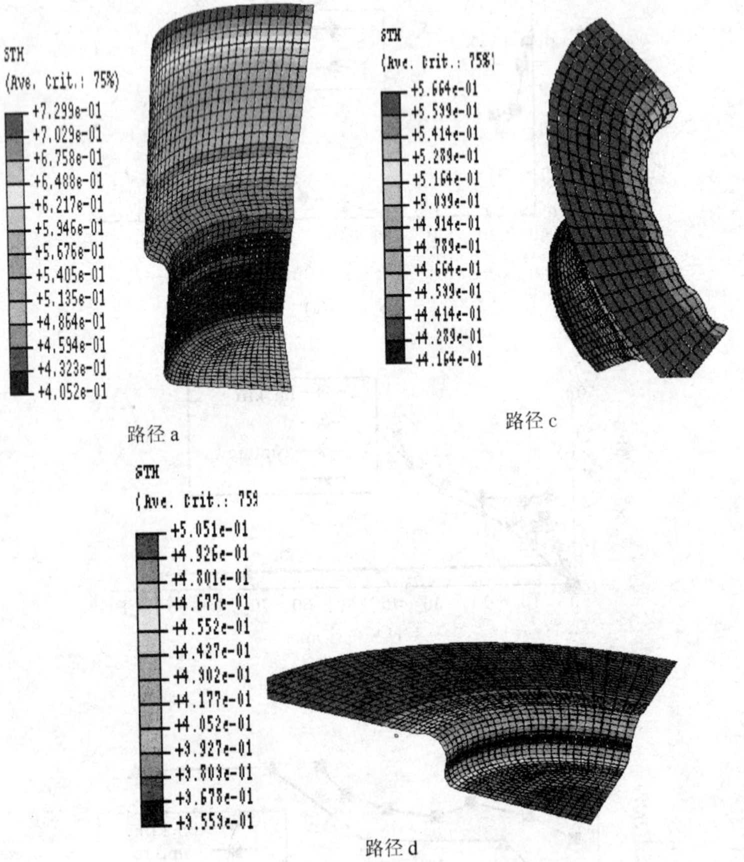

图 9－5　对应于不同加载路径的拉深过程的有限元仿真结果

9.3　基于理想成型理论的成型过程模拟

在零件的设计阶段，设计人员需要一种能够提供与工艺优化有关的快速分析手段，以避免在零件成型过程中可能会出现的破裂、起皱等缺陷。而基于流动理论的增量有限元方法费时多，并涉及载荷和约束等各方面的问题，因而，K. Chung 和 O. Richmo 将形变理论与极值功路径相结合，提出了理想成型概念。当满足理想成型条件时，材料的增量形式的本构关系可以退化为全量形式，这一优良性质使得理想成型理论在板料成型过程的模拟中有非常好的应用前景。

一、变形几何与变形度量

任何物体，无论处于静止状态还是处于运动（变形）状态，都在空间占据一定的区域，这一空间区域称之为物体的构形（Configuration）。在连续介质力学中，要确定物体的构形需要引入时空系。只有在确定的时间和特定的坐标系下，物体的构形才具有实际意义。一般情况下，把物体即将开始但尚未开始运动的时刻 t_0 作为计时的起点，此时的物体构形称之为初始构形 C^0，并把初始构形选为参考构形。而把所讨论在另一瞬时物体的构形称之为现时构形 C^t。由于现实世界是三维的，因此可以采用任意的曲线坐标系来描述物体的构形。

在连续介质力学中，物理和力学参量可用物质坐标 $\boldsymbol{X}\{X_1, X_2, X_3\}$ 和时间 t 作为自变量来描述，称为物质描述或 Lagrange 描述，同样也可以采用空间坐标 $\boldsymbol{x}\{x_1, x_2, x_3\}$ 和时间 t 作为自变量来描述，称为空间描述或 Euler 描述。Lagrange 描述给出了任一质点在任意时刻的物理参量的值（如密度、速度等），这样，所有质点的信息就给出了连续介质场的充分描述。Euler 描述给出的则是任一空间点在任意时刻的参量值，显然，不同时刻该空间点将为不同的质点所占据，Euler 描述就是研究各不同的质点经过空间某一点时的状态。可以这么说：Lagrange 描述的是变形前的状态，即以已知的初始构形 C^0 为参考状态来描述物体的运动或变形，而 Euler 描述则是以当前的构形 C^t 作为参考状态来描述物体的运动状态或变形。

除了 Lagrange 坐标系和 Euler 坐标系外，还常采用随体(或嵌入、绝对)I 坐标系来描述连续介质力学中的物理和力学参量。I 坐标系和物体固连在一起，随同物体一起变形，在这种坐标系中，度量物体长度的工具也随物体一起变形。它在初始构形中与 Lagrange 坐标系一致，在现时构形中与 Euler 坐标系一致。

引入了 Lagrange 坐标系和 Euler 坐标系后，即可描述物体的运动和变形。当使用 Lagrange 方法来描述物体的运动时，运动规律可以用下列方程描写，即

$$\boldsymbol{x} = \boldsymbol{x}(\boldsymbol{X},t) \quad 或 \quad x_k = x_k(X_K,t) \tag{9-15}$$

在式(9-15)中，如果令 $\boldsymbol{X}$ 固定，则代表质点 $\boldsymbol{X}$ 的运动轨迹；如果令 t 固定，则代表在 t 时刻质点的空间分布。

当使用 Euler 方法来描述物体的运动时，运动规律可以用下列方程来描述，即

$$\boldsymbol{X} = \boldsymbol{X}(\boldsymbol{x},t) \quad 或 \quad X_K = X_K(x_k,t) \tag{9-16}$$

固定 x，式(9-16)表示不同质点流过空间点 x 的情况，固定 t，则代表空间被那些质点所占据。原则上，Lagrange 描述和 Euler 描述可以互相转换，但实际上这种转换在数学上相当困难。

变形可分为均匀变形和非均匀变形两大类，均匀变形是可经过坐标的线性变化得到的变形，它是变形中最简单的一种。在均匀变形过程中，所有位于平面内的点，在经过变形后仍然位于平面内，并且原来平行的平面、线段依然是平行的。均匀变形的典型实例有简单拉伸(压缩)、简单剪切和纯剪。非均匀的变形不能通过简单的线性变化得到，现实世界中的绝大多数情况就属于这一类变形，例如板料的成型过程。

物体作一般的运动时，不仅其位置和方向改变，它的形状也将发生变化。形状的变化伴随着质点间距离的变化，微小线元长度和方向的变化。这些变化可以用一些适当的物理量来描述。

设在初始构形中，有一从 $\boldsymbol{X}$ 点到 $\boldsymbol{X}'$ 点的微线元 $\mathrm{d}\boldsymbol{X}$，该微线元变形后变为在现时构形中的从 $\boldsymbol{x}$ 点到 $\boldsymbol{x}'$ 点的微线元 $\mathrm{d}\boldsymbol{x}$，如图 9-6

所示。则有

$$\left.\begin{aligned} d\boldsymbol{X} &= (X'_K - X_K)\boldsymbol{I}_K = dX_K\boldsymbol{I}_K \\ d\boldsymbol{x} &= (x'_k - x_k)\boldsymbol{i}_k = dx_k\boldsymbol{i}_k \end{aligned}\right\} \tag{9-17}$$

式中，$\boldsymbol{I}_K$ 为 Lagrange 坐标系的基矢量，$\boldsymbol{i}_k$ 为 Euler 坐标系的基矢量，如果采用 Lagrange 描述，由运动规律式(9-15)得

$$\left.\begin{aligned} x_k &= x_k(X_K, t) \\ x'_k &= x_k + dx_k = x_k(X_K + dX_K, t) \end{aligned}\right\} \tag{9-18}$$

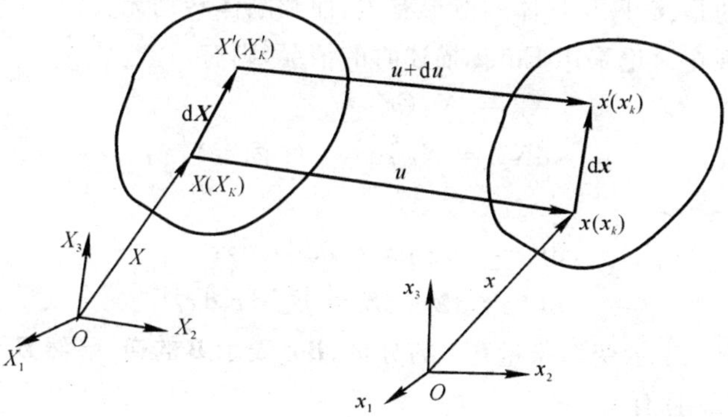

图 9-6　物体微线元的变形

由此推出，在同一瞬时有

$$dx_k = x_k(X_K + dX_K, t) - x_k(X_K, t) = x_{k,K}dX_K \tag{9-19}$$

称 $x_{k,K} = F_{kK}$ 为物质变形梯度张量 $\boldsymbol{F}$ 的分量，定义 $\boldsymbol{F}$ 为

$$\boldsymbol{F} = \frac{\partial \boldsymbol{x}}{\partial \boldsymbol{X}} = \textbf{Grad}\boldsymbol{x} = F_{kK}\boldsymbol{i}_k \otimes \boldsymbol{I}_K \tag{9-20}$$

于是，式(9-19)又可以写为

$$d\boldsymbol{x} = \frac{\partial \boldsymbol{x}}{\partial \boldsymbol{X}} \cdot d\boldsymbol{X} = \boldsymbol{F} \cdot d\boldsymbol{X} \tag{9-21}$$

由式(9-17)及式(9-19)可知，微线元 $d\boldsymbol{X}$ 和 $d\boldsymbol{x}$ 的长度的平方分别为

$$\left.\begin{aligned} \mathrm{d}\boldsymbol{L}^2 &= \mathrm{d}\boldsymbol{X}\cdot\mathrm{d}\boldsymbol{X} = \mathrm{d}X_K\mathrm{d}X_K = \delta_{KL}\mathrm{d}X_K\mathrm{d}X_L = \mathrm{d}\boldsymbol{X}^{\mathrm{T}}\boldsymbol{I}\mathrm{d}\boldsymbol{X} \\ \mathrm{d}\boldsymbol{l}^2 &= \mathrm{d}\boldsymbol{x}\cdot\mathrm{d}\boldsymbol{x} = \mathrm{d}x_k\mathrm{d}x_k = C_{KL}\mathrm{d}X_K\mathrm{d}X_L = \mathrm{d}\boldsymbol{X}^{\mathrm{T}}\boldsymbol{C}\mathrm{d}\boldsymbol{X} \end{aligned}\right\} \tag{9-22}$$

式中，$\boldsymbol{C}$称为Green或Cauchy-Green右变形张量，C_{KL}是其分量。利用式(9-21)，$\boldsymbol{C}$还可以写成

$$\boldsymbol{C} = \boldsymbol{F}^{\mathrm{T}}\cdot\boldsymbol{F} \tag{9-23}$$

由于线元长度的平方总取正值，所以$\boldsymbol{C}$是对称正定张量。应当指出的是：$\boldsymbol{C}$只与物体的变形有关，而和刚体转动无关。

现在讨论采用Euler描述时的情况，则有

$$\left.\begin{aligned} X_K &= X_K(x_k, t) \\ \mathrm{d}X_K &= X_{K,k}\mathrm{d}x_k \quad (t\ \text{固定}) \end{aligned}\right\} \tag{9-24}$$

及

$$\left.\begin{aligned} \mathrm{d}\boldsymbol{l}^2 &= \mathrm{d}\boldsymbol{x}\cdot\mathrm{d}\boldsymbol{x} = \delta_{kl}\mathrm{d}x_k\mathrm{d}x_l \\ \mathrm{d}\boldsymbol{L}^2 &= \mathrm{d}\boldsymbol{X}\cdot\mathrm{d}\boldsymbol{X} = B_{kl}^{-1}\mathrm{d}x_k\mathrm{d}x_l \end{aligned}\right\} \tag{9-25}$$

B_{kl}^{-1}表示变形张量$\boldsymbol{B}^{-1}$的分量，$\boldsymbol{B}^{-1}$表示$\boldsymbol{B}$的逆，显然$\boldsymbol{B}^{-1}$是正定张量，且有

$$\boldsymbol{B}^{-1} = (\boldsymbol{F}^{-1})^{\mathrm{T}}\boldsymbol{F}^{-1} \tag{9-26}$$

$\boldsymbol{C}$和$\boldsymbol{B}^{-1}$都能用来描述一点处的变形状态。显然，它们的逆也可以用来描述变形状态，因此有

$$\boldsymbol{C}^{-1} = \boldsymbol{F}^{-1}(\boldsymbol{F}^{-1})^{\mathrm{T}}, \quad \boldsymbol{B} = \boldsymbol{F}\boldsymbol{F}^{\mathrm{T}} \tag{9-27}$$

有时称$\boldsymbol{C}^{-1}$为Piola变形张量，$\boldsymbol{B}$为Finger变形张量，或更常见的，称$\boldsymbol{B}$为Cauchy-Green变形左张量。

物质线元最终长度和初始长度的比值称为其伸长，它是一个无量纲数。当物质线元取值范围为$(1,\infty)$时，表示物质伸长；当取值范围为$(0,1)$时，表示物质压缩。若存在$\boldsymbol{M}_{\mathrm{a}}$，使得

$$\boldsymbol{C}\boldsymbol{M}_{\mathrm{a}} = \lambda_{\mathrm{a}}^2\boldsymbol{M}_{\mathrm{a}} \tag{9-28}$$

成立，则物质线元伸长的平方相对于变化的方向是固定的。式中，λ_{a}满足

$$|\boldsymbol{C} - \lambda_{\mathrm{a}}^2\boldsymbol{I}| = 0 \tag{9-29}$$

显然,根据式(9-29)得出的λ_a^2是变形张量$\boldsymbol{C}$的特征值。而$\boldsymbol{M}_a$则是其特征值对应的特征向量。由于$\boldsymbol{C}$是正定的,其特征值必然是正的,相关的二次曲面是一个椭球,其主轴相互正交。满足上述条件的物质线称为主物质线或主物质纤维,λ_a 称为主伸长。$\boldsymbol{M}_a$ 称为Cauchy-Green变形右张量$\boldsymbol{C}$的主方向,而λ_a^2 称为变形张量$\boldsymbol{C}$的主值。因为$\boldsymbol{C}$是正定对称的。容易由式(9-28)证明:主物质线是正交的。

类似的,可以定义 Cauchy-Green 变形左张量 $\boldsymbol{B}$ 的主值和主方向,则有

$$\boldsymbol{B}\boldsymbol{m}_a = \lambda_a^2 \boldsymbol{m}_a \tag{9-30}$$

由式(9-23)及式(9-27)可以容易地推出$\boldsymbol{B}$和$\boldsymbol{C}$具有相同的主值λ_a^2。

在连续介质力学中,极分解定理是很重要的。该定理指出:任意非奇异的张量 $\boldsymbol{F}$ 可唯一的分解成下面的两种形式之一:

$$\boldsymbol{F} = \boldsymbol{R}\boldsymbol{U} = \boldsymbol{V}\boldsymbol{R} \tag{9-31}$$

式中,$\boldsymbol{R}$ 为正交张量,代表纯转动;$\boldsymbol{U}$,$\boldsymbol{V}$ 为对称正定张量,分别称为右和左 Cauchy-Green 伸长张量,并分别取为 $\boldsymbol{C}$ 和 $\boldsymbol{B}$ 的平方根张量。$\boldsymbol{U}$,$\boldsymbol{V}$ 和转动无关,代表纯粹的伸长。因为 $\boldsymbol{R}$ 为正交张量,所以由式(9-31)得

$$\left.\begin{aligned} \boldsymbol{U} &= \boldsymbol{R}^{\mathrm{T}}\boldsymbol{V}\boldsymbol{R} \\ \boldsymbol{V} &= \boldsymbol{R}\boldsymbol{U}\boldsymbol{R}^{\mathrm{T}} \end{aligned}\right\} \tag{9-32}$$

式(9-32)表明,$\boldsymbol{U}$ 和 $\boldsymbol{V}$ 为相似张量,它们具有相同的主值,只是相互间作了一个旋转。令 $\boldsymbol{m}_a$ 为$\boldsymbol{V}$(或者$\boldsymbol{B}$)的主方向,$\boldsymbol{M}_a$ 为$\boldsymbol{U}$(或者$\boldsymbol{C}$)的主方向,由式(9-23)、式(9-26)、式(9-28)及式(9-30)有

$$\boldsymbol{m}_a = \boldsymbol{R}\boldsymbol{M}_a \tag{9-33}$$

式(9-33)表明,$\boldsymbol{R}$ 为由$\boldsymbol{C}$ 的主方向$\boldsymbol{M}_a$ 到$\boldsymbol{B}$ 的主方向$\boldsymbol{m}_a$ 的转动张量。

以上讨论了Cauchy-Green右和左变形张量$\boldsymbol{C}$和$\boldsymbol{B}$。在连续介质力学中,除了使用这些变形张量外,还广泛地使用应变张量来度

量物体的变形。当无变形时，应变张量取零值。常用的有 Green 或 Lagrange 应变张量 $\boldsymbol{E}(E_{KL})$，其自变量为 X_K，以及 Euler 或 Almansi 应变张量 $\boldsymbol{e}(e_{kl})$，自变量选为 x_k，它们分别按下式进行定义：

$$\left.\begin{aligned} \boldsymbol{E} = \frac{1}{2}(\boldsymbol{C}-\boldsymbol{I}), \quad E_{KL} = \frac{1}{2}(C_{KL}-\delta_{KL}) \\ \boldsymbol{e} = \frac{1}{2}(\boldsymbol{I}-\boldsymbol{B}^{-1}), \quad e_{kl} = \frac{1}{2}(\delta_{kl}-B_{kl}^{-1}) \end{aligned}\right\} \tag{9-34}$$

因为 $\boldsymbol{C}$ 和 $\boldsymbol{B}$ 也是对称张量，所以 $\boldsymbol{E}$ 和 $\boldsymbol{e}$ 也是对称张量，但不是正定的，由式(9-22)、式(9-25)及式(9-34)，可得

$$\begin{aligned} \mathrm{d}l^2 - \mathrm{d}L^2 = 2E_{KL}\mathrm{d}X_K\mathrm{d}X_L = 2\mathrm{d}\boldsymbol{X}\boldsymbol{E}\mathrm{d}\boldsymbol{X} = \\ 2e_{kl}\mathrm{d}x_k\mathrm{d}x_l = 2\mathrm{d}\boldsymbol{x}\boldsymbol{e}\mathrm{d}\boldsymbol{x} \end{aligned} \tag{9-35}$$

式(9-35)也可以用做 $\boldsymbol{E}$ 和 $\boldsymbol{e}$ 的定义。显然，当 $\mathrm{d}\boldsymbol{l} = \mathrm{d}\boldsymbol{L}$ 时，$\boldsymbol{E} = \boldsymbol{e} = \boldsymbol{0}$。

利用右伸长张量 $\boldsymbol{U}$，可以定义广义 Lagrange 应变张量 $\boldsymbol{E}^{(m)}$，即

$$\left.\begin{aligned} &\boldsymbol{E}^{(m)} = \begin{cases} \dfrac{1}{m}(\boldsymbol{U}^m - \boldsymbol{I}), & m \neq 0 \\ \ln\boldsymbol{U}, & m = 0 \end{cases} \\ \text{或} \quad &\boldsymbol{E}^{(m)} = \begin{cases} \dfrac{1}{m}(\lambda_a^m - 1)\boldsymbol{M}_a \otimes \boldsymbol{M}_a, & m \neq 0 \\ \ln\lambda_a \boldsymbol{M}_a \otimes \boldsymbol{M}_a, & m = 0 \end{cases} \end{aligned}\right\} \tag{9-36}$$

式(9-37)中，$m = 0$ 的情况可由 m 趋近于0时的极限得到，即

$$\boldsymbol{E}^{(0)} = \lim_{m\to 0}\boldsymbol{E}^m = \lim_{m\to 0}\frac{1}{m}(\boldsymbol{U}^m - \boldsymbol{I}) = \ln\boldsymbol{U} \tag{9-37}$$

通常称 $\ln\boldsymbol{U}$ 为对数(自然、Henchy)应变。当 $m = 1$ 时

$$\boldsymbol{E}^{(1)} = \boldsymbol{U} - \boldsymbol{I} \tag{9-38}$$

称为名义或 Biot 应变张量。它在主方向上的值为名义伸长。当 $m = 2$ 时，就是 Green 应变。利用左伸长张量 $\boldsymbol{V}$，也可以定义广义 Euler 应变张量 $\boldsymbol{e}^{(m)}$，即

$$e^{(m)}=\begin{cases}\dfrac{1}{m}(\boldsymbol{V}^m-\boldsymbol{I}), & m\neq 0\\ \ln\boldsymbol{V}, & m=0\end{cases} \tag{9-39}$$

特别是当 $m=-2$ 时，就得到了 Euler 应变张量

$$\boldsymbol{e}^{(-2)}=\boldsymbol{e}-\frac{1}{2}(\boldsymbol{I}-\boldsymbol{B}^{-1}) \tag{9-40}$$

因为 $\boldsymbol{U}=\boldsymbol{R}^{\mathrm{T}}\boldsymbol{V}\boldsymbol{R}$，所以，存在关系 $\boldsymbol{E}^{(m)}=\boldsymbol{R}^{\mathrm{T}}\boldsymbol{e}^{(m)}\boldsymbol{R}$。

在 Hill 的塑性理论中，广泛地使用了主轴坐标系。由右 Cauchy-Green 伸长张量 $\boldsymbol{U}$ 的主轴构成的坐标系，称为 Lagrangian 主轴坐标系。由左 Cauchy-Green 伸长张量 $\boldsymbol{V}$ 的主轴构成的坐标系，称为 Eulerian 主轴坐标系。在主轴坐标系下有下述公式：

$$\left.\begin{aligned}\boldsymbol{F}&=\lambda_a\boldsymbol{m}_a\otimes\boldsymbol{M}_a\\ \boldsymbol{F}^{-1}&=\lambda_a^{-1}\boldsymbol{M}_a\otimes\boldsymbol{m}_a\\ \boldsymbol{R}&=\boldsymbol{m}_a\otimes\boldsymbol{M}_a\\ \boldsymbol{C}&=\lambda_a^2\boldsymbol{M}_a\otimes\boldsymbol{M}_a\\ \boldsymbol{B}&=\lambda_a^2\boldsymbol{m}_a\otimes\boldsymbol{m}_a\end{aligned}\right\} \tag{9-41}$$

$$\left.\begin{aligned}\boldsymbol{E}&=\frac{1}{2}(\lambda_a^2-1)\boldsymbol{M}_a\otimes\boldsymbol{M}_a\\ \boldsymbol{e}&=\frac{1}{2}(1-\lambda_a^{-2})\boldsymbol{m}_a\otimes\boldsymbol{m}_a\end{aligned}\right\} \tag{9-42}$$

在后续章节中，所使用的应变都是对数(Henchy)应变，为了符合一般的工程习惯，使用符号 ε 作为对数应变的记号。

二、理想变形理论

塑性变形是同变形历史相关的。理论上讲：材料可以经过无穷多变形路线从初始构形变到最终构形。当材料沿着不同的变形路线变形时，变形消耗的功必然不同。因此，可以推测当变形满足某些特定的条件时，消耗的塑性功最小。均匀变形的理想变形路径的定义是塑性变形功取最小的变形路径，且沿最小功路径变形时，物

质单元的变形最小。所以，在理想变形理论中，假定最小功路径就是优化的成型路径是有根据的，也就是说，物质元的变形量越大，那么它越容易发生破坏；物质元沿最小功路线变形，变形量最小，它发生破坏的可能性也就最小，所以这是优化的变形。基于理想变形理论的有限元方法就是基于这个假设进行推导的。

Hill 最早考虑了凸屈服面，非硬化的刚塑性材料的最小功问题。结论是：只要在变形过程中，变形的主轴对应于固定的物质线，则变形功取得最小值。Nadai 对同一问题进行了研究，但他的研究中涉及了经典的 Levy - Mises 材料的平面变形，最后他将问题归结为在主应变空间中弧长的比较。尽管他没有提供精确的证明，但他推测出只要应力主轴和应变主轴在变形过程中，始终保持重合，并相对于物质线固定，且当主自然应变比保持恒定时，塑性变形功就达到最小值。后来 Hill 精确地证明了塑性变形功为最小时须满足的两个条件：即变形的主轴相对于物质保持固定并且主自然应变比保持固定。Chung 和 Richmond 又证明：对于满足 Tresca 屈服条件的材料仅须满足最大伸长主轴线对于物质固定即可。

现在的主要问题是在给定的初始构形和最终构形之间，寻找最小塑性功路径需满足的条件。推导限于不可压缩的刚塑性材料，并且其塑性功增量可以通过有效应力 $\bar{\sigma}$ 和有效应变的增量 $d\bar{\varepsilon}$ 表示。

单位体积的塑性功可以表示为

$$w = \int \bar{\sigma}\,\mathrm{d}\bar{\varepsilon} \qquad (9-43)$$

式(9 - 43)说明，单位体积的塑性变形功可由总的有效应变 $\bar{\varepsilon} = \int \mathrm{d}\bar{\varepsilon}$ 和材料的变形硬化特性 $\bar{\sigma} = \bar{\sigma}(\bar{\varepsilon})$ 确定。式(9 - 43)还暗示着当变形路线具有最小的有效应变时，塑性变形功取得最小值。因此，仅需要寻求变形取得最小有效应变时满足的条件。刘来英博士在其博士论文中详细地论证了光滑凸屈服面材料、各向异性材料及不光滑屈服面材料的最小功条件，这里不再复述。

对于大多数金属来说，均匀变形时最小功路线就是优化的成型路线，但在工程实践中碰到的多数问题却是(或者包含)非均匀变形。Richmond 最初提出的理想成型理论中，也将均匀变形定义为整体塑性功取得极小值时的变形。

对于一般的非均匀变形过程，认为当整体塑性功达到最小值时，变形分布最为均匀的理由是不充分的。如果材料本身不均匀，即使均匀加载，也会发生较大的应变集中，并导致变形的不均匀。这时，最小塑性功对应的变形往往不是最为均匀的变形，而是发生局部应变集中的变形。相反，相对极小功对应的变形一般对应于最为均匀的变形。因此，在一般的非均匀变形过程中，必须对理想变形的定义加以修正，使得成型零件中的变形分布较为均匀。

修正的理想变形可以表述为总体塑性变形功取得极小值时的变形。从这个定义出发，可以得到非均匀变形时理想变形的必要条件。满足这个必要条件的解可能有多个，其中既有绝对极小功，也有相对极小功，相对极小功对应的变形较为均匀。因此，在非均匀变形的理想变形理论中认为当整体塑性变形功取得相对极小值时，变形得到了优化。理想变形理论在板料成型中的应用，称之为理想成型。

一般非均匀变形过程的变形功可以表示为

$$W = \int\left(\int \boldsymbol{p}\,\mathrm{d}\boldsymbol{u}\right)\mathrm{d}S + \int\left(\int \rho\boldsymbol{F}\,\mathrm{d}\boldsymbol{u}\right)\mathrm{d}V =$$

$$\int\left[\int(\mathrm{div}\boldsymbol{\sigma} + \rho\boldsymbol{F})\,\mathrm{d}\boldsymbol{u}\right]\mathrm{d}V + \int\left(\int \boldsymbol{\sigma}\boldsymbol{b}\,\mathrm{d}t\right)\mathrm{d}V \tag{9-44}$$

式中，$\boldsymbol{p}$，$\boldsymbol{\sigma}$，$\boldsymbol{F}$，$\boldsymbol{b}$ 和 $\boldsymbol{u}$ 分别为单位面积力、柯西应力、质量力、变形率和位移；ρ，S，V 和 t 分别是变形体的密度、表面积、体积和时间。若

将成型过程看做一个稳态的变形过程，忽略速度变化产生的影响，则式(9－44) 可写为

$$W=\int\left(\int \boldsymbol{p}\mathrm{d}\boldsymbol{u}\right)\mathrm{d}S+\int\left(\int \rho\boldsymbol{F}\,\mathrm{d}\boldsymbol{u}\right)\mathrm{d}V=\int\left(\int \bar{\sigma}\mathrm{d}\bar{\varepsilon}\right)\mathrm{d}V_0 \tag{9-45}$$

式中，$\bar{\sigma}$ 和 $\bar{\varepsilon}\left(=\int \mathrm{d}\bar{\varepsilon}\right)$ 分别是有效应力和相应的有效应变，V_0 是变形体初始的体积。在上面两方程中，考虑了塑性变形的不可压缩性。

根据上面的定义，总体塑性变形功 W 依赖于每个物质元的变形历史，也依赖于物质元在最后构形中的位置 $X(\boldsymbol{u})$。当每个物质元的变形历史事先指定时，则总体塑性功 W 仅依赖于物质点的位移 $\boldsymbol{u}$，或者说依赖于有效应变 $\bar{\varepsilon}(\boldsymbol{u})$，因此，在指定物质元的变形路线后，总体塑性功 W 依赖于最后构形中的变形分布，即

$$W=W(\bar{\varepsilon}(\boldsymbol{u}))=W(\boldsymbol{u}) \tag{9-46}$$

因此，变形体的物质元在沿特定的路径变形时，其总体塑性功 W 取得极值的必要条件为

$$\frac{\mathrm{d}W(\boldsymbol{u})}{\mathrm{d}\boldsymbol{u}}=0 \tag{9-47}$$

不管指定的变形路线如何，方程(9－47) 所描述的必要条件都是有效的。指定的变形路线不同，方程的解 $\boldsymbol{u}$ 也就不同。在理想变形理论中，指定的变形路线为极值功路线，因而，取得的极小值也是该路线下的极小值。在前文中，将总体塑性功取得相对极小值时的变形路径，定义为一般的非均匀变形的理想变形路径。在此定义的前提下，假定极小功路径就是变形优化的成型路线，而不是在所有可能的变形路径中，总体塑性功取得最小值的变形路径。

在金属板料的成型过程中，物质点的最后位置定义为

$$\boldsymbol{x}=\boldsymbol{X}+\boldsymbol{u} \tag{9-48}$$

式中，$\boldsymbol{x}=[x_1\ x_2\ x_3]$ 是板料现时构形上某物质点的坐标向量，而 $\boldsymbol{X}=[X_1\ X_2\ X_3]$ 则是初始构形中该物质点的坐标向量，$\boldsymbol{u}$ 是该物

质点在变形后的位移。其中$\boldsymbol{X}$的值是未知待求的。物质点位于毛坯上，等价于物质点需满足下面的约束条件，即

$$X_3 = X_3(X_1, X_2) \tag{9-49}$$

因此，对于位于毛坯上的每个物质点$\boldsymbol{X}$而言，仅有两个分量是独立的。方程(9-47)也仅是这两个独立分量的函数。

当成型件的最终构形(工件完整的构形由轮廓和尺寸边界构成)完全给定，而毛坯的轮廓已知，尺寸边界未知时，方程(9-47)可以表示为物质点的初始位置$\boldsymbol{X}$的函数，即

$$\frac{\mathrm{d}W(\boldsymbol{X})}{\mathrm{d}\boldsymbol{X}} = 0 \tag{9-50}$$

因为物质点的最终位置$\boldsymbol{x}$已知，故$\mathrm{d}\boldsymbol{X} = -\mathrm{d}\boldsymbol{u}$。

将方程(9-50)表示成分量的形式，即

$$\left.\begin{aligned}\frac{\partial W}{\partial X_1^j}\mathrm{d}X_1^j &= \left(\frac{\partial W}{\partial X_1^j} + \frac{\partial W}{\partial X_3^j} + \frac{\partial X_3^j}{\partial X_1^j}\right)\mathrm{d}X_1^j \\ \frac{\partial W}{\partial X_2^j}\mathrm{d}X_2^j &= \left(\frac{\partial W}{\partial X_2^j} + \frac{\partial W}{\partial X_3^j} + \frac{\partial X_3^j}{\partial X_2^j}\right)\mathrm{d}X_2^j\end{aligned}\right\} \tag{9-51}$$

显然，当毛坯为平板时，X_3对X_1, X_2的偏导数为0。式中，上标j指工件表面上的第j个物质元。将方程(9-51)中的两式相加，得

$$\mathrm{d}\boldsymbol{G}^j \mathrm{d}\boldsymbol{X}^j = 0 \tag{9-52}$$

式中，$\mathrm{d}\boldsymbol{G}^j$是初始构形上物质元单位面积上作用的外力，有

$$\mathrm{d}\boldsymbol{G}^j = \begin{bmatrix}\mathrm{d}G_1^j \\ \mathrm{d}G_2^j \\ \mathrm{d}G_3^j\end{bmatrix} = \begin{bmatrix}\dfrac{\partial W}{\partial X_1^j} \\ \dfrac{\partial W}{\partial X_2^j} \\ \dfrac{\partial W}{\partial X_3^j}\end{bmatrix}, \quad \mathrm{d}\boldsymbol{X}^j = \begin{bmatrix}\mathrm{d}X_1^j \\ \mathrm{d}X_2^j \\ \mathrm{d}X_3^j\end{bmatrix} \tag{9-53}$$

三、毛料初始构型获取

毛料初始构型获取通常采用几何映射的方法。对于零件上任

意一个节点 D(见图 9-7),它和整个零件的参考点 C 能够唯一的确定一个竖直平面 π_1,平面 π_1 与零件中面所定义的曲面 π_0 相交生成一截面曲线。$\overrightarrow{CD}$ 在 $z=0$ 平面(π_2)内有一投影矢量 $\overrightarrow{C'D'}$,从点 C' 做矢量 $\overrightarrow{C'D''}$,并令

$$\overrightarrow{C'D''}=\frac{\overrightarrow{C'D'}}{|\overrightarrow{C'D'}|}r$$

式中,r 为截面曲线上 C,D 两点间的弧长。D'' 点的坐标就是 D 点待求的毛坯节点初始位置。根据上述的原理,利用 UG Open/API 技术编制 UG 应用程序。在 UG 中建立零件的中面模型(Sheet Body),并生成网格(Mesh),如图 9-8 所示。然后将网格导出,并利用 UG 的函数求得零件表面在各节点处的单位法向量,同时生成毛坯初始网格(见图 9-9)。

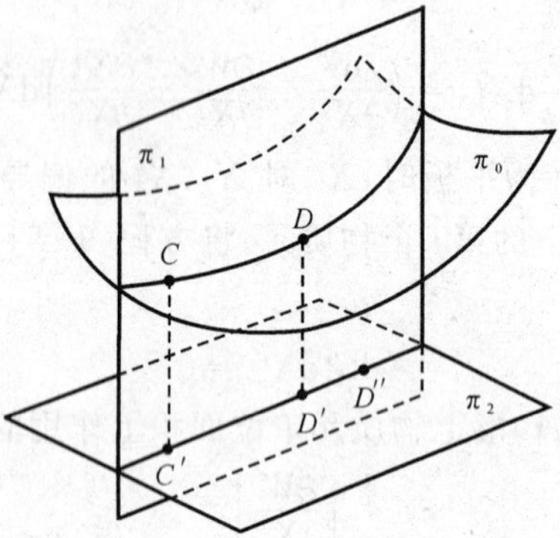

图 9-7　映射方法求取毛坯节点初始值的原理

利用几何映射法可以使用 UG 中 CAE 模块的网格自动生成功能,生成零件的网格,这种网格单元的大小比较均匀,节点、单元的排列也比较合理。此外,用这种方法可以得到多种类型的网格:如三角形六节点、四边形四节点及八节点单元等。但是,利用上述

展开方法所得的毛坯初始形状与毛坯的准确形状有一定差别。

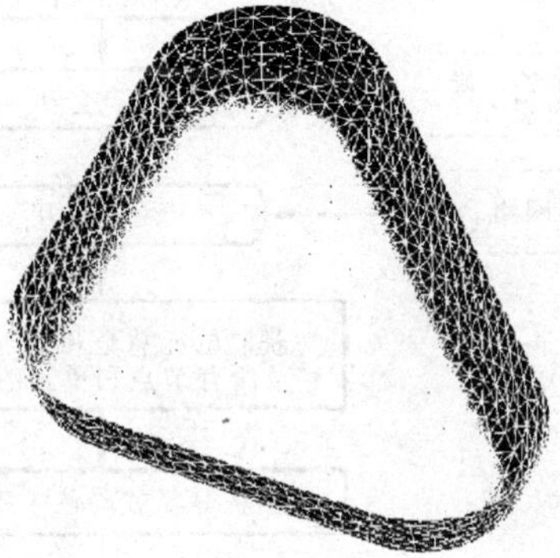

图 9-8　利用 UG 功能生成的零件网格

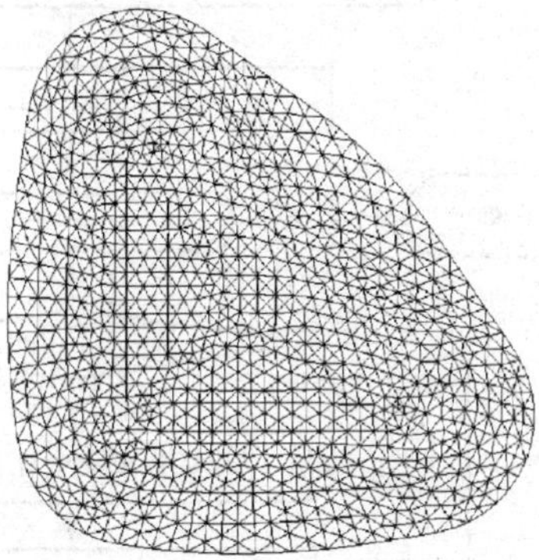

图 9-9　使用映射法得到的毛坯初始网格

几何映射方法的程序逻辑如图 9-10 所示。由于涉及用户的交互工作，所以这部分程序采用内部 UF 方式。

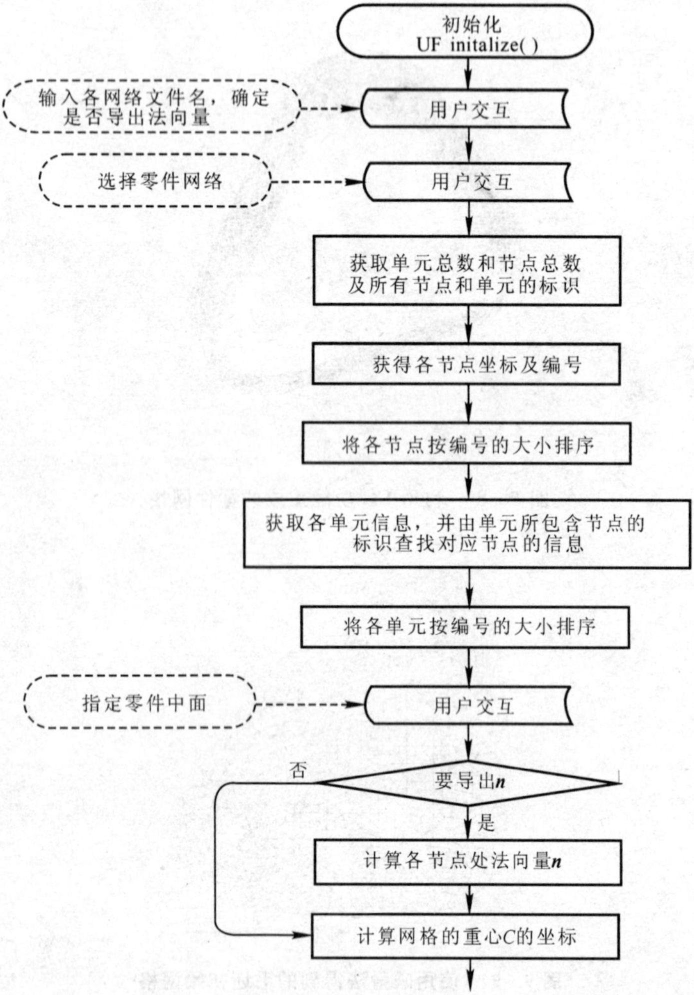

图 9-10　几何映射方法求取零件毛坯网格的程序流程图

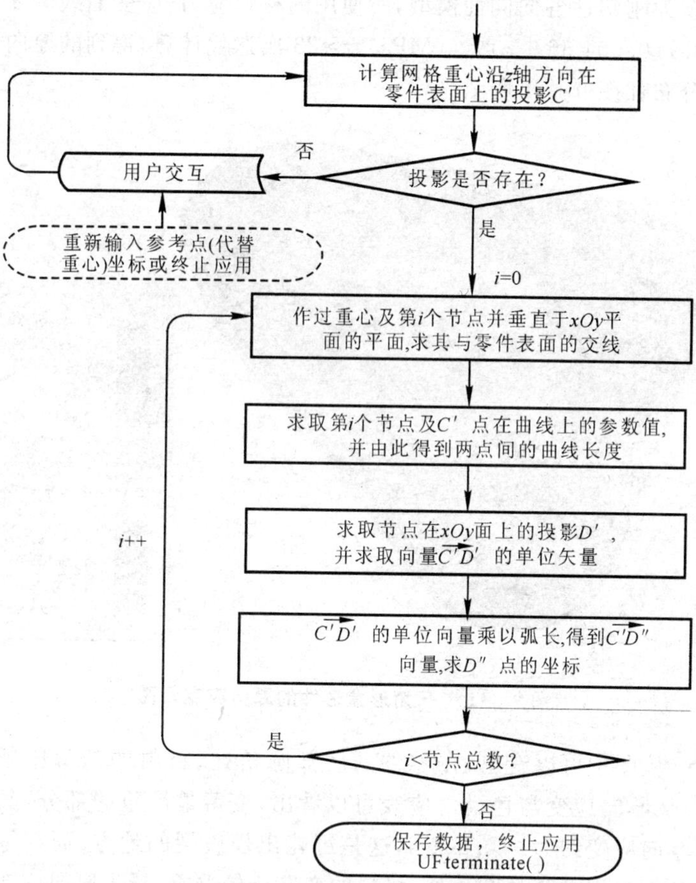

图 9-10(续)　几何映射方法求取零件毛坯网格的程序流程图

四、理想成型理论在壳体零件成型性分析中的应用

图 9-11 所示的零件是一个三角形盒形件，其高为 40 mm，底部圆角半径为 20 mm，壁部锥角为 15°。对此零件进行成型性分析，零件网格划分如图 9-11 所示，共 2 201 个单元，1 156 个节点。材料

模型为刚塑性各向同性模型，所使用的材料应力-应变曲线为 $\bar{\sigma}=533.7(0.00436+\bar{\varepsilon})^{0.263}$ (MPa)。经 23 次迭代计算，得到的厚向应变分布如图 9-11 所示。

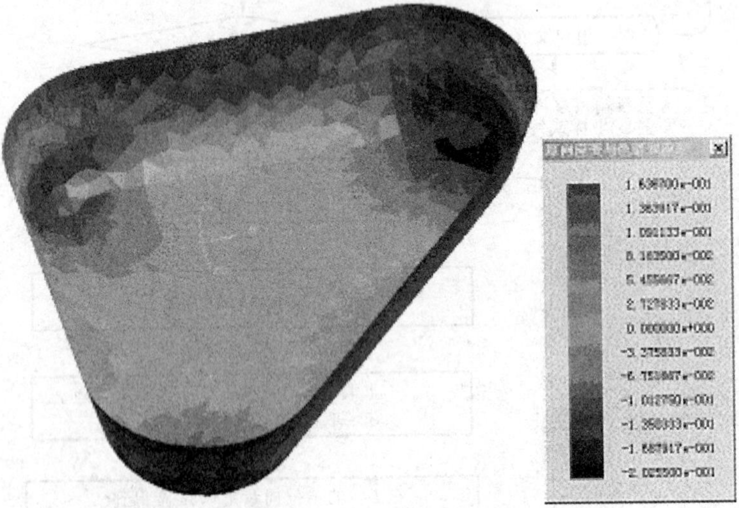

图 9-11　三角形盒形件的厚向应变云图

从图中可以看出，在零件的底部圆角处，材料的变薄比较严重，从厚向应变与色谱对应表可以看出，变薄最严重的部分，其最小厚向应变约为 −0.202 6，这是可能出现破裂的地方；而在零件的壁部上层尤其是圆角处，材料的变厚比较严重，最大厚向应变约为 0.163 7，这里可能出现褶皱。

图 9-12 所示为该零件采用上述材料模型经基于理想变形理论分析后毛坯的形状。从图中可以看出：它与使用几何映射法得出的初始网格有一定的差距。

图 9-13 所示的零件是一个带凸缘的内凹四边形盒形件，它的底部包容矩形约为 110 mm×110 mm，高为 50 mm，底部圆角半径为 15 mm，壁部锥角为 15°，凸缘宽为 20 mm。

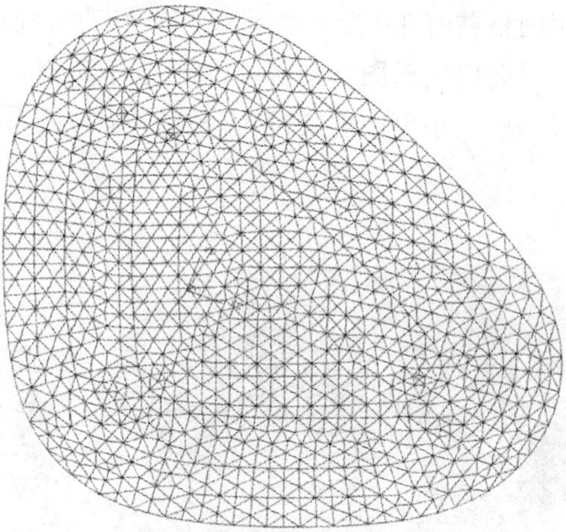

图 9－12　调整后的毛坯网格

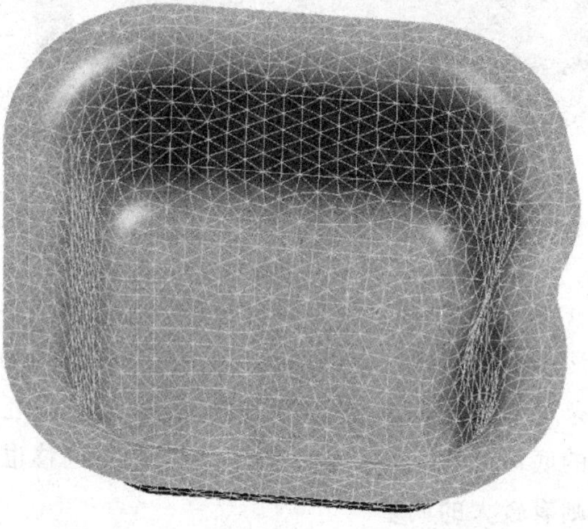

图 9－13　四边形盒形件形状和网格划分

同样，采用上面所述的材料模型，对其进行基于理想变形理论的分析，所用网格共有 3 022 个单元，1 566 个节点。经过 19 次迭代计算，得出的厚向应变云图如图 9-14 所示。同样，底面圆角处是变薄最严重的部分。最小厚向应变约为 －0.303 2，最大厚向应变约为 0.268 6。

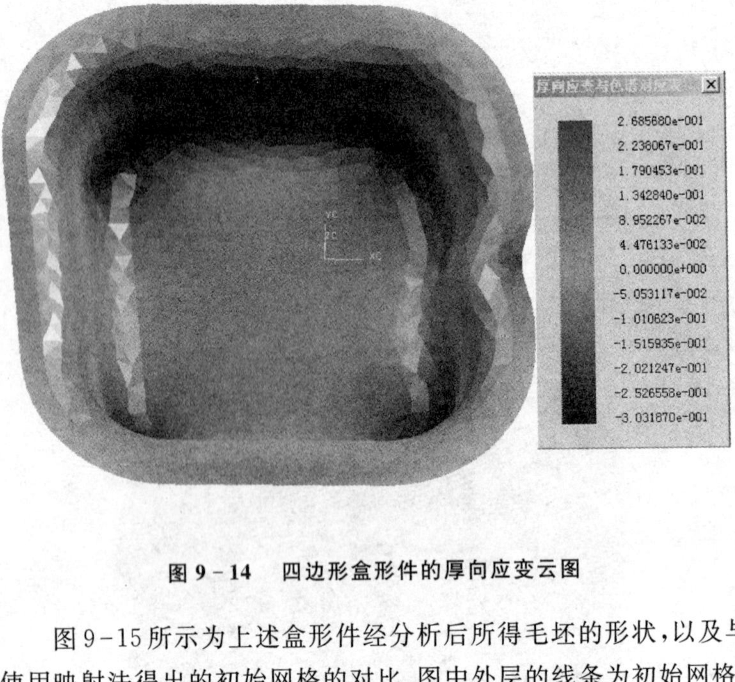

图 9-14　四边形盒形件的厚向应变云图

图 9-15 所示为上述盒形件经分析后所得毛坯的形状，以及与使用映射法得出的初始网格的对比。图中外层的线条为初始网格，内层的线条为调整后的网格。从图中可以看出：在毛坯的中心，也就是零件的底面处，由于变形比较小，所以调整位移也较小，而在其余各处则有较大的调整。

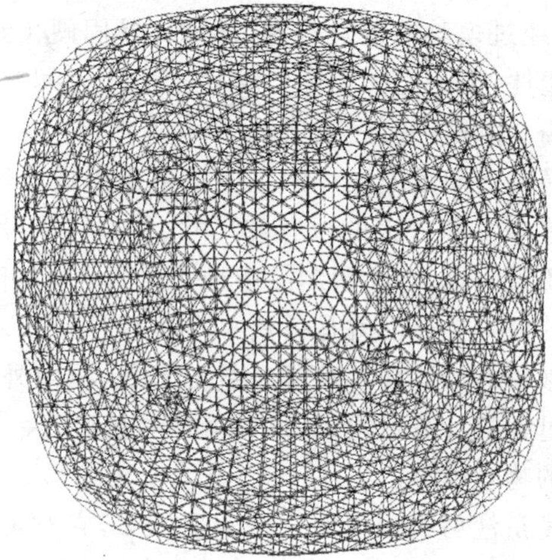

图 9－15　盒形件毛坯初始网格与调整后网格的对比

9.4　注塑成型冷却系统模拟与优化

注射成型冷却系统模拟与优化是注射模 CAE 技术的重要组成部分。从聚合物在冷却阶段的凝固和硬化角度来看，模具中的热交换过程起着重要作用。注塑制品从熔体温度冷却到开模顶出温度，其热量是通过塑料制品本身传递给模具、冷却液或大气的。模具设计人员的目的是尽可能改进冷却系统，使制品冷却均匀、并缩短冷却时间。

一、注塑成型冷却过程物理模型

采用注射成型加工塑料制品时，原料颗粒经注塑机的料斗进入料筒，受到热力及剪应力的塑化作用而熔化。熔融的聚合物熔体在注塑机的柱塞或螺杆的推动下，通过一个较小的喷嘴经过流道系统，射入温度较低的闭合模具内。在型腔被熔体充满后，保压一段时间，然后经过模具的散热冷却，熔融体凝固硬化到一定程度，开模取出注塑件，至此完成了一个成型过程。一般可将上述注射成型过程分为四个阶段：塑化、充填、保压和冷却。

过去在模具冷却系统设计中主要是依靠直觉或经验，也难以考虑优化模具中冷却管道的位置和尺寸。依靠经验设计的冷却系统容易引发质量问题。在注塑制品中最常见的质量缺陷就是翘曲，而造成翘曲的最主要原因就是模具中冷却不平衡。

为了克服依靠经验设计冷却系统的不足，国内外十分重视注射成型冷却过程的计算机模拟。这一模拟的基础之一，就是注射成型冷却过程的物理模型。

模具温度是注射过程中的一个重要因素，它对生产效率以及注射过程的稳定性和产品质量都有显著影响。很多学者已经注意到，注塑制品质量主要由塑料在型腔中所经历的过程所决定，例如型腔温度会影响制品的机械性质、尺寸稳定性和表面质量等。聚合物熔体温度对制品质量的影响虽然较小，但对生产率影响显著。因此，在模具设计和注射工艺中都要仔细考虑温度问题。

在注射成型中，型腔中聚合物熔体的热量是以传导方式传递给模具的。由于塑料的热扩散系数比模具材料的热扩散系数低得多，因此塑料制品的冷却过程主要取决于从塑料制品内部向外部的传热速率。在一个注射周期中，只有型腔壁的平均温度对生产率和产品质量有重要影响。这一温度称为“型腔温度”并以 T_w 表示。型腔温度不仅影响冷却时间 t_c，而且还对制品质量有明显影响。

模具中的热交换可定义为要获得并保持所需要的型腔温度而进行的热交换过程。为达到这一目的，可以采用冷却或加热的方法。图 9－16 表示的是一个带热交换通道（冷却管道）的模具型腔截面，图(a) 表示的是型腔中尚无熔体注入时的温度分布。图(b) 表示的是熔体已注入型腔时的温度分布。

图中　T_i—— 冷却介质入口温度；

T_0 —— 冷却介质出口温度；

T_h —— 冷却介质入口温度和出口温度的平均值；

T_{hw} —— 冷却管道表面平均温度；

T_a —— 每次注射开始时型腔表面的温度，亦即一个周期中型腔表面的最低温度；

T_k —— 一个注射周期中型腔表面的最高温度；

T_p —— 开模瞬时型腔表面温度；

T_w —— 型腔温度，其值为 T_p 和 T_k 的算术平均值，即

$$T_w = (T_k + T_p)/2 \tag{9-54}$$

T_{ms} —— 与环境接触的模具表面温度；

t_{cy} —— 周期时间；

t_c —— 冷却时间。

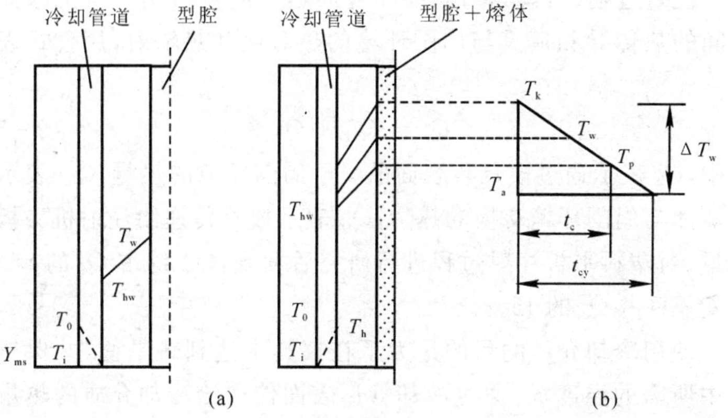

图 9－16　带冷却管道的模具型腔截面

(a) 无聚合物熔体；(b) 有聚合物熔体

在一个注射周期中，型腔表面温度的改变称为型腔温度变化，其值为

$$\Delta T_w = T_k - T_a \tag{9-55}$$

在大多数情况下，所需要的型腔温度 T_w 是给定的，问题是如

何获得所需的(或给定的)型腔温度 T_w。

在注射过程中,熔体的热量 Q_m 大部分通过冷却管道传递给了冷却介质,设此部分热量为 Q_h。熔体的另一部分热量则通过模具各表面散失于周围环境,设此部分热量为 Q_e。

热平衡的数学表达式为

$$Q_m + Q_h + Q_e = 0 \tag{9-56}$$

因为熔体总是输出热量,故 Q_m 为正值。在一个注射周期中,单位时间内从熔体传递给型腔壁的热量为

$$Q_m = \frac{M_b(h_2 - h_1)}{t_{cy1}} \tag{9-57}$$

式中,M_b 为一个注射周期内注射的质量,h_2 为注射温度下的热焓,h_1 为注塑制品脱模温度下的热焓。

注射过程中,模具与周围环境的热交换包括模具与机床夹板之间的热传导和模具与周围环境的热对流和热辐射,用公式表示为

$$Q_e = Q_{e1} + Q_{e2} \tag{9-58}$$

式中,Q_e 表示通过模具各表面散失于周围环境的热量,Q_{e1} 表示模具侧面与周围环境交换的热量,Q_{e2} 表示模具传递给注射机夹板的热量。对塑料平板注射过程进行研究后发现,Q_{e2} 约占 Q_e 的 85%,而 Q_{e1} 只占 Q_e 的 15%。

使用冷却介质的目的是为了在模具中达到热平衡,并保持模具中所需的温度场。通过冷却管道表面传递给冷却介质的热量可通过对流传热分析得出。

现在考虑薄而尺寸大的型腔中聚合物熔体的冷却过程。温度 T_0 的聚合物熔体在很短的时间内注入温度为 T_w 的型腔后开始冷却,设此时($t = 0$)型腔中聚合物温度是均匀的,如图 9-17 所示。之后,熔体所含的热量通过热传导传递给温度为 T_w 的型腔壁,本身温度分布随时间不断发生变化,直至平均温度达到顶出温度 T_e 为止,所用时间为冷却时间 t_c。对薄而尺寸大的制品来说,这一冷

却过程可用一维热扩散方程模拟，即

$$\frac{\partial T}{\partial t} = d_p \frac{\partial^2 T}{\partial X^2} \tag{9-59}$$

式中，d_p 为聚合物熔体的热扩散系数，可取为常数，X 为型腔厚度方向的坐标。解此方程即可求得聚合物温度在不同时刻沿厚向的分布规律，再利用 Fourier 热传导定律就可以求出任意瞬时的热流量 $q(t)$。

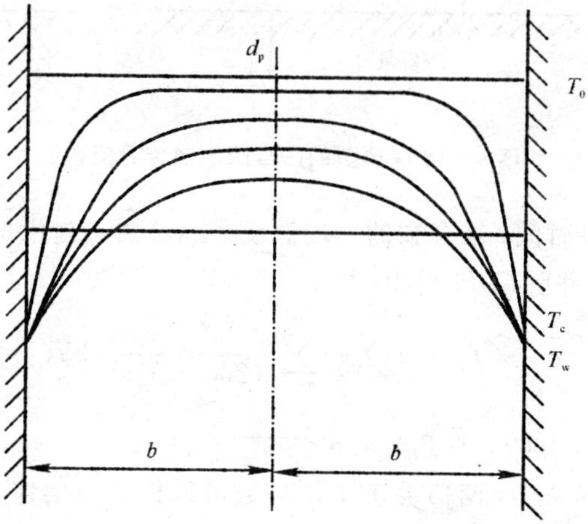

图 9-17　一维热扩散原理图

图 9-18 所示为一典型的一维瞬态热传导问题，T_1 和 T_2 分别为型腔两侧壁温度。

针对此问题求解一维热扩散方程，可得聚合物熔体的温度分布为

$$T(x,t) = T_1 + \frac{x}{H}(T_2 - T_1) + \sum_{n=1}^{\infty} \frac{2}{n\pi}[(T_0 - T_1) - (-1)^n(T_0 - T_2)]\sin\left(\frac{n\pi x}{H}\right)\exp^{-\frac{d_p n^2 \pi^2 t}{H^2}} \tag{9-60}$$

式中，H 为型腔厚度。

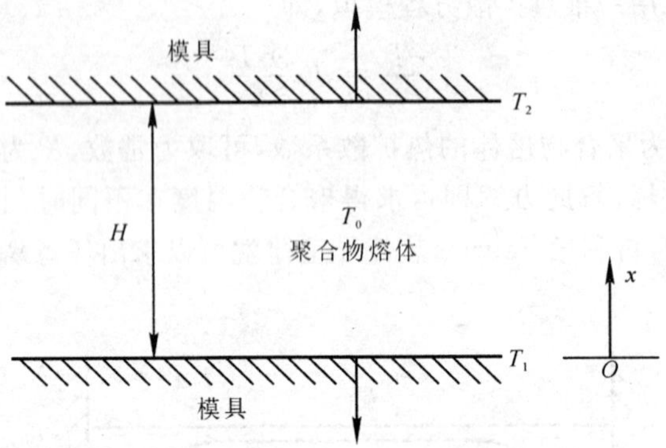

图 9-18　典型的一维瞬态热传导问题

在某一时间 t 聚合物的平均温度 $T_{av}(t)$ 可通过沿厚度 H 积分式(9-60) 并除以 H 得出

$$T_{av}(t) = \frac{1}{2}(T_2 + T_1) + \sum_{n=1}^{\infty} \frac{4}{(2n+1)^2\pi^2}[2T_0 - (T_1 + T_2)]\exp^{-\frac{d_p(2n+1)^2\pi^2 t}{H^2}} \tag{9-61}$$

对式(9-60) 两边关于 x 求导数可得模具与熔体界面上的热流量 $q_1(t)$ 和 $q_2(t)$，即

$$q_1(t) = K_p\left\{\frac{T_2 - T_1}{H} + \sum_{n=1}^{\infty} \frac{2}{H}[(T_0 - T_1) - (-1)^n(T_0 - T_2)]\exp^{-\frac{d_p n^2\pi^2 t}{H^2}}\right\} \tag{9-62}$$

式中，K_p 表示聚合物熔体的热导率。

$$q_2(t) = K_p\left\{\frac{T_1 - T_2}{H} + \sum_{n=1}^{\infty} \frac{2}{H}[(T_0 - T_2) - (-1)^n(T_0 - T_1)]\exp^{-\frac{d_p n^2\pi^2 t}{H^2}}\right\} \tag{9-63}$$

冷却时间 t_c 定义为熔体平均温度 $T_{av}(t)$ 达到指定顶出温度 T_e 所需时间。由于式(9-61) 中，级数的第二项及以后项与第一项

相比可忽略，所以冷却时间可近似为

$$t_c \approx \frac{H^2}{d_p \pi^2} \ln\left[\frac{8}{\pi^2}\left(\frac{T_0(T_1+T_2)/2}{T_e-(T_1+T_2)/2}\right)\right] \tag{9-64}$$

由于当 T_e 等于 T_0 时，t_c 为零，所以将 $\frac{8}{\pi^2}$ 用1代替。

二、模具温度场的边界元法分析

边界元法（BEM，Boundary Element Method）是一种分析连续介质问题的通用数值方法。它是受有限元法发展的推动而兴起的一种计算方法。

工程中常遇到的微分方程边值问题多数可以归化为边界积分方程（BIE，Boundary Integral Equation）来求解。但是，这一途径过去只用于理论研究。近年通过边界的离散与插值，可将边界积分方程转化为线性代数方程组而获得问题的数值解，并由此形成边界元法。对于温度场问题，边界元法只需将区域的边界分割成边界单元，使所考虑的问题的维数降低一维，即可将三维问题转化为二维问题来处理，将二维问题转化为一维问题来处理。因此，与对整个区域进行分割的区域型解法相比，具有输入数据少、计算时间短等优点，便于微机应用。

在注射模冷却过程分析中，主要目的是通过求解模具温度场的控制方程（Governing Equation）来确定边界表面的温度和热流量。这就使得边界元法成为模具温度场的理想数值解法。当然，采用边界元法时，模具结构的尺寸相差悬殊时会带来一定困难，如模具外表面远大于冷却管道表面，管道长度远大于其直径等。但采用修正的边界元法可以解决上述问题。

对于平直的注塑制品，可以采用一维冷却分析方法。此时，只需确定冷却管道距型腔的距离 a 以及冷却管道之间的距离 b。然而，大多数注塑制品均具有复杂的形状，它们的模具冷却系统不能只用 a 和 b 两个参数来表征，此时，可以利用二维分析方法对模具的典型截面上的冷却情况进行分析。

在介绍周期平均温度场时曾经说明，模具的非稳态温度变化幅度较小，且主要表现在型腔表面。因此，可以忽略模具内周期性的温度变化，将冷却过程假定为稳态热传导过程，在二维情况下，注射模中的稳态温度场控制方程为

$$\nabla^2 T=\frac{\partial^2 T}{\partial X^2}+\frac{\partial^2 T}{\partial Y^2}=0,\quad (X,Y)\in\Omega \tag{9-65}$$

这种情况下，温度分布与 z 轴无关。若模具中的温度分布属于或近似属于这种情况，则可以利用二维分析方法对典型截面上的冷却过程进行分析。

根据 Green 第二公式，可将以偏导数形式表示的稳态热传导方程转化成积分形式，即

$$\int_\Omega (T\nabla^2 G-G\nabla^2 T)\mathrm{d}\Omega=\int_\Gamma\left(T\frac{\partial G}{\partial n}-G\frac{\partial T}{\partial n}\right)\mathrm{d}\Gamma \tag{9-66}$$

式中，函数 T 和 G 在区域 Ω 直到边界 Γ 都是连续的，并有直到二阶的连续偏导数，n 表示外法线。式(9-66)又可写成如下形式：

$$\lambda T(P)=\int_\Gamma\left(G\frac{\partial T}{\partial n}-T\frac{\partial G}{\partial n}\right)\mathrm{d}\Gamma \tag{9-67}$$

式中

$$G=-\frac{1}{2\pi}\ln|Q-P| \tag{9-68}$$

式中，Q 和 P 分别为场点和源点。

$$\lambda=\begin{cases}1, & P\in\Omega\\ \frac{1}{2}, & P\in\Gamma\\ 0, & P\notin\Gamma+\Omega\end{cases} \tag{9-69}$$

现考虑一含有 m 个冷却孔的二维区域 Ω，圆孔的中心在 ξ_α $(\alpha=1,2,\cdots,m)$。R_α 为圆孔的半径，Γ_α 为圆孔的边界，Γ_0 是区域的外边界(见图 9-19)。对于上述稳态温度场，方程式(9-67)可转化为下列边界积分方程：

$$\lambda T(P)+\int_{\Gamma_o}\left(T\frac{\partial G}{\partial n}-G\frac{\partial T}{\partial n}\right)\mathrm{d}\Gamma+\sum_{\alpha=1}^{m}\int_{\Gamma_\alpha}\left(T\frac{\partial G}{\partial n}-G\frac{\partial T}{\partial n}\right)\mathrm{d}\Gamma=0 \tag{9-70}$$

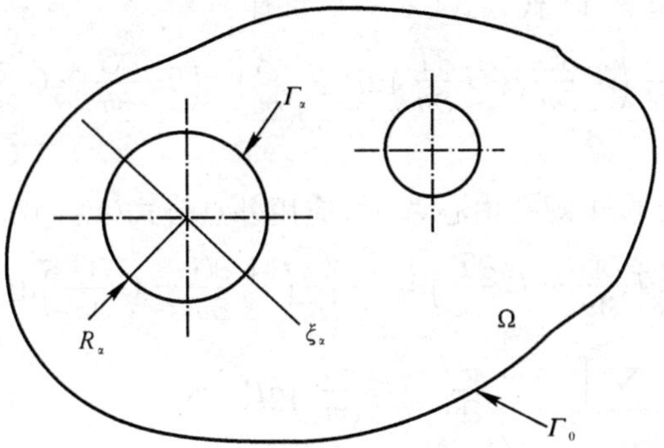

图 9－19　带圆孔的二维区域

一般情况下，不可能应用解析法求解积分方程，而必须采用近似的数值解法。边界元法将区域的边界分割成 n 个单元，整个边界上的积分以 n 个单元的积分和来表示。各边界单元上函数值和函数的法向导数值，可以通过插值函数（也称形函数）和边界单元上有限个点（节点）的函数值和函数的法向导数值，以多项式近似。

然而，由于冷却孔的尺寸远小于所研究的区域 Ω，所以，为了准确描述冷却孔周边 Γ_α 的温度变化，必须将孔边合理地划分为多个单元。同时，为了使离散均衡，以保证良好的数值分析性态，外边界 Γ_o 的离散也必须与冷却孔的离散相匹配。这样不仅增加单元数，而且需要准确的边界积分以保持大型系数矩阵的良好性态。这一问题将给边界元法的应用带来很大不便。

根据冷却孔几何特征，可用一种避免圆孔边界划分的边界积分方程，并以此为基础实现了压缩模加热系统的优化设计。

假定圆心位于 ξ_α 的冷却孔具有恒定的边界温度和温度的法向梯度，即

$$\left.\begin{aligned}T &= T_\alpha \\ \frac{\partial T}{\partial n} &= \frac{\partial T}{\partial n_\alpha}\end{aligned}\right\} \tag{9-71}$$

将式(9－71)代入式(9－70),有

$$\lambda T(P)+\int_{\Gamma_o}\left(T\frac{\partial G}{\partial n}-G\frac{\partial T}{\partial n}\right)\mathrm{d}\Gamma+\sum_{\alpha=1}^{m}\int_{\Gamma_\alpha}\left(T_\alpha\frac{\partial G}{\partial n}-G\frac{\partial T}{\partial n_\alpha}\right)\mathrm{d}\Gamma=0 \tag{9-72}$$

当源点位于圆孔中心 ξ_β 时,应用外点公式($\lambda=0$)有

$$\int_{\Gamma_o}\left(T\frac{\partial G}{\partial n}-G\frac{\partial T}{\partial n}\right)\mathrm{d}\Gamma+\int_{\Gamma_\beta}\left(T_\beta\frac{\partial G}{\partial n}-G\frac{\partial T}{\partial n_\beta}\right)\mathrm{d}\Gamma+$$
$$\sum_{\substack{\alpha=1\\ \alpha\neq\beta}}^{m}\int_{\Gamma_\alpha}\left(T_\alpha\frac{\partial G}{\partial n}-G\frac{\partial T}{\partial n_\alpha}\right)\mathrm{d}\Gamma=0 \tag{9-73}$$

式中,

$$\int_{\Gamma_\beta}G\frac{\partial T}{\partial n}\mathrm{d}\Gamma=\frac{\partial T}{\partial n}\int_{\Gamma_\beta}-\frac{1}{2\pi}\ln R_\beta\mathrm{d}\Gamma=-\frac{\partial T}{\partial n_\beta}R_\beta\ln R_\beta \tag{9-74}$$

$$\int_{\Gamma_\beta}T_\beta\frac{\partial T}{\partial n}\mathrm{d}\Gamma=T_\beta\int_{\Gamma_\beta}-\frac{1}{2\pi R_\beta}\mathrm{d}\Gamma=T_\beta \tag{9-75}$$

式中,T_β 和$\left(\frac{\partial T}{\partial n}\right)_\beta$ 分别为冷却孔 β 的边界温度和温度梯度。由于

$$\int_{\Gamma_\alpha}T_\alpha\frac{\partial G}{\partial n}\mathrm{d}\Gamma=T_\alpha\int_{\Gamma_\alpha}-\frac{1}{2\pi}\times$$
$$\frac{\partial}{\partial n}\ln\sqrt{|\xi_\beta-\xi_\alpha|^2+R_\alpha^2-2|\xi_\beta-\xi_\alpha|R_\alpha\cos\theta}\mathrm{d}\Gamma=0 \tag{9-76}$$

$$\int_{\Gamma_\alpha}G\frac{\partial T}{\partial n_\alpha}\mathrm{d}\Gamma=\frac{\partial T}{\partial n_\alpha}\int_{\Gamma_\alpha}-\frac{1}{2\pi}\times$$
$$\ln\sqrt{|\xi_\beta-\xi_\alpha|^2+R_\alpha^2-2|\xi_\beta-\xi_\alpha|R_\alpha\cos\theta}\mathrm{d}\Gamma\approx$$
$$-\frac{\partial T}{\partial n_\alpha}R_\alpha\ln|\xi_\beta-\xi_\alpha| \tag{9-77}$$

因此，式(9－73)可写为

$$\int_{\Gamma_o}\left(T\frac{\partial G}{\partial n}-G\frac{\partial T}{\partial n}\right)\mathrm{d}\Gamma+T_\beta+\frac{\partial T}{\partial n_\beta}R_\beta\ln R_\beta+\sum_{\substack{\alpha=1\\ \alpha\neq\beta}}^{m}R_\alpha\frac{\partial T}{\partial n_\alpha}\ln|\xi_\alpha-\xi_\beta|=0\quad(\beta=1,2,\cdots,m) \tag{9-78}$$

同理，当源点位于边界 Γ_o 时，边界积分方程为

$$\frac{1}{2}T(P)+\int_{\Gamma_o}\left(T\frac{\partial G}{\partial n}-G\frac{\partial T}{\partial n}\right)\mathrm{d}\Gamma+\sum_{\alpha=1}^{m}R_\alpha\frac{\partial T}{\partial n_\alpha}\ln|P-\xi_\alpha|=0 \tag{9-79}$$

把边界 Γ 分割成 n 个单元 $\Gamma_j(j=1,2,\cdots,n)$。采用 0 次单元(常单元)，节点取在边界单元的中点，边界上的函数值和函数的法向导数值在边界单元上设为常数，并等于节点处的相应值。设节点为 $P_i(i=1,2,\cdots,n)$，则式(9－79)为

$$\frac{1}{2}T(P_i)+\sum_{j=1}^{n}\left(T_j\int_{\Gamma_j}\frac{\partial G}{\partial n}\mathrm{d}\Gamma-\frac{\partial T}{\partial n_j}\int_{\Gamma_j}G\mathrm{d}\Gamma\right)+\sum_{\alpha=1}^{m}R_\alpha\frac{\partial T}{\partial n_\alpha}\ln|P_i-\xi_\alpha|=0 \tag{9-80}$$

令

$$H_{ij}=\int_{\Gamma_j}\frac{\partial G}{\partial n}\mathrm{d}\Gamma \tag{9-81}$$

$$G_{ij}=\int_{\Gamma_j}G\mathrm{d}\Gamma \tag{9-82}$$

则式(9－80)可写为

$$\sum_{j=1}^{n}\overline{H}_{ij}T_j-\sum_{j=1}^{n}G_{ij}\frac{\partial T}{\partial n_j}+\sum_{\alpha=1}^{m}R_\alpha\frac{\partial T}{\partial n_\alpha}\ln|P_i-\xi_\alpha|=0\quad(i=1,2,\cdots,n) \tag{9-83}$$

式中

$$\overline{H}_{ij}=\begin{cases}H_{ij}, & i\neq j\\ H_{ij}+\dfrac{1}{2}, & i=j\end{cases} \tag{9-84}$$

同理，式(9-78)可写为

$$\sum_{j=1}^{n}\left(T_j\int_{\Gamma_j}\frac{\partial G}{\partial n}\mathrm{d}\Gamma-\frac{\partial T}{\partial n_j}\int_{\Gamma_j}G\mathrm{d}\Gamma\right)+T_\beta+\frac{\partial T}{\partial n_\beta}R_\beta\ln R_\beta+\sum_{\substack{\alpha=1\\ \alpha\neq\beta}}^{m}R_\alpha\frac{\partial T}{\partial n_\alpha}\ln|\xi_\alpha-\xi_\beta|=0\quad(\beta=1,2,\cdots,m) \tag{9-85}$$

令

$$H_{\beta j}=\int_{\Gamma_j}\frac{\partial G}{\partial n}\mathrm{d}\Gamma \tag{9-86}$$

$$G_{\beta j}=\int_{\Gamma_j}G\mathrm{d}\Gamma \tag{9-87}$$

则式(9-86)可写为

$$\sum_{j=1}^{n}H_{\beta j}T_j-\sum_{j=1}^{n}G_{\beta j}\frac{\partial T}{\partial n_j}+T_\beta+\frac{\partial T}{\partial n_\beta}R_\beta\ln R_\beta+\sum_{\substack{\alpha=1\\ \alpha\neq\beta}}^{m}R_\alpha\frac{\partial T}{\partial n_\alpha}\ln|\xi_\alpha-\xi_\beta|=0\quad(\beta=1,2,\cdots,m) \tag{9-88}$$

设冷却孔 β 边界温度为 T_β，冷却液温度为 T_c，模具与冷却液间的换热系数为 h_c，则

$$\frac{\partial T}{\partial n_\beta}=-\frac{h_c}{K_m}(T_\beta-T_c) \tag{9-89}$$

同理，设边界单元 Γ_j 的温度为 T_j，环境温度为 T_E，边界上的换热系数为 h_j，则

$$\frac{\partial T}{\partial n_j}=-\frac{h_j}{K_m}(T_j-T_E) \tag{9-90}$$

将式(9-89)和式(9-90)分别代入式(9-83)和式(9-88)，可得求解边界温度的线性方程组为

$$\sum_{j=1}^{n} A_{ij} T_j + \sum_{\alpha=1}^{m} B_{i\alpha} T_\alpha = C_i \tag{9-91}$$

$$\sum_{j=1}^{n} A_{\beta j} T_j + \sum_{\alpha=1}^{m} B_{\beta\alpha} T_\alpha = C_\beta \tag{9-92}$$

式中，n 为外边界上元素总数；m 为冷却孔总数。

三、注塑模冷却系统优化设计

在进行注射模冷却系统优化设计时，由于研究对象的边界面已确定，因此为了得到所要求的型腔温度，只有通过调整冷却管道的位置、尺寸以及冷却液温度、流速等来实现。选取冷却管道的位置及尺寸作为设计变量。设冷却管道的位置用变量 $\xi_\alpha(\alpha = 1,2,\cdots,m)$ 表示，在二维情况下，ξ_α 为冷管圆孔中心，在三维情况下 ξ_α 为冷却管道各轴线节点。此外，冷却管道的半径用 R_α 表示。

根据设计需求，在设定某一型腔目标温度后，拟选择型腔各单元温度与这一目标温度的均方差作为目标函数

$$f(\boldsymbol{b}) = \frac{1}{N}\sum_{i=1}^{N}\left[\left(\frac{T_i(\boldsymbol{b})}{T_{\text{obj}}}\right) - 1\right]^2 \tag{9-93}$$

式中，T_i 为型腔第 i 单元的温度；T_{obj} 为设定的型腔目标温度；$\boldsymbol{b}$ 为设计变量（各冷却管道的位置和半径），N 为型腔单元总数。

根据注射模设计要求，设计变量的约束条件是保持冷却管道之间的间距以及冷却管道的边距大于某一定值。即

$$H_{\alpha\beta} \geqslant d_1 + R_\alpha + R_\beta \quad (\alpha,\beta = 1,2,\cdots,m) \tag{9-94}$$

$$H_\alpha \geqslant d_2 + R_\alpha \quad (\alpha = 1,2,\cdots,m) \tag{9-95}$$

$$R_\alpha \leqslant R_{\max} \quad (\alpha = 1,2,\cdots,m) \tag{9-96}$$

式中，$H_{\alpha\beta}$ 和 H_α 分别表示冷却管道间距和边距；d_1 和 d_2 根据经验数据确定；$R_{\max}$ 为冷却管道最大许可半径。

在确定了目标函数后，将其在 $\boldsymbol{b}^*$ 点作泰勒展开且仅取一次项，则有

$$f(\boldsymbol{b}+\delta \boldsymbol{b}) \approx f(\boldsymbol{b}^{*})+\nabla f(\boldsymbol{b}^{*})\delta \boldsymbol{b} \tag{9-97}$$

式中，$\nabla f(\boldsymbol{b}^{*})$ 为目标函数在点 $\boldsymbol{b}^{*}$ 的梯度。

令

$$\boldsymbol{d}=\frac{\nabla f(\boldsymbol{b}^{*})}{|\nabla f(\boldsymbol{b}^{*})|} \tag{9-98}$$

$$\delta f=f(\boldsymbol{b}^{*}+\delta \boldsymbol{b})-f(\boldsymbol{b}^{*}) \tag{9-99}$$

$$\delta \boldsymbol{b}=\delta b\boldsymbol{d} \tag{9-100}$$

则式(9-99)可写为

$$\delta f=\nabla f(\boldsymbol{b}^{*})\boldsymbol{d}\delta b=\frac{|\nabla f(\boldsymbol{b}^{*})|^{2}}{|\nabla f(\boldsymbol{b}^{*})|\delta b} \tag{9-101}$$

利用式(9-100)有

$$\delta \boldsymbol{b}=\delta b\boldsymbol{d}=\delta f\frac{\nabla f(\boldsymbol{b}^{*})}{|\nabla f(\boldsymbol{b}^{*})|^{2}} \tag{9-102}$$

因为目标函数定义为正，所以，可通过式(9-102)求得目标函数 f 的最小值。在每一次迭代中，所选的 δf 值应满足 $0<-\delta f \leqslant f(\boldsymbol{b}^{*})$，并使调整后的冷却管道位置满足约束条件。

由式(9-93)可知，目标函数的梯度为

$$\nabla f(\boldsymbol{b})=\frac{2}{NT_{\mathrm{obj}}}\sum_{i=1}^{N}\nabla T_{i}(\boldsymbol{b}^{*})\left[\frac{T_{i}(\boldsymbol{b})}{T_{obj}}-1\right] \tag{9-103}$$

因此，只要算出型腔表面温度以及它对设计变量的灵敏度，即可求得目标函数 f 的最小值，

以 U 形件注射模整体为对象(如图 9-20 所示，由于对称，只画出一半)，模具型腔由图 9-20 中粗线 A,B,C,D,E,F 表示。模具与冷却液间的换热系数为 300 W/(m² · K)，冷却液温度为 35℃，聚合物融体的初始温度为 120℃，其余模拟条件如图 9-20 所示。要求通过优化动模及定模中冷却管道位置及尺寸使型腔温度保持在 60±1.5℃。表 9-1 为优化前、后冷却管道位置和尺寸。表 9-2 为优化前、后动模及定模型腔温度分布。经过优化设计，冷却时间从优化前的 30 s 降低为优化后的 25 s。

表 9－1　冷却管道位置和尺寸

位置与尺寸	定模						动模		
	R_1/mm	x_1/mm	y_1/mm	R_2/mm	x_2/mm	y_2/mm	R_1/mm	x_1/mm	y_1/mm
优化前	3.0	37.0	30.0	3.0	60.0	50.0	3.0	30.0	70.0
优化后	8.0	23.0	24.0	3.3	62.0	45.0	6.0	20.0	70.0

表 9－2　为优化前、后动模及定模型腔温度分布　　单位：℃

型腔位置		A	B	C	D	E	F
动模	优化前	64.6	66.6	67.5	67.5	67.5	66.4
	优化后	59.2	60.4	60.6	60.3	60.3	59.2
定模	优化前	63.7	63.9	64.8	65.7	66.0	64.9
	优化后	59.7	59.5	59.7	60.2	60.4	59.3

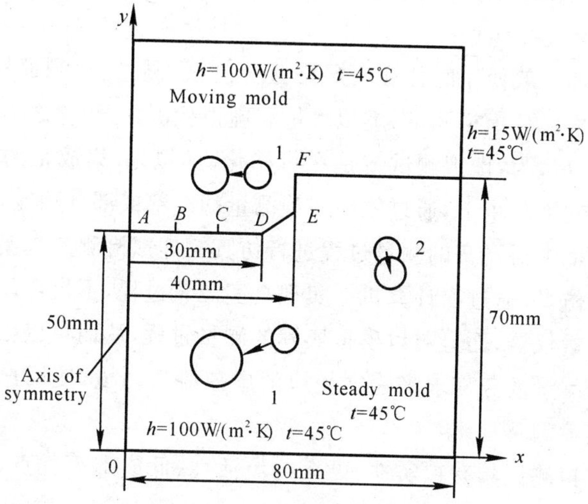

图 9－20　U 形件注射模典型截面

第10章 虚拟测试

本章首先简述两种虚拟测试模式，即基于虚拟现实与仿真的虚拟测试、基于虚拟仪器的虚拟测试的概念及特点，然后结合实例，分别介绍讨论虚拟制造环境的虚拟测试、虚拟坐标测量、虚拟仪器及质量检测虚拟集成测试环境以及最新的虚拟传感器。

10.1 概 述

目前，虚拟测试尚无统一的定义，使用较频繁的有虚拟测试（VT，Virtual Test）、虚拟测量（Virtual Measurement）、虚拟检测（Virtual Inspection）、虚拟仪器（VI，Virtual Instrument，Virtual Instrumentation）。

正如一般使用时往往不严格区分测试、测量、检测那样，本章也不严格区分虚拟测试、虚拟测量和虚拟检测，一般称之为虚拟测试。可以认为，虚拟测试就是在可视化、虚拟化、集成化的计算机和（或）网络环境下，通过软件实现测量的全部或部分功能，还可在虚拟环境中对真实的测量过程进行仿真。虚拟检测是真实测量的模拟与仿真，通过在计算机上实现真实测量过程，不仅可以仿真真实的测量仪器，而且可以模拟实际的测量过程，从而可以根据用户的不同测量任务需求来建立相应的虚拟测量环境，使用户有一种身临其境的感觉。

虚拟测试具有拟实性、更大的灵活性、低成本等优点，可以降低实际测试操作的费用，减小在危险环境下实际测试操作的危险性，而且可任意设置在现实中可能出现的一些特殊情况，不受时间、地点、天气等因素的影响。

虚拟测试是自动测试(AT)和计算机辅助测试(CAT)的最新发展，它极大地丰富和拓宽了检测、测试技术的内涵和外延，使得检测、测试活动从传统的加工、装配过程向产品设计阶段延伸扩展。虚拟测试已在航空、航天、核反应、汽车撞击试验等领域中得到广泛应用。

根据被研究对象的性质和特点，当前虚拟测试的研究和应用大致有两种模式。

1. 基于虚拟现实和仿真技术的虚拟测试

基于虚拟现实和仿真技术的虚拟测试，是利用虚拟现实技术和现代仿真技术，根据具体需求，借助多种传感器和必要的硬件装备，在虚拟现实环境下完成有关的测量任务。在虚拟环境下，既可以设计、构建所需要的虚拟测试仪器，还可以进行虚拟检测规划设计、测量过程仿真及虚拟测量操作等工作。在虚拟现实环境下进行虚拟测试，能够将人、测量设备、测量系统模型和测量仿真软件集成于一体，提供良好的人机交互和反馈手段，产生逼真的效果。

目前，基于虚拟现实和仿真技术的虚拟测试研究最活跃的两个方向是：①以坐标测量机(CMM)作为特定测量设备的虚拟坐标测量技术；②面向虚拟加工和装配过程的虚拟测试。有关的研究和应用热点有面向虚拟制造领域的虚拟检测测试，最新的飞行员、宇航员驾驶培训系统，汽车安全性能仿真试验，虚拟风洞等。

2. 基于虚拟仪器技术的虚拟测试

基于虚拟仪器技术的虚拟测试的核心思想是“软件就是仪器”。VI是利用软件来虚拟化和替代传统测量仪器仪表中以硬件形式出现的二、三、四次仪表，即信号调理与传输仪表、信号显示记录与存储仪表、信号分析与处理仪表(包括数字信号处理DSP)及其有关控制和监控环节，使得测量仪器仪表的硬件尽可能软件化，软件尽可能集成一体化。在虚拟仪器中，使用与实际测量过程相同的仪器硬件系统，通过不同的软件编程，实现功能多种多样的测量仪器。使用 VI 来进行原理研究、设计、测试并操作仪器，可以缩短开发时间，提高生产效率。

基于虚拟仪器技术的虚拟测试，实质上是广义的 VI(Virtual Instrumentation)，它覆盖被测量对象、传感技术(一次仪表)、测试计量理论和方法以及整个测量系统，被视做仪器科学技术的最新发展，而不仅仅局限于研究完成某个具体、特定虚拟测试任务的虚拟测量仪器。

基于虚拟现实技术的虚拟测试，往往是全部软件化了的虚拟测试系统。而基于 VI 的虚拟测试尽管也被冠以“虚拟”，但是，它不可能完全虚拟，其中，被测量对象、计量比对溯源不虚，传感器不虚，信号调理不虚，数据采集不虚，测量操作不虚，测量结果不虚。基于 VI 的虚拟测试的最大特点是，它不像传统仪器那样是有形的，它的仪器操作面板是虚拟的，测试过程是虚拟的，但测试结果是真实的。

两种模式的虚拟测试日趋走向集成和融合，分工协作，各有侧重，互为补充，共同构成虚拟检测、测试系统，以更好地发挥各自的优势。

10.2 虚拟制造环境的虚拟测试

一、虚拟测试的类型及作用

1. 虚拟测试的类型

虚拟制造环境的虚拟检测及虚拟测试是随着虚拟制造技术的不断发展和完善而提出的，是对虚拟制造系统研究的深入和扩展。虚拟测试实质上是一种基于仿真的测试系统开发，它以虚拟产品设计模型的各种特征、属性和标准等作为测试对象，完成虚拟制造过程中检测、测试、监控等的虚拟化及可视化仿真。虚拟制造环境下虚拟测试的对象主要有虚拟工件、虚拟产品（包括零部件和最终产品）、虚拟加工过程参数及虚拟制造系统运行状态参数等。

按照产品生命周期各阶段检测测试所承担的不同任务，虚拟测试可分为以下几种类型：

（1）虚拟产品及工件的几何尺寸、形位公差、表面粗糙度等的虚拟检测：它利用虚拟加工系统的加工模型，对虚拟加工产生的虚拟工件的几何参数及其误差进行检测，可以获得虚拟工件的各种几何参数及其误差数据，以改进加工过程。虚拟坐标测量就是一种针对虚拟工件进行的三维虚拟检测（详见10.3）。

例如，新西兰 Eindhoven 科技大学（Eindhoven University of Technology）和日本 Mitutoyo 公司合作开展了表面粗糙度及形状误差的虚拟检测研究，开发了面向表面粗糙度测量仪、圆度仪、轮廓形状测量仪（轮廓轨迹探测装置）的软件、校准规程及校准标准。所研制的虚拟检测软件可实现对工件圆度、形状误差、表面粗糙度等几何误差及其测量不确定度的预测，能在以上三种测量仪器上完成所有标准的或非标准的几何误差评定处理，如表面粗糙度的3D描述和显示、谱分析及自相关分析等。使用该虚拟测量系统，能获得被测参数可溯源的测量结果，其溯源能力已被有关国际认证机构认可。

（2）虚拟加工过程参数及系统运行状态监测：虚拟加工过程参数及状态监测能够获得虚拟加工过程的有关行为和状态参数，并可作为其他行为的触发条件。通过虚拟加工过程参数的检测，可以监视虚拟加工过程和虚拟制造设备运行是否正常，进行系统异常和故障诊断。

（3）虚拟样机及产品性能测试试验：虚拟产品性能测试试验可以实现虚拟产品使用过程中加载时的位移、变形和应力分布的测试，以及振动、冲击、噪声和失效等的监测、监控和诊断等。例如，美国 Deere 公司建立装载机的计算机模型后，由用户代表检查虚拟装载机。用户头戴立体眼镜，手系位置传感器，坐进司机驾驶位置后，就可以接触和操作各种操纵装置。

(4)产品性能虚拟测试试验：例如，美国通用汽车公司开发的自动虚拟环境(CAVE)可以用来试验新产品在强冲击力和其他外部因素影响下所产生的内部构造变化。传统的反复试验法严重依赖于试验者的技术和经验，而新产品越来越复杂，利用传统方法可能无法找出一些产品存在结构问题的根源，常常需要不断制作模型来反复测试。与传统方法相比，采用 CAVE 系统进行虚拟测试可以更快、更准确地找出问题之所在，发现问题后可直接在电脑上修改和反复虚拟测试，而不必制造样机，省时省钱。

(5)高档产品技术培训：虚拟测试试验在飞机、航天飞机、武器准备、汽车等操作培训中可发挥重要作用，例如，美国宇航局(NASA)已经利用虚拟现实和虚拟测试技术培训宇航人员，并取得了很好的效果。美国田纳西州阿诺德工程开发中心的“虚拟飞行试验”就是集成内场和外场各种试验与鉴定设施，把各种硬件、软件及计算机仿真手段连成网络并和其他指挥、控制和战场管理系统形成闭环，在此环境下构建和运行虚拟航空航天系统。

2. 虚拟测试的作用

虚拟测试可看做是虚拟制造质量的评价和控制机制。在虚拟环境下，通过人机交互来实现产品(零部件)虚拟样机的虚拟测量，如整机的模态分析、动力学建模验证等，从而对产品的虚拟设计和虚拟加工质量做出定量评价。通过虚拟测试系统，可以使产品历经虚拟设计、虚拟加工、虚拟装配、产品性能虚拟测试和虚拟试用全过程，虚拟测试的结果信息可用于优化、改进虚拟制造技术中有关的设计和加工过程参数。虚拟测试在虚拟制造中起着产品质量检测把关作用，能够促进整个虚拟制造技术体系更趋于完善和工程实用化。只有使虚拟制造系统具备加工质量虚拟检测和加工质量预测控制功能，才能使虚拟检测更好地为改进虚拟加工过程服务，才能实现真正意义上的虚拟制造。

虚拟测试将测试周期提前到产品设计阶段，能够显著缩短新产品开发周期。测试工程师可与开发设计人员协同工作，从而避免和消除由于设计更改而引起的潜在的测试问题。虚拟测试允许测试工程师在产品设计阶段就可以利用虚拟测试平台，进行测试程序、测试设备及夹紧装置的设计、仿真、调试、优化和验证。

虚拟测试系统属于虚拟制造系统的一个子系统，可用于加工精度预测、测量程序规划设计、虚拟检测系统功能演示、教学及技术培训等场合。

二、虚拟测试系统建模与仿真

1. 建立虚拟测试系统的一般步骤

由于虚拟制造系统中涉及的都是数字化信息，所以需要在虚拟环境中构造各种虚拟传感器、虚拟检测设备和数据评定处理集成模块软件，以检测、提取来自虚拟设计、虚拟加工、虚拟装配等系统的信息。

(1)建立模块化的虚拟测试对象，通过数学推导或采用逆向工程由工程实用数据建立数学模型，以此作为虚拟测试对象的测试信息原型。

(2)建立适用于静态、动态和热态等不同状况的虚拟测试系统。例如，可在虚拟测试系统中模拟产品虚拟加工和虚拟使用过程中所引起的微量变形。

(3)构建虚拟传感器。虚拟传感器(即数据传感器)在虚拟测试系统中起着沟通、转换和传输参数和信息的作用。构建时既要考虑温度、作用力、质量、长度、速度和加速度等数据变量，又要考虑具体虚拟测试系统中变量的应用与否，是否激活某些其他参量。

(4)借助虚拟传感器和数据集成模块软件构造虚拟测试系统。

在虚拟测试环境中以在线/离线方式来测试虚拟产品或零部件的动静态参数，同时分析虚拟变形对产品装配质量和工作性能的影响，而不只考虑零件形状、尺寸等误差所产生的干涉。

2. 虚拟测试系统建模与仿真

虚拟测试信息的表达和描述是虚拟测试系统建模的关键。以颜色为例，人眼对灰度不敏感，一般只能识别20余级灰度，而人眼却能识别多达几千种不同色度和亮度的颜色。因此，颜色属性的极大信息量已被成功用于定量金相显微分析、塑料熔体流动分析模拟、磨损过程分析、红外热成像温度场分析等多个领域。又如，在虚拟测试系统中进行汽车防抱死刹车系统(ABS)装置的冲击试验，就是以有限元分析为基础，由颜色、纹理和质量等共同表达测试信息的。

虚拟制造环境的虚拟测试系统建模可以分解为虚拟工件建模、虚拟产品建模和虚拟检测仪器单元建模等任务。

(1)虚拟工件建模：可以利用数据原型的各种属性对虚拟工件的尺寸精度、形位精度、表面粗糙度、应力分布以及虚拟产品的振动、变形和失效等进行虚拟检测。对虚拟工件进行虚拟检测，首先要建立包含各种加工误差的虚拟工件模型。

零件CAD模型是从设计角度出发建立的，难以反映和描述工件的加工误差特性，虚拟工件模型必须从制造角度出发考虑加工误差的影响。机械制造属于典型的离散制造，加工误差一般呈离散分布，表征几何参数所需要的原始数据量很大，难以通过直接将这些误差信息简单叠加到CAD模型上的方法来生成虚拟工件模型。因此，可先考虑虚拟工件单项加工误差的建模问题，再解决虚拟加工过程多加工误差的分析、融合及合成。可采用空间分割法建立虚拟工件。

空间分割法的基本思想是，先将CAD实体模型(*.VRML格式)分割为许多小的空间单元，可以是长方体、立方体或其他形体，然后再向被加工的空间单元中叠加加工误差及其他信息。可将工件的三维实体模型进行网格划分处理，然后根据虚拟机床运动误差模型和加工误差模型，来叠加离散的加工误差数据，生成包含加工误差信息的虚拟工件模型。

空间分割法能简便地创建三维实体模型，能提供较全面的信息，但也存在处理复杂、信息量大、精度不高等缺点。空间分割法是一种近似的数字化表示方法，空间单元的大小直接影响到运算结果的准确性。对于精度要求较高的工件，要将空间单元分割得非常细小，使得空间单元数量大大增加，这势必增加数据存储空间，加剧运算过程复杂性。因此，可以只对零件上几何尺寸及公差(GD&T)要求较高且加工误差影响显著的局部进行精细分割，而对GD&T要求不高的表面和未加工表面只做粗糙分割甚至不做分割。

(2)虚拟产品建模：与虚拟设计时的产品建模不同，虚拟产品性能试验的测试对象是将完工后的虚拟工件经过虚拟装配而成的虚拟产品。在虚拟产品的"使用"过程中，既要考虑温度、作用力、质量、噪声、速度、加速度、电磁场及辐射场等环境因素的作用，又要考虑具体虚拟试验系统中这些环境变量因素的作用与否(单独作用或组合作用)，即在虚拟测试试验中是否激活某些变量。

以虚拟球体自由回弹运动为例，球体具有形状、尺寸、质量、纹理、颜色等多种属性。在虚拟测试系统中，除了逼真地描述自由回弹运动过程外，还必须测试运动中球体的应力、变形、形状、尺寸等的变化。

(3)虚拟检测设备建模：可以采用OPENGL和VC++等开发工具，对真实检测设备的构成单元和整机进行建模。

虚拟检测就是对测量过程的可视化仿真，实质上是利用虚拟检测设备从被测虚拟工件上获得各个检测点的三维坐标值，即从已划分好的网格空间单元选取所需要的部分，由一系列的微小实体单元构成工件表面宏观的几何要素。被测要素为平面要素时，可利用截面生成轮廓对截面轮廓进行测量。被测要素为空间要素时，则应创建数控测量程序，由测量程序实施测量。创建虚拟检测的测量程序时，主要是指定三维坐标数据点中的二维坐标，第三维坐标值可通过自动寻找虚拟工件加工表面上的点来确定。根据获得的坐标测量数据即可求出虚拟工件的 GD&T 数值。

三、虚拟测试系统实例

1. 虚拟测试向导

虚拟测试向导软件（Virtual Test Wizard）是由美国 TestInSight 公司开发的一种虚拟测试软件平台。虚拟测试向导的图形化数据库（Wave Wizard）提供了大量的测试设备及其规格的知识以及图形化测试工具集。测试工程师可通过交互式调试和在线调试两种模式调试和验证能在自动测试设备（ATE，Automatic Test Equipment）和自动测试系统（ATS，Automatic Test System）上运行的测试程序。用虚拟测试向导开发测试程序的流程如图 10－1 所示。

测试程序开发与产品设计同步进行，测试程序开发流程从提取测试设备规格开始，包括样机开发、仿真、对仿真结果的验证、自动测试程序的生成与调试等步骤。

虚拟测试向导的一个显著优点是，它的图形化数据库提供了大量的测试设备及其规格的知识。虚拟测试向导的图形化调试，能够实现测试程序和测试设备模型合成环境的同步仿真。在调试测试程序时，可以将向导提供的图形化工具连接到图形化数据库，看到实时设备图形和设备规格。虚拟测试向导的图形化测试工具与图形化测试数据库相结合，用户通过简单连线即可完成测试程序的开发。

利用虚拟测试向导，测试工程师不必等到 ATE 设计完成后才开始开发 ATE 测试程序。测试工程师可以在样机产生前在仿真环境下开发、调试和验证用于 ATE 的测试程序。所生成的设备仿真模型的测试程序已非常完善，可直接使用，使在 ATE 样机上调试测试程序的周期缩短约30％。

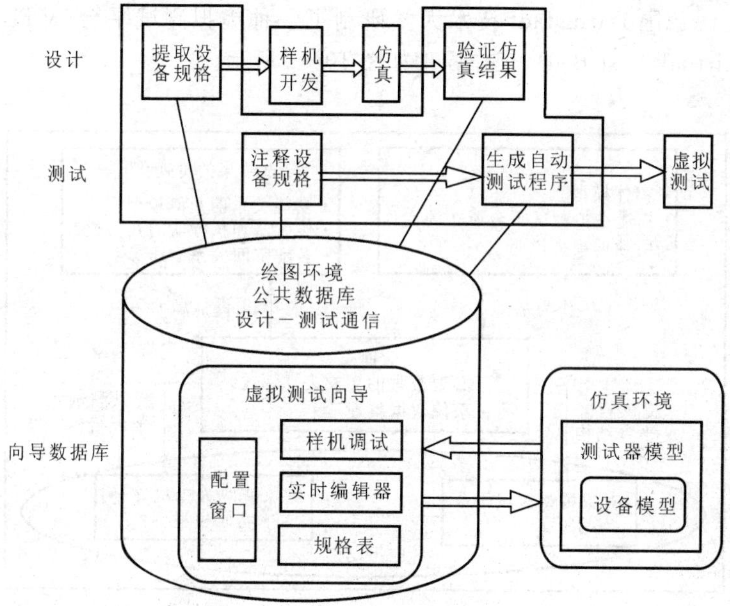

图 10－1 测试程序开发流程

虚拟测试向导的工作过程是：先阅读测试程序，然后创建仿真环境，以便对测试设备仿真模型进行模拟测试。虚拟测试向导可以对所产生的全部文件如设备模型组合环境（由 ATE 设计师编写）和测试程序（由测试工程师现有的文件产生）进行同步仿真。仿真时可能出现一些问题，如无法输出设备模型与测试程序的要求不一致的结果，虚拟测试向导通过图形化调试器，能及时修改样机参数再继续仿真，而不必退出该环境重新编译仿真代码。如果测试程序本身出现问题，用户可以回到产生测试程序的原始文件处，通过虚拟测试向导阅读器查看事件驱动仿真文件。如果程序是由图形化数据库产生的，用户也可以通过观看实时图形将仿真文件转换成测试程序。

2. 虚拟测试平台

德国 Darmstadt 技术大学研制了一种虚拟测试平台(VTB, Virtual Test Bed),工作原理如图 10-2 所示。

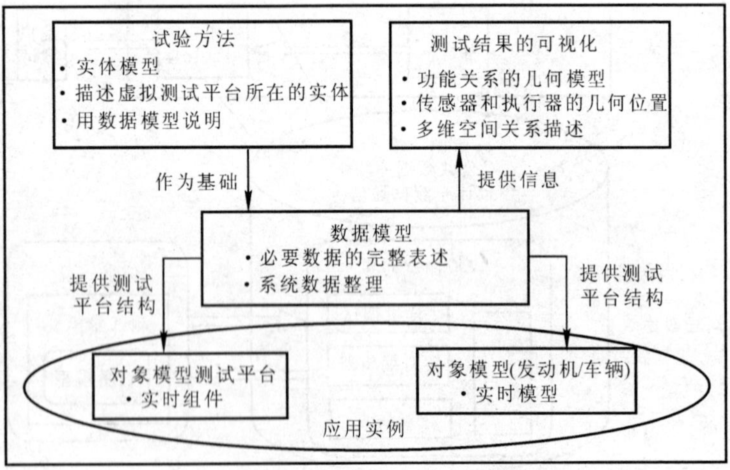

图 10-2　虚拟测试平台原理

虚拟测试平台是通过反复试验方法(Trial Method)和工作流程分析实现的,并由此导出用于反复试验过程的数据分类。由测试功能的面向对象的描述可提供虚拟测试平台的组件。按照接口和服务来建立数据模型和对象模型,这些模型不仅和真实测试平台有关,而且也是 VTB 整体结构有关组件的服务和接口。VTB 与被测试对象的界限易于确认,并可产生一个用于反复试验过程的、面向对象的结构。VTB 能区分具有柔性的离散对象,并生成虚拟对象的全部实验装置。可利用 EXPRESS G 图形化语言来生成 VTB 的描述。由基本的数据模型来完成第一个样机,然后进行反复试验仿真,最后生成由可视化组件构成的样机。

VTB可以完成虚拟测试设备的构建和测试仿真，还支持测试设备的规划，能实现真实样机与虚拟样机的有机结合。根据虚拟测试结果可以有效地实现真实测试设备，并能产生与虚拟测试相同的结果。VTB已成功用于耗油量为3L/100km的新型号汽车的研发。

10.3　虚拟坐标测量

一、虚拟坐标测量机的功能与体系结构

1. 虚拟坐标测量机及其功能特点

虚拟坐标测量机（VCMM，Virtual CMM）就是在虚拟现实环境中建立的坐标测量机（CMM）、测头、被测零件和测量夹具的三维实体模型及运动学模型，通过虚拟测头的移动和触测，实现CMM零件测量过程的仿真。VCMM没有真实量仪的实体，但却具有真实量仪的功能和逼真感觉，而且完全能够仿真真实的CMM。VCMM不仅可对虚拟产品进行虚拟测量，而且可用于CMM机械系统的虚拟设计。

VCMM与数控加工机床的仿真过程类似，它不仅可以模拟坐标测量机的工作过程，而且可以生成测量程序，并对测量程序进行语法检查、碰撞干涉检查等检验。在虚拟坐标测量机环境中，用户可以根据自己的需求选择或构建所需的CMM机械系统和运行环境，输入被测零件的测量要求，确定测量采样策略，进行测量路径规划，经过反复的仿真运行，生成可直接在真实CMM上使用的DMIS（Dimensional Measuring Interface Specification）格式的测量程序，对各被测几何要素及其形位误差进行评定处理，给出测量结果，进行被测要素测量不确定度的分析、计算、评价和预测，还可评价VCMM的结构类型和测量能力。

除了具有真实CMM的基本功能外，VCMM还可为产品的并

行设计、虚拟制造选择最佳坐标测量方案，提供反馈信息。VCMM 应具备以下功能：

(1)VCMM 的建模和运行。

(2)CMM 机械结构的选择、评估。

(3)从被测零件 CAD 模型中自动提取或通过人机交互方式输入零件几何和公差信息。

(4)可视化、图形化编程。

(5)测量方案的选择，测量过程 3D 仿真、评估和优化。

(6)测量路径规划设计、仿真，碰撞和干涉检查及规避。

(7)CMM 测量误差的检定、修正和性能的改进。

(8)零件测量不确定度的预测和评估。

(9)测量结果报告、零件检验结论、批次测量的统计结果、统计质量控制。

(10)支持虚拟制造和并行工程。

2. 虚拟坐标测量机的体系结构

VCMM 的建模和运行仿真是真实 CMM 及其测量过程在虚拟环境中的映射。VCMM 的体系结构可采用开放型多层递阶结构，如图 10-3 所示。

VCMM 可分为 CMM 机械系统虚拟设计装配和 VCMM 虚拟测量两大部分，主要由参数输入、虚拟坐标测量机建模与仿真、检测路径规划与测量过程仿真、参数输出等模块组成。

(1)参数输入模块完成用户对坐标测量机的结构类型需求、测量要求以及被测零件几何要素及其尺寸和公差信息的输入，从而确定用户坐标测量机的结构类型、测量范围、测量误差、被测要素的形式以及被测零件的结构等。

(2)建模模块完成 CMM 虚拟化设计、装配以及 CMM 机械结构、运动过程、测量原理等的仿真，实现虚拟坐标测量机本身的快速构建，构造出用户自己所需要的坐标测量机。它由虚拟坐标测量机几何建模、运动建模和误差建模 3 个子模块组成。

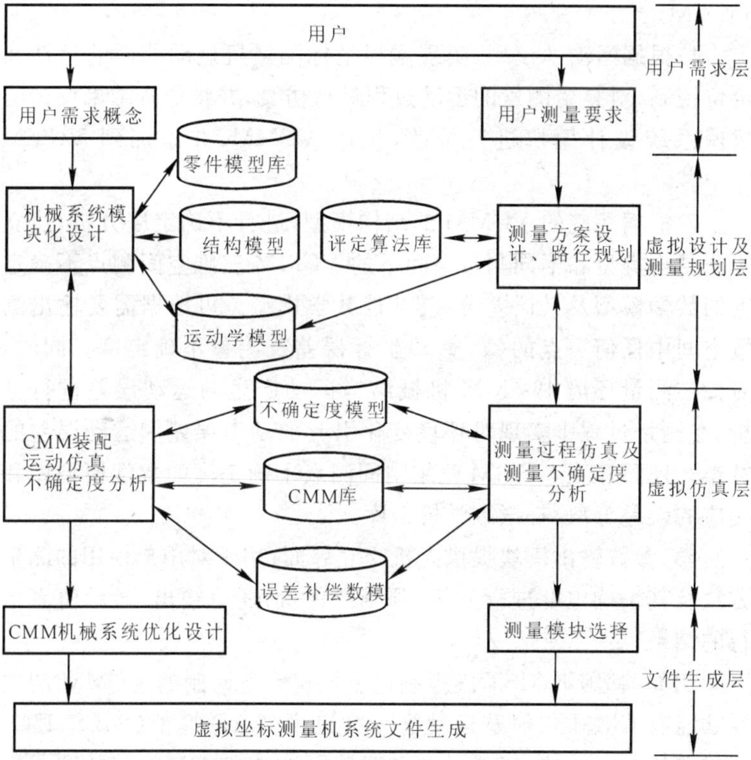

图 10-3 VCMM 体系结构

建模模块的工作过程如下：

1）将典型 CMM 机械系统结构分解后，进行机械系统各单元结构的三维几何建模和编辑，生成 VCMM 的几何单元模型图形库。

2）根据几何单元模型图形库中的机械单元结构三维几何图形，通过机械系统模块化设计，对 VCMM 进行几何建模和测量过程运动建模，得到特定 VCMM 的结构模型和运动学模型。

3)根据结构模型进行 VCMM 的装配仿真，初步形成用户的 VCMM。

4)根据运动学模型，实现虚拟坐标测量机运动部件的运动和定位控制，对整个测量的运动过程进行仿真，并将仿真结果反馈给机械系统设计模块进行修改，生成 VCMM，并添加到 VCMM 库中。

5)根据相应的 VCMM 的结构模型，进行不确定度分析，建立不同结构类型和不同测量空间下的 VCMM 三维空间测点不确定度的数学模型及其误差分离/补偿数学模型。可根据需要输出测量空间中任何一点的(x,y,z)坐标误差及测量不确定度。同时，对标准测量环境中 CMM 机械结构运动产生的运动误差进行分析，在测量过程中实现对环境变化引起的动态误差和运动误差的补偿。还可建立 VCMM 三维空间测点不确定度的数学模型库和相应的误差分离/补偿数学模型库。

(3)参数输出模块提供人机交互界面，用于对用户使用的测量方法及其不确定度进行分析、预测和评价，还可输出、显示仿真运行的结果。

例如，韩国 KAIST 虚拟制造系统实验室研制的 VCMM 的主要功能有 CMM 几何及运动学三维建模、CAD 模型(IGES)I/O、测量路径自动生成、三维动画和碰撞干涉检查、DMIS 格式测量程序输出、利用可视化系统和 Internet 监视测量仿真过程。

二、虚拟坐标测量机检测路径规划与优化

1. 基于 VCMM 的计算机辅助检测规划设计

在虚拟环境下并不需要一台真实的 CMM，VCMM 完全可以体现真实 CMM 全部的测量功能，完成对虚拟制造过程中的虚拟产品及零部件几何参数的虚拟检测。基于 VCMM 的计算机辅助检测规划设计(CAIP，Computer Aided Inspection Planning)以 CMM 作为具体、明确的测量设备，它是 CMM 离线编程技术的高

级形式和最新发展。与面向真实 CMM 的 CAIP 不同，它工作于虚拟环境，测量对象是虚拟产品，所进行的是虚拟检测，检测过程和测量结果都是虚拟的。

基于 VCMM 的 CAIP 既可用于虚拟制造环境，为虚拟设计、虚拟加工提供验证和试验手段，也可用于在被测零件尚未加工出来之前、甚至未购置 CMM 的情况下的检测规划设计。通过基于 VCMM 的 CAIP，能将检测提前到产品设计阶段，为实施并行工程提供了有力的技术支持，实现了 CMM 测量程序的最优化，提高了测量程序的正确性和测量效率。

基于 VCMM 的 CAIP 完成检测规划设计、测量过程仿真、检测路径规划设计以及测量程序生成。因此在研究开发时，要充分体现和反映虚拟检测的特点，充分发挥虚拟现实和仿真技术的优势，同时还必须解决与虚拟设计、虚拟加工的信息接口和集成问题。理想的检测规划设计结果（即 CMM 测量程序）应当是不加修改或者稍作修改，即可转换成为能够直接在任意规格、型号真实 CMM 上实施测量的测量驱动程序。

2. VCMM 检测路径规划与优化

检测路径规划是 CMM 检测规划设计的核心任务，用于确定三维测头在 CMM 测量空间的运动轨迹，即工件上所有测量点的检测顺序。在 CMM 上对零件进行测量时，必须为测头找到一条合理可靠的运动路径，即在测头的移动不与其他工件或夹具发生碰撞和干涉的前提下，获得到达终点的最优路径。为了提高检测效率和检测精度，检测路径规划时应当考虑两个因素：①检测过程中变换测头的次数最少；②测头运动的轨迹最优。

CMM 检测路径的规划属于非常复杂的空间布置和组合优化问题，既要考虑检测路径，又要考虑测量不同测量点时所使用的不同测头及其测量方向，需要解决两个主要问题：①测头运动过程中是否与工件或夹具发生碰撞；②测头走过的距离是否为最短。具体到规划问题上，就是要对形成的检测路径进行碰撞检测。如果发生碰撞，则应利用防碰撞算法，找出合理的规避点，确定测头新的防碰撞路径，以保证检测的顺利完成。虚拟坐标测量过程中的碰撞干涉检查和规避问题在虚拟加工过程以及虚拟装配过程中也同样存在，都属于碰撞干涉的检查和规避，尽管在处理方法上有相互借鉴之处，但是它们各自的研究对象和约束条件不同，实现方法也就不同。

为了问题简化起见，可只针对同一测头和同一测头方向来讨论路径规划问题。仅就检测路径而言，包括三个问题：检测面内测量点的排序，检测面的测量顺序以及检测面之间测量点的连接。这三个问题相互关联、相互影响、相互作用。如果单纯考虑检测面内测量点之间的排序和检测面的排序，那么检测面之间的连接将破坏整体最优性；如果先确定检测面之间测量点的顺序，则对检测面内测量点的排序造成很大影响。

检测路径规划及优化问题可采用多种方法实现，如局部搜索技术(基于图论的方法，如最近邻法、最近插入法等)、模拟退火算法、遗传基因算法、人工神经网络、专家系统等均具有广阔的应用前景。

CMM 一般都是以单个检测面为最小测量单位，只有测量完一个检测面以后，才能进行下一个检测面的测量，而不能对整个零件上的所有测量点同时进行检测。因此，VCMM 检测路径规划可分为全局路径规划和局部路径规划。

局部路径规划是指确定单个检测面中所有测量点的检测先后顺序，局部路径优化则是在同一检测面上寻找一条遍历该检测面所有测量点且路径最短的测量路线。

全局路径规划是指确定各个检测面的测量顺序以及检测面之间测量点的连接，即确定每个检测特征测量点的起始和终止点，以及它们之间检测的先后顺序。全局路径优化是把每个待测特征点作为考虑对象，其主要任务是确定各被测特征点的检测顺序和各检测面之间的连接点。即在所有的测量点中找出如图 10 - 4 中实线部分所示的一条距离最短的测头移动路径。

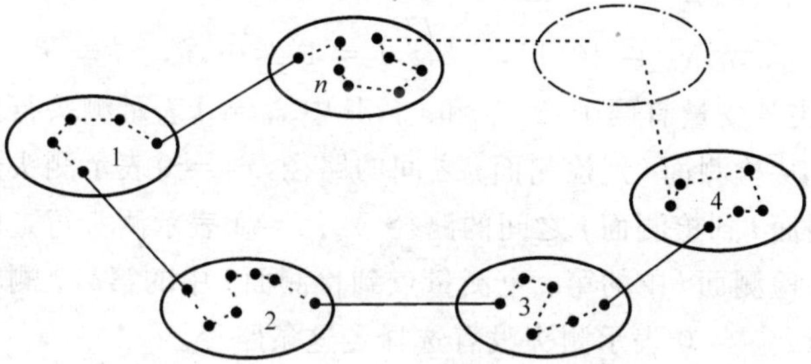

图 10-4 全局路径优化

在全局路径优化中,每个检测面的所有测量点中只有两点被选择作为检测面之间的连接点,假设这两个点被确定,那么问题就大大简化了。其简化的数学描述形式如下:

假设测头要检测 n 个检测面,在每个检测面上都确定两个测量点 a,b。检测面 i 和检测面 j 之间各个测量点的距离为 $D_{ia,jb}$,选择一条路径使测头走遍所有检测面,并且每个检测面只有一个初始测量点(即测头对一个检测面测量时的第一个测量点),和一个不同于初始测量点的终止测量点(即测头测完该检测面的所有测量点后离开该测量面的那个测量点)。而不考虑每个检测面内部各测量点之间的路程。

$$\min \sum^{ia \neq jb} \{D_{ia,jb} Y_{ia,jb} x_{ij}\} \tag{10-1}$$

$$\text{s.t.} \sum_{j=1}^{n} x_{ij} = 1, \quad i = 1,2,\cdots,n \tag{10-2}$$

$$\sum_{i=1}^{n} x_{ij} = 1, \quad j = 1,2,\cdots,n \tag{10-3}$$

$$\sum_{i,j \in s}^{n} x_{ij} \leqslant |s| - 1, \quad 2 \leqslant |s| \leqslant n-2, \quad s \subset \{1,2,\cdots,n\} \tag{10-4}$$

$$\sum_{i=1}^{n} Y_{ia,jb} + \sum_{k=1}^{n} Y_{jb,ka} = 1, \quad j = 1,2,\cdots,n \qquad (10-5)$$

$$a,b,x_{ij} \in \{0,1\}, \quad k,i,j = 1,2,\cdots,n, \quad i \neq j$$

式中，决策变量有两个：$Y_{ia,jb}$ 和 x_{ij}，其中 $x_{ij}=1$ 表示测头行走的路线包含从检测面 i 到检测面 j 之间的路径，$x_{ij}=0$ 表示测头没有选择检测面 i 到检测面 j 之间的路径。$Y_{ia,jb}=1$ 表示测头行走的路线包含从检测面 i 中的第 a 个测量点到检测面 j 中的第 b 个测量点的路径，$Y_{ia,jb}=0$ 表示测头没有选择走这条路径。

式(10-1)表示目标函数要求距离之和为最小。式(10-2)表示测头从一个检测面 i 出来有且仅有一次。式(10-3)表示测头走入检测面 j 有且仅有一次。式(10-4)约束测头在任何一个检测面子集中不形成回路，其中 $|s|$ 表示集合 s 中元素的个数。式(10-5)表示对于某一检测面内的测量点只能进或出一次，即当某一检测面的一个测量点为初始点或终止点时，则该检测面有且仅有另一测量点作为该检测面的终止点或初始点。

局部优化完成后，需要将各个检测面之间连接起来。可直接以每个检测面局部优化完成后所求出最短路径的起始点或者终止点作为连接点。这是在先保证局部最优的前提下，再在全局中寻求相对的优化路径。这种方法比较简单，但是所求出的整体路径优化是以牺牲部分全局优化为代价的。对于几何特征复杂的零件，在每个检测面上找到合适的初始点和终止点非常困难，可采用"就近原则"即最近为最优原则来解决这一问题。

在对检测面在空间分布相对较均匀的零件模型进行检测时，可采用"集中原则"来确定起始点和终止点。所谓"集中原则"是指在选择起始点和终止点时尽量使所选择的各个检测点相对集中。即以每个被检测面作为一个单元，求该检测面上所有空间测量点的中心点的坐标，有 n 个检测面就有 n 个这样的中心点，然后再求出这空间 n 个中心点的坐标，设为 P 点。以该点到每个检测面测量点距离最近的点作为该被测特征的起始点或终止点，与其相邻的点即为终止点或起始点。这样每个被测特征都选定了两点作为起始点和终止点，再在这些点中进行全局的路径优化，如图 10－5 所示。

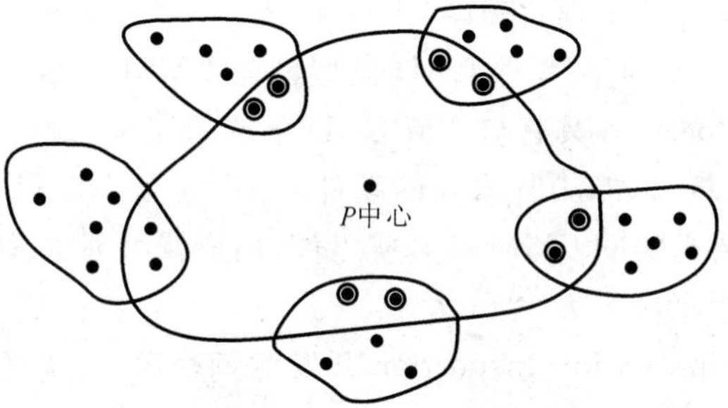

图 10－5 "集中原则"求连接点

三、虚拟坐标测量与仿真

当前，不少 CMM 生产厂商和软件开发商都提供与具体 CMM 相对应的虚拟坐标测量与仿真软件，典型的商品化软件有美国 Silma 公司 CimStation Inspection、美国国际计量系统公司(International Metrology System Inc.)的 Virtual DMIS CMM Software，日本 Mitutoyo 公司的 Cadpak－Win、美国 Xygent 公司的 Xactmeasure 等。

此类虚拟坐标测量与仿真软件的共同特点是，都是在某个具体型号 CMM 测量软件基础上发展而来的，在虚拟环境实现 CMM 检测的仿真即虚拟测量。为了保证实用性，减少技术实现上的困难和复杂性，一般都采用了人机交互方式而不是自动生成测量路径和测量程序。尽管所支持的被测零件 CAD 模型文件格式各不相同，但都是在虚拟环境对被测零件 CAD 模型进行测量过程仿真、修改和优化，并且进行测头与被测零件是否发生碰撞干涉的检查和规避，最后生成能够在真实 CMM 上测量真实零件的

DMIS 格式的测量程序。

1. CimStation Inspection

(1)CimStation Inspection 的主要特点:

1)支持并行工程:在真实工件未加工出来之前或 CMM 未购进之前,用户就能由零件 CAD 模型创建 CMM 测量程序。CimStation Inspection 具有与主流 CAD 系统的完全兼容性。它具有直接 CAD 接口,能从所输入的零件 CAD 模型中获得 GD&T 信息。不需要真实的 CMM 和真实工件,用户就可创建、修改和验证工件测量程序。

2)用 CimStation Inspection 开发测量程序,能实现 CMM、测头、工件和夹具的可视化,使用户能从任一角度和距离观察测量过程仿真,并以任意速度重现,从而使得在测量程序下传到真实 CMM 上之前,及时发现并纠正编程错误。它能缩短 CMM 编程周期,提高 CMM 工作效率。

3)CimStation Inspection 中建立的 CMM、测头、工件及夹具的精确运动学模型确保了编程的正确性。它拥有大量的 CMM 运动模型和测头库,以本地格式通过直接几何接口输入工件和夹具的 CAD 模型,能够保证数据的一致性。

4)CimStation Inspection 提供了大量的具有重复几何特性的特征零件,在可视化环境选择一个特征零件后,就能采用解析的 CAD 模型在该工件表面自动生成测量点,包括接近点、返回点和清零点,同时自动生成相应的 CMM 操作命令,它支持所有的 DMIS 命令,并且符合 GD&T 技术规范 ANSI Y14.5M—1982。

5)CimStation Inspection 提供了许多 CMM 生产厂商的 CMM 的模块库,CimStation Inspection 的特征化文件检查功能可以保证所生成的测量程序易于下传到 CMM,不需对当前所用的 CMM 做任何的"虚拟"修改。所生成的测量程序在 CMM 上运行后,便在 CimStation Inspection 软件窗口中显示测量结果,并能与设计要求的标准几何特征公差比较,得到检验结论。

6)CMM 编程员/操作员能在离线状态下，人机交互地对整个测量过程进行查看、预览、修改，具体包括整个 CMM、测头及测杆的运动、测头变换装置、回转工作台、工件、夹具、操作命令以及输出检测报告。VCMM 软件能够自动检查测量程序的致命差错（如测头的碰撞干涉等导致的 CMM 碰撞、损坏），识别可能出现的直接干涉和临近干涉，重新规划无碰撞干涉的测量路径，避免了在线验证测量程序而产生的风险，从而能快速准确地创建正确无误的测量程序。

(2)CimStation Inspection 工作流程：

CimStation Inspection 能够根据被测零件 CAD 模型，采用 DMIS 语言自动创建 CMM 测量程序。利用 CMM 的 CAD 模型（包括 CMM 运动学模型、测头 CAD 模型、被测零件及夹具）还可进行测量程序仿真。CimStation Inspection 的工作流程如 10－6 所示。

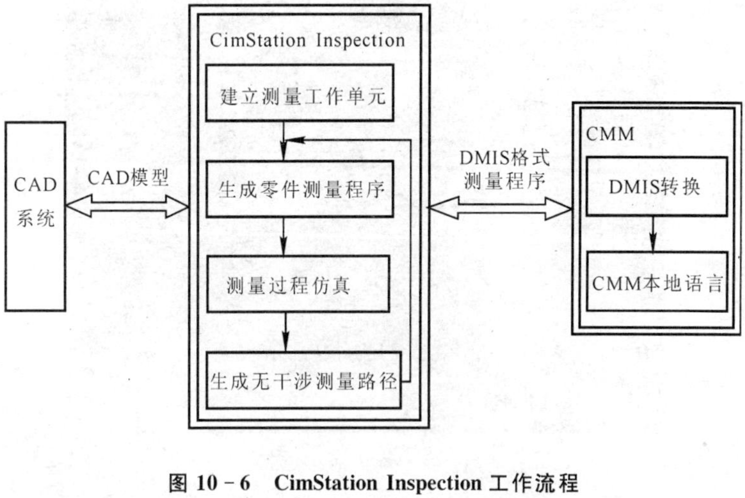

图 10－6 CimStation Inspection 工作流程

CimStation Inspection 典型工作流程如下：

1)从 CAD 系统导入被测零件 CAD 模型。CimStation Inspection 支持 Pro/ENGINEER,UG,CATIA,STEP,I-DEAS,SLA,VDAFS,ACIS,CADDS 和 IGES 等主流 CAD 系统。

2)建立包含 CMM、被测零件 CAD 模型、夹具、测头、测杆等的 CMM 工作单元。

3)生成零件测量程序,设置初始化机器参数→定义、选择测头位置→建立测量坐标系→定义 CAD 模型上的特征、生成检测点→定义公差并分配特征。

4)测量程序仿真,利用碰撞检查和碰撞规避功能,修改测量程序,生成无碰撞干涉的检测路径和测量程序。

5)将零件测量程序翻译为 CMM 的本地语言。

6)下传测量程序到 CMM。

CimStation Inspection 测量过程仿真如图 10-7 所示。

图 10-7　CimsStation Inspection 测量过程仿真

CimStation Inspection 有两种测量过程仿真及碰撞检查方式，即分步测头运动(Step Probe)和测量程序仿真(Part Program Simulation)。前者可进行测量程序中测头运动的仿真和验证，后者则可仿真整个测量程序，检查其正确性。

虽然 Cimstation Inspection 具有功能强大的动态仿真、碰撞检测、避障以及自动生成测量程序等功能，但是自动检测路径规划和优化能力较弱，只能在人机交互界面上通过用户的视觉观察，凭借检测经验手动规划测量路径并进行反复修改，生成的 CMM 测量程序可用但不一定最优。

西北工业大学智能检测研究室对 CimStation Inspection 进行了应用开发，通过 RPO/E - Silma 转换接口将 PRO/E 生成的 CAD 模型包括实体零件和装配模型分别转换成为 Silma 的工件模型和工作单元，并开展了典型机械零件、自由曲面(如叶片型面等)的测量仿真以及检测路径规划和优化研究，所总结的基于 CimStation Inspection 的虚拟检测流程如图 10 - 8 所示。

2. Virtual DMIS CMM

美国国际计量系统公司开发的 Virtual DMIS CMM Software (简称为 Virtual DMIS)，是一个适用于多种尺寸测量设备的通用测量软件平台，可实现 Internet 环境质量数据的可视化收集、分析和传输。它具有以下特色：

(1)Virtual DMIS 实现了与 DMIS 的无接缝集成，将传统 CMM 变成了虚拟的、可视化的、数字化的测量设备。它将 DMIS 3.0 转化为统一的图标化 DMIS 语言，极大地方便了 DMIS 的应用。

(2)通过升级工具 Virtual DMIS CMM Retrofit Kit 可对现有所有类型和型号的 CNC 型、手动型 CMM 进行更新改造和升级，升级后系统的功能和性能与 CMM 本身的制造、型号及规格等无关。

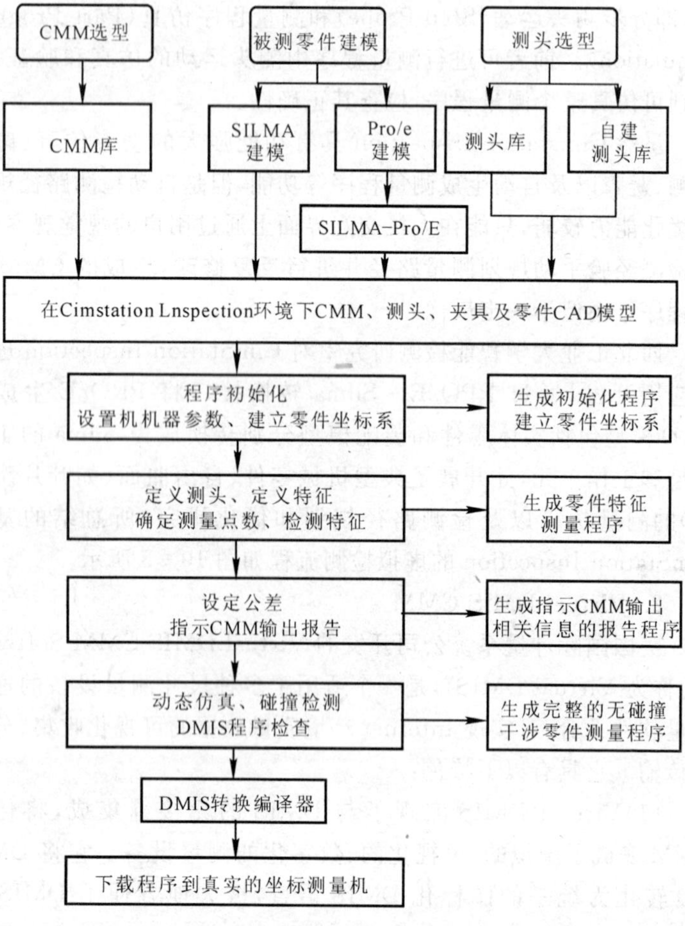

图 10-8　基于 CimStation Inspection 的虚拟检测流程

(3)Virtual DMIS 能实现零件 CAD 数据与 CMM 测量程序的集成。CAD 的数据可直接使用,也可以以 IGES,DXG,VDA 及 STEP 等格式输入和输出。

(4)点击测量功能。CMM 的测量过程就是从零件 CAD 模型点击鼠标的过程，操作者只需点击某个特征（如特征圆），Virtual CMM 就会自动生成测量程序，完成测量过程。Virtual DMIS 能自动识别和确认被测的点、线、面或孔的特征，这些信息还可用于在测量完成后构造图形化的工件。

(5)Virtual DMIS 的虚拟坐标测量机（Virtual CMM）模块能对零件的测量程序进行优化、仿真和校验。它采用 OpenGL 驱动的软件在虚拟环境以实体模型来观察工件、夹具、CMM 机构和测头，能进行自动碰撞检查，还提供了提高 CMM 机器精度的误差修正系统。

四、虚拟坐标测量的应用和研究实例

1. 虚拟坐标测量机校准及溯源国际标准研究

按照 ISO 9000，所有测量仪器设备都应能够校准和溯源，但是，由于 CMM 机械结构复杂、坐标计量中必须涉及许多测量点的三维位置等原因，目前 CMM 还缺乏有效的校准方法。如何准确评定 CMM 的测量不确定度是实现 CMM 校准及溯源的关键和最大困难，由于众多的与 CMM 和被测工件有关的因素都会给测量结果及其不确定度带来影响，即使在测量简单参数如轴的直径时不确定度的确定也很困难。

以日本东京大学为首，由日、德、澳等国专家以及 CMM 厂商和用户组成的国际合作研究小组，正在进行 CMM 校准国际标准方面的研究，所提出的 VCMM 模型如图 10－9 所示。基于 VCMM概念建立了 CMM 模型，成功开发了一种全新的 CMM 校准方法和国际溯源系统。

通过 VCMM 方法，可在线评估 CMM 完成某项具体测量任务时的测量误差以及测量不确定度。该方法将被列为国际标准 ISO/TC213/WG 10（CMM），将促进各国 CMM 测量不确定度评定方法的统一。它具有很好的推广应用前景，将促进建立国际化的校准体系，并出现提供 CMM 不确定度评估服务的专门国际机构和公司。

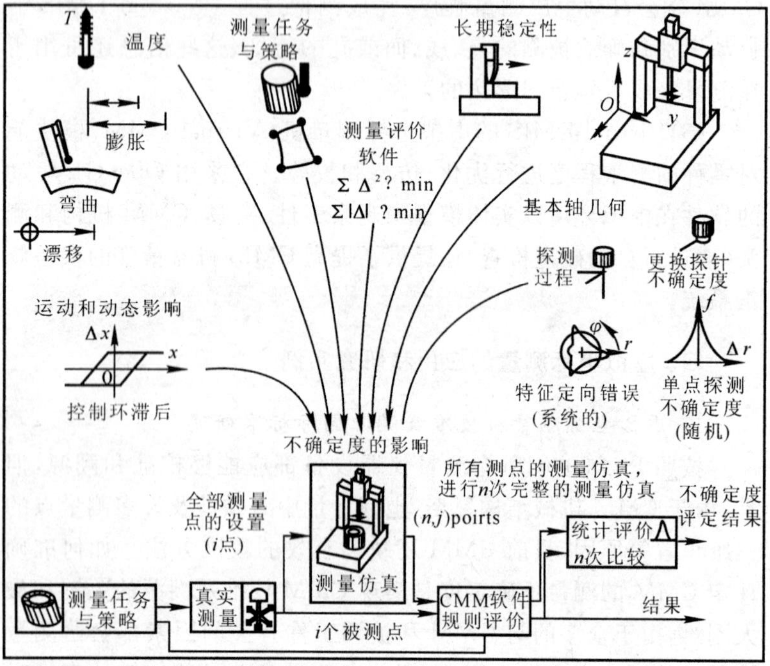

图 10－9　VCMM 模型

常用的 CMM 不确定度的评定方法有两种，即替换法和经验法。所谓替换法就是先按照有关检定标准，通过测量标准装置获得各个单项不确定度，然后进行合成。经验法则需要依据与当前测量任务相同或相似的测量任务的方法及结果。

为了准确评定 CMM 的不确定度，德国联邦物理技术研究所(PTB，Phsikalisch Technische Bundsanstalt)坐标计量部提出采用“虚拟坐标测量机”方法评估 CMM 的测量不确定度。虚拟坐标测量机方法的基本原理是测量数值序列的逐点仿真。通过在选定的某台 CMM 上对标准装置(采用校准球板或孔板和校准球体)进行测量得到误差影响源,计算、确定合成不确定度,同时进行误差影响源的软件建模和仿真,并将仿真结果与误差影响源比较。由于系统误差和随机误差的影响,需要进行足够多次的仿真运行。

为了评估 CMM 的几何误差,要在 CMM 测量空间的四个位置、使用 CMM 上所有的测头及测杆来测量具有高密度基准点的校准球板(孔板)。为了反映和评估实际检测时的不确定度,必须选择校准球体作为标准装置,而且要求所选择的测头、测杆以及测量过程动态参数(如运动速度、测量力、测量轨迹等)尽可能与实际测量过程一致。

CMM 不确定度的主要影响因素是 CMM 的长周期特性和环境温度。CMM 不确定度稳定性的评定可通过重复评估来实现,重复评估是指 CMM 购置时的验收测试以及 CMM 服役过程中的周期检定,一般由用户实施。采用小球数量较少的球板重复评估 CMM 几何误差,可显著减少基准点数目,缩短测量周期。

PTB 的试验表明,虚拟坐标测量机软件能更准确地评定 CMM 的不确定度。虚拟坐标测量机软件分析的结果证明,CMM 的性能仅取决于和特定测量任务有关的不确定度,要解决 CMM 的溯源能力,今后的标准化工作必须重视此问题。虚拟坐标测量机软件可被集成到常用 CMM 软件之中,作为在线仿真软件运行于真实测量环境。利用虚拟坐标测量机软件,用户能获得每项具体测量任务测量结果所对应的不确定度。下一步的研究将实现虚拟坐标测量机与制造软件的集成,不需要专门的计算和检定,就能得到测量结果及其不确定度。

英国国立物理实验室(National Physical Laboratory)正在进行基于系统特性数学模型的 CMM 仿真研究,采用 VCMM 和虚拟工件特征来进行 CMM 不确定度的评定。VCMM 具有提供可靠评定不确定度的潜能,但 CMM 特性的特征化仍有许多实际困难。当工件特征的形状误差比 CMM 测量不确定度显著时,需要采样得到该特征有效的几何形状模型。

2. 基于虚拟坐标测量机的CMM快速检测性能评估方法研究

日本工业大学采用虚拟坐标测量机的概念进行CMM快速检测中的性能评估方法研究。CMM在用于快速在线检测时，内部力和驱动力将会引起机械结构的变形以及机器轴承间隙的变化，可采用VCMM软件来评价、补偿CMM快速检测产生的测点位置误差。该研究以桥式CMM作为实例研究对象，以光滑圆柱量规和平板为被测工件实例，建立了CMM机械结构和气浮轴承的数学模型，提出了关于内部力和驱动力引起的变形、轴承间隙的变化以及测点位置误差的算法。通过VCMM软件，可实现CMM快速在线检测测量精度和不确定度的虚拟检定、校准及补偿。

10.4 虚拟仪器及质量检测虚拟集成测试环境

一、基于VI的虚拟测试

1. 概述

虚拟仪器是实现虚拟测试的一种方式和途径，基于VI的虚拟测试就是采用VI实现的检测、测试和测量。虚拟测试仪器的硬件只是解决测量信号的输入、输出(采集和传送)，功能强大的测量软件才是整个仪器系统的关键和核心。以软件代替硬件、以图形代替程序代码、以组态代替编程、以虚拟仪器代替传统仪器构建自动测试系统，虚拟仪器的概念和思想在测试、测量及控制自动化领域已获得深入广泛的应用。以NI公司的LabVIEW和HP公司的HP-VEE为代表的图形化编程语言是目前开发VI的流行软件平台。

作为一种创新的仪器设计思想，VI既可指某个具体的虚拟仪器，也可指广义的抽象概念。虚拟仪器有多种不同的表现形式，这取决于被测对象、实际的物理系统及构成仪器数据采集单元的硬件类型。VI与计算机网络技术的结合形成了网络化虚拟仪器和虚拟测试网络。虚拟测试网络可实现远程测试、监测、过程控制、管理及教育培训。

按照构成VI硬件的接口总线方式，虚拟仪器系统的典型体系结构和构建方案有PC-DAQ、VXI总线系统、PXI总线系统以及GPIB(IEEE—488)总线系统。通用串行总线(USB)、高速串行总线IEEE—1394(FireWire)等是构建VI特别是便携式虚拟仪器的最新方法。

2. 虚拟仪器软件标准化与可互换虚拟仪器

自动测试系统已经发展成为建立在最新商品化通用硬件平台基础上、以系统软件为核心的集成系统，其突出标志是模块化、通用性、开放性、互换性、可扩展性、可移植性、互操作性及标准化。自动测试系统软件标准的开放性是自动测试领域软件标准化的重要保证。当前最重要的自动测试软件标准有可编程仪器标准命令(SCPI，Standard Commands for Programmable Instruments)、虚拟仪器软件体系结构(VISA，Virtual Instrumentation Software Architecture)和可互换虚拟仪器(IVI，Interchangeable Virtual Instrument)。IVI是最新的测试系统软件标准。

IVI基金会在VXI即插即用驱动程序标准和VISA标准I/O库基础上，提出了基于状态管理的仪器驱动程序体系结构，即可互换虚拟仪器驱动程序模型和规范，并开发了IVI驱动程序库。IVI驱动程序使基于仪器驱动程序的测试程序与仪器硬件相互独立，已成为新的仪器驱动程序标准。IVI将即插即用概念扩展到仪器级，将VI从基本的互操作性(Interoperability)提升到互换性(Interchangeability)，实现了不同接口总线仪器驱动程序的互换性。基于IVI开发的VI应用程序完全独立于仪器硬件，可提高测试程序代码的重用性和复用性，减少仪器使用维护及支持费用，缩短仪器编程和学习时间。

IVI创建了虚拟仪器类规范，目前共定义了八种通用电子仪器类，即直流电源(DC power supply)、数字万用表(DMM，Digital multimeter)、函数发生器(Function generator & Arb)、示波器(Oscilloscope)、功率表(Power meter)、射频信号发生器(RF signal generator)、频谱分析仪(Spectrum analyzer)、开关/多通道复用器(Switch)。图 10－10 所示为 NI 公司开发的 IVI 体系结构。

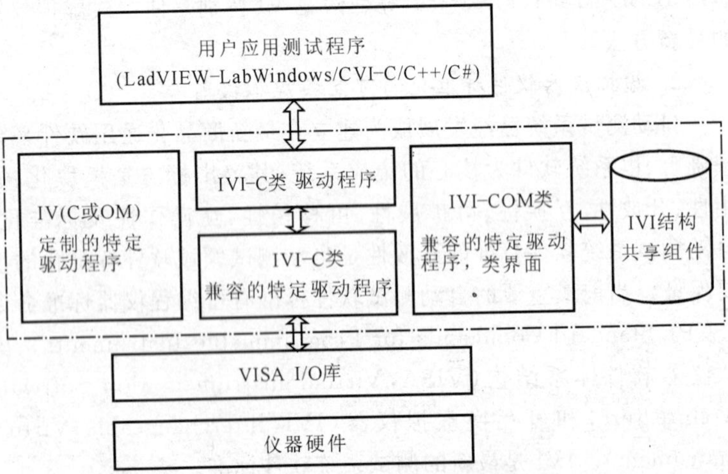

图 10－10　NI－IVI 体系结构

NI 的 IVI 驱动程序库包括这五类仪器的标准驱动程序、设备类驱动程序、仿真驱动程序、驱动程序软面板等。

二、质量检测虚拟集成测试环境

本节介绍作者完成的质量检测虚拟集成测试环境，该项目由国家国防科技预研基金支持。

1. 集成测试与虚拟集成测试

分立式电子元器件向大规模集成电路(LSI)和超大规模集成电路(VLSI)发展始于 20 世纪六七十年代，而传统测试向虚拟仪器和集成测试发展尚处于进行时。集成测试(Integrated Test)就是对多种硬测试仪器的测试功能进行“集成”,将众多的测试仪器功能、技术参数和精度指标等有序地、保真地集成在一个“虚拟测试环境”中,通过与有关硬件插卡和接口搭配,在计算机上精确无误地实现被集成测试仪器的全部功能。集成测试不是传统测试仪器的简单堆积和叠加,而是建立在 VI 基础上的全新的虚拟集成,它将众多测试仪器的功能集成于软件库中,形成一个包括多种测试仪器的虚拟测试仪器库。虚拟集成测试系统将从设计模式、调试模式、维修模式和销售模式上彻底改变测试仪器行业,现有功能单一、结构复杂、体积和质量庞大、价格昂贵的众多硬件化仪器,将很快被仅为几张软盘或光盘、小小的硬件插卡所构成的软件化虚拟集成测试仪器系统所替代,大大减少测试仪器操作与维护的时间和复杂性,降低 ATS 成本。

2. 质量检测虚拟集成测试环境的体系结构

目前机械制造领域中,几何量等产品制造质量数据的检测采集基本上还处于使用单台独立仪器进行测量的阶段,致使测量仪器功能孤立单一,检测操作步骤繁琐,检测效率低,数据处理采用手工记录、计算,因而测量自动化和智能化程度不高,质量检测数据的进一步利用和共享能力很差。传统质量检测方法的固有缺点严重制约了质量检测技术的发展,也制约了制造系统质量控制的有效实施,已经成为 CIMS,FMS 等先进制造系统在质量检测上的瓶颈。因此,在质量检测中引入虚拟集成测试概念,运用 VI 技术,建立面向先进制造系统质量检测的虚拟集成测试环境,能够增加可检测参数的品种和类别,简化检测步骤,提高检测智能化水平;还可提高测试仪器硬件设备的使用效率,通过软件的改变即可获得不同的虚拟测量仪器,在一套硬件设备上可实现多种测量仪器的功能,降低质量检测总成本。

考虑到制造系统中质量检测站点在地理位置上相当分散,实时性要求不是很高,采用各种总线实现时的技术复杂性和造价远高于 PC-DAQ,故质量检测虚拟集成测试环境采用了 PC-DAQ 结构,如图 10-11 所示。

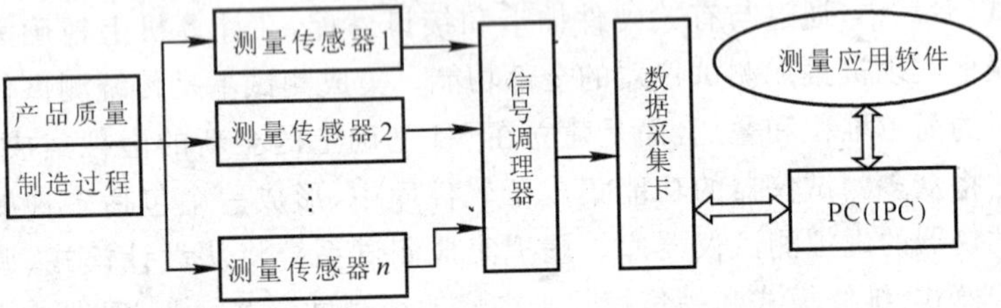

图 10-11　质量检测虚拟集成测试环境硬件结构

3. 质量检测虚拟集成测试环境的分层递阶结构

现代制造系统质量检测的显著特点是检测项目和数量多,涉及的范围广,复杂的质量检测测量任务都是由相互联系而又各自独立的测试仪器组成,在测试仪器中又包括了组成测试仪器的不同测量功能的模块。因此,质量检测虚拟集成测试环境采用如图 10-12 所示的三层递阶体系结构,三个层次由低到高依次为虚拟测量功能模块层(虚拟测量功能模块库)、虚拟测量仪器层(虚拟测量仪器模块库)、虚拟测量任务层(典型虚拟测量任务库)。每层由相应的、已开发好并封装成为子 VI 的虚拟测试功能模块库组成。

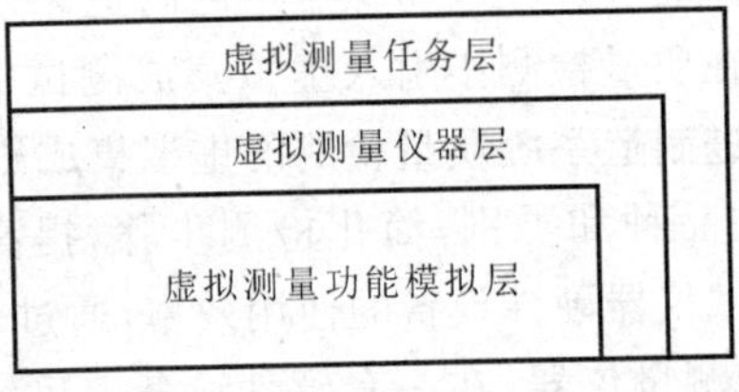

图 10-12　质量检测虚拟集成测试环境三层递阶结构

(1)虚拟测量功能模块层:虚拟测量功能模块是集成测试环境

中最基本的组成模块，因此作为最底层模块，测试功能模块完成最基本和最通用的测量功能。例如，虚拟质量数据检测仪的基本测量功能模块包括虚拟数据采集模块、虚拟数据处理模块、虚拟数据存储模块，这些模块具有通用性和普遍适用性，可以适用于其他机械、物理、化学、电气、电子等参量的检测测试，在其他虚拟测试仪器中直接使用。

综合当前各种质量检测数据采集方式方法的技术特点，同时考虑技术先进性，将数据采集模块细分为实时自动采集 VI、间断抽样 VI、手动采集 VI。用户可以根据工序质量控制和质量检测的具体需求以及被检工件，选择合适的数据采集 VI。

将这些已开发好的虚拟测量功能模块封装为子 VI 并存入虚拟测量功能模块库，可供 LabVIEW 直接调用。对通用测量功能模块的封装，提高了虚拟测量功能模块的复用性及互换性，大大减少了测试系统开发的重复工作量。

(2)虚拟测量仪器层：虚拟测量仪器是集成测试系统的中间层，在虚拟测量仪器模块中包含了底层中的功能模块，通过对底层模块的组合，产生了具有不同功能的中间层虚拟测量仪器库。虚拟测量仪器库所具有的功能与通常使用的传统测量仪器功能基本相同，同时还增加了许多传统测量仪器所不具备的功能。例如，虚拟质量检测检测仪的数据自动存储等功能就是一般电感测微仪不可能具备的。

虚拟测量仪器库中的模块具有标准的输入输出定义，可以在不同的测量应用系统开发时直接调用，实现了传统测量仪器所不具备的通用功能。虚拟测量仪器库中的模块，通过添加组合网络通信 VI，即可成为网络化虚拟测量仪器。

(3)虚拟测量任务层：虚拟测量任务层面向大型的测量任务。在复杂零件的质量检测过程中，涉及不同的尺寸测量、形状位置误差测量、表面质量测量、微弱信号测量、数据分析处理、数据统计、报表输出等任务，如何将这些不同类型的任务合理划分，并集成在虚拟测试环境，形成一个统一的测量任务，就是虚拟测量任务层要解决的问题。在虚拟测量任务层中，通过控制程序调度前两层模块的组合使用，可控制测量的顺序及结果的输出。

例如，对某轴类零件的质量检测时，虚拟测量任务层安排的质量检测工序为：①由虚拟质量检测仪检测尺寸公差；②由虚拟圆度仪检测评定轴截面的圆度公差；③用虚拟质量控制仪生成检测结果报表，绘制质量控制图，并给出质量检测结论。

质量检测虚拟集成测试环境提供了这样一种平台，根据具体的质量检测任务，可在虚拟测量功能模块级、虚拟测量仪器级以及虚拟检测任务级完成质量检测。虚拟集成测试环境能对已开发好的虚拟测量仪器进行统一管理，整合、生成新的虚拟测量仪器，通过质量控制 VI，还可实现质量控制与质量检测的无缝集成。

质量检测虚拟集成测试环境还提供了与虚拟坐标测量仿真软件 CimStation Inspection 的接口，将其作为其中的一个虚拟测量仪器。

4. 质量检测虚拟集成测试环境的实现

质量检测虚拟集成测试环境的软件组成如图 10-13 所示。

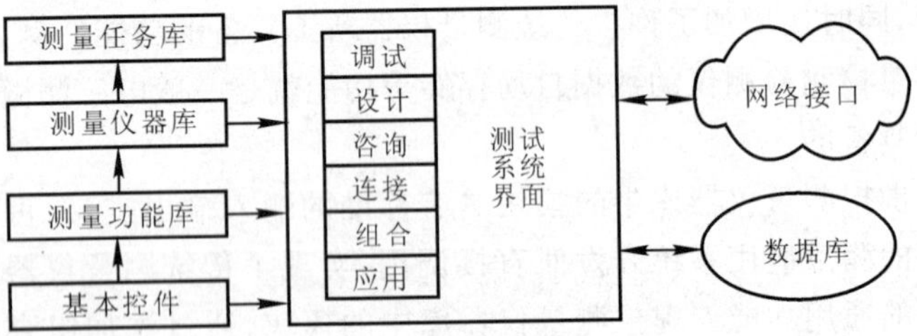

图 10-13　质量检测虚拟集成测试环境软件组成

质量检测虚拟集成测试环境包括测试功能模块管理环境和 LabVIEW 下的测试程序开发环境两大组成部分。虚拟测试功能管理环境是集成测试环境的管理核心，而 LabVIEW 是集成测试环境的二次开发平台。质量检测虚拟集成测试环境还规划设计了三个支持数据库，即虚拟测试仪器库、测试过程管理信息数据库、质量检测结果信息数据库。

在开发过程中，使用可视化编程工具 VB 开发了测试功能管理环境的界面，采用 ACCESS 和 SQL Server 数据库作为管理信息数据库，利用树型图来描述三个不同层次测试功能模块之间的从属关系。开发好的 VI 则以 LabVIEW 的 VI 格式直接存放管理。

质量检测是质量控制中质量数据和信息的来源，在质量检测数据基础上实施质量控制，即可实现集成测试环境下的质量控制。在质量检测虚拟集成测试环境中，质量检测数据和信息由相应的质量检测 VI 采集获得，并且自动存储到质量检测数据库，通过调用质量控制 VI，对质量检测数据进行统计、存档及分析，实现质量控制功能。目前已实现的质量控制功能主要包括质量检测数据分类存储、控制图绘制、质量检测数据统计分析、工序能力指数分析评价、质量预警控制、产品质量数据报表等。

LabVIEW 并不专门面向质量控制和质量管理应用领域，几乎没有提供现成的可直接使用的质量控制控件，质量控制功能的实现对数学计算、统计计算、图形、表格等有更多的要求，因此，我们综合运用了 LabVIEW，VB，MATLAB 和 EXCEL 等多种通用编程工具，发挥各自的编程优点，设计质量控制 VI，并以 LabVIEW 可识别和接受的形式在 LabVIEW 环境调用。实现虚拟集成测试环境下的质量控制的关键是 VI 与数据库的接口，在 LabVIEW 中可通过经过封装的 ActiveX 及 ADO 技术，使用 SQLToolKit 或 LabSQL 等第三方组件实现对质量检测结果信息数据库的访问。

10.5 虚拟传感器

一、虚拟传感器概述

虚拟传感器(Virtual Sensor)是传感器及虚拟测试领域一个最新兴起的研究方向。目前,虚拟传感器还没有统一的定义。虚拟传感器是对真实物理传感器的抽象表示,通过虚拟传感器可以仿真各种类型的真实传感器,实现基于虚拟传感信息的控制及操作。通过虚拟传感器还可以感受虚拟环境中测控对象的变化,如在虚拟制造环境中感受虚拟机床、虚拟设备及工件的工作状态的变化,虚拟机器人的运动轨迹跟踪等。虚拟传感器发出的信息可作为虚拟制造环境某些行为的触发条件,根据具体对象的运行状态来决定是否执行相应的操作,如检测机械手时,将工件抓紧后方可进行后续的机械手运动,工件到达加工位置后设备才开始加工动作。

虚拟传感器又称为数据传感器,在某种意义上是一个数学模型,该模型可以根据有关原始数据,通过一个引伸的系统模型及公式来创建。虚拟传感器的原始数据可来自于虚拟加工过程(应考虑制造误差的影响),也可来自测量系统中的真实物理传感器。

虚拟传感器的理论依据是,在复杂测试中,所关心的测试性能指标与多个相关变量之间存在耦合关系,根据嵌入定理可建立测试性能指标与各有关变量之间的关系模型。虚拟传感器的主要功能有:①将当前少数分离的传感器的信息映射到空间分布(或较多空间)的信息;②利用映射空间信息预估下一时刻的信息。

虚拟传感器和真实物理传感器分别用于测量系统中不同的现象和(或)特性:在测量系统中,并不是用一个真实传感器来直接采集、传输所关心的物理特性的数据,而是将真实传感器作为虚拟传感器的代理(Proxy),采用该真实传感器来获取原始数据。图

10－14为虚拟传感器原理框图。虚拟传感器的输入信息包括多个真实传感器的原始输入和经过处理后的真实传感器的检测输出。

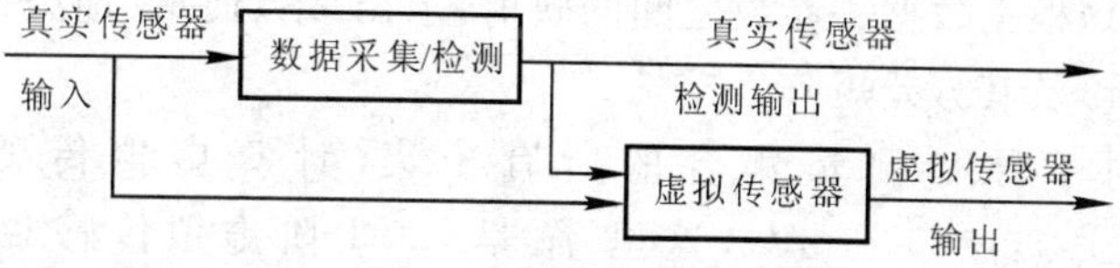

图 10－14　虚拟传感器原理

虚拟传感器的开发是基于真实传感器、计算机硬件平台和数据处理软件。虚拟传感器的实现必须依托必要的真实物理传感器和必要的硬件，还必须依赖有关软件，包括数据处理程序、传感器信息融合程序、补偿程序和环境测试处理程序等。

最新出现的虚拟传感器技术在信息获取、信息分析处理和信息传递中应用前景十分看好，它能提高测试系统的集成度及融合性，可以作为测试信息流中的理想组件。当运行条件或状态参数变化时，虚拟传感器的状态和灵敏度也会发生变化，因此，在虚拟传感器研究时必须解决单个和多个传感器信息融合以及自适应能力问题，例如机器人虚拟传感器的信息后置处理问题。

虚拟传感器将对测试计量技术的发展产生深远影响，不但可实现测试计量的高精度、低功耗、低成本，而且为实现传感器数据处理、分析、判断等的智能化创造了条件。

二、虚拟传感器建模与应用实例

1. 虚拟传感器建模

当用于估计测控系统中无法安置真实传感器的位置的信息响应时，虚拟传感器建模的主要任务是参数估计。可从 $m\times1$ 测量向量 $\boldsymbol{m}_j$ 的集合 $Q=\{\boldsymbol{m}_j: j=1,\cdots,n\}$ 估计 $t\times1$ 参数测量向量 $\boldsymbol{f}$。测量向量表示物理传感器的实际输出，n 为测量数目。

假设从测量集合 Q 的任一 s 子集 Q_s 到参数向量的映射 $\boldsymbol{f}=$

$\boldsymbol{g}(Q_s)$已知，则虚拟传感器的参数估计问题可分成两个独立的步骤：

(1)根据数据—参数之间的映射，求出参数向量(即虚拟传感器测量)及其方差矩阵。

对于原始测量集合的所有子集，计算虚拟传感器对$\{(\boldsymbol{f}_{vj}\ \Sigma_{vj}):j=1,\cdots,t\}$，这里$\boldsymbol{f}_{vj}$是$t\times1$阶虚拟传感器测量，$\Sigma_{vj}=\mathrm{Var}(\boldsymbol{f}_{vj})$是相应的$t\times t$阶虚拟传感器方差。

将物理传感器和数据—参数映射结合起来计算，产生了一个所需要的参数向量的测量，相当于虚拟传感器对参数向量进行直接测量，因而将参数向量称为虚拟传感器测量。

(2)从所有的虚拟传感器测量中，计算出一最小方差参数向量。即从r个虚拟传感器测量对计算$t\times1$阶最小方差参数估计$\boldsymbol{f}_e$。

在输入和输出关系复杂的虚拟传感器系统研究中，人工神经网络(ANN)、传感器信息融合、基因遗传算法、模糊模型以及虚拟现实等方法已得到成功应用。ANN具有强大的处理非线性优化问题的能力，不需要建立精确的数学模型，而且对那些难以用规则或公式描述的问题表现出极大的灵活性和自适应性，BP(Back Propagation)网络和径向基函数网络(RBFN,Radial-Basis Function Network)是当前虚拟传感器中常用的两种神经网络模型。

2. 虚拟传感器应用领域

由于虚拟传感器可以代替部分硬件设备，降低空间和设备费用要求，同时又具有良好的性能，所以它在先进制造、机器人、传感器系统故障诊断、多目标跟踪、噪声控制、通信、生物化学、医疗等诸多领域得到了广泛应用。

(1)实现对某些由于种种条件限制不能或难以直接测量的参数的测量：目前由于技术发展水平局限，缺少某些种类的传感器而无法获得某些信息，或者对一些操作环境极端恶劣的场合，还不能提供在此环境下工作的传感器而难以实现测控系统的理想操作和控制，虚拟传感器的应用可使这些难题大大缓解。随着虚拟传感器研究的不断深入和功能的不断完善，今后也有可能由虚拟传感器完全取代或部分取代某些真实的物理传感器，极大地简化信息感知系统的构成，增强功能，降低成本。例如，用于发电厂增压器的虚拟水位传感器，就是以蒸汽流量传感器作为传感器代理，来预测增压器中的水位。

(2)通过廉价的测量装置来代替昂贵的或不太实用的传感器。

(3)工业过程控制中的虚拟传感器：虚拟传感器可用于监控和监测测控系统中的真实物理传感器，在真实传感器失效时用虚拟传感器来代替，以提高系统可靠性。例如，发电厂汽轮机组过程监测系统能否有效工作依赖于大量现场运行参数的检测，由于种种原因难免存在参数失效，即这些参数测点无信号或者检测值超过允许范围。汽轮发电机组热力系统中各个热力参数之间并不是孤立的，往往都是与其他参数存在着密切的相互联系，这种关联关系反映了热力系统中各个设备、各个过程的客观规律。可采用虚拟传感器对发电厂汽轮机组过程监测系统中设备运行过程的一些重要参数进行在线仿真和实时跟随，通过仿真结果数值对现场检测参数值进行校验。如果现场检测传感器工作异常或损坏，可用虚拟传感器直接予以代替，此时的虚拟传感器就如同一个与真实传感器一起工作的真实传感器。该虚拟传感器采用具有学习和仿真功能的 RBFN 神经网络模型，必须选择数个与监测参数具有强相关性的过程参数作为输入参数，这些参数数值来自真实传感器。

(4)下一代传感器(Next Generation Sensor)研制开发。

(5)虚拟测试与虚拟设计、虚拟制造的一体化。

(6)智能机器人、虚拟机器人研究。

(7)生物医学工程。

3. 虚拟传感器实例

(1)虚拟传感器在下一代传感器研制中的应用：下一代传感器的主要领域包括非传统摄像、传感器特性建模、面向高质量特征的域测量、基于所收集数据的传感器的优化、多频谱传感系统、新型传感器样机开发以及信息融合等。

在下一代传感器的开发设计中,传感器建模起着决定性作用,虚拟传感器将发挥越来越重要的作用。在真实样机开发之前,通过虚拟传感器及其样机开发,就能精确地设计、测试下一代传感器系统。利用虚拟传感器技术所提供的多种建模工具,并与模块化的特征数据的数据库相结合,对要研制的下一代传感器进行建模,并预测下一代传感器的性能,完成传感器设计的优化。例如,ERIM International 公司开发了可展示汽车 3D 外形的虚拟传感器,它能经过分析处理,将汇集起来的钝化图像融合成完整的三维图像。

(2)内燃机转矩评定虚拟传感器:美国 Purdue 大学研制了用于内燃机转矩评定、基于 ANN 拓扑结构的虚拟传感器。该虚拟传感器采用 RBFN 神经网络,试验证明该网络特别适合于虚拟传感器结构。他们还提出使用互动信息(Mutual Information)的方法进行虚拟传感器输入信息预处理,互动信息是虚拟传感器黑箱模型 I/O 关系强度的一个度量,不需要关于输入、输出线性度的任何假设就能进行 I/O 转换等运算。

(3)虚拟温度传感器:美国 B&K 公司已开发出一种基于软件设置的 TEDS 型虚拟温度传感器,其主要特点是,每只传感器都有唯一的产品序列号并附带一张光盘,光盘上存储着用于该传感器标定的有关数据。使用时,传感器通过数据采集器连接至计算机,先输入该传感器的产品序列号,再从光盘上读出有关数据,然后自动完成对传感器的检查、传感器参数的读取、传感器设置和记录工作。利用软件可建立传感器模型、校准参数及传感器标定模型,以实现最佳性能指标。专供开发虚拟传感器产品的开发工具也已面市。

(4)用于称重传感器标定的虚拟传感器:目前称重传感器的补偿工艺复杂,成本高,环境温度补偿电路的适应范围窄,补偿后的性能参数难以再进行重复校正。由于添加了环境温度补偿电路，导致故障点增多，给维修、检测带来不少困难，用现有的补偿技术也很难解决称重传感器的零点漂移问题。采用虚拟称重传感器，这些难题便迎刃而解。

虚拟称重传感器的硬件同样也包括计算机、应变器件和弹性体器件、应变件与弹性体器件的连接件(胶或其他)等部分。弹性体器件和应变件以及两者的连接件必须保证应变器件完全反映弹性器件的受力变形量，使信息传递保真。应变材料弹性模量与温度之间的函数关系已事先测定，可不必进行温度零补偿和温漂补偿，并由静态补偿变为动态补偿。同时采用双桥路惠斯登电桥来校正弹性体器件温度函数的准确性，提高传感器的准确度。传感器加载受力后，测量其输出电流及组成电桥的应变件的电阻值，并将测量数据与初始数据比较，以排除零点不平衡和环境温度改变而引起的应变件电阻值的变化。

虚拟称重传感器的核心是软件和标准标定数据，在测量中将它们与实际测定数据比较，并对测定数据进行数据处理和转换，输出称量结果。数据处理前先求得出厂前测定得到的弹性体件变形量与所受外力关系的系数。数据处理是基于应变件的温度——电阻值曲线函数和弹性体材料的温度——变形曲线函数，将其与在标准温度下的测定数据进行比较，换算成标准温度下的数据，它排除了温度对零点和满量程的影响。经过进一步比较计算即可得到无附加影响的纯称量结果。

第 11 章 微机电系统虚拟制造技术

微机电系统(MEMS,Micro-Electro-Mechanical System)是一门新兴交叉学科,在航空、航天、汽车、生物医学、环境监控、军事等领域都有十分广泛的应用前景。虚拟制造系统可以对微机电系统的产品设计、加工制造、性能分析等做出综合评价,有效地提高产品性能,降低成本以及增强制造过程各个层次的决策与控制能力,对于微机电系统的发展具有十分重大的意义。

本章简单介绍了微机电系统制造广泛采用的微细加工方法,详细分析了 MEMS 虚拟设计体系结构,包括虚拟设计、虚拟装配(虚拟组装)、虚拟运行等,着重阐述 MEMS 工艺仿真过程中的可视化技术。

11.1 概　述

微机电系统是指采用微机械加工技术可以批量制作的、集微型传感器、微型机构、微型制动器以及信号处理和控制电路、接口、通信等于一体的微型器件或微型系统。MEMS 在 20 世纪 80 年代中后期就已大规模进入实验室及研究机构,目前已有多种产品(如压力泵、加速度传感器、阀门、喷嘴和微镜阵列等)。微机械器件和系统涉及电、磁、机械和流体、控制等多个领域,具有体积小、质量轻、功耗低、成本低、可靠性高、性能优异、功能强大以及可以批量生产等优点,在航空、航天、汽车、生物医学、环境监控、军事等各个领域具有十分广泛的应用前景。

微机电系统的特征尺寸(即决定器件特性和加工工艺的关键

尺寸)大约在微米量级。由于微尺度和特殊材料特性,微机电系统的机械性能大大区别于传统机械器件。目前,MEMS 制作技术发展越来越成熟,并已经到了应用阶段。其主流加工技术是利用微电子工艺,通过晶体生长、沉积、刻蚀及极化处理等过程得到器件。但是,MEMS 的设计技术则显得相对落后。在 MEMS 器件的整个设计生产周期中,MEMS 器件的设计阶段是耗时最长的阶段,它的集成设计涉及力学、流体力学、热学、电学和电磁学等多学科交叉问题,需要综合多学科优化理论进行分析,因此在设计参数的选择上有很大的难度。其中工艺设计是最为突出的问题,因为 MEMS 制作和封装的成品率高低都依赖于工艺,而且上述多学科交叉问题最终都只有通过良好的工艺设计才能解决。因此,一个集微机械结构设计、制作与运行环境为一体的,能够方便地进行微机械的设计、修改、验证及改进的环境就显得格外重要,虚拟制造技术就是一种非常有效的方法。

微机电系统的虚拟制造是其实际制造过程在计算机上的本质实现,即利用计算机仿真和虚拟现实技术,在计算机上模拟出微机电系统产品的整个制造过程,从而对微机电系统的产品设计、加工制造、性能分析等做出综合评价,有效地提高产品性能,降低成本以及增强制造过程各个层次的决策与控制能力。

微机电系统与虚拟制造技术都是最新的技术生长点。将此两项技术结合,建立起微机械的虚拟制造系统,无论是对虚拟制造技术的应用,还是对微机电系统的发展都具有重大的意义。

微细加工方法是指加工尺寸在微米级范围的加工方式。因为 MEMS 的本身尺寸范围就在微米级范围,因此可以说 MEMS 工艺都是微细加工工艺。微细加工技术曾经广泛应用于大规模和超大规模集成电路的加工制作,正是这些微细加工技术使得众多的微电子器件及相关技术和产业蓬勃发展起来,并迎来了人类社会的信息革命。同时,微细加工技术也逐渐被赋予更为广泛的内容和更高的要求。目前，微细加工技术在特种新型器件、电子零件和电子装置、表面分析、材料改性等方面也在发挥着日益重要的作用。特别是在 MEMS 研究和制作方面，微细加工技术已经成为必不可少的基本环节。

微细加工工艺起源于半导体制造工艺。在集成电路和各种半导体器件制造中，最常用的材料是硅。硅器件占世界出售的半导体器件的 95%以上。在 MEMS 加工中，硅材料是最基本最主要的材料。一方面，这是由于 MEMS 工艺与 IC 技术的渊源；另一方面，是因为硅材料具有很多优异的特性。硅是半导体材料，具有很好的电子特性，它可以通过掺杂来改变硅的导电性能。同时硅也具有很好的机械特性。在机械结构中，需要考虑的主要参数是杨氏模量、泊松比、应力和最大强度，硅在这几个方面都具有很好的特性，同时，由于硅的晶格缺陷相对很少，加工后可以得到很好的表面特性。

微细加工一般都要涉及硅材料，针对 MEMS 的微细加工也常被称为硅微细加工（Silicon Micro-fabrication）。它是 MEMS 迅速发展的基础技术。作为硅集成制造技术的延伸，硅微细加工主要是指以硅为基础材料制作各种 MEMS 器件的技术。

MEMS 加工方法种类繁多，其实现原理和具体的加工过程都不尽相同。按加工技术来分，MEMS 加工工艺可以分为光刻技术、牺牲层技术、外延技术、高能束刻蚀技术等。按加工范围可以分为体加工、表面加工以及 LIGA 等。按工艺标准来分，MEMS 加工工艺可以分为 Cronos 公司的 MUMPS 工艺、Sandia 公司的 SUMMIT 工艺等。下面简单介绍一下这些工艺和术语。

1. 光　刻

光刻（Photolithography）也称照相印刷术，它源于微电子的集成电路制造，是在 MEMS 制造领域应用较早，现在仍被广泛采用并还在不断发展的一类微细加工方法。光刻在 MEMS 技术中的地位和它在IC制作中一样重要。其原理是：在硅等基体材料上涂敷光刻胶，然后利用极限分辨率极高的能量束通过掩膜对光刻胶进行曝光，经显影后，在光刻胶层上获得了与掩膜图形相同（或者相反）的极微细的几何图形。在光刻之后，通常是利用刻蚀方法在工件材料上制造出微型结构。

2. 刻　蚀

刻蚀是MEMS加工中最基本的加工方法。在MEMS中有以下几种刻蚀方法：

(1)各向异性刻蚀（Anisotropic Etching）：许多刻蚀剂（如KOH，TMAH和EDP）在刻蚀硅材料时，在不同的晶格方向具有不同的刻蚀速率。这些刻蚀剂与刻蚀中止层技术结合，可以刻蚀出非常精确的机械结构。

(2)深度反应离子刻蚀(DRIE)：和各向异性刻蚀一样，深度反应离子刻蚀也可以生成非常精确的机械结构，但是可以不考虑晶向。因此，深度反应离子刻蚀比各向异性刻蚀更加灵活。

(3)气相刻蚀：采用气体刻蚀剂通过物理或化学反应的方法实现材料去除。气相刻蚀时被刻蚀的部分会变成气体挥发，不需要进行烘干处理。而其他刻蚀方法，刻蚀之后都要进行烘干处理。HF和xeF_2是目前最常用的气相刻蚀剂。现在，气相刻蚀已经可以应用于MEMS加工。

3. 牺牲层技术

牺牲层技术(Sacrificial Layer Technology)也叫分离层技术，用来在硅基板上制造出微型悬臂梁、微型腔和膜片等。在硅基板上，首先用化学气相沉积方法形成多层薄膜，其中的下层薄膜为牺牲层材料（如SiO_2），然后以溶解或刻蚀法去除牺牲层，使上层薄膜与基板分离，而形成与基板略为连接的微机械，如微静电电机、微齿轮、曲轴和振动传感器的微桥接片等。

4. 掺　杂

掺杂是一种与离子注入、沉积和 IC 制作中的扩散类似的加工方法，它是通过扩散运动把分子或者离子注入硅材料内部，达到改变硅材料物理化学性能的目的。

5. 基体键合

IC 制作一直以来都是平面工艺。但是许多 MEMS 器件需要非平面的三维结构。因此需要从 IC 的平面工艺中发展可以生成三维器件的技术，基体键合就是其中之一。通过多层基体的叠加和接合，就可以制造出复杂的三维器件和三维系统。一般情况下，硅一硅键合都是热扩散键合，硅一玻璃键合一般采用阳极键合。

6. 烘　干

对于经过表面加工的易碎的 MEMS 结构，牺牲层刻蚀之后的烘干工序是必需的。烘干工序中要考虑的一个问题是如何处理器件的毛细作用力问题。毛细作用力会把一些游离的细粒吸附在底层基体的接口处，使 MEMS 器件不能正常工作。这个问题的一般处理方式是采用冰冻干燥法和临界点干燥法。甲醇冰冻干燥法是应用比较早的一种方法，但是因为不能完全去除毛细作用力，所以在许多敏感器件中不采用，而采用一氧化碳的临界点干燥法。另一个很有前途的方法就是采用单层自封装技术，它可以使得 MEMS 结构具有疏水性，减少了毛细作用力使 MEMS 结构失效的可能。

7. 体加工

体加工是指通过刻蚀等技术去除部分基体或者衬底材料，从而得到所需要的元件体结构的一种加工方法。它在 MEMS 制造中应用最早，主要是通过光刻和化学刻蚀等在硅基体上得到一些坑、凸台、带平面的孔洞等微结构，它们成为制造悬臂梁、膜片、沟槽和其他结构单元的基础，最后利用这些结构单元可以研制出压力或加速度传感器等微结构装置。

8. 面加工

表面加工是以基体材料作机械支撑，然后在其表面上利用沉积、刻蚀和牺牲层等技术进行 MEMS 器件的加工制作。表面加工技术适合加工悬置于基体表面上，相对较小，有时具有一定自由度的薄膜元件。

9. LIGA

LIGA 是德文中制版术（Lithograoghie）、电铸成型（Galvanoformung）和注塑（Abformung）的缩写。该工艺在 20 世纪 80 年代初创立于德国的卡尔斯鲁厄（Karlsruhe）原子研究所，是为制造微喷嘴而发明的。当时 LIGA 创始人曾认为 LIGA 可以制作厚度超过其长度的各种微型构件。

LIGA 技术能制作的几何结构不受材料特性和结晶方向的限制，可以制造由各种金属材料以及塑料、玻璃、陶瓷等材料制成的微机械。因此，与硅材料的微加工技术相比较，LIGA 技术是一个很大的飞跃。LIGA 技术可以制造具有很大纵横比的复杂的三维结构。纵向尺寸可达数百微米，最小横向尺寸为 1 μm，尺寸精度达亚微米级，但其设备投资很大。

10. MUMPS 工艺

MEMS 加工方法种类繁多，为了提高 MEMS 工艺的通用性，方便工艺设计人员之间的数据交换，人们对表面加工工艺的标准化研究已经开始并取得了一定的成果，其中 MCNC/Cronos 公司的 MUMPS 工艺以其简单、低成本和通用性，被广泛用于验证新的设计概念，同时，就兼容性来说，表面加工技术最容易和微电子工艺兼容，便于大批量生产机电一体化的微系统。

MUMPS 工艺是一个三层多晶硅表面微细加工工艺，如图 11－1所示．它包括七层薄膜材料，其中三层多晶硅（Poly0，Poly1，Poly2）用做结构层，两层沉积的氧化物（Oxide1，Oxide2）用做牺牲层，而氮化硅层（Nitride）用做多晶硅和基体之间的绝缘层，金属层（Metal）则用在引线点处，以减小电阻。为了最大可能地保证 MUMPS 工艺的通用性，其中结构层和牺牲层的厚度已经基本固定。图 11－2 为利用 MUMPS 工艺加工的微型马达的一个截面图，其结构的组成、厚度信息以及对应的光刻掩膜如表 11－1 所示。

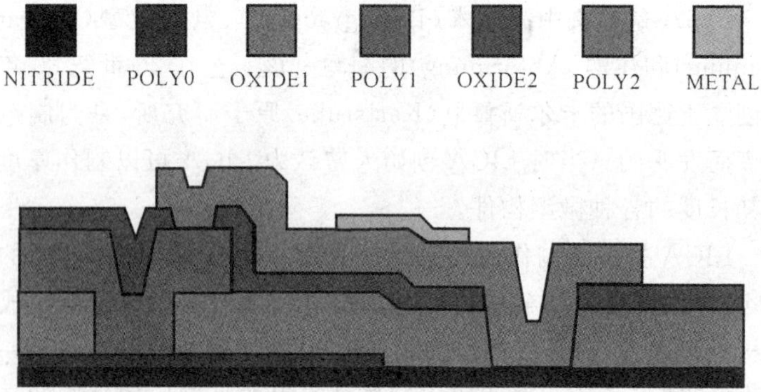

图 11－1　MUMPS 工艺

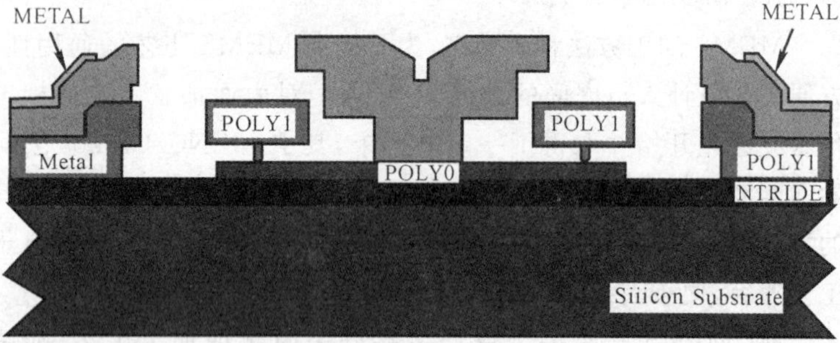

图 11－2　MUMPS 工艺实例

表　11-1

材料层	厚度/μm	对应的光刻掩膜
氮化硅(Nitride)	0.6	
多晶硅(Poly0)	0.5	POLY0 (HOLE0)
牺牲层(First Oxide1)	2.0	DIMPLE ANCHOR1
多晶硅(Poly1)	2.0	POLY1 (HOLE1)
牺牲层(Second Oxide)	0.75	POLY1_POLY2_VIA ANCHOR2
多晶硅(Poly2)	1.5	POLY2 (HOLE2)
金属(Metal)	0.5	METAL (HOLEM)

11.2　MEMS 虚拟制造技术

MEMS 设计中引入虚拟制造技术将具有简单、速度快、费用低的优点。它要完成的任务包括微机电系统运行环境的虚拟生成、微机电系统各零部件及整体的生成、微机电系统与其运行环境在满足各自物理条件的情况下在虚拟环境中模拟运行，并最终建立一个能够方便地进行微机电系统的设计、修改、验证及改进的虚拟环境。国内南开大学和西北工业大学等单位开展了这方面的研究工作。南开大学的研究人员打算以微机器人在血液中运行为背景，分析并建立一个集 MEMS 设计、制作与运行环境为一体的虚拟环境。而西北工业大学微/纳米系统实验室则进行了微机电系统集成设计平台的开发工作，并取得了一定的成果。

微机械虚拟制造环境一般应包括虚拟运行环境的生成、微机械构件及整体设计与优化、微机械制作过程仿真等部分。其主要作用：①将微机械的设计、制作与运行环境可视化；②为微机械的理论研究与实验研究架起一座桥梁;③可以从任意视点和角度观察微机械的运行。

在虚拟环境中 MEMS 器件的制作流程如图 11-3 所示。虚拟环境是根据测量实际 MEMS 器件组装和运行的微操作平台所得数据,由计算机生成。在其中可以完成 MEMS 部件 3D 设计、加工及虚拟组装、虚拟运行。

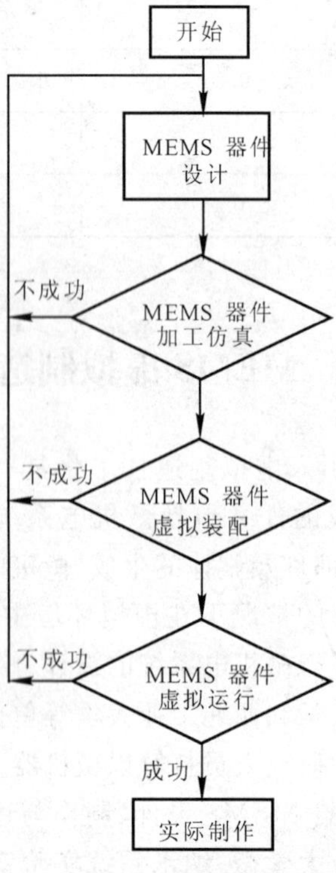

图 11-3　虚拟环境中 MEMS 器件的制作流程

一、MEMS 虚拟设计系统体系结构

引入虚拟设计概念之后的 MEMS 器件制作过程如图 11-4

所示。图中可以看出，左列流程中的虚拟工艺、虚拟组装和虚拟运行分别对应实际流程中的工艺流水、部件装配和功能测试。版图设计结果在虚拟环境中的任一环节被发现存在问题都可以随时转回重新设计，而不需要额外的工艺时间和费用，这一点对于设计制作像 MEMS 器件这种需要长周期、高费用、低成功率的生长过程的器件尤为重要。版图设计经过虚拟环境低成本的反复验证、优化之后再送入部件实际制作过程，将会最大限度地减少 MEMS 设计在实际制作过程中的反复，保证了设计过程的高效率、高质量和低费用。

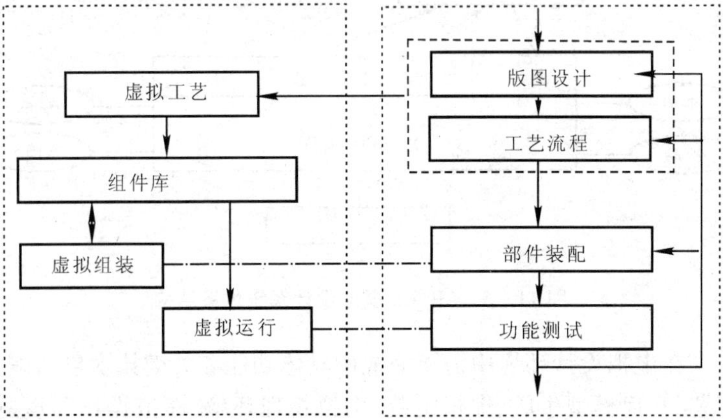

图 11－4　加入虚拟设计的 MEMS 器件制作流程

为了利用已有的研究成果，研究人员提出了 MEMS 组件库的概念，通过对 MEMS 的组成组件进行建库，从而能根据库快速进行系统搭建和仿真，达到快速、准确设计的目的，是实现自顶向下 MEMS 集成设计的关键。因此 MEMS 组件库技术是虚拟设计的实现基础。MEMS 组件库一般采用层次化的结构组成形式。即首先按照功能进行分类，分成广义弹簧、广义质量、广义阻尼、能量转换器和能源等功能元件，再根据功能元件的不同结构进行分类，分成梁、平板质量块、锚点、静电间隙、连接点和梳齿驱动等结构。这些结构元素通过端口连接形成具有某种功能的元件，如梁以不同组合方式形成的折叠梁弹簧(Folded Flexure Spring)和悬臂梁弹簧等。其理论基础即为集总参数建模方法和节点分析法。

虚拟设计系统中的MEMS组件库是对各功能模块和中间数据、设计结果的综合集成管理系统，它与MEMS设计系统各部分的关系如图11-5所示。

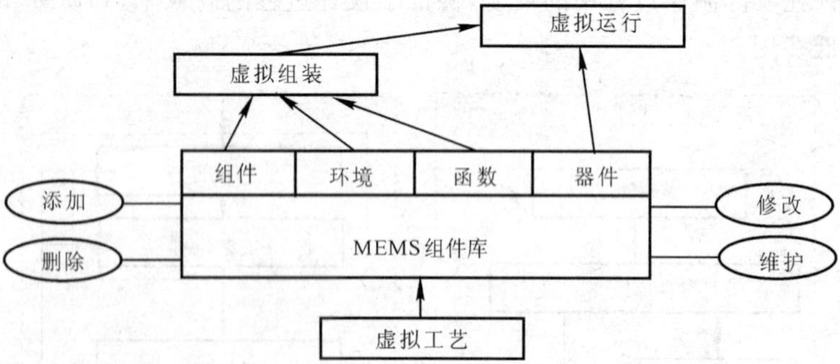

图11-5　MEMS虚拟设计系统体系结构

在虚拟设计环境中需要完成的具体功能和关键技术包括虚拟工艺、几何模型生成、虚拟组装、虚拟物理环境、虚拟操作环境、虚拟运行、理论模型(力学模型、电气模型)、行为关系描述、虚拟现实引擎等。

二、微机电系统的加工工艺过程仿真

随着MEMS的发展，MEMS器件日益复杂，使得MEMS器件的工艺设计要求越来越高。设计流程繁杂，严重影响了设计效果；同时由于加工的难度和设备的昂贵，要求工艺设计具有很好的加工性能，尽量减少加工试验的次数，降低制造成本。因此MEMS的设计者迫切需要直接描述系统的几何结构，或通过提供工艺和掩膜信息得到系统结构并进行分析，使设计者能够在制造以前检验工艺及掩膜的有效性，并可以在设计阶段就考虑工艺的变化对性能的影响。

微机电系统是通过版图设计软件逐层设计，设计确定沉积、刻蚀过程所需的掩膜和加工时间及其他工艺参数，以控制工艺流水线生成所需成品的几何形状。由于微机械工艺过程都是物理、化学过程，所生成的部件几何形状很难被直观的由版图设计结果反映出来，而部件几何形状是在设计 MEMS 器件时须重点考虑的问题。因此，在版图设计阶段，考虑到工艺参数对实际部件几何形状及其对整个器件装配性能、动态性能的影响是十分必要的。

微机械工艺过程仿真研究包括两部分内容：一方面，通过深入分析每一步工艺过程的特点，建立起典型微细加工工艺参数与所生成部件几何形状的关系，即工艺模型；另一方面，根据工艺模型，研究对具体工艺过程，部件几何形状的部件剖面图和三维可视化方面的实现问题。

微机电系统的加工工艺过程仿真就是根据工艺过程的生长、刻蚀过程原理，并辅以实际经验，建立能够较好描述 MEMS 工艺特点的 MEMS 工艺过程知识库；找出以版图设计软件的分层结构描述为起点，利用 MEMS 工艺过程知识库，生成对应的剖面图和三维几何模型的描述方式和生成算法。对于 MEMS 工艺模型和可视化问题本书将在下一节予以详细介绍。

三、微机电系统的虚拟装配

为了灵活地制作复杂的微机电系统，设计人员有时不得不考虑到不同工艺过程的特点，分别设计 MEMS 器件的不同部分，最后将这些部分组装到一起形成功能完备的 MEMS 器件。随着 MEMS 复杂程度的增加，MEMS 器件的组装技术将对微机械器件的功能、可靠性和寿命产生越来越重要的影响。

一般说来，微机电系统的组装包括互相独立的三个步骤：微机械部件的制作、部件的对准和部件的焊接。因此,微机电系统虚拟组装中的主要问题是检查分别制作的微机械部件几何尺寸是否匹配;精确、快速对准的实现;选择焊接方便、数目较少、连接可靠的焊接点。

1. 尺寸匹配

尺寸匹配包括微机械部件大小、形状的检查和组装过程中在部件移动轨迹上的尺寸检验和部分卡口部件弹性力的计算。这些都需要通过建立具有物理环境模型的虚拟环境实现,虚拟环境提供虚拟组装过程中有关尺寸匹配的各种计算结果。

2. 对　准

在微机电系统组装中,对准方式通常有光学对准和机械对准两种。光学对准使用显微镜和对准标记进行对准。机械对准有两种方式:一种是针和孔锁定方式,预先在希望对准的位置设计相互匹配的针和孔,组装时针插入孔中,完成位置对准;另一种是利用边缘对准。对准原理与针孔锁定相同,只是不用专门设计的对准装置,而是利用微机械部件的棱边完成对准。

虚拟组装在对准中的贡献主要取决于对操作工具及操作环境的虚拟。通过对重力、浮力、黏滞力等因素的建模,模拟实际操作时的环境状态;通过虚拟显微镜实现实际操作时操作人员的临场感觉;通过建立虚拟操作工具实现虚拟装配过程。

3. 焊接点检查

焊接的过程是将已经对准的、要组装的部件焊接到一起。焊接方式会因许多因素而不同。这些因素包括材料特点,如热膨胀系数、熔点;连接质量和可靠性;受腐蚀影响及寿命情况;在以后处理过程中的温度变化,例如封装过程中温度变化等。

虚拟组装过程将考虑到焊接点的各种性能参数,模拟焊接时可能出现的各种问题,检查焊接效果。通过反复模拟计算,以选择尽量少的、方便操作的、满足要求的焊接点。

在运动学描述基础上,实现微机械虚拟组装与宏观机械虚拟装配无实质差异。南开大学在虚拟现实实验平台上,完成了一个轴孔配合虚拟组装,作为虚拟环境中微马达转子与定子虚拟组装的的简化例子。图 11-6 为虚拟环境中轴孔配合实验过程中的三个状态的画面。

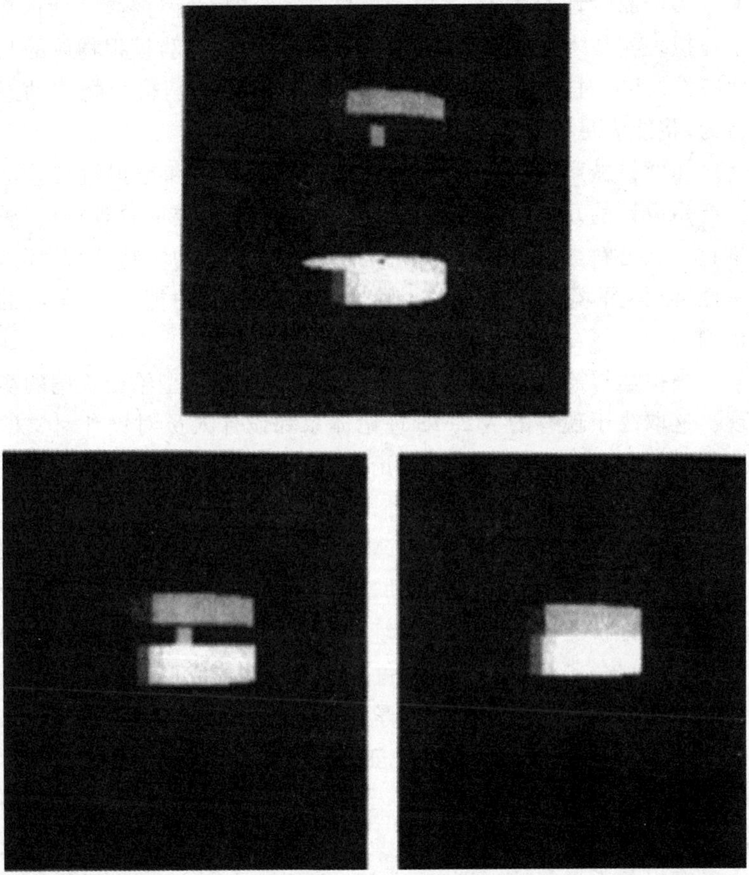

图 11-6　轴孔配合实验过程中典型的三个状态

四、微机电系统的虚拟运行

为了及时评价设计的外观和物理特性，减少新产品开发前期设计时间及费用，在制造业中产生了快速原形技术。但传统的快速原形产品设计方式，不适用于微机电系统的设计过程。然而，基于虚拟现实技术的虚拟运行，既能对物体形状建模，模拟物体的几何特性；又能对物体的物理特性、行为特性等建模，模拟物体动态行为，将能满足微机械产品的虚拟设计的要求。

在微机械产品虚拟设计的过程中，虚拟工艺和虚拟组装验证了产品设计的几何形状，而虚拟运行将对更加重要的物理特性（质量、重量、材料等）、行为特性（机构学、运动学、动力学特性）及环境特性（流体环境的流体特性）等微机械产品的功能进行全面的检测。

虚拟运行需要正确的理论建模和对建立的模型给出正确的实现。这取决于现有的 MEMS 理论体系和设计人员对设计对象的理论分析和数学表达能力。理论建模应该从动力学、运动学模型和电气逻辑模型两个方面考虑。

从运动学的角度考虑，MEMS 器件分为固定部分和运动部分. 为实现虚拟运行必须对运动部分建立运动关系模型。从力学角度全面分析器件及其所处环境的受力情况，比如压力、浮力、摩擦力、弹力、分子间作用力等。每个单独运动或变形部分都要单独作为一个独立系统分析。以力学分析为基础，进一步研究运动部件的动力学和运动学特性，得出正确的器件运动规律。

一般 MEMS 器件都包含一定规模的电子电路，这些电子电路将有可能对器件运动行为产生一定的影响。比如电路的热效应、电子逻辑关系控制、电磁感应力等。这些电气特性要与器件的力学特性综合分析，以建立正确的运动规律模型。

对一个正确的虚拟运行来说，其实现方式是研究如何将理论模型正确的融入虚拟现实系统。我们不仅要考虑理论模型本身实现的聚合度，要兼顾虚拟现实系统的实现特点，还要照顾到整个系统的可维护性和可移植性，以综合提高虚拟设计系统的设计效率。

理论模型是通过环境函数和对象任务函数在仿真循环中实现的，必须合理分配安排环境函数、对象任务函数的功能任务和它们的通信机制，综合实现 MEMS 器件的运动规律。

虚拟运行中的虚拟现实引擎包括建立环境、实现仿真循环、渲染场景等三大部分。目前虚拟运行的主要研究工作主要集中于建立理论模型、理论模型分解、虚拟现实引擎。

图 11－7 所示为清华大学微电子所研制的双金属驱动硅集成微流量泵在虚拟环境中的虚拟运行的两幅典型场景。

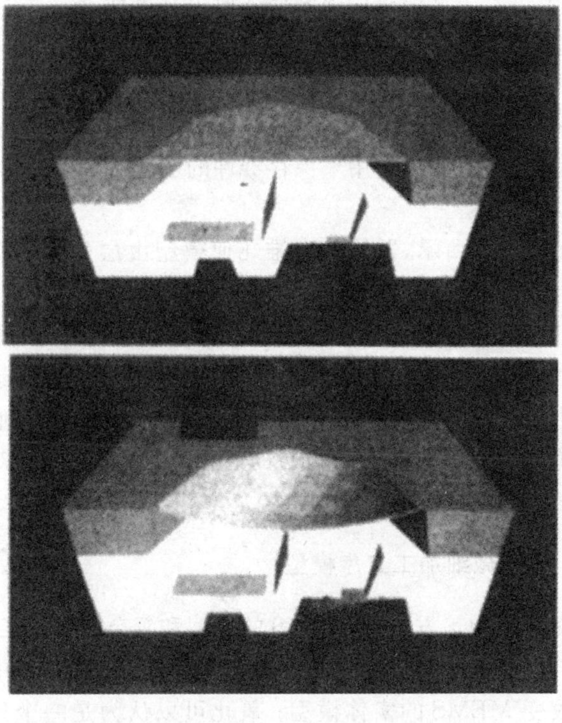

图 11－7　虚拟环境中微流量泵的虚拟运行的两幅典型场景

11.3 MEMS加工工艺仿真

MEMS加工工艺仿真是MEMS虚拟制造技术中一个重要的环节。通常我们说的工艺仿真一般包括两类:一类是物理仿真,主要是针对实际的工艺过程进行仿真,观察按照采用的工艺手段加工出来的器件是否合适;另一类是几何仿真,主要是按照设计者给出的版图文件和工艺过程,获得器件的实体模型,以便为后续的器件分析提供模型,检测设计器件的性能是否满足给定的性能指标。这里结合西北工业大学微/纳米系统实验室的"微机电系统集成设计平台"中工艺仿真模块详细阐述几何仿真过程。

一、MEMS器件的三维几何模型

MEMS器件模型是指在工艺设计和工艺过程可视化中所采用的一个信息模型,主要用来保存器件的层、实体、多边形、位置等信息。

如图11-8所示,器件的三维几何模型由层列表和暴露多边形列表组成。每一层包含一个实体列表和层的材料属性、厚度信息。每一实体包含一个实体上表面多边形顶点序列和实体的厚度、高度信息。每一个顶点包含一个二维的坐标信息。暴露多边形列表用来存储器件俯视图中所有的多边形,每一多边形都对应一个多边形顶点序列和所属的层的名称、所处的高度和对应实体的厚度信息。

二、表面微细加工工序模型

表面微细加工方法是MEMS的典型和复杂的加工工艺,它包括抛光、氧化、沉积、光刻、刻蚀、清洗和释放等工序。其中,抛光、清洗不改变MEMS的实体模型;氧化可以认为是一个先刻蚀再沉积的结合工序;释放本身就是刻蚀的一种,对实体模型建立没有影响。因此，能够改变MEMS器件实体模型的加工方法就是沉积和刻蚀。光刻是刻蚀的前奏，它的作用只是确定刻蚀区域，也不改变模型的拓扑结构。这样，在表面微细加工方法中，只需建立沉积、光刻和刻蚀的工序模型。

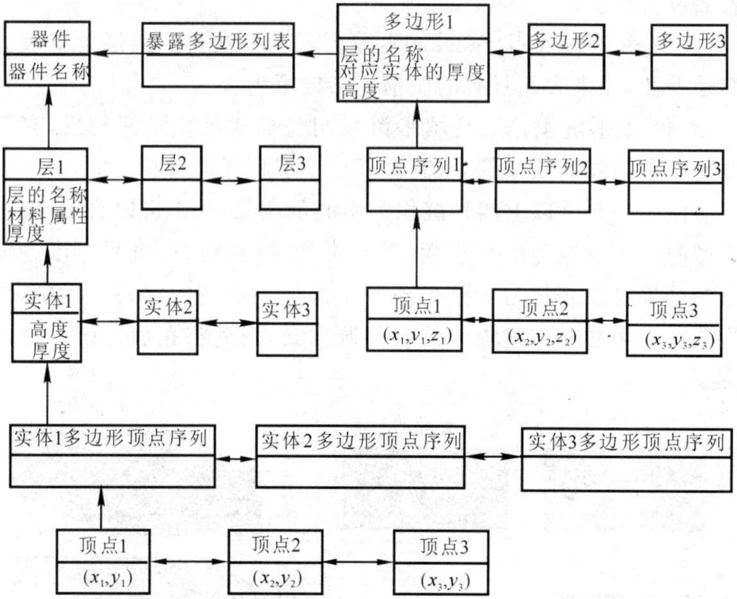

图 11－8　MEMS 器件模型

在沉积、光刻和刻蚀过程中，每一种工序都是对现有的模型进行处理，而处理的结果用于下一次工序。这种表现方式跟数据的输入输出非常相像，因此我们采用面向数据的建模方法建立这三种工序的模型。

1. 沉积模型

沉积是在材料的表面附加一层材料，其几何模型可以表示为在一个已知的几何模型表面(平面或者非平面)上再生成一个新的几何图形。根据新的几何图形的类型，沉积可以分为以下几种：

(1) 保形沉积(Conformal):保形沉积法沉积得到的新的层具有统一的厚度。

(2) 填平盖板式沉积(Planar):填平盖板式沉积法得到的新的几何图形,其上表面是一个平面,同时新的沉积层与原来的几何表面没有空隙。

(3) 盖板式沉积(Stacked):盖板式沉积法得到的层上下表面都是平面,原来表面具有的凹槽不会被填满。

(4) 填平沉积(Via):填平沉积与盖板式沉积刚好相反,它只填满原来的层的凹槽部分,其他部分不沉积任何材料。

图 11-9 是以上四种沉积类型的示意图,从中可以看出,沉积模型的输入参数为沉积表面、沉积类型、沉积材料、沉积厚度。输出的结果可以表示为在整个模型中添加一层新的材料。其中,因为沉积表面在工艺过程中具有普遍意义,因此将在后面统一提取模型。

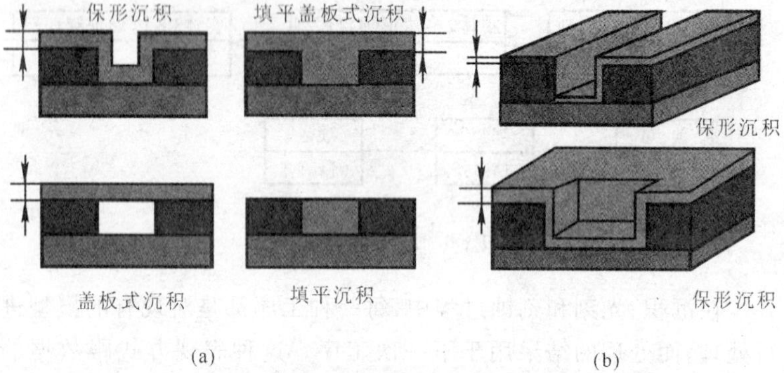

图 11-9 沉积类型示意图

2. 刻蚀模型

刻蚀是在 MEMS 器件的原有材料上去除一些不需要的材料,形成新的拓扑结构。类型有以下几种:

(1)层刻蚀(Regular Etch(Etch－to－Layer)):这种类型的刻蚀是在刻蚀区域被刻蚀的层材料都全部被除去,直到下一层为止。

(2)定深刻蚀(Regular Etch(Etch－to－Depth)):这种类型的刻蚀是在刻蚀区域刻蚀剂会除去一定厚度的材料,极有可能刻蚀掉多层,也可能只刻蚀掉一层的一部分。

(3)侧向钻蚀(Undercut Etch):该类型的刻蚀与层刻蚀不同,层刻蚀是垂直刻蚀,侧向钻蚀不是垂直刻蚀。在一层的下表面,刻蚀剂会继续刻蚀侧壁,形成内凹形状。

(4)释放(Release Etch):此类型专用于工艺的最后阶段除去牺牲层,它会除去整个层的材料,形成最后的MEMS器件。

图11－10是刻蚀类型示意图。刻蚀的输入参数为刻蚀表面、刻蚀类型、刻蚀层的列表、刻蚀层的刻蚀厚度。输出结果为被刻蚀层的重新定义,得到刻蚀后的拓扑结构。由于侧向钻蚀比较复杂,在此只考虑层刻蚀和释放。

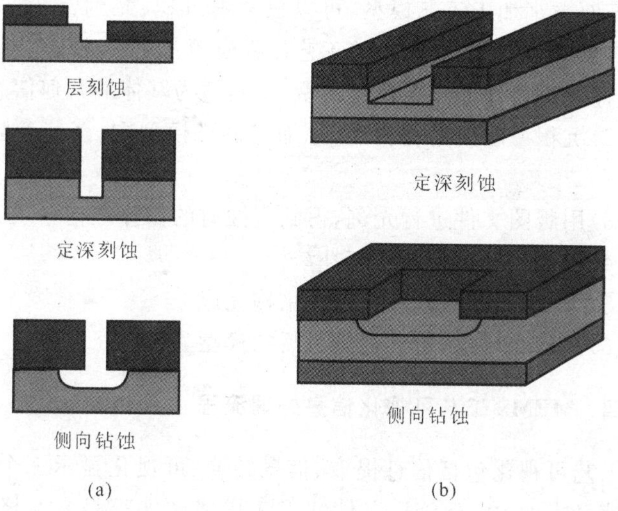

图11－10　刻蚀类型示意图(深色即为刻蚀层)

3. 光刻模型

光刻实际上只是对刻蚀的表面进行逻辑运算，得到刻蚀区域，并对其他的区域进行必要的分解，为刻蚀做准备。因此其输入参数有模型暴露表面、版图文件。输出结果为模型上表面的区域划分、分解后的几何形状列表。

三、MEMS 工艺过程模型

工艺模型是将工艺参数与影响制造性能的产品设计属性联系起来，以反映生产系统模型与产品模型间的交互作用。通过建立每一步工艺的物理模型，采用合适的数值算法，结合掩膜版图和工艺流程，模拟微器件的拓扑结构，就可以得到 MEMS 工艺过程模型。

加工过程可以认为是一系列工艺的集合。MUMPS 工艺标准就是一套完整的工艺流程。

表面微细加工工艺模型，可以只考虑沉积、光刻、刻蚀所涉及的工艺步骤。因此，简化后的工艺过程模型：

(1)创建器件的三维几何模型，初始值为基体的几何信息。

(2)沉积一层新的材料层，添加进器件模型中，工艺参数如前所述。

(3)用版图文件进行光刻，得到刻蚀时的拓扑结构。

(4)刻蚀得到模型新的拓扑结构。

(5)重复(2)～(4)，直到器件结构完成。

(6)沉积金属层，得到器件最后的模型。

四、MEMS 工艺可视化信息处理流程

工艺可视化包括信息提取、信息转换、可视化显示三个部分，对于信息提取，由于 CIF 文件和工艺描述文件都是文本格式，因此可以直接采用读取文本的方法，在约定的格式下提取版图的二维信息和工艺描述文件的工艺时序信息。这两种信息结合在一

起，就可以得到整个加工工艺流程的空间几何拓扑信息和时序信息。信息的转换与可视化采取的方式有关。在本书中，工艺的可视化采用了在三维造型软件 SolidWorks 下进行二次开发的方式。因此在信息转换中，提取出来的信息通过 SolidWorks API 以函数参数的形式，直接进入 SolidWorks 内部，达到参数化驱动 SolidWorks 三维实体的目的。SolidWorks API 接口是 SolidWorks 自带的开发接口，专门用于从外部对 SolidWorks 中的对象进行操作。详细内容将在下面的可视化实现技术中讲解。

图 11－11 为工艺可视化流程图。控制文件中只是包含了 CIF 文件和工艺描述文件的路径，这样做的目的，是出于整个系统后续工作的完善和兼容性的考虑，以后如果需要添加新的信息文件，只需要在控制文件中添加新的信息文件的路径。同时在可视化过程中只需要打开控制文件，不需要逐个查找文件并打开，方便用户的操作。

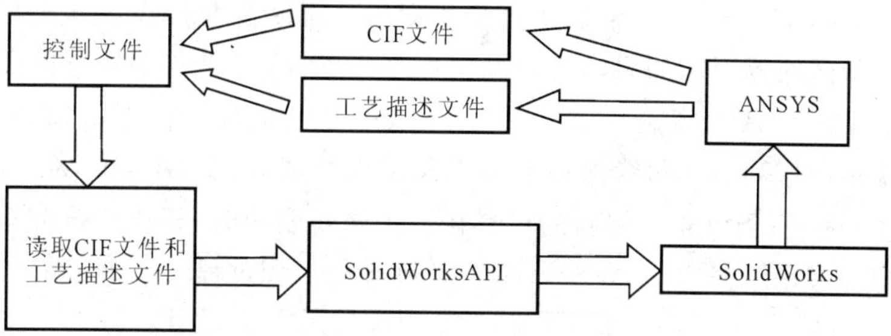

图 11－11　工艺可视化流程图

五、工艺可视化算法

可视化过程中，涉及如何把二维信息转换成三维实体的问题，称为三维重构。三维重构的算法来自 MEMS 工艺过程模型的模型，以下就三维重构的不同部分分别说明。

1. 创建基体的算法

创建基体是工艺的第一步，目前，只考虑如何生成顶面为矩形的基体。下面是创建基体涉及的算法。

(1)创建一个新层，并给予层的名字。

(2)创建一个新的实体，定义材料属性。

(3)创建四个新的顶点，作为实体的一项属性。

(4)把实体的二维多边形上表面加入暴露多边形列表。也就是目前暴露表面是单一矩形。

(5)把实体加入已经创建的层。目前这个层只有一个实体。

(6)把创建的层加入现在的工艺模型。

2. 沉积算法

沉积是创建基体后紧跟的一个工艺步骤，同时也可能在工艺中多次出现。沉积算法的思路与创建基体相似，但需要考虑暴露表面几何图形的影响。

图 11－12 为沉积算法过程示意图。假设多边形 A 是最开始时暴露的图形。如果没有材料沉积在上面，它将是一个完整的图形。现在 A 上覆盖一层材料，则生成一个新的暴露图形，因而暴露多边形列表中包含多边形 A 分解的四个部分：A_1，A_2，A_3，A_4 及 B。因此，当沉积一层新的材料在一个暴露表面时，算法应该完整的考虑基于多边形 A_1，A_2，A_3，A_4 和 B 的沉积过程。

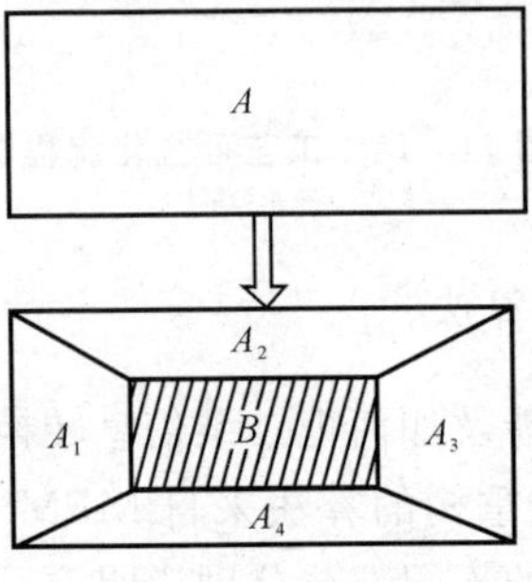

图 11－12　沉积算法过程示意图

具体的算法如下：

(1)为沉积工艺生成一个新层层名。

(2)从暴露多边形列表中获取暴露的多边形。

(3)对暴露的多边形进行以下的操作：

1)生成一个新的实体，把它添加到新的层中。

2)生成一个新的二维多边形，把它添加入暴露多边形列表中。

3)进行多边形求交操作，生成新的二维多边形的顶点，隶属于新的二维多边形。

4)从暴露多边形列表中删除现在操作的暴露多边形。

(4)获取下一个暴露多边形，如果存在，执行第(2)步操作。

(5)把这一层加入现在的工艺模型中。

3. 光 刻

在工艺描述文件中，沉积的后续工序是光刻，它也是刻蚀前的预处理工序。

在三维重构中，光刻并不直接改变模型，但是光刻算法在这里起到一个非常重要的作用，因为它是刻蚀的依据，刻蚀中所有的操作和复杂运算都会用到它的结果。光刻算法必须关注以下几方面：

(1) 提供层和掩膜，找出当前层所有的掩膜区域和所有的实体。

(2) 这些运算包括所有的几何图形，包括凹多边形、凸多边形、多边形的布尔运算等。

(3) 运算之后，结果将在所有的实体的下一个工序——刻蚀——中用到。

图 11－13 所示为算法实例。在创建基体模型之后，再进行沉积、光刻、刻蚀工序，结果如图 11－13 中的左上部分所示。假设有一个掩膜区域 C，覆盖三个多边形 A_2，A_4 和 B。光刻之后，掩膜区域 C 将被分成三个独立的部分 C_1，C_2 和 C_3，为了后续的刻蚀工序，它们将分别被分配到多边 A_2，A_4 和 B。

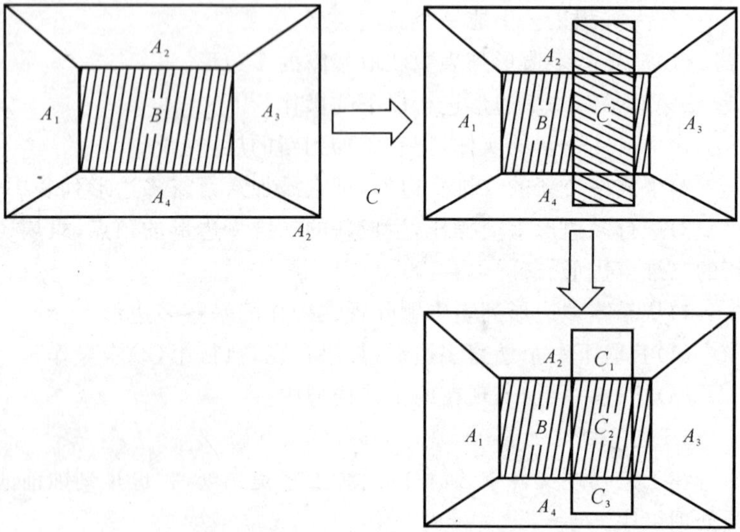

图 11-13　光刻算法过程示意图

后续的处理如下：

(1) 以层名字获取当前层。

(2) 获取第一个掩膜区域。

(3) 获取当前层的第一个实体。

(4) 得到掩膜区域与实体中的多边形交集。

(5) 把交集添加到刻蚀掩膜区域列表中。

(6) 获取下一个实体，如果存在，返回(4)执行。

(7) 获取下一个掩膜区域，如果存在，返回(3)执行。

(8) 保存刻蚀掩膜区域列表，以备刻蚀工序使用。

4. 刻　蚀

刻蚀是表面加工中非常重要的一个工序，根据刻蚀过程中刻蚀区域的不同，可以分为三种类型：外部刻蚀、内部刻蚀和完全刻蚀。

(1) 外部刻蚀:外部刻蚀是去除一层材料中特定掩膜区域外部的可刻蚀材料的加工过程。如图 11-14 所示是外部刻蚀的一个例子。假设基体创建之后沉积一层材料。我们定义一个特定的材料区域,并且指定它的刻蚀类型为外部刻蚀。掩膜覆盖的部分将被保留。

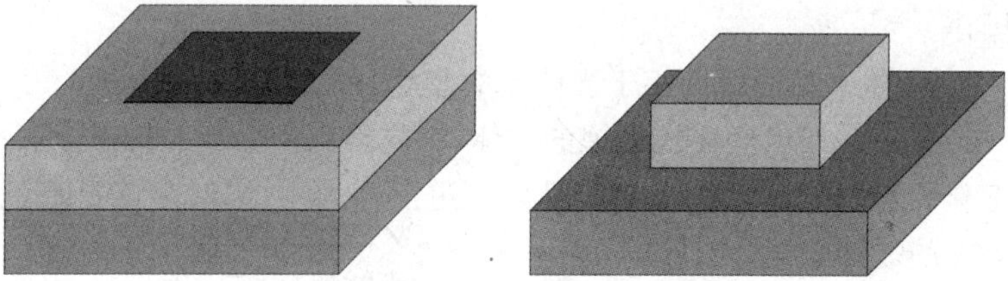

图 11-14　外部刻蚀示意图

外部刻蚀算法包括两个部分:

如果在刻蚀过程中,全部刻蚀厚度等于或者超过层的厚度,整层材料都将会被刻蚀掉,除了被掩膜覆盖的部分。在我们的算法里,称之为全部刻蚀。

如果刻蚀的厚度小于层的厚度,我们称之为部分刻蚀。如图 11-15 所示是部分刻蚀的例子。

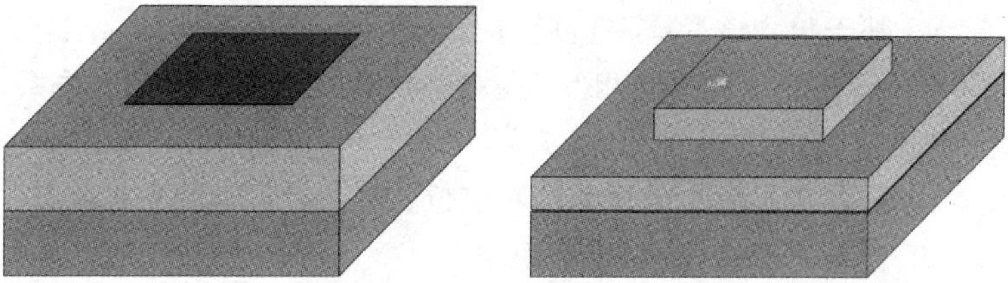

图 11-15　部分刻蚀示意图

刻蚀算法：

1)基于方向信息选择不同的动作。如刻蚀的是模型的上表面，则进行的是上表面外部刻蚀。

2)以层的名字获取可刻蚀的一个层。

3)对于层中的每一个实体，都进行以下处理：

a. 比较刻蚀的厚度和当前层的厚度。

b. 如果刻蚀厚度大于或者等于当前层的厚度，进行全部刻蚀操作。

c. 如果刻蚀厚度小于当前层的厚度，进行部分刻蚀操作。

4)每一层已经完成刻蚀的实体，都将得到一个新的暴露表面。把新的暴露表面多边形加入暴露多边形列表中，同时删除已经被刻蚀的暴露表面。

5)选择下一个可刻蚀的层，返回3)执行。

6)如果可刻蚀的层遍历完毕，刻蚀结束。

对于上述的完全刻蚀和部分刻蚀，有以下说明：

全部刻蚀操作的基本思想就是基于实体上的暴露多边形的信息建构实体。所有的信息都在光刻过程中处理过。光刻工序后，在实体上计算所有的被刻蚀的二维多边形。这样，就可以以实体的厚度方向(上下方向)为 z 轴，用拉伸的方法建构三维实体。

输入：当前层、当前实体、刻蚀方向(上、下方向)、刻蚀厚度。

1)计算上、下表面的 z 轴坐标。

2)对于每一个暴露多边形：

a. 基于包含该暴露多边形的实体建构一个新的实体。

b. 记录每一实体的相互关系信息，比如实体的上、下关系、左、右关系。

c. 在当前层的对象列表的对应位置插入已经建构好的实体。

d. 获取下一个掩膜区域，返回2)。

3)在列表中删除当前实体，因为该实体是沉积工序的结果，如果当前实体被特定的掩膜图形部分覆盖，则实体将被刻蚀。因此刻蚀之后，该实体将不复存在，它会被新生成的实体取代。

部分刻蚀的基本思想跟全部刻蚀的思想基本相同。其中的不同就是刻蚀时不会到达层的底面，实体的底面将保留下来。事实上，只是上、下表面的 z 轴坐标变了。

输入：当前层、当前实体、刻蚀方向、刻蚀厚度。

1)计算实体的 z 轴坐标（在上、下表面的所有多边形都应该在同一平面）。

2)对于每一掩膜区域：

a. 基于包含暴露多边形的实体建构一个新的实体。

b. 记录每一实体的相互关系信息。

c. 在当前层的对象列表中对应的位置插入已经建构好的实体。

d. 获取下一个掩膜区域信息，返回 2)。

3)在这一步，不从层的对象列表中删除当前实体。只是改变实体的上、下表面的 z 轴坐标。

(2)内部刻蚀：内部刻蚀是一个在可刻蚀层上除去一个被特定掩膜区域部分覆盖的材料的加工过程。没有被掩膜区域覆盖的剩余部分将被保留。如图 11－16 所示是内部刻蚀的一个例子。

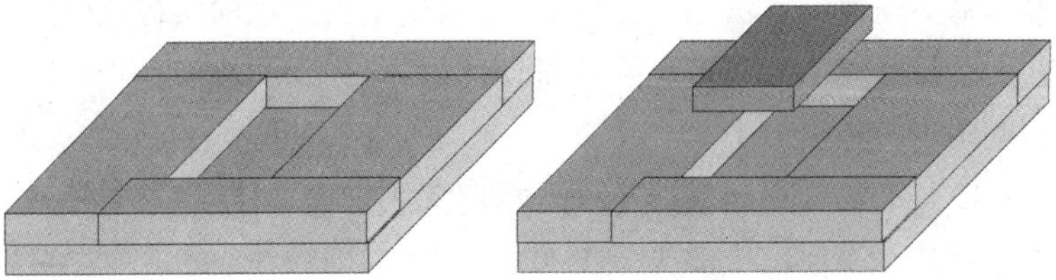

图 11－16　内部刻蚀示意图

内部刻蚀的算法跟外部刻蚀的算法有很大的不同，因为它考虑了暴露表面的分解。虽然在外部刻蚀的最后阶段会计算到暴露多边形，但是它不改变多边形的几何特征。对于内部刻蚀，如果刻蚀厚度大于或者等于可刻蚀实体的厚度，刻蚀后将在实体上出现一个洞。也就是说，它将改变描述可刻蚀实体的多面体的几何特征。

内部刻蚀算法可以分成两个部分来考虑。

1)如果刻蚀厚度小于可刻蚀材料的厚度，它将不改变三维实体的几何特征。例如上述的例子。

2)如果刻蚀的厚度大于或者等于可刻蚀材料的厚度，它将在实体上产生一个洞。

3)内部刻蚀算法的基本思想就是把一个暴露多边形分解成更多的更简单的组成部分。对于第 1 部分，我们只需要考虑一个暴露的多边形，底面不需要考虑分解。对于第 2 部分，因为刻蚀会在实体上产生一个洞，我们必须在底面也要考虑如何分解一个多边形。事实上，我们可以只是考虑一个面的分解情况，然后把图形的拓扑结构拷贝到另一面就可以了。

分解算法采用多边形分解算法，把多边形分解成简单的凸多边形之后，内部刻蚀就转换成外部刻蚀。

(3)完整刻蚀：完整刻蚀就是把某一个实体全部刻蚀的一种工艺。完整刻蚀的算法相对比较简单，只要找出刻蚀的实体，然后把它从当前层对象列表中删除就可以。

具体的算法如下：

1)在给定材料属性的基础上获取要刻蚀的实体。

2)对于当前层中的每一个实体，作以下的操作：

a. 实体是否被同一个掩膜区域部分覆盖或者全部覆盖？

b. 如果是，从当前层中的对象列表删除去实体。

3)获取下一层，返回 1)执行。

六、工艺可视化的实现技术

在工艺可视化方面，采用目前成熟的三维造型软件SolidWorks作为显示环境，通过SolidWorks自带的API接口，用VC++进行二次开发，把SolidWorks集成为工艺可视化系统。

1. 工艺可视化的框架结构

工艺可视化是一个完整的系统，包括输入、处理和输出三个部分。输入部分是完整的二维版图信息和工艺信息，这两种信息分别包含在CIF文件和工艺描述文件中，通过控制文件得到它们的路径直接由系统自动打开。处理部分包括二维版图文件的提取、信息转换和三维重构。输出是SolidWorks的零件图和装配图。整个系统的框架如图11-17所示。

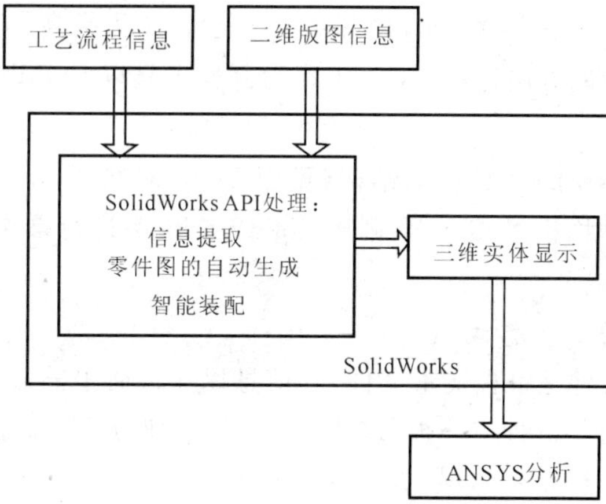

图11-17　工艺可视化的框架结构图

在SolidWorks中完成了三维实体的显示之后，整个装配图以.sat格式输出，然后导入ANSYS中进行进一步的分析。

2. SolidWorks API

SolidWorks API 是 SolidWorks 自带的编程接口，通过 Solid Works API 可以对 SolidWorks 中的对象进行所有的操作。

实际上，SolidWorksAPI 是通过提供 SolidWorks 的所有对象类，使得用户可以把 SolidWorks 对象的操作以.dll 文件或者.exe 文件的格式，外挂于 SolidWorks 的菜单。所以从形式上，对 SolidWorks 的二次开发可以无缝地结合到 SolidWorks 整个系统本身。

SolidWorksAPI 中提供了针对 VB 和 C/C++的对象类，因此可以通过 VB 或者 VC++完成对 SolidWorks 对象的控制。通过 VB 进行二次开发相对而言更加简单，但是 VB 的控制因为受限于 DISPATCH 的形式，只能通过接收和返回参数的形式操作 SolidWorks 对象，功能不够强大。采用 VC++以 COM 的形式，可以直接操作 SolidWorks 内部对象的指针，大大提高了功能。因此本书介绍的方法选用 VC++作为开发工具以 COM 的形式进行开发。

SolidWorks 类的框架结构（见图 11－18）与 Microsoft MFC 类的框架结构相似，因此在调用 SolidWorks 类进行操作时，是面向对象的编程。

3. CIF 文件格式

CIF 文件是一种文本文件，其信息以非常简单的命令进行存储。命令分为两种。一种为绘图命令，另一种为控制命令，两种命令都以相同的格式出现。

命令格式：keyword parameters semicolon（关键词　各种参数　分号）

关键词是 CIF 文件中的保留字，参数可以没有或者有一个或者有多个，参数之间用空格或者逗号隔开，注释用圆括号表示，所有的命令和注释都必须以分号结束。

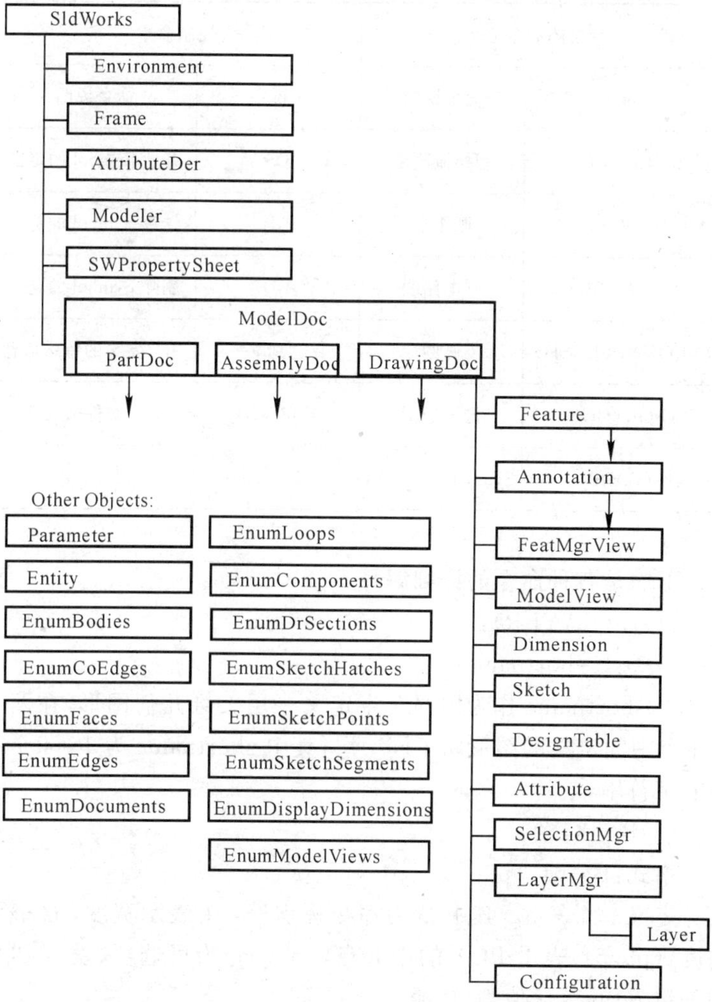

图 11－18　SolidWorks 类的框架结构

表 11－2 是 CIF 所有命令列表。

表 11-2 CIF 命令列表

绘图命令		控制命令	
关键字	命令说明	关键字	命令说明
L (LAYER)	切换掩膜层	DS	开始 Symbol 的定义
B (BOX)	画矩形	DF	结束 Symbol 的定义
W (WIRE)	画电路线	DD	删除 Symbol 的定义
R (ROUNDFLASH)	画圆	0 到 9	用户定义的特殊信息
P (POLYGON)	画多边形	E (END)	CIF 文件结束符
C (CALL)	Symbol 整体调用	SCALING	尺寸比例

下面是各种命令的详细解释。

(1)L (LAYER):

格式:L shortname;

以 shortname 作为层的名字定义一层二维几何图形,在两个 L 命令中间定义的图形属于同一层,其中 shortname 为 1~4 个字符的字符串。

(2)B (BOX):

格式:B　p1　p2　p3 ,p4　p5,p6 ;

定义一个矩形,其中 B 为命令标识符,p1 表示宽度,p2 表示高度,(p3,p4)表示 BOX 的中心点,(p5,p6)为可选项,表示 BOX 的矢量方向,默认值为(1,0)。

(3)W (WIRE):

格式:W width p1,p2 p3,p4 p5,p6⋯. ;

定义电路引线的例子:

W 40 0,0 0,100 100,100；

从图 11－19 中可以看出，Width 是引线的宽度，以后的参数是引线的位置信息，以(x，y)点坐标的形式成对出现。

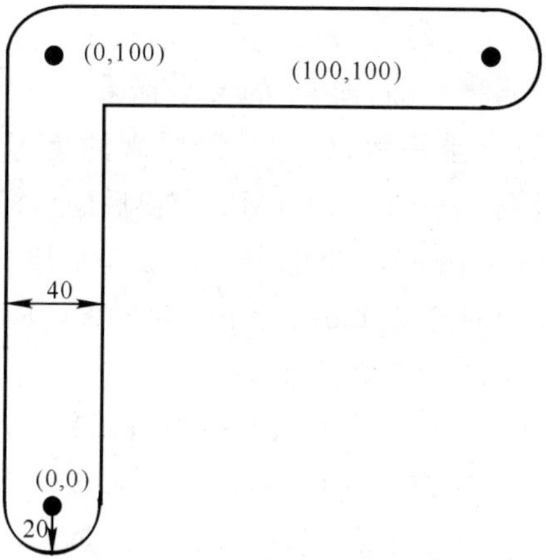

图 11－19　电路引线示意图

此命令用于电路布线设计，在三维实体中，可以不予考虑。

(4)R (ROUNDFLASH)：

格式：R　r　x，y；

定义以 r 为半径，(x，y)为圆心的圆。如 R 100 －200，350；生成一个圆心在(－200，350)，半径为 100 的圆。

(5)P (POLYGON)：

格式：P p1，p2 p3，p4 …；

生成由一系列坐标点确定的封闭多边形，坐标点按顺序连接，最后的坐标点默认与第一个坐标点相连。

(6)C (CALL)：

格式：C integer transformation；

整体调用 Symbol，其中 integer 为已经定义了的 Symbol 标识符，transformation 为可选的变换。

如：C 99 T t1 t2；表示调用标识符为 99 的 Symbol，x，y 坐标分别位移 t1 和 t2 个单位。设原来的坐标为(x0，y0)，则变换后的坐标为(x0＋t1，y0＋t2)

C 99 MX；水平空翻，即 99 的 x 坐标乘以－1；C 99 MY；垂直空翻，即 99 的 y 坐标乘以－1。设原来的坐标为(x0，y0)，则 MX 变换后的坐标为(－x0，y0)，MY 变换后的坐标为(x0，－y0)

C 99 R 0 1；调用 99，然后旋转 90°(以坐标原点为旋转中心)。R p1 p2 参数表示的意义：tan(θ)＝p1/p2。在 C R 变换中，设原来坐标为(x0，y0)，则变换后的坐标为

$$y1=((p2*p2)/(p1*p1+p2*p2))*x0+((p1*p1)/(p1*p1+p2*p2))*y0$$

$$x1=((p1*p1)/(p1*p1+p2*p2))*x0-((p2*p2)/(p1*p1+p2*p2))*y0$$

即

$$y1=\sin(\theta)*x0+\cos(\theta)*y0$$

$$x1=\cos(\theta)*x0-\sin(\theta)*y0$$

C 命令可以 R，T，MX，MY 参数同时连用，对顺序没有要求。如果 C 命令调用的 Symbol 中包含 C 命令，上层的 C 命令参数可以传递给下层的 C 命令。如 C 18 MX；symbol 18 中有 C 17 MX；两个 MX 叠加，成为 C 17；。

(7)DS：

格式：DS nnn a b；

开始定义 Symbol。其中 nnn 为 Symbol number；a，b 为比例信息，为可选参数，默认为 1，1。如果 DS 和 DF 中的坐标为(100，6)，那么其真实的坐标应该为(100 * a/b，6 * a/b)。DS 和 DF 必须配套使用，允许在 DS 和 DF 中嵌套使用 DS 和 DF。

如果CIF文件中在DS－DF块外有CALL调用或者其他命令，执行这些命令；如果没有命令的调用，执行最后一个DS－DF块的操作。

(8)DF：

格式：DF；

结束Symbol的定义。DS和DF必须成对出现，同时可以嵌套使用。

DD

格式：DD integer；

删除已经定义的symbol。

(9)0～9：

格式：0 parameters；

用户自己定义的特殊命令。如9 cellname；在L－edit中，9代表命名。

(10)E (END)：

格式：E

结束CIF文件。

(11)( )：

格式：(coments)；

注释。在标准格式里，这些信息在显示时将被忽略，但是在某些编辑器中，它可以作为某些信息出现。

4. 工艺描述文件

工艺描述文件也是一种文本文件，它根据一定的形式存储所有的工艺过程信息。

5. 可视化的开发流程

(1) 开发环境的设置：

1)安装SolidWorks和Visual C＋＋。

2)把SolidWorks\samples\appcom\目录下的所有文件拷贝到Microsoft Visual Studio\VC98\Include\目录下。

3）从 http://www. SolidWorks. com/下载一个 SWizard. awx，拷贝到 Microsoft Visual Studio\Common\ MSDev98\Template\ 目录下。

4）打开 Visual C＋＋，用它的 AppWizard，在 project 类中选择 SolidWorks Addin 的 dll 类。

5）选择相应的选项，自动注册 Addin dll，比如 MyAddin. dll。

6）编译 MyAddin. dll，并把它和 SolidWorks 连接起来。

7）打开 SolidWorks，在菜单→工具→插件中加入 MyAddin. dll。

8）修改 Project 中的程序，添加 SolidWorks 菜单。

此时，SolidWorks 菜单项就可以直接与 Project 内部函数联系在一起。整个环境设置完毕。

Appcom 目录下包含了是 SolidWorks 中各种对象的类模型，用户可以通过包含这里的头文件得到 SolidWorks 中各种对象的类信息，同时生成新的对象，对 SolidWorks 中的对象进行操作。

Swizard. awx 是 SolidWorks 提供的模板，利用它可以直接在 Visual C＋＋中直接生成 SolidWorks 的插件，通过插件可以在 SolidWorks 中添加自制的菜单栏，通过菜单栏就可以对 SolidWorks 中的对象进行操作。

（2）SolidWorksAPI 操作过程：

1）从 SolidWorks 的菜单中调用 MyAddin. dll，通过程序入口函数 dllmain（ ），进入 dll 内部操作。

2）dllmain（ ）函数调用 InitUserDll3（ ）函数。

3）在 InitUserDll3（ ）中生成初始化全局程序对象的指针 TheApplication，该对象的类来自 CObject 类，同时调用 TheApplication→StartApplication（ ）。

4）在 TheApplication→StartApplication（ ）中，调用 AdMenus（ ）函数。

5）在 AddMenus（ ）中，获取当前活动文档，同时调用 DocCreateMenu( )。

6)在 DocCreateMenu( ) 中，生成 SolidWorks 中的嵌入式菜单和菜单下拉项，同时把这些下拉菜单项和相应的函数联系起来。

7)在 MyAddin. cpp 中定义这些菜单函数，所有的操作都在这些函数中执行。

8)在 MyAddin. h 中定义所有的这些菜单调用的函数为 DllExport 类型。这样菜单才能调用这些函数。

9)通过 DllExport 类型的函数调用其他函数提取 CIF 版图信息和工艺描述文件信息，同时进行 SolidWorks 的内部函数操作，自动生成零件图和智能装配图。

(3) 信息的提取和处理：可视化中，版图信息和工艺信息都来自文本文件，因此这些信息的提取就是通过读取文本文件得到，然后进行三维重构，得到三维实体，在 SolidWorks 中显示。

具体的流程如下：

1)打开 SolidWorks 的零件图文档，通过自制菜单打开控制文件，读取 CIF 版图文件和工艺描述文件的路径。

2)通过路径打开 CIF 版图文件和工艺描述文件。

3)根据器件三维模型生成另一个三维模型。

4)读取工艺描述文件中的基体创建信息。

5)在三维模型中添加一个层，命名为 Layer_Base。

6)在 Layer_Base 中添加一个实体，保存基体的信息。

7)继续读取工艺描述文件中的下一个工序信息。

8)根据工序信息读取相应的版图文件信息。

9)根据版图信息和工艺信息进行三维重构处理。

10)添加一个新层保存层的信息。

11)在新层中添加信息的实体，保存新生成的实体信息，同时根据工艺更新旧的层信息和旧的实体信息。

12)如果没有到工艺描述文件的结尾，执行 7)。

13)如果工艺信息提取完毕，关闭 CIF 版图文件和工艺描述文件。

14)通过可视化界面设置层的材料和颜色信息,对生成对应层的各个实体,以 LayerName_VolumeNo. sldprt 的格式保存。

15)关闭 SolidWorks 零件图文档,打开 SolidWorks 装配图文档,自动生成装配图。

16)把装配图以. sat 格式保存。

(4) 三维显示:三维实体的装配图生成之后,就可以直接在 SolidWorks 环境下显示。

图 11－20 和图 11－21 所示是一个二维和三维显示的比较。图 11－20 所示是在 L－edit 环境下的二维版图,图 11－21 所示是在 SolidWorks 环境下显示的三维实体。

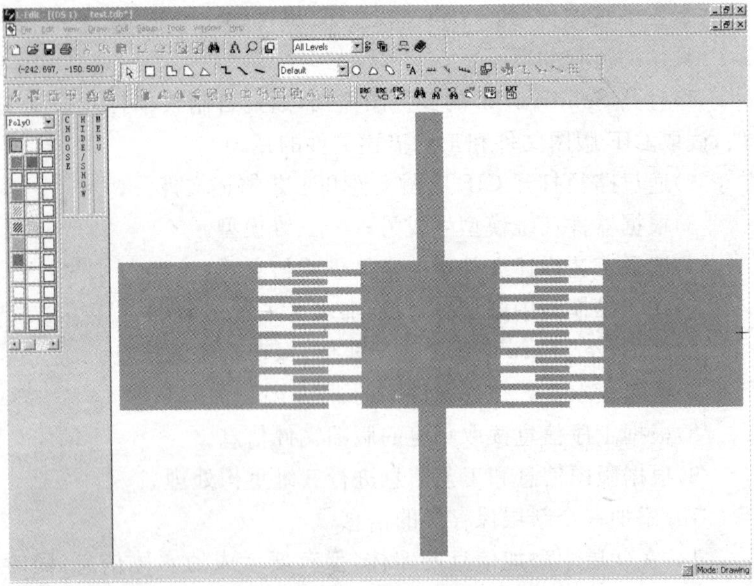

图 11－20　L－edit 下的二维版图

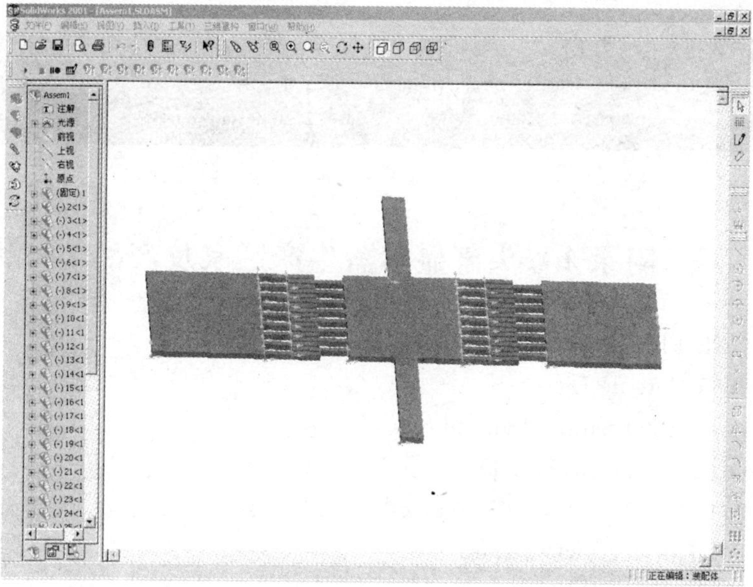

图 11－21　SolidWorks 下的三维实体图

本节讨论了工艺可视化的体系结构，并详细说明了通过使用 SolidWorks API，在 SolidWorks 的环境下实现了工艺的三维可视化的整个开发流程。在目前只考虑垂直刻蚀的情况下，SolidWorks 的显示可以完全满足 MEMS 器件三维实体的显示问题。

附　　录

附录 1　头盔显示器生产厂家及产品

CAE Electronics Ltd.
8585 Cote de Liesse
C. P. 1800 Saint - Laurent
Quebec, Canada H4L4X4
Tel: 1 - 514 - 341 - 6780/Fax: 1 - 514 - 341 - 7669
E - mail: terryw@cae. ca
WWW: http://www. cae. ca
product: Fiber - Optic Helmet Mounted Displays (FOHMD),
MAXVUE database
management system

CAE Electronics Ltd.
8585 Cote de Liesse
C. P. 1800 Saint - Laurent
Quebec, Canada H4L4X4
Tel: 1 - 514 - 341 - 6780/Fax: 1 - 514 - 341 - 7669
E - mail: terryw@cae. ca
WWW: http://www. cae. ca
product: Fiber - Optic Helmet Mounted Displays (FOHMD),
MAXVUE database
management system

Delft Instruments
OIP nv/sa, Westerring 21
B09700 Oudenaarde
Belgium
E-mail: fdg@oip.be
WWW: http://www.innet.net/oip/
product: Viper 3 Night and Day Helmet

FakeSpace, Inc.
241 Polaris Ave.
Mountain View, CA USA 94043
Tel: 415-688-1940
E-mail: info@fakespace.com
WWW: http://www.fakespace.com
Products: BOOM, FS(2), PUSH Desktop Display, ISV Display, Immersive WorkBench and DUO Dynamic Display

FORTE Technologies Inc.
2615 W. Henrietta Rd.
Rochester, NY 14623 USA
Tel: 1-716-427-8595/Fax: 1-716-292-6353
E-mail: sales@fortevr.com
WWW: http://www.fortevr.com/
AMERICA ONLINE: Go Keyword: FORTE
VFX1 User Group: http://users.exis.net/~bunda/
product: VFX1 (VFX300 and VFX 900 to be available in 1997)

General Reality Company
124 Race Street
San Jose, CA 95126 USA
Tel: 1-408-289-8340/Fax: 1-408-289-8258
WWW:http://www.genreality.com/
E-mail:sales@genreality.com
product: CyberEye

Hughes Training Inc.
13775 McLearen Road
Herndon, VA 22071 USA
Tel: 1-703-481-4886/Fax: 1-703-707-2047
WWW:http://www.hti.com/
product: ClearVue Low-Cost Helmet-Mounted Display, Advanced Visionics System (AVS) helmet-mounted display (collaborative research program between US and UK)

Kaiser Electro-Optics
2752 Loker Ave. West
Carlsbad, CA 92008 USA
Tel: 1-619-438-9255/Fax: 1-619-438-6875
E-mail:info@keo.com
WWW:http://www.keo.com/
product: VIM 500HRpv, VIM 100HRpv, SIM EYE 40, SIM EYE 60, HIDEF, ProView, Personal Assistant Headset, Full Immersion PH II

Kopin Corporation
695 Myles Standish Blvd

Taunton, MA 02780
160 - A Albright Way
Taunton, MA 02780
Tel: 1 - 508 - 824 - 6697/Fax: 1 - 508 - 824 - 6958
E - mail: info@kopin. com
WWW: http://www. kopin. com/
product: CyberDisplay (tm) 320 optical engine

LEEP Systems Inc.
241 Crescent Street
Waltham, MA 02154 - 3425 USA
Tel: 617 - 647 - 1395/Fax: 617 - 899 - 9602
E - mail: leep@world. std. com
WWW: http://www. leepsys. com/
product: Cyberface (2,3,4 only individual order. Cyberface 5 to be shipped in 1997)

Liquid Image Corporation
1 - 90 Market Street
Winnipeg, Manitoba, R3B 0P3
Canada
Tel: 1 - 204 - 988 - 3000/Fax: 1 - 204 - 988 - 3050
E - mail: liquid@liquidimage. ca
WWW: http://www. liquidimage. ca/vr/
product: MRG2, MRG3C, MRG4, MRG6 full VGA Monocle and The Pocket Monitor

n - Vision, Inc.
7680 Old Springhouse Rd

Madison Bldg - 1st Floor
McLean, VA 22102
Tel: 1 - 703 - 506 - 8808/fax: 1 - 703 - 903 - 0455
E - mail: sales@nvis. com
WWW: http://www. nvis. com/
product: Full color Datavisor, Datavisor 80, VR - Binocular

Planar Systems
1499 NW Comptom Drive
Beaverton, OR 97006
United Kingdom
Tel: 503 - 690 - 1100/Fax: 503 - 690 - 1244
E - mail: sales@planar. com
WWW: http://www. planar. com/
products: [high - performance commercial flat - panel display components, CRTs and flat panel display products]

Reflection Technology
230 Second Avenue
Waltham, MA 02154
Tel (617) 890 - 5905
Fax (617) 890 - 5918
E - mail: info@reflection. com
WWW: http://www. reflection. com/
Product: P5 Display (a display "engine", designed for incorporation into an enclosure which provides the appropriate mechanical and optical alignment between the two assemblies). http://www. reflection. com/p5disp. html

SEOS Displays, Ltd.
Marchants Way
Burgess Hill, West Sussex RH15 8QY
United Kingdom
Tel: +44-1444-870-888/Fax: +44-1444-870-777
E-mail:sales@seos.co.uk
WWW:http://www.seos.co.uk/
products: [HMD, SID] Binocular Colour HMD, multi-channel dome display systems and collimating projection displays.

Shimadzu Corporation
Shimadzu Precision Instruments Inc.
20410 Earl Street
Torrance, CA 90503 USA
Tel: 1-310-214-0314/Fax: 1-310-542-0995
E-mail:Iniimi@aol.com
product: STV-E

Virtual i-O, Inc. Out of Business - 1997
product:[HMD] i-glasses! VTV, VPC, ProTec

Virtual Reality Inc.
333 Meadowlands Parkway, Second Floor
Secaucus NJ 07094 USA
Tel: 1-201-392-9800/Fax: 1-201-392-0156
product: HMD 133

Virtual Research Systems Inc.
2326 Walsh Ave.

Santa Clara, CA 95051 USA
Tel: 1 - 408 - 748 - 8712/Fax: 1 - 408 - 748 - 8714
E - mail: virtualres@aol. com
WWW: http://www. virtualresearch. com/v - research/
product: V6, V8

Virtual Vision
659 178th Place N. E.
Redmond, Washington 98052 USA
tel: 1 - 800 - 800 - 8033/Fax 1 - 206 - 882 - 7373
E - mail: info@virtualvision. com
WWW: http://www. virtualvision. com/
product: V - Cap 1000 Digital Head - Mounted Unit (DHMU)

Virtuality Inc.
Suite 105
7801 Mesquite Bend Drive
Irving, TX 75063 USA
Tel: 1 - 214 - 556 - 1800/Fax: 1 - 214 - 556 - 1890
E - mail: hmd@virtuality. com
WWW: http://www. virtuality. com/
product: Visette

Vista Controls
27825 Fremont Court
Santa Carita, CA 91344 US
Tel: 10 - 805 - 257 - 4430/Fax: 1 - 805 - 257 - 4782
E - mail: george@vistacc. com
WWW: http://www. vistacc. com/

product：See－Thru－Armor

Visionics Corporation
Suite 600
1000 Boone Avenue North
Minneapolis，MN 55427 USA
Tel：1－612－544－4950/Fax：1－612－544－4784
product：Visionics Low Vision Enghancement System

附录2　国内外虚拟制造研究机构及网站

一、美　国

1. 美国国家标准及技术局(NIST)制造工程实验室制造系集成部

美国NIST制造工程实验室制造系统集成部(MSID，Manufacturing Systems Integration Division)主要研究和开发计算机辅助集成制造系统需要的各种标准和技术，提供分布虚拟制造、柔性计算机集成制造系统和并行工程等领域的框架技术知识。

主要研究项目包括应用协议开发环境软件工具的创建、工程设计测试床的创建及制造工程工具软件包，提供了开放式虚拟现实测试床(OVRT)和国家先进制造测试床(NAMT)。

MANT正在研究协作研究和测量服务环境，称为“无墙的研究中心”，辅助制造研究和测量服务的传递。在NAMT协作实验室里，不管地理位置，合作者都可以使用制造和测量资源，可以与同事交互信息，评估设备和仪器，分享数据和计算机资源，并且在数字图书馆里评价信息。

http://www.mel.nist.gov

http://www.mel.nist.gov/namt/docs/namt99ir.pdf

2. 美国波音一麦道飞机制造公司

美国波音公司是世界航空航天制造领域的大户，不断提出新的制造理念和尝试新的制造技术，成功地应用并行工程技术和虚拟制造技术将整机产品的设计周期大大缩短。在与麦道公司合并后，新技术的应用推广进一步加强。其主要研究重点是虚拟环境下战机机械师培训、飞机维修及机械设计自动化(MDA)。

http://boeing.com/

3. 美国 Maryland 大学系统研究学院 CIM 实验室

该实验室主要以 CIM 领域的最新技术为研究主题，覆盖工厂层和车间层问题，研究重点是复杂制造系统建模工具开发及应用和产品开发全过程的并行工程工具的开发和应用。该实验室自 1994 年起开始虚拟制造的研究，提出了三个中心的虚拟制造分类方法，获得国际学术界的认同。

http://www.isr.umd.edu/Labs/CIM

4. 美国 Michigan 大学虚拟现实实验室

该实验室主要研究虚拟环境的工业应用，包括工程设计虚拟原型构筑(Virtual Prototyping)、制造过程仿真以及虚拟现实在事故仿真、医学、建筑教育和其他领域的应用。

http://www-VRL.umich.edu

5. 美国能源部 TEAM 计划虚拟制造研究组

TEAM 计划是美国政府发起的增强美国工业全球竞争力的制造技术发展计划。该计划对虚拟制造技术的研究主要集中在运用建模和仿真工具评价和改善产品设计和生产过程，确保产品一次成功。

TEAM 计划中虚拟制造的仿真实例可以通过访问 TEAM 成员之一——Kansas 城市工厂的主页获得。

http://www.os.kcp.com/home/team/index.html。

TEAM 计划虚拟制造研究进展可访问 Los Alamos 国家实验

室虚拟制造相关网页：http://www.lanl.gov；

能源部 TEAM 计划仿真实例。

http://cewww.eng.ornl.gov/team/kansas；

6. 美国 TAXAS 大学 ARLINGTON 分校自动化与机器人研究所

该研究所主要从事低层的虚拟制造环境研究，为 Affordable Multi－Missile Program（AM－3）项目提供柔性制造原型系统开发和虚拟工厂建模环境。

http://www.arrirs04.uta.edu：80/pag/simulation/simulation.html

7. 华盛顿州立大学虚拟现实和计算机集成制造实验室

该实验室主要研究虚拟现实技术在制造领域的应用。

http://www.vrcim.wsu.edu

8. Purdue 大学工学院协同制造研究中心

该中心的研究项目包括零件族 CAD 方法学，应用虚拟现实接口进行零件的反复性设计，加工单元的图形仿真及产品模型建模等。

http://www.ccm.ecn.purdue.edu

9. Iowa 州立大学虚拟现实应用研究中心

主要从事虚拟原型构造及可视化方面的研究。主要项目有交互式结构分析、工程设计优化用虚拟现实环境、轴向活塞泵的动态模型、动态统计数据挖掘利用、交互式模块化建模、计算流体动力学可视化分析、高维数据的可视化分析等。

http://www.icemt.iastate.edu/text/index.html

10. 美国伊利诺斯大学芝加哥分校机械系虚拟现实实验室

主要从事与制造设计、工艺处理、人机工程、运输与发售、决策支持等相关的虚拟现实技术研究。主要项目有工厂及工艺过程模型、远程工程和产品仿真。

http://www.ivri.me.uic.edu

二、欧洲及其他国外研究机构

11. 英国 Bath 大学机械工程系

研究重点是支持虚拟制造的 CAD/CAM 仿真软件开发应用。用 OpenInventor 2.0 软件工具开发了基于 Svlis 几何造型工具的虚拟制造系统。研制的虚拟制造车间系统，利用桌面虚拟现实系统，可进行交互设计、编辑、仿真、评估、输入和输出。该系统的使用可完全由用户定义。

在以真实车间为基础建立的系统中，用户能够看到整个过程，计算机和数控设备一起工作，首先产生虚拟零件，然后再生成金属薄壁零件。计算机系统给用户呈现整个虚拟车间视图，如磨床、铣床、工具、机器人和其他项目。视图是三维立体的，用户戴上半封闭式头盔可看到动画，也可看到现实世界。

http://www. lboro. ac. uk/departments/cv/research/comman/promice

12. 英国 Herriot—Watt 大学机械与化学工程系

该系的虚拟制造研究小组从 1993 年开始虚拟现实技术研究，目前从事与虚拟装配有关的研究工作。有关的研究项目有运用沉浸式虚拟现实技术设计和定位电缆套索、虚拟装配规划和知识获取、虚拟环境中的对象变形技术和冲突检测研究，以及基于特征知识的 NC 零件编程、基于特征的设计、虚拟测试等。

http://www.hw. ac. uk/mecWWW/res. htm

13. 加拿大 WATERLOO 大学

该校机械工程系和集成制造系统管理研究中心都有与虚拟制造相关的研究项目。http://mecheng. uwaterloo. ca

集成制造系统管理研究中心的网址：http://watmims. uwaterloo. ca

14. 日本大阪大学机械工程系制造工程及系统研究室

主要从事虚拟制造系统、三维建模、并行处理及虚拟现实等方面的研究，有比较齐全的相关研究机构、组织和商业产品的链接。

http://www－cape.mech.eng.osaka－u.ac.jp/users/ono-sato/virtual-eg.html

15. 日本 Kao 公司

该公司于 1995 年开始进行虚拟工厂的试验研究，目标是由两家工厂——Kyushu 和 Wakayyama——实现广域网操作虚拟工厂。

http://www.kao.co.jp

16. 芬兰 Pohjois-Savo 理工学院

该机构正从事虚拟工厂项目的研究。

http://wait.pspt.fi

三、国　内

17. 清华大学 CIMS 工程研究中心虚拟制造研究室

http://www.erc.cims.edu.en/center_th/research/virtual.html

18. 中国虚拟制造协作网

http://202.107.235.194/lonho/it2.html

19. 仿真与虚拟制造研究室

http://www.erc.863cims.net/center_th/research/virtual/vmcover.html

20. 西北工业大学教育部集成设计与制造重点实验室

http://www.nwpu.edu.cn/

21. 同济大学 CAD 研究中心

http://www.cadrc.tongji.edu.cn

22. 西安交通大学系统工程研究所

http://www.sei.xjtu.edu.cn/chinese.html.

23. 上海交通大学 CIM 研究所

http://www.sjtu.edu.cn

24. 北京北航海尔软件公司

http://www.caxa.com.edu.cn

25. 浙江大学

http://www.cise.zju.edu.cn

参考文献

[1] Tetsuo Tomiyama. A Manufacturing Paradigm Toward the 21st Century [J]. Integrated Computer - aided Engineering,1997,4(3):159 - 178.

[2] Hyunbo Cho. Enabling Technologies of Agile Manufacturing and Its Related Activities in KOREA [J]. Computers Ind. Engng,1996,30:323 - 334.

[3] 师汉民. 现代制造产业的信息化趋势及其影响 [J]. 中国机械工程,1997,8(1):84 - 87.

[4] Iwata K,Onosato M,Teramoto K,et al. Virtual Manufacturing Systems as Advanced Information Structure for Integrating Manufacturing Resources and Activities [J]. Annals of CIRP,1997,46(1):335 - 338.

[5] Kimura F. Product and Process Modeling as a Kernel for Virtual Manufacturing Environment [J]. Annals of the CIRP,1993,42(1):147 - 150.

[6] Chetan Shukla. Virtual manufacturing:An overview [J]. Computers Ind. Engng,1996,31(1):79 - 82.

[7] http://www. isr. umd. edu/labs/CIM/vm/.

[8] http://www. vrcim. wsu. edu/.

[9] http://www. man. ac. uk/.

[10] 李伯虎,等. 现代集成制造的发展与 863/CIMS 主题的实施策略 [J]. 计算机集成制造系统,1998,4(5): 7 - 15.

[11] 严隽琪,范秀敏,姚健. 虚拟制造系统的体系结构及其关键技术 [J]. 中国机械工程,1998,9(11): 60 - 64.

[12] Masahiko Onosato, et al. Development of a Virtual Manufacturing System by Integrating Product Models and Factory Models [J]. Annals of CIRP,1993,42(1): 475 - 478.

[13] Iwata K, Onosato M, Teramoto K. A Modeling and Simulation Architecture for Virtual Manufacturing System [J]. Annals of CIRP, 1995, 44(1): 399 - 402.

[14] Iwata K, Onosato M. Virtual Manufacturing Systems for Manufacturing Education [J]. Proceeding of International Conference on Education in Manufacturing, SME ER96～224: 387 - 390.

[15] 肖田元,韩向利,王新龙,等. 国家 CIMS 工程技术研究中心的虚拟制造基地及研究进展 [J]. 高技术通讯,1999,1:1 - 6.

[16] 肖田元,韩向利. 虚拟制造技术 [J]. 测控技术,1998,17(3):4 - 7.

[17] 肖田元,韩向利. 虚拟制造体系结构研究 [J]. 计算机集成制造系统,1999,5(1):33 - 38.

[18] 严隽琪,范秀敏,马登哲. 虚拟制造系统的体系结构研究 [J]. 机械工业自动化,1999,21(2): 1 - 5.

[19] 肖田元. 虚拟制造及其在轿车数字化工程中的应用 [J]. 系统仿真学报,2002,14(3):342 - 347.

[20] Banerjee P, Zety D. Virtual Manufacturing [J]. John Wiley & Sons Inc. 2001.

[21] Lihui Wang, Evgueni Bordatchev, Shyh Maw Tsay, et al. Proceedings of 2002 NRC - NSC Canada - Taiwan Joint Workshop on Advanced Manufacturing Technologies[R]. London, Canada: [s. n.], 2002.

[22] 汪成为,高文,王行仁. 灵境(虚拟现实)技术的理论、实现及应用 [M]. 北京:清华大学出版社,1996.

[23] 曾建超,俞志和. 虚拟现实技术及其应用 [M]. 北京:清华大学出版社,1996.

[24] 张曙著. 分散网络化制造 [M]. 北京:机械工业出版社,1999.

[25] 黎永前,朱名铨. 用于虚拟现实的智能数据手套关键技术研究 [J]. 机器人,1999,21(7):514 - 519.

[26] 刘长松. 虚拟现实工程技术软件研究 [M]. 西安:西北工业大学出版社,2000.

[27] 王裕国,潘峰,胡静倩. 多种动态模拟和复杂三维动画控制框架结构 [J]. 软件学报,1997,8(8): 615 - 621.

[28] 劳志强,潘云鹤. 基于映象动画设计的知识表达模型 [J]. 计算机辅

助设计与图形学学报,1998,10(4):367-376.

[29] 李荣彬,李建广,张志辉. 虚拟精密加工系统开发研究 [J]. 机械工程学报,2001,37(6):65-71.

[30] 赵骥,肖田元,朱名铨. 制造系统虚拟环境的 Agent 建模方法 [J]. 中国机械工程,2002,13(8):660-662.

[31] 何枫. 视景仿真系统的开发研制 [J]. 飞机设计,2001(1),66-68.

[32] 刘伟等. 眼动测量系统及其在工效学中的应用 [J]. 航空学报,2001,22(5):385-388.

[33] Ron Wodask. Virtual Reality,Madness:SAMS Publishing,1996.

[34] Judith Brown,Rae Earnshaw. Visualization Using Computer Graphics to Explore Data and Present Information [M]. New York:Jhon Wiley& Sons Inc.,1995.

[35] Fan Dai. Virtual Reality for Indudtrial Applications [M]. Berlin:Springer,1998.

[36] Stephen Brewster,Rederich Smith. Haptic Humman-Computer Interaction [M]. Berlin:Springer,1998.

[37] Andrew Kusiak. Intelligent Manufacturing Systems [M]. [S. I.]:Prentice Hall Inc.,1990.

[38] Ronald Askin. Modeling and Analysis of Manufacturing System [M]. [S. I.]:John Wiley&Sons Inc.,1993.

[39] Pete Ball,Doug Love. Expanding the Capabilities of Manufacturing Simulators Through Application of Object-Oriented Principles [J]. Journal of Manufacturing Systems,1993,13(6):412-423.

[40] Robert Cubert,Paul Fishwick. OOPM:An Object-Oriented Multi-modeling and Simulation Application Framework [J]. Simulation,1998,70(6):379-395.

[41] Byung O Kwon,Beishan Jie. An Object-Oriented Approach to Simulation Model Construction for CIM Systems [J]. Simulation,66(2):93-105.

[42] Wooldridge M. Software Agent Technologies [J]. BTTechJ,1996,14(4):69-77.

[43] 林健,毛晶莹. 并行离散事件仿真 PDES 策略比较研究 [J]. 系统工

程理论与实践,1998,13(9):14－19.

[44] Barzel R, Barr A H. A Modeling System Based on Dynamic Constraints [J]. ACM SIGGRAPH,1966,22(4):179－188.

[45] Jorysz H R, Vernadat F. CIM－OSA part1: Total Enterprise Modeling and Function View [J]. International Journal of CIM,1990,3(3):119－144.

[46] Tham K D. PERA: Enterprise Modeling [R]. Technical report, Enterprise Integration Lab, University of Toronto,1996.

[47] 李凌丰,谭建荣. 制造系统对象与行为建模 [J]. 机械工程学报,1998,34(2):8－13.

[48] 张晓萍,严永年. 现代生产物流及仿真 [M]. 北京:清华大学出版社,1998.

[49] Lee D Y. Scheduling Flexible Manufacturing System Using PETRI NET and Heuristic Search [J]. IEEE Transaction on Robotics and Automation,1994,10(2):123－132.

[50] 李培根. 制造系统性能分析建模——理论与方法 [M]. 武汉:华中理工大学出版社,1998.

[51] 徐趁肖,谭南林,苏树强. Petri 网理论在现代制造技术中的应用 [J]. 机械设计与制造工程,1999,28(2): 30－32.

[52] Zurawski R. Petri Nets and Industrial Applications: A Tutorial [J]. IEEE Transactions on Industrial Electron,1994,41(6):568－581.

[53] Venkatesh K, Ilyas M. Real Time Petri Nets for Modeling Controlling and Simulation of Local Area Networks in Flexible Manufacturing Systems [J]. Computer Industrial Engineering, 1995, 28(1): 147－162.

[54] Kravs F L, et al. Product Modeling [J]. Annals of CIRP, 1993, 42(2):695－706.

[55] 董金祥,杨小虎. 产品数据表达与交换标准 STEP 及其应用 [M]. 北京:机械工业出版社,1993.

[56] 王健,杨百龙,张树生. 敏捷企业及其关键使能技术 [J]. 计算机研究与发展,2000,37(6) .

[57] 杨百龙,王健,孙宏伟,等. 基于 STEP/ Web 的产品信息共享及可视

化技术研究:21世纪新产品快速开发技术论文集 [C]. 西安:陕西科学技术出版社,2000.

[58] 王健. 虚拟企业产品信息共享关键技术研究:博士论文 [D]. 西安:西北工业大学,2000.

[59] 童秉枢. 现代CAD技术 [M]. 北京:清华大学出版社,2000.

[60] 高文等. 数字图书馆 [M]. 北京:清华大学出版社,2000.

[61] 方美琪. 电子商务概论 [M]. 北京:清华大学出版社,1999.

[62] 黄铁军,柳健. VRML国际标准与应用指南 [M]. 北京:电子工业出版社,1999.

[63] Rodger Lea, Kouichi Matsuda, Ken Miyashita. 妙用JAVA及VRML开发三维图形 [M]. 葛晓程,冯艳,张莉,等,译. 北京:电子工业出版社,1999.

[64] Sun Hongwei, Zhang ShuSheng Zhou Jingtao, et al. Constraints - preserving Mapping Algorithm from XML - Schema to Relational Schema [J]. Lecture Note in Computer Science, 2002, 2480: 193 - 207.

[65] Sun Hongwei, Zhang ShuSheng Zhou Jingtao, et al. Mapping XML - Schema to Relational Schema [J]. Lecture Note in Computer Science, 2002, 2510: 322 - 329.

[66] Mary Fernandez, Wang Chiew Tan, Dan Suciu. SilkRoute: trading between relations and XML [J]. WWW9 / Computer Networks, 2002, 33(1 - 6): 723 - 745.

[67] Michael Carey, Jerry Kiernan, Jayavel Shanmugasundaram, et al. XPERANTO: Middleware for Publishing Object－Relational Data as XML Documents [J]. VLDB Journal, 2000: 646 - 648.

[68] Dongwon Lee, Murali Mani, Frank Chiu, et al. Nesting - based Relational - to - XML Schema Translation [C]// ACM SIGMOD Int'l Workshop on the Web and Databases (WebDB), Santa Barbara, CA, May, 2001.

[69] Zhou Jingtao, Zhang Shusheng, Sun Hongwei, et al. Constraints Preserving Mapping from Relational Schema to XML - Schema [C]// The Proceeding of 8th Joint International Computer Conference, Nov, 2002: 60 - 65.

[70] 孙宏伟,XML 与 RDB 的多层次双向数据集成技术研究:西北工业大学博士学位论文 [D]. 西安:西北工业大学,2003.

[71] Sun Hongwei, Zhang Shusheng, Wang Jing, et al. An XML - to - RDB Independent Translating Algorithm from XQuery to SQL [C]// Proceeding of 8th Joint International Computer Conference, Ningbo, China, Nov, 2002: 562 - 566.

[72] 孙宏伟,张树生,周竞涛,等. XML 与 RDB 的三层双向集成技术 [J]. 西北工业大学学报,2003,21(5):572 - 576.

[73] 孙宏伟,王健,张树生,等. 一种适合 VRML 应用的平面三角剖分快速算法 [J]. 计算机辅助设计与图形学学报,2001,13(4):324 - 327.

[74] 孙宏伟,王健,张树生,等. 产品三维模型 STEP 格式到 VRML 格式的转换技术 [J]. 西北工业大学学报,2001,19(3):381 - 385.

[75] 王健,孙宏伟,张树生,等. 基于 Web 的 PDM 系统及 Web 使能产品数据 [J]. 小型微型计算机系统,2000,21(10):1093 - 1095.

[76] 周竞涛,张树生,孙宏伟,等. 关系模式到 XML - Schema 的保留约束映射 [J]. 西北工业大学学报,2003,21(3):372 - 376.

[77] 来可伟,殷国富. 并行设计 [M]. 北京:机械工业出版社,2003.

[78] 孟明辰,韩向利. 并行设计 [M]. 北京:机械工业出版社,1999.

[79] 高奇微,莫欣农. 产品数据管理(PDM)及其实施 [M]. 北京:机械工业出版社,1998.

[80] 彭维. 网络化协同 CAD 系统的关键技术研究:西北工业大学博士学位论文 [D]. 西安:西北工业大学,2001.

[81] 唐荣锡. CAD/CAM 技术 [M]. 北京:北京航空航天大学出版社,1994.

[82] 刘宏增,黄靖远. 虚拟设计 [M]. 北京:机械工业出版社,1999.

[83] 沈梅. 并行环境下产品概念设计技术、装配建模技术研究:西北工业大学博士论文 [D]. 西安:西北工业大学,2000.

[84] 张林煊. 虚拟装配技术研究与应用:博士后出站报告 [R]. 北京. 清华大学,2000.

[85] 张莉彦. 有关特征建模技术的研究 [J]. 北京化工大学学报,1998,25(3): 40 - 43.

[86] Van Holland. Assembly features in modeling and planning: PhD

thesis[D]. University Delft, Holland, 1997.

[87] 曹东兴,等. 装配规划中产品的装配建模 [J]. 天津纺织工学院学报, 1998, 17(2): 37 - 40.

[88] Homan de Mello L S and Sanderson, et al. Two Criteria for the Selection of Assembly Plans: Maximizing the flexibility of sequencing the Assembly Tasks and Minimizing the Assembly Time Through Parallel Execution of Assembly Tasks [J]. IEEE. Trans. Robotics and Automation, 1991, 7(5): 626 - 633.

[89] Homan de Mello L S and Sanderson, et al. Evaluation and Selection of Assembly Plans [J]. IEEE. Trans. Robotics and Automation, 1990: 1588, 1593.

[90] Homan de Mello L S and Sanderson, et al. And/Or Graph representations of Assembly plane [J]. IEEE. Trans. Robotics and Automation, 1990, 6(2): 211 - 227.

[91] 种永民. 直观的准确的虚拟造型:西北工业大学博士论文 [D]. 西安:西北工业大学, 2000.

[92] 白芳妮. 数字化产品装配序列生成算法及相关技术研究:西北工业大学博士论文 [D]. 西安:西北工业大学, 2000.

[93] 张建标. 数字化产品预装配中的装配序列规划研究:西北工业大学博士论文 [D]. 西安:西北工业大学, 1998.

[94] Wolter J D. On the Automatic Generation of Assembly Plan [J]. IEEE Int. Conf. Robotics and Automation, 1989: 62 - 68.

[95] Lin A C and Chang T C. 3DMAPS: Three Dimensional Mechanical Assembly Planning System [J]. Journal of Manufacturing System, 1993, 12(6): 436 - 456.

[96] 鲁涛. 智能装配机器人系统——系统结构、任务规划和原型系统:清华大学博士论文 [D]. 北京:清华大学, 1993.

[97] 舒贤林,徐志才. 图论基础及其应用 [J]. 北京:北京邮电学院出版社, 1988.

[98] 万华根,高曙明,彭群生. VDVAS:一个集成的虚拟设计与虚拟装配系统 [J]. 中国图像图形学报, 2002, 7(1).

[99] 刘振宇,谭建荣,张树有. 面向虚拟装配的产品层次信息表达研究

[J]. 计算机辅助设计与图形学学报,2001,13(3).

[100] Gao S M,Wan H G,Peng Q S. Constraint - based solid modeling in a virtual reality environment [C]// Proceedings of 1998 ASME Design Engineering Technical Conference. Atalanta,USA,1998.

[101] Gao S M,Wan H G,Peng Q S. An approach to solid modeling in a semi-immersive virtual environment [J]. Computer & Graphics,2000, 24 (2).

[102] 刘振宇,谭建荣,张树有,等.虚拟环境中装配设计语义的表达、传递与转化研究 [J].计算机学报,2000,23(11).

[103] Bourjault A. Contribution a une approche mthodologique de l'assemblage automatis: Elaboration automatique de squences opratoires: These d'tat[D]. Universit de Franche - Comt,Besanon,France,1984.

[104] Delchambre. Computer - Aided Assembly Planning [M]. London: Chapman and Hall,1992:40 - 60.

[105] 石森,等. 装配序列规划研究综述 [J]. 计算机研究与发展,1994,31(6): 30 - 34.

[106] 苏强,等. 计算机辅助装配顺序规划研究综述 [J]. 机械科学与技术,2000,18(6): 1006 - 1009.

[107] Baldwin D F,et al. An Integrated Computer Aid for Generating and Evaluating Assembly sequences for Mechanical Products [J]. IEEE Transactions on Robotics and Automation,1991,7(1): 78 - 89.

[108] De Fazio T L,et al. Simplified Generation of All Mechanical Assembly Sequences [J]. IEEE J of Robotics and Automation,1987,3(6): 640 - 658.

[109] Dini G,et al. Automated Sequencing and Subassembly Detection in Assembly Planning [J]. Annals of the CIRP,1992,41(1).

[110] Miller M. et al. Automatic Assembly Planning with Fasteners [J]. IEEE Trans on Robotics and Automation,1989: 69 - 74 .

[111] kim J,et al. Interleaving Assembly Planning and Design [J]. IEEE Trans on Robotics and Automation,1996,12(2): 246 - 251.

[112] Bley H,et al. Knowledge of Selecting Assembly Cell Components and Its Distribution to CAD and an Expert System for Processing [J].

Annals of the CIRP, 1994, 43(1): 5 - 8.

[113] Hsu W, et al. Feedback Approach to Design for Assembly by Evaluation for Assembly Plan [J]. Computer Aided Design, 1993, 25(7): 395 - 410.

[114] Liao T W. A Computer Aided Aircraft Frame Assembly Planner [J]. Computer in Industry, 1995, 27: 259 - 271.

[115] Wilson H, et al. Geometric Reasoning About Mechanical Assembly [J]. Artificial Intelligence, 1994, 71(2): 371 - 396 .

[116] Wilson H. Minimizing User Queries in Interactive Assembly Planning [J]. IEEE Trans on Robotic and Automation, 1995, 11(2): 308 - 311.

[117] Gottipolu B, et al. An Integrated Approach to the Generation of Assembly Sequences [J]. Computer in Technology, 1995: 125 - 139.

[118] Swaminathan. An Experience - Based Assembly Sequences Planner for Mechanical Assembly [J]. IEEE Trans on Robotics and Automation, 1996, 12(2): 252 - 267.

[119] Oliver J H, Huang H - T. Automation Path Planning for Integrated Assembly Design [J]. Computer Aided Design, 1994, 26(9): 57 - 63.

[120] Chen L L, Woo T C. Computational Geometry on the Sphere with Application to Automated Machining [J]. Journal of Mechanical Design, 1992, 114: 288 - 295.

[121] 邵毅等. 基于 Vmap 的装配路径规划研究与实现 [J]. 西北工业大学学报, 2001, 19(1): 118 - 120.

[122] Lozano - Perez T. A Simple Motion - planning Algorithm for General Robot Manipulators [J]. IEEE J of Robotics and Automation, 1987, 3(3): 224 - 238.

[123] Krishnan S S, Sanderson C. Path Planning Algorithms for Assembly Sequences Planning [G]// Int Conf on Intelligent Robotics. George Mason University: Korpela Press, 1991: 428 - 439.

[124] Fabian Schwarzer, et al. General translational Assembly Planning [C]// In Proceedings for the 1997 IEEE International Conference on Robotics and Automation: 612 - 619. Albuquerque, NM, April 1997.

[125] 王伟. 机器人 C—空间障碍边界建模与无碰路径规划 [J]. 机器人，1998,20(4)：280 - 286.

[126] 储林波，等. 基于方向匹配的装配路径规划算法 [J]. 南京航空航天大学学报. 1999,31(6)：650 - 654.

[127] http://www.ptc.com.

[128] http://www.tribon.com.

[129] http://ranier.hq.nasa.gov/telerobotics_page/Technologies/0308.html.

[130] http://www.sandia.gov/archimedes/.

[131] http://www.sandia.gov/isrc/Archimedes.html.

[132] 苏强，等. 基于事例推理的装配规划研究 [J]. 中国机械工程，1999,10(2)：171 - 174.

[133] waarts J, Boneshcanscher N, et al. A semi - atuomaitic assembly sequence planning [J]. In Proceeding of the IEEE International Conference on Robotics and Automation, 1992：2431 - 2438 .

[134] http://mielsvr2.ecs.umass.edu/mie597/assignment—3.html, The basic vocabulary of semantic modeling using the apprentice knowledge management tools, Mechanical and Industrial Engineering at The University of Massachusetts, Amherst.

[135] 庄晓，等. 虚拟环境中的快速产品装配建模 [J]. 中国机械工程，1999.

[136] Mattikalli, et al. Stability of Assembly [J]. IEEE/RSJ International Conference On Intelligent Robots and systems, 1993.

[137] 姜华，等. 装配序列规划及其 DFA 研究 [J]. 华中理工大学学报，1996,24(9):50 - 52.

[138] 赵骥. 虚拟制造原形系统理论及其实现方法研究. 西北工业大学博士论文 [D]. 西安:西北工业大学,2000.

[139] 赵骥，乐清洪. 虚拟环境下制造资源的数字化模式表达与控制 [J]. 机械科学与技术,2000,19(4):674 - 677.

[140] 赵骥，朱名铨，罗琦. 虚拟生产线框架及其实现 [J]. 中国机械工程，2000,11(6):671 - 674.

[141] 宋志辉，彭炎午. 柔性制造系统模拟的一种集成方法 [J]. 机械工业

自动化,1998,20(2): 29 - 32.

[142] 张晓萍,严永年. 现代生产物流及仿真 [M]. 北京:清华大学出版社,1998.

[143] 李凌丰,谭建荣. 制造系统对象与行为建模 [J]. 机械工程学报,1998,34(2):8 - 13.

[144] 王颖,王汝传,邓玉龙. 对软件 Agent 技术的研究 [J]. 南京邮电学院学报,1998,18(5/6):152 - 155.

[145] 柳卓之,李圣怡. 虚拟加工过程的建模与仿真 [J]. 国防科技大学学报,1998,20(4): 31 - 33.

[146] 郑力,刘大成,李志忠. 数字化加工过程:概念、结构及其应用 [J]. 中国机械工程,1999,10(8):1060 - 1062.

[147] 毕诸明,朱岩,吴瑞民. 柔性制造系统运行控制软件仿真分析平台 [J]. 高技术通讯,1998,(12): 24 - 27.

[148] 李彤,黄景平,冯珊. 基于 Agent 方法体系的 VR 仿真研究 [J]. 系统工程理论与实践,1998,10(4):83 - 86.

[149] 徐趁肖,谭南林,苏树强. Petri 网理论在现代制造技术中的应用 [J]. 机械设计与制造工程,1999,28(2): 30 - 32.

[150] Bento J,Feijo B. An Agent - based Paradigm for Building Intelligent CAD Systems [J]. Artificial Intelligence in Engineering,1997,11 (3): 231 - 244.

[151] Alojzij Sluga,Peter Butala,Goran Bervar. A Multi - agent Approach to Process Planning and fabrication in Distributed Manufacturing [J]. Computer ind. Ening,1998,35(3/4):455 - 458 .

[152] Akihide Hiura,Toshiya Kuroda,Nobuhiro Inuzuka. Cooperative Behavior of Various Agents in Dynamic Environment [J]. Computer ind. Ening,1997,34(3/4):601 - 604.

[153] Middle Ware. A Model for Distributed System Services [J]. Communication of the ACM,1996,39(2):86 - 98.

[154] Michael R G,Steven P K. Software Agents [J]. Communication of the ACM,1994,37(7).

[155] Wooldridge M. Software Agent Technologies [J]. BTTechJ,1996,14(4):69 - 77.

[156] Lee D Y. Scheduling Flexible Manufacturing System Using PETRI NET and Heuristic Search [J]. IEEE Transaction on Robotics and Automation,1994,10(2):123 - 132.

[157] Zurawski R. Petri Nets and Industrial Applications: A Tutorial [J]. IEEE Transactions on Industrial Electron,1994,41(6):568 - 581.

[158] Ding X M, Fuh J Y H, Lee K S. Interference detection for 3 - axis mold machining [J]. Computer - Aided Design,2001,33:561 - 569.

[159] Yang D C H, Han Z. Interference detection and optimal tool selection in 3 - axis NC machining of free - form surfaces [J]. Computer -Aided Design,1999,31:303 - 315 .

[160] Yuan - Shin Lee. Admissible tool orientation control of gouging avoidance for 5 - axis complex surface [J]. CAD, 1997, 29 (7): 507 - 521.

[161] Zhang G M, Kapoor S G. Dynamic Generation of Machined Surfaces, Part 1: Description of a Random Excitation System [J]. ASME Journal of Engineering for Industry,1991,113(5): 137 - 144.

[162] Zhang G M, Kapoor S G. Dynamic Generation of Machined Surfaces, Part 2: Construction of Surface topography [J]. ASME Journal of Engineering for Industry,1991:113 - 153.

[163] Chun Fong You and Chih Hsng Cun. An automatic path generation method of NC tough cut machining form solid models [J]. Computer in Industry,1995,26:161 - 173.

[164] Takafumi Saito and Tokiichiro Takahashi. NC Machining with G - buffer Method [J]. Computer Graphics,1991,25(4):207 - 216.

[165] Tsai M D, Stakata, Minuikimura F, et al. Prediction of Chatter Vibration by Means of a Model - Based Cutting Simulation System [J]. Annals of the CIRP,1990,39(1):447 - 450.

[166] Altintas Y and Lee P. Mechanics and dynamics of Ball End Milling. Journal of Manufacturing Science and Engineering, 1998, 120 (12): 684 - 692.

[167] Huaming Liu, Jiping Li and Bingyin Ren. Discrete Representtation of Sculptured Surface for Dimensional NC Verifcation, InternationaI Con-

ference on Advance Manufacturing Technology, Xi'an, P. R. China, 1999 [C]. NewYork: Science Press, 240 - 244.

[168] Hans Raj K, Rahul Swarup Sharma, Sanjay Srivaetava, et al. Modeling of manufacturing processes with ANNs for intelligent manufacturing[J]. International Journal of Machine Tools & Manufacturing, 2000, 40: 851 - 868 .

[169] Endres W J. A dynamic Model of cutting force System in the Turning Process, proc [J]. ASME Symposium on Monitoring and Control for Manufacturing Processes, PED, 1991, 44: 193 - 212.

[170] AltintasY, et al. End Milling Force Algorithms for CAD System [J]. Annals of CIRP, 1991, 40(1): 31 - 34.

[171] Jayarsm S, Kapoor S G, Devor R E. Estimation of specific cutting pressures for mechanistic cutting force model[J]. International Journal of Machine Tools & Manufacture, 2001, 41: 265 - 281.

[172] VAN LUTTERVEL C A. Present situation and Future Trends in Modeling of Machining Operations Progress Report of the CIRP Working Group Modeling of Machining Operations [J]. Annals of the CIRP, 1998, 47(2): 333 - 555 .

[173] Ruiz J de Miras Feito F R. Direct and Robust Voxelization and Polygonization of Free - Form CSG Solids [J]. IEEE Computer Society, 2002.

[174] Ruegg A. A generalized kinematics model for three - to - five - axis milling machines and their implementation in a CNC [J]. Annals of the CIRP, 1992, 1(41): 547 - 550.

[175] 王清辉，廖文和，刘壮，等. 五坐标数控加工刀位轨迹及其干涉检查的算法研究. 航空学报，1997，18(3)：330 - 335

[176] 张和明，张玉云，熊光楞. 复杂曲面五坐标数控加工干涉检查及刀位修正 [J]. 清华大学学报(自然科学版)，1998，38(2)：65 - 68.

[177] 蒋英兰，王大镇，韩荣第，等. 分层索引模型的 NC 程序碰撞检测新方法 [J]. 华侨大学学报，2002，23(2)：172 - 176.

[178] 谭光宇，袁哲俊，李建广，等. 数控加工碰撞干涉检验的新方法 [J]. 制造技术与机床，1999：37 - 40.

[179] 周济. 数控加工技术 [M]. 北京:国防工业出版社,2002.
[180] 姚英学,李荣彬. 面向加工质量预测的虚拟加工检测单元的研制 [J]. 中国机械工程,2000,11(5): 520-524.
[181] 唐英,陈克兴,孙荣平. 基于神经网络的表面粗糙度智能预测系统 [J]. 机床与液压,1996(4).
[182] 王洪祥,李旦,董申. 超精密车削表面粗糙度预测模型的建立 [J]. 高技术通讯,2000(3).
[183] 黄雪梅,赵明扬,陈书宏. 加工过程物理仿真技术研究 [J]. 组合机床与自动化加工技术,2002(9).
[184] 惠记庄. 采用回归分析法建立切削力经验公式 [J]. 西安交通公路大学学报,16(4).
[185] 李立,徐燕申,牛占文,等. 立铣过程的切削力建模方法与模式分类 [J]. 天津大学学报,29(5).
[186] 杨秋平,王卫平. 不同切削力预测建模方法的比较研究 [J]. 工具技术,2002,36:12.
[187] 王卫平,汤勇. 基于对称模糊数及径向基网络的切削力预测研究 [J]. 中国机械工程,1999,12(12):1 407-1 409.
[188] 姚春燕,彭伟. 基于神经网络的回归分析及其在磨削力预测中的应用 [J]. 磨床与磨削,1998(3):38-403.
[189] 仇君,梁式,胡映宁. 磨削力的灰色预测方法 [J]. 磨床与磨削,1998(2):50-524.
[190] 赵振宇. 模糊理论和神经网络的基础与应用 [M]. 北京:清华大学出版社,1996.
[191] 任敬心,华定安. 磨削原理 [M]. 西安:西北工业大学出版社,1988.
[192] 杨茂奎. 加工表面完整性对高温合金疲劳寿命的影响:西北工业大学硕士论文 [D]. 西安:西北工业大学,1996.
[193] 王霄,刘会霞,杨润党,等. 虚拟数控加工过程物理仿真模型的建立 [J]. 计算机仿真,20(4).
[194] 李吉平,刘华明,张文铭,等. 复杂曲面加工精度检验中曲面法矢与刀具扫描体求交算法的研究 [J]. 计算机辅助设计与图形学学报,2000,12(12):931-935.
[195] 曹文杰,徐燕申. 利用 VC++编程实现数控车削仿真 [J]. 机械,

2002,29(1):43－45.

[196] 冯志勇,张大卫,黄田,等.一种新型的广义铣削力模型[J].中国机械工程,1998,9(2):41－44.

[197] 王启义,等,基于虚拟制造的数控车削加工仿真技术[J].大连铁道学院学报,2000,21(3):49－55.

[198] 李吉平,张文铭,黄田.NC图形验证与仿真技术的研究概况[J].算机仿真,2001,18(5):52－55.

[199] 蒋英兰,王大镇,韩荣第,等.分层索引模型的NC程序碰撞检测新方法[J].华侨大学学报(自然科学版),2002,23(2):172－176.

[200] 何耀雄,徐起贺,周艳红.任意结构数控机床机构运动学建模与求解[J].机械工程学报,38(10).

[201] 刘雄伟.数控加工理论与编程技术[M].北京:机械工业出版社,2000.

[202] 武小鹏,张玮,卢继平.虚拟数控机床模型与实现[J].机械工程师,2003(6).

[203] Wu J,Balendra R,Qin Y. A study on the forming limits of the hydromechanical deep drawing of components with stepped geometries [J].J. of Material Processing Technology,2004:145.

[204] 陈卫彬.基于反向模拟法的拉深成形性分析技术研究:西北工业大学硕士论文[D].西安:西北工业大学,2003.

[205] 吴建军,马泽恩.以注射模整体为对象的冷却系统优化设计[J].中国塑料,1996,10(6).

[206] 吴建军,马泽恩.注射模冷却系统三维优化设计[J].中国机械工程,1999,10(1).

[207] Xiaoxiang Shi,Yuanping Wei and Xueyu Ruan. Simulation of sheet forming by a one－step approach [J].J. of Material Processing Technology,2001:108.

[208] 刘来英.理想成形理论及其在板料成形中的应用:西北工业大学博士论文[D].西安:西北工业大学,1998.

[209] 匡震邦.非线性连续介质力学基础[M].西安:西安交通大学出版社,1989.

[210] 翟平.注塑成形原理及其应用[M].西安:西北工业大学出版社,

1993.

[211] 马泽恩. 计算机辅助塑性成形 [M]. 西安:西北工业大学出版社,1995.

[212] 王仁,熊祝华,黄文彬. 塑性力学基础 [M]. 北京:科学出版社,1998.

[213] 姜胜广,姚英学,李建广.(增刊)基于 OPENGL 的虚拟检测单元的研究与开发 [J]. 机械,2002,29.

[214] 陈定方,罗亚波,等. 虚拟设计 [M]. 北京:机械工业出版社,2002.

[215] 徐志农,车录锋,周晓军. 虚拟测试系统有关问题初探 [J]. 机电工程,1998(4).

[216] http://www.testinsight.com/virtualTestWizard.html.

[217] http://www.dik.maschinenbau.tu-darmstadt.de, Virtual Test Bed.

[218] 车仁生,林伟国,黄庆成. 虚拟坐标测量机的体系结构及功能模型 [J]. 哈尔滨工业大学学报,2000,32(2).

[219] 贵忠东. 基于 VCMM 的检测规划:硕士学位论文 [D]. 西安:西北工业大学,2003.

[220] http://www.silma.com, Virtual CMM Software.

[221] http://www.virtual—dmis.com, Virtual DMIS CMM software.

[222] 刘笃喜,朱名铨,等. 基于 VI 技术的质量检测集成测试环境实现技术 [R]. 中国国防科学技术报告,2003.

[223] 龚靖,张景绘,李新民.(增刊)虚拟传感器及数据融合的发展 [J]. 机械科学与技术,2002,21.

[224] Edgar Nett, Stefan Schemmer. Realizing virtual sensors by distributed multi - level sensor fusion [M]// Proceedings from the 2003 International Workshop on Multi - Robot Systems. [s. l.]: Kluwer Academic Publishers, 2003.

[225] 张惠添. 虚拟传感器设计简述 [J]. 中国计量,2001(2).

[226] 苑伟政,马炳和. 微机械与微细加工技术 [M]. 西安:西北工业大学出版社,2000.

[227] 孙克豪,钱劲,等. MEMS 器件的计算机辅助设计与模拟 [J]. 机械强度,2001,23(4):488-494.

[228] 赵新,卢桂章,李明,等. 先进制造:将虚拟现实技术与快速原形技术应用于微电子机构系统设计 [J]. 高技术通讯,1999(4).

[229] 李敏,赵新,卢桂章,等.微操作机器人系统拟实环境的实现[J].机器人,2001,23(4).

[230] 李明,赵新,卢桂章.微电子机械虚拟设计系统研究[J].信息与控制,2002,31(2).

[231] 赵新,陆斌,卢桂章.微机械的虚拟现实系统体系结构[J].机器人,1997.

[232] 朱俊华,周兆英,叶雄英.微型机电系统的计算机辅助设计系统简介[J].仪表技术与传感器,2000(1).

[233] 赵新,卢桂章,陆斌,等.虚拟环境中微泵变形规律及算法研究[J].功能材料与器件学报,1998,4(2).

[234] 赵新,卢桂章,陆斌,等.虚拟环境中微机械拟实组装的运动学描述[J].机器人,1999,21(2).

[235] 谢少荣,彭商贤,赵新,等.虚拟环境中微加速度传感器建模及拟实运行[J].自动化学报,2001,27(5).

[236] 谢少荣,罗均,赵新,等.虚拟现实技术在硅微加速度计设计中的应用[J].吉首大学学报(自然科学版),2002,23(2).

[237] 赵新,卢桂章,黄亚楼.在 MEMS 中引入 VR 技术[J].功能材料与器件学报,1996,2(3).

[238] Jiwen Liu. Virtual Rapid Prototypingmems 3d Solid Modeler - Pmems 3d Modeler (Mems3d). Department Of Information And Computer Scienceuniversity Of Hawaii At Manoa,1998.

[239] Venkataraman Ananthakrishnan. Part To Art: Basis For A Systematic Geometric Design Tool For Surface Micromachined Mems: Thesis Of Master [D]. Toledo:Dec,2000.

[240] Devoe D L,Green S B. Automated Solid Model Extraction For Mems Visualization [J]. Proc. Int. Conf. On Modeling And Simulation Of Microsystems,Sensors and Actuators,1998:292 - 297.

[241] http://www.solidworks.com/api/.

[242] 陈岳坪,罗意平,王平安.用 Visual C++开发 SolidWorks 的关键技术[J].机械与电子,2002(2).

[243] 康建初,尹宝林,高鹏.支持 MEMS 的 CAD/CAE 系统结构研究[J].航空航天大学学报,1998(4).